海洋鱼类生理机能光照调控技术

闫红伟 马贺 等著

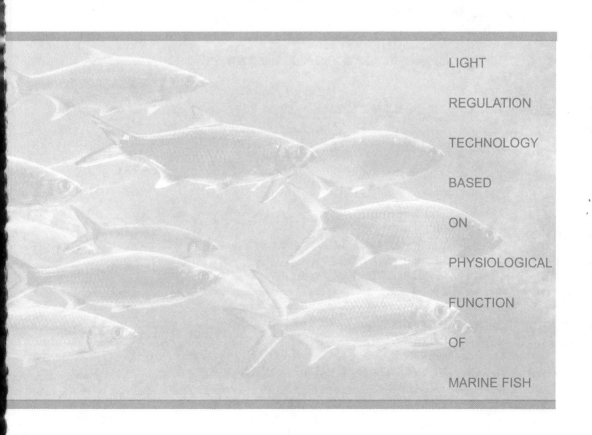

LIGHT REGULATION TECHNOLOGY BASED ON PHYSIOLOGICAL FUNCTION OF MARINE FISH

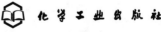

化学工业出版社

·北京·

内容简介

本书是以作者前期参与完成的"十三五"国家重点研发计划及国家自然基金等项目的研究成果为基础进行编写的。主要内容包括光照对许氏平鲉幼鱼生长发育的影响研究，光照对欧洲舌齿鲈幼鱼生长发育的影响研究，光照对红鳍东方鲀幼鱼的影响研究，光照对大菱鲆生长发育的影响研究，光周期对红鳍东方鲀成鱼存活、生长及性腺发育的影响研究，以及光照对大西洋鲑生长发育的影响研究共六章。

本书适合高等院校水产养殖、水生生物学等专业的本科生和研究生学习使用，也可供从事水产方面的科研、教学等人员，以及相关水产企业从业者参考。

图书在版编目（CIP）数据

海洋鱼类生理机能光照调控技术／闫红伟等著.—北京：化学工业出版社，2022.9
ISBN 978-7-122-42057-2

Ⅰ.①海… Ⅱ.①闫… Ⅲ.①海产鱼类-光照-影响-生长发育-研究 Ⅳ.①S965.3

中国版本图书馆 CIP 数据核字（2022）第 159555 号

责任编辑：李建丽
文字编辑：朱雪蕊
责任校对：宋　夏
装帧设计：李子姮

出版发行：化学工业出版社
　　　　　（北京市东城区青年湖南街 13 号　邮政编码 100011）
印　　装：中煤（北京）印务有限公司
710mm×1000mm　1/16　印张 22¾　字数 415 千字
2023 年 1 月北京第 1 版第 1 次印刷

购书咨询：010-64518888
售后服务：010-64518899
网　　址：http://www.cip.com.cn
凡购买本书，如有缺损质量问题，本社销售中心负责调换。

定　　价：149.00 元　　　　　　　　　　版权所有　违者必究

《海洋鱼类生理机能光照调控技术》编委会名单

主　　任：闫红伟　马　贺

副 主 任：李　贤　迟　良

委　　员：闫红伟　马　贺　李　贤

　　　　　迟　良　李伟缘　张　琦

　　　　　刘松涛　李　鑫　吴乐乐

前言

中国是世界第一水产养殖大国，水产养殖总产量占世界养殖总产量的 60%以上。2020 年，中国渔业产值为 13517.23 亿元，约占农业总产值的 21%，水产品总产量为 6549.02 万吨，其中养殖产量为 5224.20 万吨，捕捞产量为 1324.82 万吨，养殖产量远超捕捞产量（2021 年渔业年鉴）。全国水产养殖面积 7036.11 千公顷，海水养殖面积 1995.55 千公顷，淡水养殖面积 5040.56 千公顷。太阳能不仅作为生物的能量来源，同时也作为一个信息来源引起动物的行为以及生理学的日节律和季节性节律的变化。光被认为是影响水生生物生长、发育和生存的关键环境因素之一。长期以来，在水产养殖车间，光源的使用简单粗放，绝大多数养殖工厂建成时没有二次光照设计，使用的人工光源绝大多数是民用建筑室内常用的直管荧光灯或紧凑型荧光灯。这种光源目前的优势是购买方便，安装简捷。然而，在水产养殖行业使用这种光源引起的问题很多，甚至是不能克服的问题，如荧光灯的平均寿命在 1 万个小时左右，但在潮湿的环境中寿命往往只有几千个小时。其次是这种气体放电灯不能调光，不能满足鱼类个体在不同生长时期的光需求。而且，荧光灯的废弃会严重污染水源。因此，传统气体放电光源已经不能适应绿色环保、节能减排的要求。

现代工厂化水产养殖光照是按照鱼类光环境的需求规律和水产养殖的生产目标，利用人工光照创造适宜光环境或弥补自然光照的不足，调控鱼类的生长发育和繁殖，以实现水产养殖业"优质、高产、生态、安全"生产目标的一种农艺物理措施。发光二极管（Light Emitting Diode，LED），由含镓（Ga）、砷（As）、磷（P）、氮（N）等的化合物制成。LED 作为第四代新型照明光源，不仅节能环保、寿命长（可达 10 万小时）、光电转换效率高（接近 60%）、发热低、冷却负荷小、坚固耐用、反复开关无损寿命、智能可调控，还具有光照强度、光质、频谱组合可调节等优点。随着半导体技术的发展，人们逐渐认识到 LED 人工光照作为一种物理手段，不仅可以增加水产养殖生产效率，而且可以促进鱼类生长、控制鱼类性腺发育，以便人们获得绿色高品质的食品。LED 是安全、健康的"绿色光源"，废弃后无污染、环保节能。当今，LED 光源已经规模化地应用在植物工厂、家禽养殖业中，随着中国水产养殖业的转型升级、绿色发展和捕捞业的技术进步，对 LED 光源的需求日益增加。通过人工光环境来实现水产养殖按需生产的功能，可显著提高生产效率和效益。

  本书涉及的相关研究工作均是在大连海洋大学刘鹰教授的带领下，依托于设施渔业教育部重点实验室、水产设施养殖与装备工程技术研究中心及中国科学院海洋研究所等平台，在国家重点研发计划"战略性先进电子材料"重点专项"用于设施家禽与水产养殖的 LED 关键技术研发与应用示范"项目，课题 1 "LED 光对家禽和鱼虾生长行为生理的影响及其效应规律（2017YFB0404001）"及国家自然科学基金等项目及课题的资助下开展和完成的。团队及项目负责人刘鹰教授长期从事水产工程学研究与应用工作，主要研究领域为水产集约化养殖系统生物与环境互作机理，开拓了国内光环境与水生生物互作机理的研究方向。项目团队主要围绕光照对鱼（大西洋鲑、大菱鲆、红鳍东方鲀、欧洲舌齿鲈、许氏平鲉等）、虾（凡纳滨对虾等）、贝（皱纹盘鲍、方斑东风螺等）的生长、行为、生理的影响效应和调控机制开展了深入系统研究，相关成果达到了国际一流水平。项目团队经过十余年的研发，明确了适于水产养殖的 LED 专用灯具的工艺要求、设计参数以及生产工况特点，获取了多种主要养殖水生生物不同生理阶段生长与发育需求的 LED 光要素（光谱、光强、光周期）特种参数，形成了鱼、虾设施养殖专用 LED 灯的控制策略规范，并在辽宁、天津、山东、海南、广东、福建、浙江、江苏、陕西等十余个地区的鱼类、虾类等养殖企业进行了生产测试，取得了良好成效，达到了产业化应用水平。相关成果也荣获了"2021 年大连市科技进步一等奖"。

  刘鹰教授治学严谨，学识渊博，凭着为推动产业发展的满腔热情在相关领域做出了巨大贡献，在刘鹰教授的支持和勉励下，我们开始撰写本书，书中主要总结了重要海水养殖鱼类在不同生长发育阶段的特定光环境要素（光谱、光强、光周期）需求规律。希望本书可以为水产领域的科研人员及养殖企业的从业者提供一定的参考。本书共分为六章，撰写分工如下：马贺主笔撰写第一章，马贺、闫红伟共同撰写第二、三章，李贤主笔撰写第四章，闫红伟主笔撰写第五章，迟良主笔撰写第六章。在此，非常感谢刘鹰教授的指导和大力支持，感谢设施渔业教育重点实验及相关项目的资助，感谢李伟缘、张琦、吴禹濛、魏平平、李鑫、刘松涛、孙飞、费凡、任纪龙、代明允、张怡宁等研究生同学在书稿撰写与整理中做出的贡献！同时感谢各位专家的辛勤付出！由于笔者水平有限，书中难免有疏漏和不妥之处，敬请各位同行专家斧正。

闫红伟，马贺
2022 年 6 月 7 日

目录

001 | 1 光照对许氏平鲉生长发育的影响

1.1 许氏平鲉简介	002
1.1.1 许氏平鲉的分布及生物学特点	002
1.1.2 许氏平鲉的研究现状	002
1.2 光照对许氏平鲉幼鱼生长摄食和肌肉品质的影响	003
1.2.1 不同光照条件对许氏平鲉幼鱼生长和摄食的影响	003
1.2.2 不同光照条件对许氏平鲉幼鱼肌肉的营养成分与品质的影响	010
1.3 光照对许氏平鲉幼鱼生理生化及 GH/IGF-I 轴相关基因表达的影响	024
1.3.1 不同光照条件对许氏平鲉幼鱼氧化应激、免疫及细胞凋亡相关调控基因表达的影响	025
1.3.2 不同光照条件对许氏平鲉幼鱼 GH/IGF-I 轴相关基因表达的影响	039
参考文献	046

055 | 2 光照对欧洲舌齿鲈生长和发育的影响

2.1 欧洲舌齿鲈的简介	056
2.2 光照对欧洲舌齿鲈仔稚幼鱼（早期）生长和发育的影响	057
2.2.1 不同光照条件对欧洲舌齿鲈幼鱼生长和存活的影响	057
2.2.2 不同的光照条件对欧洲舌齿鲈的视觉发育的影响	070
2.3 光照对欧洲舌齿鲈幼鱼生长、摄食、生理生化及肌肉品质的影响研究	084
2.3.1 不同光照条件对欧洲舌齿鲈幼鱼生长摄食的影响	085

2.3.2　不同光照条件对欧洲舌齿鲈幼鱼生理生化功能的影响　099
2.3.3　不同的光照条件对欧洲舌齿鲈肌肉品质的影响　114
参考文献　139

157　3　光照对红鳍东方鲀生长发育的影响

3.1　红鳍东方鲀简介　158
3.2　红鳍东方鲀幼鱼视网膜发育与视蛋白基因表达　158
3.2.1　红鳍东方鲀幼鱼视网膜发育的组织学特征　160
3.2.2　组织学和视网膜形态分析　161
3.2.3　不同发育阶段红鳍东方鲀视网膜内相关视蛋白的表达规律　167
3.2.4　小结　170
3.3　光照对红鳍东方鲀仔稚幼鱼生长和发育的影响　174
3.3.1　不同光谱和光照强度对红鳍东方鲀幼鱼生长与存活的影响　176
3.3.2　不同光照条件对红鳍东方鲀幼鱼视网膜显微结构的影响　178
3.3.3　不同光谱和光照强度对红鳍东方鲀幼鱼生长相关基因的表达的影响　180
3.3.4　小结　184
3.4　光照度对早期幼鱼生长存活的影响研究　185
3.4.1　不同光照度对红鳍东方鲀早期幼鱼生长发育的影响　186
3.4.2　不同光照度对红鳍东方鲀早期幼鱼生长存活的影响　186
3.4.3　小结　188

3.5　光照度对早期幼鱼生理功能的影响研究　189
3.5.1　不同光照度对红鳍东方鲀早期幼鱼的消化酶活性影响　190
3.5.2　不同光照度对红鳍东方鲀早期幼鱼的免疫酶活性影响　192
3.5.3　不同光照度对红鳍东方鲀早期幼鱼的代谢酶活性影响　194
3.5.4　不同光照度对红鳍东方鲀早期幼鱼的抗氧化酶活性影响　197
3.5.5　小结　198
3.6　光周期对红鳍东方鲀仔稚鱼生长、消化、代谢及非特异性免疫酶的影响　201
3.6.1　不同光周期对红鳍东方鲀生长的影响　203
3.6.2　不同光周期对红鳍东方鲀仔稚鱼消化酶活性的影响　204
3.6.3　不同光周期对红鳍东方鲀代谢酶活性的影响　205
3.6.4　不同光周期对红鳍东方鲀非特异性免疫活性的影响　207
3.6.5　小结　209
参考文献　212

4　光照对大菱鲆生长发育的影响

4.1　光谱环境对鱼类影响研究　232
4.1.1　鱼类视觉感知组织结构基础　232
4.1.2　不同光谱对鱼类生长、生理的影响　235
4.1.3　研究目的和意义　236
4.1.4　研究内容　236
4.2　不同光谱对大菱鲆初孵仔鱼的影响　236
4.2.1　不同光谱对大菱鲆初孵仔鱼畸形率和死亡率的影响　239
4.2.2　不同光谱下大菱鲆初孵仔鱼氧化应激状态评估　240
4.2.3　不同光谱下大菱鲆初孵仔鱼非特异性免疫状态评估　241

	4.3 不同光谱对大菱鲆仔稚幼鱼氧化应激和非特异性免疫的影响	243
	4.3.1 不同光谱对大菱鲆仔稚幼鱼氧化应激的影响	244
	4.3.2 不同光谱对大菱鲆仔稚幼鱼非特异性免疫的影响	245
	4.4 不同光谱下大菱鲆仔稚幼鱼视网膜发育和视蛋白基因表达特征	248
	4.4.1 不同光谱下大菱鲆仔稚幼鱼视网膜发育特征	250
	4.4.2 大菱鲆不同发育阶段视蛋白基因表达特征	254
	4.5 大菱鲆人工育苗生产光谱调控策略与光谱调控技术	258
	4.6 小结	259
	参考文献	260

263　5　不同光周期条件对红鳍东方鲀成鱼存活、生长和性腺发育的影响

	5.1 不同光周期对红鳍东方鲀存活和生长性能的影响	265
	5.2 不同光周期对红鳍东方鲀性腺发育的影响	271
	5.3 不同光周期对生长和性腺发育相关基因表达的影响	276
	5.4 小结	282
	参考文献	287

297　6　光周期对循环水养殖大西洋鲑生长发育的影响作用及机制研究

	6.1 大西洋鲑生长及中国养殖状况	298

6.2	光周期影响鱼类性腺发育的研究现状	299
6.3	光周期对大西洋鲑生长发育的影响研究	307
6.3.1	光周期对循环水养殖大西洋鲑成活率的影响	309
6.3.2	光周期对循环水养殖大西洋鲑生长的影响	309
6.3.3	光周期对循环水养殖大西洋鲑性腺发育的影响	312
6.3.4	光周期对循环水养殖大西洋鲑褪黑激素的影响	317
6.3.5	小结	320
6.4	光周期调控大西洋鲑性腺发育的分子机制研究	321
6.4.1	GnRH 与 kissr 在脑中的定位分析	322
6.4.2	kissr 在性腺发育过程中的表达差异	325
6.4.3	GnRH 在不同发育时期的表达特征	326
6.4.4	kissr 在不同光周期作用下的表达特征	326
6.4.5	GnRH 在不同光周期作用下的表达特征	328
6.4.6	GnRH 与 kissr 在下丘脑及血管囊的共表达特征	330
6.4.7	小结	332
6.5	光周期对大西洋鲑生长的影响机制研究	333
6.5.1	MR 与 LR 在脑中的定位分析	333
6.5.2	大西洋鲑下丘脑中 MR 在不同光周期作用下的表达特征	335
6.5.3	大西洋鲑脑中 LR 在不同光周期作用下的表达特征	336
6.5.4	大西洋鲑在不同光周期作用下的摄食率分析	337
6.5.5	小结	338
6.6	总结与展望	339
参考文献		340

光照对许氏平鲉生长发育的影响

1.1 许氏平鲉简介

1.1.1 许氏平鲉的分布及生物学特点

许氏平鲉（*Sebastes schlegelii*），隶属于鲉形目（Scorpaeniformes），鲉科（Scorpaenidae），平鲉属（*Sebastes*），又称黑鲪、黑老婆、黑寨等，为卵胎生，洄游范围较小，主要分布于西北太平洋沿岸地区。许氏平鲉口感鲜嫩，营养价值高，富含多种营养物质，深受消费者的喜爱，为黄、渤海地区近岸底层的主要经济鱼类，同时也是近海网箱饲养和池塘放养的主要鱼类之一（王晓杰等，2005）。

许氏平鲉日常进食对虾、鹰爪虾、小蟹、鳀鱼、梭鱼及头足类，属游泳动物食性类型，常栖息在附近海域岩礁地区、清水砾石地区或海藻丛生的海域、岩洞中，不喜光，昼夜摄食（朱龙等，1999）。许氏平鲉体侧延长，侧扁，体被圆细鳞。背面及两面为灰褐色，中胸腹面较灰白。该物种最适生长温度为18~22℃，可在中国北方海域中越冬度夏，为中国北方地区海洋养殖的优良品种，在山东沿海地区产仔盛期约为4、5月，最高温度在13~16℃（王雪梅等，2008）。但是，韩国南方沿海地区的水产养殖户频频出现"冷池"现象，造成了大批许氏平鲉死亡；冷池主要出现在夏季，产生的高温区域通常较附近海区低5℃左右（Lee等，2009）。

1.1.2 许氏平鲉的研究现状

目前国内外已有许多关于外界环境因子对许氏平鲉生长发育、免疫应激及生理机制等方面的影响研究。有研究发现，水温快速变化引起的压力会导致许氏平鲉肝细胞中的核DNA损伤，但绿色波长的光似乎可以保护细胞，同时也减少肝细胞中的核DNA损伤（Choi等，2017）。王晓杰等（2005）研究表明，虽然在低盐度和高盐的胁迫下，许氏平鲉在一定繁殖期内生长发育得较好，但长时间的高盐分胁迫也会造成鱼体自由基新陈代谢的障碍，从而削弱了鱼体抵抗力，最后将危害鱼类健康与繁殖。Guo 等（2020）研究发现，每天 3%体重的摄食率是许氏平鲉幼鱼在放养前适当生长和降低饲料成本的最佳摄食制度。还有研究发现，根据水温的不同，氨暴露于许氏平鲉会导致抗氧化反应，体内超氧化物歧化酶（SOD）、过氧化氢酶（CAT）、谷胱甘肽硫转移酶（GST）和谷胱甘肽（GSH）发生轻微变化，应激指标（皮质醇和热激蛋白 HSP70）增加，免疫反应（溶菌酶活性和吞噬作用）受到抑制（Kim 等，2015）。另一种研究则表明，较短的光照会影响性腺发育与分化，控制了卵巢的分化基因表达，从而产生原始生殖腺雄性化（吕里康等，2020）。

目前，有关外界环境因子对许氏平鲉不同阶段的生长发育的影响已经有了一定程度的研究，但有关光谱对许氏平鲉幼鱼的生长发育及生理机制等方面影响的研究依旧匮乏，因此，确定合适的光谱环境对许氏平鲉幼鱼的工厂化养殖环境改善和提高产量有着非常重要的意义。

1.2 光照对许氏平鲉幼鱼生长摄食和肌肉品质的影响

光谱组成作为光环境因子的三要素之一，对鱼类不同阶段的生长发育具有重要的影响。本部分的研究内容主要是通过设置不同的光谱环境，对许氏平鲉幼鱼的生长摄食性能（体长、体重、体长增长率、体长特定生长率、体重特定生长率、日增重、日增重系数、摄食率、饵料系数、饵料转换效率）和肌肉营养品质进行影响研究，评估不同 LED 光谱环境对其生长摄食和肌肉品质产生的积极或消极影响，以期确定适宜许氏平鲉幼鱼阶段生长发育的最佳光谱环境，为工厂化养殖许氏平鲉提供理论依据。

1.2.1 不同光照条件对许氏平鲉幼鱼生长和摄食的影响

实验所用许氏平鲉幼鱼源自大连天正实业有限公司。幼鱼运输到实验室后，进行为期一周的驯化，以使其适应养殖新环境。驯化期间采用商业浮性饲料进行投喂,每日上午 8:30 和下午 3:30 各饱食投喂一次。一周后选取 750 尾体质均称健康的许氏平鲉幼鱼进行实验。

本实验所采用的光源为 LED 灯(型号:GK5A;由中国科学院半导体研究所提供设计,深圳超频三科技有限公司生产),灯具共有五种光色,分别为绿光($\lambda_{525\sim530nm}$)、蓝光($\lambda_{450\sim455nm}$)、黄光($\lambda_{590\sim595nm}$)、红光($\lambda_{625\sim630nm}$)、白光($\lambda_{400\sim780nm}$),光源安装在水面正上方 1m 处。

实验在遮光隔间内进行,不同处理组间采用遮光布进行遮盖,以避免处理组之间光源的交叉污染,确保各组光照条件的稳定。本实验设置 5 个光谱处理组,分别为绿光、蓝光、黄光、红光和白光处理组。每个处理组内设置 3 个重复,即放置 3 个养殖桶,养殖桶为灰白色 PE 材质圆柱形桶(直径 80cm,内高 60cm,有效水体体积 250L),实验场景如图 1-1 所示。实验开始时,每个养殖桶放入 50 尾经过驯化的许氏平鲉幼鱼,体长(6.27±0.30)cm,体重(7.56±0.17)g,实验周期为 60d。实验期间,每个养殖桶均采用曝气泵进行不间断曝气,实验光强设置为(250±20)mW/m^2,每日早晨 8:30 用 SRI2000UV 光谱照度计(尚泽股份有限公司)测定光照强度并校准。光照周期通过电子定时器进行控制,设置为 12L:12D。每日上午 8:30 和下午 3:30 各饱食投喂一次,每日投喂饵料的质量按每养殖桶内鱼体总质量的 2%进行计算,每次投喂时,均需要称量饲料,投喂后 30min 收集剩余残饵,烘干称重。每 2 天更换一次水,换水体积为 50%。实验期间无异常死亡现象,存活率为 100%。

图 1-1 实验场景示意图

1.2.1.1　不同光照条件对许氏平鲉幼鱼生长发育的影响

为了研究各种LED光谱对幼鱼生长发育的影响,本部分实验选择第1天、10天、20天、30天、40天、50天、60天等7个不同时期的幼鱼进行取样测量,每个取样时间点每个处理组各取样20尾鱼,称量体长、体重后迅速放回原养殖桶中。根据以下所列公式计算体长增长率(LGR)、体长特定生长率(SGR_L)、体重特定生长率(SGR_W)、肥满度(K)、日增重(DG)、日增重系数(DGI)。

体长增长率（LGR）$=(L_2-L_1)/L_1\times 100\%$；

体长特定生长率（SGR_L）$=100\times(\ln L_2-\ln L_1)/(T_2-T_1)$；

体重特定生长率（SGR_W）$=100\times(\ln W_2-\ln W_1)/(T_2-T_1)$；

肥满度（K）$=(W_2/L_2^3)\times 100\%$；

日增重（DG）$=(W_2-W_1)/(T_2-T_1)$；

日增重系数（DGI）$=100\times[(W_2^{1/3}-W_1^{1/3})/(T_2-T_1)]$。

式中,L_1、W_1分别为实验开始时的鱼体长(cm)、鱼体重(g);L_2、W_2为实验结束时的鱼体长(cm)、鱼体重(g);T_1为实验开始时间;T_2为实验结束时间。

本实验中,所有生长摄食指标数据均以平均值±标准误差(Mean±SE)方式表示,其中的生长摄食指标数据先通过Excel软件加以归集、汇集;然后采用SPSS 22.0的单因素方差分析法(one-way ANOVA)完成数据分析,并使用Duncan完成多重因素比较统计分析计算,以$P<0.05$为差异的明显水平。将解析后所得数据使用Origin 2022应用软件完成作图。

图1-2和图1-3显示了在5种不同LED光谱下,实验60天期间许氏平鲉幼鱼体长和体重的变化。实验过程中各光谱处理组的体长和体重均呈现出相似的增长趋势。在第10天,不同LED光谱下的许氏平鲉幼鱼的体长、体重均开始出现显著性差异。在第40天和第50天的许氏平鲉幼鱼的体长、体重的差异无统计学意义。第60天,白光处理组的体长显著高于黄光组($P<0.05$),其中白光组的体长最高,而绿光组和蓝光组的体重显著高于红光组($P<0.05$),其中绿光组的体重最高。

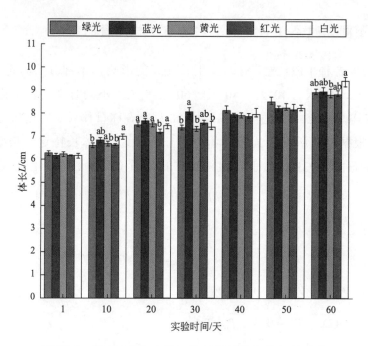

图 1-2 不同 LED 光谱下许氏平鲉幼鱼体长的变化

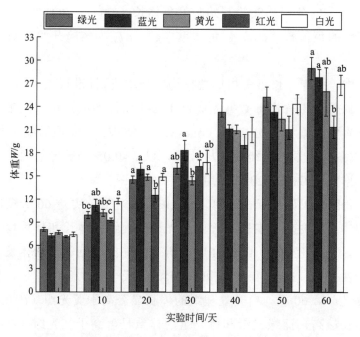

图 1-3 不同 LED 光谱下许氏平鲉幼鱼体重的变化

5种LED光谱条件下许氏平鲉幼鱼的生长性能相关指标如表1-1所示。黄光组和绿光组的体长增长率和体长特定生长率显著低于白光组（$P<0.05$）。蓝光组和白光组的体重特定生长率显著高于红光组（$P<0.05$）。绿光组的肥满度显著高于除蓝光组外的其他各组（$P<0.05$），红光组和白光组的肥满度显著低于其他各组（$P<0.05$）。绿光组和蓝光组的日增重显著高于红光组（$P<0.05$）。红光组的日增重系数显著低于其他各处理组（$P<0.05$）。因此可以得出，绿光照射较适宜许氏平鲉幼鱼阶段的生长发育。

表1-1 不同光谱条件下许氏平鲉幼鱼的生长性能指标

生长性能指标	光谱处理组				
	绿光	蓝光	黄光	红光	白光
体长增长率/%(LGR)	38.37 ± 2.45^b	46.31 ± 2.70^{ab}	39.37 ± 4.69^b	43.18 ± 2.52^{ab}	53.72 ± 4.45^a
体长特定生长率/%(SGR_L)	1.06 ± 0.05^b	1.25 ± 0.06^{ab}	1.09 ± 0.11^b	1.18 ± 0.06^{ab}	1.41 ± 0.10^a
体重特定生长率/%(SGR_W)	4.19 ± 0.18^{ab}	4.40 ± 0.08^a	3.97 ± 0.40^{ab}	3.60 ± 0.24^b	4.30 ± 0.29^a
肥满度/%(K)	4.00 ± 0.07^a	3.78 ± 0.09^{ab}	3.71 ± 0.12^b	3.07 ± 0.06^c	3.18 ± 0.05^c
日增重/(g/d)(DG)	0.35 ± 0.02^a	0.35 ± 0.02^a	0.31 ± 0.05^{ab}	0.24 ± 0.02^b	0.33 ± 0.03^{ab}
日增重系数/%(DGI)	1.75 ± 0.08^a	1.79 ± 0.04^a	1.61 ± 0.20^a	1.39 ± 0.11^c	1.74 ± 0.12^a

注：同行肩标相同小写字母或无字母表示差异不显著（$P>0.05$），不同小写字母表示差异显著（$P<0.05$）。

1.2.1.2 不同光照条件对许氏平鲉幼鱼摄食性能的影响

为了研究各种LED光谱对幼鱼摄食性能的影响，本部分实验选择第1天、10天、20天、30天、40天、50天、60天等7个不同时期的幼鱼进行取样测量，每个取样时间点每个处理组各取样20尾鱼，称量体长、体重后迅速放回原养殖桶中。根据以下所列公式计算摄食率（FR_W）、饵料系数（FCR）、饵料转换效率（FCE_W）。

摄食率（FR_W）$=100\times F/[(W_2+W_1)/2]/(T_2-T_1)$；

饵料系数（FCR）$=F/(W_2-W_1)$；

饵料转换效率（FCE_W）$=100\times(W_2-W_1)/F$。

式中，W_1 为实验开始时的鱼体重（g）；W_2 为实验结束时的鱼体重（g）；F 为实验周期内鱼的总进食量；T_1 为实验开始时间；T_2 为实验结束时间。

本实验中，所有生长摄食指标数据均以平均值±标准误差（Mean±SE）方式表示，其中的生长摄食指标数据先通过 Excel 软件加以归集、汇集；然后采用 SPSS 22.0 的单因素方差分析法（one-way ANOVA）完成数据分析，并使用 Duncan 完成多重因素比较统计分析计算，以 $P<0.05$ 为差异的明显水平。将解析后所得数据使用 Origin 2022 应用软件完成作图。

5 种 LED 光谱条件下许氏平鲉幼鱼的摄食性能相关指标如表 1-2 所示。白光组的摄食率显著高于其余各处理组（$P<0.05$）。蓝光组和绿光组的饵料系数显著低于红光组（$P<0.05$）。绿光组和蓝光组的饵料转换效率显著高于其余各组（$P<0.05$），而红光组的饵料转换效率显著低于除白光组外的其余各组（$P<0.05$）。因此可以得出，绿光、蓝光和白光较适宜许氏平鲉幼鱼阶段的生长摄食。

表 1-2　不同光谱条件下许氏平鲉幼鱼的摄食性能指标

摄食性能指标	光谱处理组				
	绿光	蓝光	黄光	红光	白光
摄食率/%（FR_W）	2.07±0.02^e	2.20±0.02^d	2.47±0.02^c	2.62±0.01^b	2.84±0.04^a
饵料系数（FCR）	1.05±0.01^c	1.13±0.01^c	1.40±0.07^b	1.57±0.02^a	1.50±0.03^{ab}
饵料转换效率/%（FCE_W）	94.95±1.22^a	88.84±0.63^a	71.56±3.44^b	63.67±0.89^c	66.63±1.19^{bc}

注：同行肩标相同小写字母或无字母表示差异不显著（$P>0.05$），不同小写字母表示差异显著（$P<0.05$）。

1.2.1.3　小结

光照条件的光谱组成、光强度和光周期是影响鱼类生活的环境因素，其中，光谱是影响鱼类性能的一个重要的外源因素，由水吸收到不同水平的波长来确定。近年来，国内外针对光谱对鱼类生长发育方面影响的一些研究也在证实这一点。如，Nasir 等（2017）研究发现，在红光环境下饲养的鲤鱼（*Cyprinus carpio*）幼鱼的饵料转化效率、生长性能和存活率得到了充分提高；而 Takahashi 等（2016）的研究则表示，绿光更能有效地刺激条斑星鲽（*Verasper moseri*）的体细胞生长。Karakatsouli 等（2007）发现在蓝光（480nm）、红光（605nm）和白光条件下饲养的虹鳟的生长速率没有显著差异，而 Luchiari 等（2008）认为，与红光和白光相比，蓝光（435nm）对虹鳟的生长会产生负面影响。然而，Stefansson 和 Hansen 等（1989）发现在人工光照下，大西洋鲑（*Salmo salar*）的生长没有差异。本次实验的研究结果表明，在绿光环境下的许氏平鲉幼鱼的体长、体重增长和肥满度的整体状态较好。同时红光照射对许氏平鲉幼鱼的生长发育产生了不利影响，体长、体重均处于较低水平，且肥满度显著低于其余各光谱处理组（$P<0.05$）。这些研究结果与其他一些鱼类的研究结果相一致，如，红鳍东方鲀（*Takifugu rubripes*）幼鱼（刘松涛等，2021）、欧洲舌齿鲈（*Dicentrarchus labrax*）幼鱼（崔鑫，2019）和黑线鳕（*Melanogrammus aeglefinus* L.）幼鱼（Downing 等，2002）在绿光环境下可获得最好的生长性能。这些研究结果与本研究的结果均表明，绿光照射和生长性能之间存在正相关关系。在绿光照射、光照度为$(250±20)mW/m^2$的光照条件下，许氏平鲉幼鱼的肥满度最高，且显著高于除蓝光组外的其余各处理组（$P<0.05$）。但在绿光环境下的体长增长率和体长特定生长率相较于其余各处理组处于相对较低的水平。这个现象可理解为，和其他光谱处理中的幼鱼比较，在绿光条件下的幼鱼因实验前期发育速度较快，使得养殖容器内的饲养压力增加，幼鱼间的摄食争夺也加剧，从而导致了许氏平鲉幼鱼的体长增长速度变缓，然而绿光下幼鱼的饵料转化效率较高，因此幼鱼具有了较高的肥满度。研究结果表明，红光组的前期生长速度较为缓慢，养殖密度相对较小，幼鱼生长所受到的抑制程度较小，显示出较高的体长增长率和体长特定生长率，然而红光下幼鱼的饵料转化效率较低，因此幼鱼的肥满度较低。养殖密度也是直接影响水质、存活、生长和免疫应答的关键因素，不适当的高密度会引起不良应激反应（Jia 等，2016；Yarahmadi 等，2016）。有调查证实，经过高养殖密度处理的中华鲟（*Acipenser sinensis*）幼鱼的最终体重、SGR 值和增重明显减少，但随着饲养密度的提高，饵料转化效率的降低表现出了显著的密度依赖性（Long 等，2019）。这也意味着，高饲养密度可能会抑制鱼类的成长摄食。

本实验中，不同 LED 光谱对许氏平鲉幼鱼的摄食性能具有不同影响。白光下许氏平鲉幼鱼的摄食率最高且显著高于其余各处理组（$P<0.05$）。蓝光和绿光组许氏平鲉幼鱼的摄食率显著低于其余各处理组（$P<0.05$）。而绿光和蓝光

组的饵料系数显著低于其余各组（$P<0.05$），饵料转换效率显著高于其他各组（$P<0.05$）。而在红光条件下，许氏平鲉幼鱼摄食率较高且显著高于除白光组外的其余各组（$P<0.05$），饵料系数最高，饵料转换效率最低。有研究发现，绿光可以提高梭鲈（*Sander lucioperca*）稚鱼的摄食率和饵料转换效率（Luchiari等，2009），绿光和蓝光可大大提高眼斑拟石首鱼（*Sciaemopso celletus*）的摄食性能（王萍等，2009）。这可能是由于蓝光和绿光均属于短波长光谱，与鱼类日常栖息环境的光谱组成相似，鱼的视觉灵敏度可以根据环境光线的光谱组成进行调整，增强视觉，以便更好地检测食物，进而促进生长发育（Munz等，1958）。综合三项摄食指标，许氏平鲉幼鱼在绿光和蓝光条件下具有较好的摄食性能，生长效果最好，而在红光条件下摄食性能最差，对应的生长效果也最差。

综上所述，这五种不同 LED 光谱都对许氏平鲉幼鱼的生长过程和摄食特性产生了一定的影响。其中绿光、蓝光和白光下养殖的许氏平鲉幼鱼具有较高的体长、体重、肥满度、饵料转换效率以及更好的生长状态；红光照射的环境下可能不利于许氏平鲉幼鱼捕食猎物，进而导致生长性能偏低。因此，在绿光、蓝光和白光环境下养殖的许氏平鲉幼鱼可以获得较好的生长性能。

1.2.2　不同光照条件对许氏平鲉幼鱼肌肉的营养成分与品质的影响

实验所用许氏平鲉幼鱼源自大连天正实业有限公司。幼鱼运至实验室后，养殖在圆柱形水箱（直径 80cm，内高 60cm，容积 250L）进行为期一周的驯化，使其适应养殖环境。采用商业浮性饵料进行投喂，饵料主要营养源包括进口南极磷虾粉、白鱼粉、鱿鱼粉、深海鱿鱼油及各种维生素和矿物质等，饲料组成及营养成分见表 1-3。每天 8:30 和 16:30 各饱食投喂一次。一周后选取 750 尾均质健康的许氏平鲉幼鱼进行实验。

表 1-3　饲料组成及营养成分含量（风干基础）

项目	含量/%
粗蛋白质(Crude protein)	55.00
粗脂肪(Crude lipid)	8.00
粗灰分(Ash)	16.00
粗纤维(CF)	3.00

续表

项目	含量/%
钙(Ca)	4.00
赖氨酸(Lys)	2.50
总磷(TP)	1.50
食盐(NaCl)	2.50
水分(Moisture)	9.00

实验在设施渔业教育部重点实验室养殖间进行，各处理组之间采用遮光布进行遮盖形成封闭隔间以免造成光源的交叉类试验误差；每个隔间内实验光源为 LED 灯（型号：GK5A；由中国科学院半导体研究所提供设计，深圳超频三科技股份有限公司生产），灯具共五种光色，分别为全光谱光（白光 $\lambda_{400\sim780nm}$）、蓝光（$\lambda_{450\sim455nm}$）、绿光（$\lambda_{525\sim530nm}$）、黄光（$\lambda_{590\sim595nm}$）、红光（$\lambda_{625\sim630nm}$），光源安装在养殖水面正上方 1m 处。

本实验设置 5 个 LED 光谱组，分别为白光组、蓝光组、绿光组、黄光组、红光组，每组设 3 个重复，即放置 3 个养殖桶（灰白色 PE 材质圆柱形桶，直径 80cm，内高 60cm），不同光照处理组之间用遮光布隔开，以免光源的交叉干扰。实验开始时，每桶随机放入 50 尾驯化后的许氏平鲉幼鱼，体质量为（38.80±0.43）g、体长为（10.20±0.17）cm，共 750 尾，实验周期为 60d。实验期间，每天 8:30 和 16:30 各投喂一次，每日投喂饵料的质量按每养殖桶内鱼体总质量的 2%进行计算；各处理组光周期设定为 12L：12D（由电子定时器进行控制），光照度均设定为（250±20）mW/m^2（刘松涛等，2021）。每日 8:30 采用光谱照度计（SRI-2000UV，尚泽光电股份有限公司，中国台湾）进行测量并调整。实验期间采用 24h 流水养殖，水温为 19~23℃，pH7.0~8.0，盐度保持在 27~30 区间内，连续曝气，保持溶氧>6mg/L。每天吸底 2 次清理残饵粪便，分别在投喂 30min 后进行。

实验结束后，每个养殖桶随机选取 2 尾鱼，每个光谱组共取鱼 6 尾，麻醉后于冰盘上尽快解剖，取鱼脊背两侧背鳍中点以下水平膈肌上方的白色肌肉，去鳞、去皮，用去离子水冲洗干净。然后随机取 2 尾鱼的肌肉组织于多聚甲醛固定液中保存，其余放入标记好的冻存管中并立即冷冻于液氮中，随后放入-80℃超低温冰箱保存，用于后续样品的制备与测定。

1.2.2.1 不同光谱环境下许氏平鲉幼鱼肌纤维的形态学观察分析

将肌肉组织从固定液取出，进行无水乙醇脱水。用石蜡对组织进行包埋，用徕卡RM-2016切片机（上海徕卡仪器有限公司）连续切片，厚度为4~4.5μm。经40℃水浴展片，60℃烘干。切片经二甲苯脱蜡，乙醇梯度脱水，苏木素-伊红HE染色，最后用中性树胶封片，于室温晾干后保存。使用正置光学显微镜（nikon eclipse-e100，日本尼康）观察肌纤维形态，Case Viewe 2.4软件对白肌组织切片进行肌纤维直径测量。测量时尽量选取同一个位置鱼脊背两侧背鳍中点以下水平膈肌上方的肌肉切片，约1cm²大小的范围进行肌纤维直径的测量。

实验所有数据均以平均值±标准差（X±SD）表示，采用SPSS 26.0的单因素方差分析（one-way ANOVA，LSD）进行统计处理，并采用Duncan氏多重比较检验，$P<0.05$为差异显著。分析所得数据用Origin 2017软件进行绘图。

不同光谱环境下的肌纤维纵切图如图1-4所示，可以发现，不同光谱环境下许氏平鲉的肌纤维形态不同，其中绿光组肌纤维间隙较大，其次是白光组和红光组，黄光组肌纤维间隙较为紧密。如表1-4所示，蓝光组中肌纤维平均直径最大，为(105.04±11.78)μm，其次是绿光组，为(87.10±6.60)μm，黄光组最小，为(62.04±4.59)μm，且绿光和蓝光组的肌纤维直径显著大于黄光和白光组（$P<0.05$）；另外，各光谱环境下许氏平鲉肌节较宽，并无明显区别。

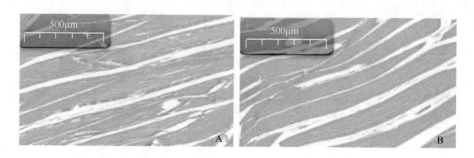

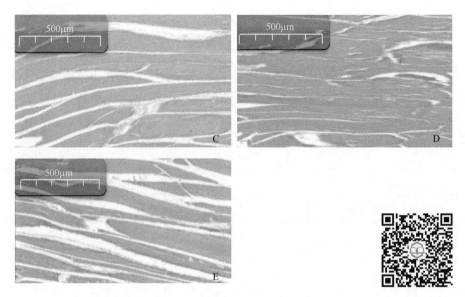

图 1-4　不同光谱环境下许氏平鲉肌纤维纵切图

A：蓝光组肌纤维纵切面；B：绿光组肌纤维纵切面；C：红光组肌纤维纵切面；D：黄光组肌纤维纵切面；E：白光组肌纤维纵切面。标尺均为 500μm

表 1-4　不同光谱环境下许氏平鲉肌纤维直径统计

光谱	蓝光	绿光	红光	黄光	白光
肌纤维直径/μm	105.04±11.78^a	87.10±6.60^a	86.80±5.67^a	62.04±4.59^b	62.16±6.14^b

注：用平均值±标准差来表示各组数据，各组间差异显著的数据用不同字母来表示（$P<0.05$）。

1.2.2.2　不同光谱环境下许氏平鲉幼鱼肌肉的常规营养成分

根据国家标准检测方法，水分测定采用 105℃干燥法（GB 5009.3—2016）；粗蛋白质含量采用凯氏定氮法（GB 5009.5—2016），使用 K9840 凯氏定氮仪完成测定；粗脂肪含量采用索氏抽提法（GB 5009.168—2016），使用 SZF-06A 型粗脂肪测定仪完成测定；粗灰分含量采用马弗炉 550℃灼烧法（GB 5009.3—2016）完成测定。

实验所有数据均以平均值±标准差（$\bar{X}\pm SD$）表示，采用 SPSS 26.0 的单因素方差分析（one-way ANOVA，LSD）进行统计处理，并采用 Duncan 氏多重比较检验，$P<0.05$ 为差异显著。分析所得数据用 Origin 2017 软件进行绘图。

测定不同光谱对许氏平鲉幼鱼肌肉的粗蛋白质、水分、粗灰分、粗脂肪含量的影响，结果见表1-5。各光谱组肌肉粗灰分、水分、粗蛋白质含量差异不显著（$P>0.05$）。白光环境下的肌肉粗脂肪含量最高，显著高于红光和黄光组（$P<0.05$），与绿光和蓝光之间组则不存在显著性差异（$P>0.05$）。

表1-5 不同光谱环境下许氏平鲉肌肉中的常规营养水平

%

光谱	肌肉			
	粗脂肪	粗灰分	水分	粗蛋白质
白光	1.67±0.38^c	1.47±0.06^a	76.20±0.27^a	20.67±0.50^a
蓝光	1.17±0.50^{abc}	1.43±0.06^a	76.83±0.50^a	20.57±0.06^a
绿光	1.53±0.32^{bc}	1.43±0.15^a	76.67±1.26^a	20.37±1.06^a
黄光	0.83±0.40^{ab}	1.50±0.00^a	77.43±0.23^a	20.23±0.49^a
红光	0.77±0.15^a	1.53±0.06^a	77.30±0.44^a	20.40±0.44^a

注：以上数据均为肌肉鲜样中的含量；用平均值±标准差来表示各组数据，各组间差异显著的数据用不同字母来表示（$P<0.05$）。

1.2.2.3 不同光谱环境下许氏平鲉背肌羟脯氨酸及胶原蛋白含量

取-80℃超低温冰箱中保存的肌肉组织，按南京建成试剂盒说明书进行羟脯氨酸浓度测定。先准确称量样品30～100mg，放入试管中，准确加水解液1mL，混匀；加盖后95℃或者沸水浴水解20min（水解10min时混匀一次，目的是使水解更充分）；调pH值至6.0~6.8左右。最后混匀，60℃水浴15min，冷却后，3500r/min离心10min，取上清液于波长550nm，1cm光径，双蒸水调零，测定各管吸光度值。羟脯氨酸含量计算公式如下：

羟脯氨酸含量（μg/mg，以湿重计）=

$$\frac{测定OD值-空白OD值}{标准OD值-空白OD值} \times 标准品含量(5\mu g/mL) \times \frac{水解液总体积(mL)}{组织湿重(mg)}$$

将羟脯氨酸含量用百分比（%）表示，胶原蛋白含量换算公式如下：

胶原蛋白含量=羟脯氨酸含量×11.1

实验所有数据均以平均值±标准差（X±SD）表示，采用SPSS26.0的单因素方差分析（one-way ANOVA，LSD）进行统计处理，并采用Duncan氏多重比较检验，$P<0.05$为差异显著。分析所得数据用Origin 2017软件进行绘图。

不同光谱处理组许氏平鲉肌肉样品中羟脯氨酸的含量如图1-5A所示，在不同光谱下羟脯氨酸的含量分别为0.02%（红光）、0.02%（黄光）、0.06%（蓝光）、0.03%（绿光）、0.08%（白光），其中白光组和蓝光组羟脯氨酸含量显著高于其他三个处理组（$P<0.05$）；其对应的胶原蛋白含量分别为0.22%（红光）、0.22%（黄光）、0.67%（蓝光）、0.33%（绿光）、0.89%（白光）（图1-5B），各光谱处理组间肌肉胶原蛋白含量的差异性同羟脯氨酸一致。白光组中肌肉羟脯氨酸及胶原蛋白含量最高，其次是蓝光组，这两组与其余三组之间差异显著（$P<0.05$）；绿光、红光和黄光组之间没有显著差异（$P>0.05$），与其他处理组相比，两者含量较低。

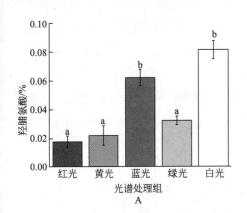
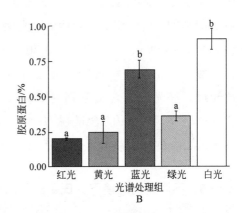

图1-5 不同光谱环境下许氏平鲉幼鱼肌肉中羟脯氨酸（A）和胶原蛋白含量（B）

不同小写字母代表各光谱处理组间差异显著（$n=6$；$P<0.05$）

1.2.2.4 不同光谱环境下许氏平鲉幼鱼的肌肉氨基酸组成

取−80℃低温保存的适量肌肉样品，按照GB/T 5009.124—2003的方法进行前处理，先在水解管中加入10～15mL 6mol/L盐酸溶液，将水解管放入冷冻剂中，冷冻3～5min，充氮保护，拧紧瓶盖，将水解管放在(110 ± 1)℃的电热鼓风恒温箱中水解22h后,取出,冷却至室温。打开水解管,将水解液过滤至50mL容量瓶中,用少量水多次冲洗水解管,水洗液移入同一50mL容量瓶内,最后用水定容至刻度,摇匀。准确吸取1.0mL滤液移入至15mL试管内,40℃减压至干,用1.0mL pH2.2的柠檬酸钠缓冲溶液复溶,振荡混匀后,过0.22μm滤膜后,使用日立LA-8080氨基酸自动分析仪测定肌肉中氨基酸的含量。色谱柱:磺酸型阳离子树脂;波长:570nm和440nm;进样量:500μL;反应温度:(135±5)℃。

实验所有数据均以平均值±标准差($\bar{X}\pm SD$)表示,采用SPSS 26.0的单因素方差分析(one-way ANOVA,LSD)进行统计处理,并采用Duncan氏多重比较检验,$P<0.05$为差异显著。分析所得数据用Origin 2017软件进行绘图。

不同光谱影响下许氏平鲉幼鱼肌肉中的氨基酸组成与含量如表1-6所示,各光谱组的许氏平鲉均检测出17种氨基酸(不包含色氨酸),其中非必需氨基酸(NEAA)8种、半必需氨基酸(HEAA)2种、必需氨基酸(EAA)7种。方差分析结果显示,黄光组的甘氨酸含量显著高于蓝光组($P<0.05$),而与绿光和白光组之间均无显著差异($P>0.05$);此外,谷氨酸的含量在不同光色环境中是最高的,白光组、蓝光组、绿光组、黄光组、红光组的含量分别为13.37%、13.86%、13.99%、14.55%、13.70%,然后从高到低分别为天冬氨酸、赖氨酸、亮氨酸、甘氨酸、精氨酸,最低含量的是丙氨酸,白光组、蓝光组、绿光组、黄光组、红光组的含量分别为0.57%、0.69%、0.57%、0.63%、0.52%;必需氨基酸/非必需氨基酸的含量在76.49%~78.46%,必需氨基酸/总氨基酸的含量在38.10%~38.69%,差异并不显著($P>0.05$)。

表1-6 不同光谱环境下许氏平鲉肌肉氨基酸组成(干物质基础)

%

氨基酸	蓝光	绿光	红光	黄光	白光
天冬氨酸(Asp)	10.00±1.01	10.02±0.27	10.01±1.02	10.59±0.25	9.71±0.52
苏氨酸(Thr)	4.42±0.40	4.43±0.10	4.38±0.43	4.62±0.12	4.26±0.23
丝氨酸(Ser)	3.91±0.33	3.92±0.11	3.95±0.30	4.11±0.07	3.78±0.17
谷氨酸(Glu)	13.86±1.52	13.99±0.29	13.70±1.61	14.55±0.45	13.37±0.85
脯氨酸(Pro)	5.18±0.11	4.34±0.23	4.82±0.38	4.56±0.19	4.20±0.10

续表

氨基酸	蓝光	绿光	红光	黄光	白光
甘氨酸(Gly)	5.74±0.98^c	5.93±0.14^a	6.00±0.39^{bc}	6.16±0.16^{ab}	5.66±0.23^a
丙氨酸(Ala)	0.69±0.20	0.57±0.04	0.52±0.11	0.63±0.06	0.57±0.06
缬氨酸(Val)	4.74±0.42	4.72±0.14	4.72±0.44	4.95±0.18	4.55±0.28
甲硫氨酸(Met)	2.28±0.45	2.47±0.16	2.31±0.46	2.52±0.17	2.21±0.19
异亮氨酸(Ile)	4.39±0.46	4.39±0.10	4.38±0.50	4.64±0.14	4.26±0.23
亮氨酸(Leu)	7.63±0.75	7.69±0.24	7.67±0.80	8.14±0.21	7.52±0.46
酪氨酸(Tyr)	2.84±0.41	2.82±0.12	2.81±0.39	3.06±0.14	2.83±0.16
苯丙氨酸(Phe)	3.97±0.33	4.05±0.20	4.07±0.34	4.33±0.07	3.96±0.19
赖氨酸(Lys)	8.88±1.04	9.03±0.23	8.85±1.06	9.45±0.29	8.66±0.49
组氨酸(His)	2.26±0.22	2.25±0.10	2.37±0.48	2.36±0.17	2.19±0.20
精氨酸(Arg)	5.57±0.51	5.59±0.18	5.56±0.46	5.79±0.18	5.34±0.27
胱氨酸(Cys)	2.94±0.18	3.05±0.27	3.09±0.18	3.04±0.01	2.77±0.02
氨基酸总量(TAA)	89.30±9.00	89.25±2.69	89.21±8.63	93.50±2.63	85.86±4.47
必需氨基酸(EAA)	34.02±3.39	34.31±1.00	34.08±3.57	36.13±1.00	33.22±1.88
非必需氨基酸(NEAA)	44.47±4.36	44.07±1.34	44.38±3.62	46.07±1.15	42.32±1.93
半必需氨基酸(HEAA)	18.2±1.42	17.23±0.58	17.65±1.08	18.15±0.57	16.73±0.66
必需氨基酸/总氨基酸(EAA/TAA)	38.10±0.20	38.44±0.05	38.19±0.31	38.64±0.19	38.69±0.14
必需氨基酸/非必需氨基酸(EAA/NEAA)	76.49±0.32	77.87±0.07	76.70±1.30	78.43±0.51	78.46±0.53

注：用平均值±标准差来表示各组数据，各组间差异显著的数据用不同字母来表示（$P<0.05$）。

1.2.2.5 不同光谱环境下许氏平鲉幼鱼的肌肉营养品质评价

根据目前养殖鱼类的营养品质评价方法，肌肉营养品质评价所涉及的氨基酸评分（AAS）、化学评分（CS）和必需氨基酸指数（EAAI）均根据1973年联合国粮农组织/世界卫生组织（FAO/WHO）提出的每克氨基酸评分标准模式和 1991 年中国预防医学科学院营养与食品卫生研究所提出的全鸡蛋蛋白质的氨基酸模式进行比较，计算方法同李鑫等人的报道，具体计算如下：

aa=(样品中氨基酸质量分数/样品中粗蛋白质质量分数)×6.25×1000；

AAS=aa/AA（FAO/WHO）；

CS=aa/AA（全鸡蛋）；

$EAAI=(100A/AE \times 100B/BE \times 100C/CE \times \cdots \times 100H/HE)^{\frac{1}{n}}$。

式中，aa 为检测样品中某种氨基酸含量，mg/g；AA（FAO/WHO）为氨基酸评价标准含量，mg/g；AA（全鸡蛋）为全鸡蛋蛋白质中同种氨基酸含量，mg/g；n 代表比较的必需氨基酸个数；A、B、$C\cdots H$ 为鱼肌肉中蛋白质的必需氨基酸含量（mg/g）；AE、BE、CE、⋯、IE 代表全鸡蛋蛋白质的必需氨基酸含量（mg/g）。

实验所有数据均以平均值±标准差（X±SD）表示，采用 SPSS 26.0 的单因素方差分析（one-way ANOVA，LSD）进行统计处理，并采用 Duncan 氏多重比较检验，$P<0.05$ 为差异显著。分析所得数据用 Origin 2017 软件进行绘图。

由表 1-7 可知，不同 LED 光谱环境下许氏平鲉肌肉中必需氨基酸的含量不同，其中黄光组含量最高，为 2796.43mg/g（以 N 计），其次是绿光组（2739.12mg/g，以 N 计）、蓝光组（2653.68mg/g，以 N 计）和白光组（2645.41mg/g，以 N 计），红光组含量最低，为 2635.81mg/g（以 N 计），均高于 FAO/WHO 模式（2250mg/g，以 N 计）。赖氨酸和苏氨酸含量均超出 FAO/WHO 氨基酸模式和全鸡蛋蛋白质氨基酸模式，除红光组外各组亮氨酸含量均超出 FAO/WHO 氨基酸模式（440mg/g，以 N 计）和全鸡蛋蛋白质氨基酸模式（534mg/g，以 N 计）。另外，全光谱组检测到的甲硫氨酸+胱氨酸含量评分均低于其他各组。

由表 1-8 可知，不同 LED 光谱处理组中必需氨基酸的 AAS 均接近或大于 1.00，CS 均大于 0.50，并且 AAS 和 CS 基本上都符合黄光组最高、绿光组次之、红光组最低的规律。此外，由 AAS 和 CS 可知，5 种 LED 光谱环境下许氏平鲉肌肉中的第一限制性氨基酸均为缬氨酸。在必需氨基酸指数（EAAI）中，黄光组最高，其次是绿光组，而后是蓝光组，红光组最低。

表 1-7 不同光谱环境下许氏平鲉肌肉中必需氨基酸含量与 FAO/WHO 模式和全鸡蛋蛋白质的氨基酸模式比较

单位：mg/g（以 N 计）

必需氨基酸(EAA)	FAO/WHO 模式	全鸡蛋蛋白质的氨基酸模式	白光	蓝光	绿光	黄光	红光
异亮氨酸(Ile)	250	331	306.57	309.01	314.29	323.50	304.61
亮氨酸(Leu)	440	534	541.17	537.07	550.54	567.51	533.42
赖氨酸(Lys)	340	441	623.21	625.06	646.48	658.85	615.49
苏氨酸(Thr)	250	292	306.57	311.12	317.15	322.10	304.61
缬氨酸(Val)	310	411	327.44	333.65	337.92	345.11	328.26
甲硫氨酸+胱氨酸(Met+Cys)	220	386	358.38	367.43	395.19	387.64	375.55
苯丙氨酸+酪氨酸(Phe+Tyr)	380	565	488.64	479.35	491.84	515.22	478.48
合计	2250	3059	2645.41	2653.68	2739.12	2796.43	2635.81

表 1-8 不同光谱环境下许氏平鲉肌肉必需氨基酸中 AAS、CS 和 EAAI 比较

必需氨基酸(EAA)	氨基酸评分 AAS					化学评分 CS				
	蓝光	绿光	红光	黄光	白光	蓝光	绿光	红光	黄光	白光
异亮氨酸(Ile)	1.24	1.26	1.22	1.29	1.23	0.93	0.95	0.92	0.98	0.93
亮氨酸(Leu)	1.22	1.25	1.21	1.29	1.23	1.01	1.03	1.00	1.06	1.01
赖氨酸(Lys)	1.84	1.90	1.81	1.94	1.83	1.42	1.47	1.40	1.49	1.41
苏氨酸(Thr)	1.24	1.27	1.22	1.29	1.23	1.07	1.09	1.04	1.10	1.05
缬氨酸(Val)	1.08	1.09	1.06	1.11	1.06	0.81	0.82	0.80	0.84	0.80
甲硫氨酸+胱氨酸(Met+Cys)	1.67	1.80	1.71	1.76	1.63	0.95	1.02	0.97	1.00	0.93
苯丙氨酸+酪氨酸(Phe+Tyr)	1.26	1.29	1.26	1.36	1.29	0.85	0.87	0.85	0.91	0.86
氨基酸指数(EAAI)	98.96	101.92	98.20	104.00	98.36					

1.2.2.6 不同光谱环境下许氏平鲉肌肉中脂肪酸组成

参照 GB 5009.168—2016 的方法进行样品预处理，称取适量样品于 50mL 烧瓶，加入约 100mg 焦性没食子酸，加入几粒沸石，再加入 2mL 95%乙醇，混匀后加入盐酸溶液 10mL，将烧瓶放入 70~80℃水浴中水解 40min。每隔 10min 振荡一下烧瓶，使黏附在烧瓶壁上的颗粒物混入溶液中。水解完成后，取出烧瓶冷却至室温。

脂肪的提取：水解后的试样，加入 10mL 95%乙醇，混匀。将烧瓶中的水解液转移到分液漏斗中，用 50mL 乙醚石油醚混合液冲洗烧瓶和塞子，冲洗液并入分液漏斗中，加盖。振摇 5min，静置 10min。将醚层提取液收集到 250mL 烧瓶中。按照以上步骤重复提取水解液 3 次，最后用乙醚石油醚混合液冲洗分液漏斗，并收集到已恒重的烧瓶中，将烧瓶置水浴上蒸干，置 100℃±5℃烘箱中干燥 2h。

脂肪的皂化和脂肪酸甲酯化：在脂肪提取物中，继续加入 2mL 2%氢氧化钠甲醇溶液，85℃水浴锅中水浴 30min，加入 3mL 14%三氟化硼甲醇溶液，于 85℃水浴锅中水浴 30min。水浴完成后，等温度降到室温，在离心管中加入 1mL 正己烷，振荡萃取 2min 之后，静置一小时，等待分层。取上层清液 100μL，用正己烷定容到 1mL，0.45μm 滤膜过膜。使用型号为 Agilent-7890A 气相色谱仪进行检测，按外标法定量计算脂肪酸的含量。

实验所有数据均以平均值±标准差（X±SD）表示，采用 SPSS 26.0 的单因素方差分析（one-way ANOVA，LSD）进行统计处理，并采用 Duncan 氏多重比较检验，$P < 0.05$ 为差异显著。分析所得数据用 Origin 2017 软件进行绘图。

不同光谱环境下许氏平鲉肌肉脂肪酸组成如表 1-9 所示。许氏平鲉肌肉脂肪酸组成相似，共检测出 16 种脂肪酸，其中饱和脂肪酸（SFA）4 种、单不饱和脂肪酸（MUFA）4 种、多不饱和脂肪酸（PUFA）8 种。在 5 种 LED 光谱处理组肌肉中的含量均表现为绿光组最高，其次是蓝光组，两处理组均高于全光谱组，红光组含量最低。在脂肪酸含量方面：饱和脂肪酸中，绿光组的 C16：0 含量最高，其次为蓝光组，黄光和红光组中 C15：0 含量最低；单不饱和脂肪酸中，C16：1 含量最高，5 个光谱处理组中绿光组最高，红光组最低；多不饱和脂肪酸中，C18：1n-9c 含量最高，其次是 C20：5n-3（EPA）、C22：6n-3（DHA），各光照组之间脂肪酸的数值差异并不显著（$P>0.05$）。

表 1-9 不同光谱环境下许氏平鲉肌肉脂肪酸组成（干物质基础）

%

脂肪酸	蓝光	绿光	红光	黄光	白光
$C_{14:0}$	0.76±0.18	0.83±0.36	0.58±0.08	0.58±0.06	0.72±0.18
$C_{15:0}$	0.04±0.01	0.04±0.02	0.03±0.00	0.03±0.00	0.04±0.01
$C_{16:0}$	3.62±0.72	3.93±1.50	2.94±0.35	2.92±0.29	3.54±0.76
$C_{18:0}$	1.32±0.27	1.50±0.69	1.00±0.14	0.99±0.16	1.34±0.40
$C_{16:1}$	0.82±0.16	0.84±0.29	0.65±0.08	0.68±0.03	0.74±0.11
$C_{18:1n-9c}$	3.33±0.62	3.55±1.49	2.59±0.38	2.60±0.30	3.17±0.68
$C_{18:2n-6c}$	0.59±0.14	0.61±0.21	0.49±0.05	0.47±0.01	0.52±0.09
$C_{18:3n-3}$	0.12±0.03	0.12±0.05	0.09±0.01	0.09±0.00	0.10±0.02
$C_{20:1}$	0.25±0.05	0.26±0.11	0.19±0.03	0.19±0.01	0.22±0.05
$C_{20:2}$	0.02±0.00	0.02±0.01	0.02±0.00	0.02±0.00	0.02±0.00
$C_{20:3n-3}$	0.03±0.01	0.03±0.01	0.02±0.01	0.02±0.00	0.02±0.00
$C_{22:1n-9}$	0.34±0.07	0.36±0.17	0.26±0.04	0.25±0.02	0.30±0.08
$C_{20:4n-6(AA)}$	0.10±0.02	0.10±0.04	0.08±0.01	0.08±0.00	0.09±0.02
$C_{20:5n-3(EPA)}$	1.98±0.39	2.04±0.76	1.59±0.16	1.57±0.15	1.84±0.33
$C_{24:1}$	0.06±0.01	0.06±0.02	0.05±0.00	0.05±0.00	0.06±0.01
$C_{22:6n-3(DHA)}$	1.64±0.29	1.65±0.54	1.38±0.13	1.37±0.15	1.52±0.22
饱和脂肪酸 SFA	5.31±0.99	5.64±2.17	4.21±0.51	4.21±0.38	5.04±1.05
单不饱和脂肪酸 MUFA	5.29±1.03	5.74±2.47	4.09±0.59	4.07±0.50	5.09±1.22
多不饱和脂肪酸 PUFA	4.48±0.88	4.58±1.61	3.67±0.36	3.63±0.30	4.11±0.67
EPA 和 DHA	3.62±0.68	3.68±1.30	2.98±0.28	2.95±0.29	3.35±0.54

注：用平均值±标准差来表示各组数据，各组间差异显著的数据用不同字母来表示（$P<0.05$）。

1.2.2.7 小结

大多数鱼类的肌肉呈非限定性生长模式，即通过肌纤维增生和肥大两种方式生长，但具体生长速率因鱼种类不同而略有差异。鱼类在早期生长发育中肌肉细胞会先经历分层生长阶段，以增加肌纤维数量，随后转变为嵌合生长，这一阶段会伴随肌细胞的增大（许晓莹等，2018；石军等，2013）。王梦娅等（2021）研究发现，许氏平鲉幼鱼阶段肌肉生长主要方式为肌纤维肥大，同时存在肌纤维数量的增加。本实验中，蓝光和绿光组肌纤维直径显著高于其他光谱组，表明蓝光和绿光可能有利于许氏平鲉肌纤维的生长。但目前关于光照影响鱼类肌肉生长方面的研究仍知之甚少，不同光谱对许氏平鲉肌纤维生长方式的调控机制还尚不清晰。

经济鱼类最重要的可食用部分是肌肉组织，其营养成分主要是粗灰分、水分、粗蛋白质、粗脂肪等（Periago 等，2005；吴亮等，2016）。本实验得出的结果表明，白光的肌肉粗脂肪含量最高，蓝光和绿光组次之，黄光和红光组含量最低。费凡等（2019）在研究不同光谱对欧洲舌齿鲈肌肉营养品质的影响时发现，绿光处理下肌肉的粗脂肪含量显著高于其他各组，而红光组含量最低。本研究中也发现了类似的结果，红光组的许氏平鲉粗脂肪的含量降低，而蓝、绿光和白光组表现出较好效果，而粗蛋白质、水分、粗灰分在所有光谱组中差异并不明显（$P>0.05$）。有研究发现，应激可能会影响鱼类的营养组分，如饥饿状态下的许氏平鲉，会分解自身贮存的营养物质，使机体的有机物质含量减少，而水分和灰分百分比含量则会相对增加（刘群等，2013）；再比如低温胁迫下的许氏平鲉，在长时间低温胁迫过程中，鱼体主要靠消耗脂肪作为能量来源，而水分的相对含量会逐渐增加（王晓杰等，2006）。因此不利的光环境可能也会对鱼类产生胁迫，红光和黄光组许氏平鲉粗脂肪降低的原因也可能为应激胁迫所致，但具体原因可能还需要开展进一步的研究来证实。

目前研究证明，许氏平鲉肌肉表层胶原蛋白因分子结构不同多为Ⅰ型胶原蛋白（collagen type Ⅰ，COL Ⅰ），该蛋白质具有三重螺旋结构且纯度较高。作为鱼类体内结缔组织重要的组成部分，胶原蛋白含量的高低也是评价肌肉营养价值和品质的关键指标（王珊珊等，2015；Wang 等，2013）。另外，许多研究表明，鱼类肌肉中胶原蛋白含量与肌肉嫩度之间存在负相关关系，但与肌肉柔韧性之间却是明显的正相关关系（张延华等，2014）。通常来说，胶原蛋白通过分子间交联影响胶原纤维的稳定性，在鱼类发育过程中，非还原性交联会增加，从而增强肌肉韧性（Purslow，2017）；未成熟交联比例越高，鱼体内肌肉胶原蛋白合成量越多（汪洋等，2021）。本研究中，蓝光和白光组中肌肉胶原蛋白含量较高，且与其他组差异显著，说明蓝光和白光均可以提高鱼肌肉中胶原蛋白含量，增加肌肉的柔韧性，进而提升许氏平鲉的肌肉营养品质。然而，不同光谱是否影响了许氏平鲉肌肉中胶原蛋白分子间交联过程，最终导致胶原蛋白含量不同还需进一步验证。

蛋白质是食物中主要的营养成分，主要由多种氨基酸组成，鱼类肌肉的鲜美程度与其鲜味氨基酸含量密切相关（于久翔等，2016）。有研究证明，绿光下养殖的豹纹鳃棘鲈幼鱼的肌肉具有较高的鲜味，尤其是天冬氨酸、谷氨酸等呈味氨基酸含量高（Periago等，2005）。甘氨酸不仅可以提高鱼类肌肉鲜味，还可以提高鱼类的抗氧化应激能力，如研究发现饲料中加入一定量的甘氨酸会有效提升大黄鱼的抗氧化和抗应激水平（潘孝毅等，2017）。本实验结果发现白光组甘氨酸含量最低，造成的原因可能是全光谱抑制了许氏平鲉肌肉中甘氨酸的合成。除甘氨酸外，其余氨基酸在不同光谱环境下的含量均未发现有显著性差异。

按照FAO/WHO的理想模式，蛋白质的组成氨基酸中EAA/NEAA和EAA/TAA应该分别在60%以上和40%左右才能称之为优质蛋白质（邝旭文等，2005）。在本实验中，不同光谱环境下EAA/TAA都约为38%，EAA/NEAA为77%左右，这些数据表明许氏平鲉肌肉中的蛋白质较为优质。EAAI是评价蛋白质营养价值的常用指标之一，EAAI值越高，氨基酸组成越均衡，蛋白质的营养品质越高。本实验中，绿光组和黄光组EAAI较高，红光组最低，EAAI从高至低依次为黄光组、绿光组、蓝光组、白光组、红光组。因此，在黄光和绿光环境下许氏平鲉肌肉中的氨基酸组成更符合优质蛋白质标准。

脂肪酸可分为饱和与不饱和脂肪酸，它是磷脂、中性脂肪和糖脂的主要成分（罗钦等，2019）。除了用作能源外，还可以作为必需脂肪酸源。鱼类肌肉中含有丰富的脂肪酸，其中饱和脂肪酸（SPA）是鱼体首要的能量来源。有实验表明，光谱实际上会影响欧洲舌齿鲈肌肉中脂肪酸含量的变化（费凡等，2019），当鱼类受到应激刺激时，体内$C_{16:0}$会被优先用于能量利用（Henderson等，

1984）。此外，鱼类肌肉中含有较高的不饱和脂肪酸，可以提高肌肉的鲜味度和多汁性（郝旭文等，2005）。本实验中，饱和脂肪酸 $C_{16:0}$、$C_{14:0}$ 和 $C_{18:0}$ 的含量占绝大部分，而黄光和红光组下 $C_{16:0}$ 含量较低可能是由于许氏平鲉在这两种光环境下处于胁迫状态，从而消耗了更多能量。不同光谱下肌肉的不饱和脂肪酸含量占比均较高，表明许氏平鲉肌肉具有较好的肉质风味。有研究表明，EPA、DHA 不仅具有降血脂、降血压的作用（于久翔等，2016），还能够促进大脑发育并减缓衰老（马爱军等，2006；Mourente 等，1990）。绿光组中 EPA+DHA 含量最高，蓝光组次之，黄光组含量最低，但总体差异不显著。

综上所述，LED 光谱环境对许氏平鲉幼鱼肌肉生长以及营养成分含量和营养品质均产生了一定影响，但总体来讲，各光谱处理之间的差异不是很显著，但综合所有营养指标发现，与红光和黄光相比，蓝绿光及全光谱环境对养殖中许氏平鲉肌肉的营养品质稍有改善。有研究发现，红光、绿光和白光均促进了欧洲舌齿鲈幼鱼的生长，而与红光和白光相比，绿光显著提升了欧洲舌齿鲈幼鱼的肌肉品质（费凡等，2019；任纪龙等，2019）。因此，在实际应用中，还需结合光谱对生长指标等的影响，综合选择较为适宜的光照条件。

1.3 光照对许氏平鲉幼鱼生理生化及 GH/IGF-I 轴相关基因表达的影响

光谱环境对鱼类来说是一个重要的环境因素，因为它影响生理过程，如生长发育、新陈代谢和免疫系统功能。然而，不适宜的光谱环境会导致应激，对生长、免疫和抗氧化产生负面影响。本部分的实验研究主要是针对不同 LED 光谱对许氏平鲉幼鱼阶段抗氧化应急防御基因（*HSP70*、*Mn-SOD*、*CuZn-SOD*、*CAT*、*GST*）、非特异性免疫基因（*CTSD*、*CTSF*）和细胞凋亡基因（*Bcl-2a*、*tp53*、*caspase 3*、*caspase 8*、*caspase 10*）相对表达量的影响研究，通过测定和观察不同实验阶段时生理功能相关调控基因的表达水平，最终确定适宜许氏平鲉幼鱼生长发育的最佳光谱环境。

大多数硬骨鱼类对特定的光谱更为敏感，其视网膜或松果体经过光敏活动后，信号传递到 GH/IGF-I 轴，从而在生长、生殖、代谢等许多生理过程中起到调节作用。本部分的实验研究主要是针对不同 LED 光谱对许氏平鲉幼鱼阶段 GH/IGF-I 轴脑部基因（GH、GHRH）和肝脏基因（GHRa、IGF-I、IGFBP2a）相对表达量的影响研究，通过测定和观察不同实验阶段时不同组织中 GH/IGF-I 轴相关调控基因的表达水平，最终确定适宜许氏平鲉幼鱼生长发育的最佳光谱环境。

1.3.1 不同光照条件对许氏平鲉幼鱼氧化应激、免疫及细胞凋亡相关调控基因表达的影响

实验所用许氏平鲉幼鱼源自大连天正实业有限公司。幼鱼运输到实验室后，进行为期一周的驯化，以使其适应养殖新环境。驯化期间采用商业浮性饲料进行投喂，每日上午 8:30 和下午 3:30 各饱食投喂一次。一周后选取 750 尾体质匀称健康的许氏平鲉幼鱼进行实验。

本实验所采用的光源为 LED 灯（型号：GK5A；由中国科学院半导体研究所提供设计，深圳超频三科技有限公司生产），灯具共有五种光色，分别为绿光（$\lambda_{525\sim530\ nm}$）、蓝光（$\lambda_{450\sim455\ nm}$）、黄光（$\lambda_{590\sim595\ nm}$）、红光（$\lambda_{625\sim630\ nm}$）、白光（$\lambda_{400\sim780\ nm}$），光源安装在水面正上方 1m 处。

实验在遮光隔间内进行，不同处理组间采用遮光布进行遮盖，以避免处理组之间光源的交叉污染，确保各组光照条件的稳定。本实验设置 5 个光谱处理组，分别为绿光、蓝光、黄光、红光和白光处理组。每个处理组内设置 3 个重复，即放置 3 个养殖桶，养殖桶为灰白色 PE 材质圆柱形桶（直径 80cm，内高 60cm，有效水体体积 250L）。实验开始时，每个养殖桶放入 50 尾经过驯化的许氏平鲉幼鱼，体长(6.27±0.30)cm，体重(7.56±0.17)g，实验周期为 60d。实验期间，每个养殖桶均采用曝气泵进行不间断曝气，实验光强设置为 (250±20)mW/m^2，每日早晨 8:30 用 SRI 2000 UV 光谱照度计（尚泽股份有限公司）测定光照强度并校准。光照周期通过电子定时器进行控制，设置为 12L：12D。每日上午 8:30 和下午 3:30 饱食投喂一次，每日投喂饵料的质量按每养殖

桶内鱼体总质量的 2%进行计算，每次投喂时，均需要称量饲料，投喂后 30min 收集剩余残饵，烘干称重。每 2 天更换一次水，换水体积为 50%。实验期间无异常死亡现象，存活率为 100%。

样本采集时间分别为第 1 天、15 天、30 天、45 天、60 天共 5 个取样时间点；在取样前的 24h 停止投喂，之后从每个重复处理组中随机取 3 尾幼鱼，用麻醉剂（MS-222 80 mg/L）麻醉鱼体，将试验鱼置于冰盘上，解剖鱼体，取出脑、肝脏和肠道组织，经预冷生理盐水快速冲洗后，用吸水纸吸干水分，放入冷藏管中，先放入液氮中，随后保存于-80℃冰箱直至样品测定。

HSP70、*Mn-SOD*、*CuZn-SOD*、*CAT*、*GST*、*CTSD*、*CTSF*、*Bcl-2a*、*tp53*、*caspase 3*、*caspase 8*、*caspase 10* 和 *18S rRNA* 的基因序列均来源于中国海洋大学的许氏平鲉基因组数据（登录号：CNA0000824）。实验中使用的生物特异性引物用 Primer Premier 5.0 计算机软件设计，引物的提取工作由上海市生工生物技术有限公司进行，其中的引物顺序详见表 1-10。

表 1-10　许氏平鲉氧化应激、免疫及细胞凋亡相关调控基因的引物序列

引物名称	引物序列（5'-3'）	温度/℃
HSP70 F	AGGGATAAAGTCTCTGCCAAG	57
HSP70 R	TCAATCACCGTCTTCTCGTC	57
Mn-SOD F	CTTCGTATCGCTGCTTGTGC	57
Mn-SOD R	AGACGCTCGCTCACATTCTC	57
CuZn-SOD F	CCTGGGGAATGTGACTGCAA	57
CuZn-SOD R	CCAGCATTGCCCGTCTTTAG	57
CAT F	CGAATCCGGATCAGCAGACA	57
CAT R	TGTCGGGGTCTTTCATGTGG	57
GST F	TCAAGCACGGAGACGTCATT	57
GST R	GGGCTGTCTGGGATCAGTTT	57
CTSD F	TCTGACCGGAGAGCAGTACA	57
CTSD R	GTCCCGATCAAAGACGGTGT	57

续表

引物名称	引物序列（5'-3'）	温度/℃
CTSF F	TAAGGGGATCCGCTACACCA	57
CTSF R	GCTGGCACTTCTGTTTGAGC	57
Bcl-2a F	AGGATGGGATGCCTTTGTGG	57
Bcl-2a R	TTCTGCGTAAGGTACGCTCC	57
tp53 F	GTTCCTGCTCTCCGACTCAC	57
tp53 R	GTCATGTCAGTCAGGCCTCC	57
caspase 3 F	TGCGTCAAAGGACGATCACA	57
caspase 3 R	CAGCGATCGCCTCGAAAAAG	57
caspase 8 F	GAGACAGATAGCAGGCGACC	57
caspase 8 R	TTGTCTTCTGCCCAGCTTGT	57
caspase 10 F	AATGGCCACCGTTCCTTCTT	57
caspase 10 R	TTTGGACCGTCGAGATACGC	57
18S rRNA F	CCTGAGAAACGGCTACCACAT	57
18S rRNA R	CCAATTACAGGGCCTCGAAAG	57

本实验中的所有基因组相应表现率数值，均以平均值±标准误差（Mean ± SE）显示，其中基因表达量利用比较 Ct 方法和 $2^{-\Delta\Delta Ct}$ 测定基因组相应表现水准，公式选用 SPSS 22.0 的单因素方差分析（one-way ANOVA）方法作为统计数据处理，并利用 Duncan 方法开展的多项对比分析，以 $P < 0.05$ 为差异的明显水平。解析后得到数据结果利用 Origin 2022 软件，完成作图。

1.3.1.1 不同 LED 光谱对许氏平鲉幼鱼的抗氧化应激防御基因的影响

如图 1-6 所示，从 HSP70 基因表达量的计算中可以看到，在实验第 30 天以前，绿光组的 HSP70 基因相对表达量显著大于其他各处理组（$P < 0.05$），黄光组的基因相对表达量显著低于其余各处理组（$P < 0.05$），但在第 30 天以后，绿光组的基因相对表达水平却显著小于其他各处理组，而黄光组的基因相

对表达水平也始终保持在相对较低的表达水平；在实验第60天，蓝光组和红光组的基因相对表达水平都显著超过了其他各处理组（$P<0.05$）。

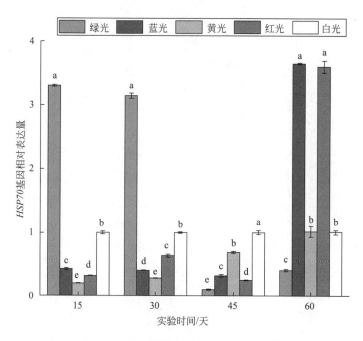

图1-6 不同LED光谱下许氏平鲉幼鱼的 *HSP70* 基因相对表达量变化

关于 *Mn-SOD* 基因，如图1-7所示，在第15天，绿光组的 *Mn-SOD* 基因的相对表达量显著超过了其他各处理组（$P<0.05$），而黄光组的基因相对表达量显著低于其余各处理组（$P<0.05$）；在第60天，蓝光组和红光组的 *Mn-SOD* 基因相对表达量显著高于其他的各处理组（$P<0.05$），且黄光组的基因相对表达量显著小于除绿光组外的其余各处理组（$P<0.05$）。

关于 *CuZn-SOD* 基因组，如图1-8所示，在第30天中，绿光组的 *CuZn-SOD* 基因组的表达量显著超过了其他各处理组（$P<0.05$），而红光组次之；在实验第60天，蓝光组和红光组的 *CuZn-SOD* 基因的表达量，显著超过了其他各处理组（$P<0.05$）；而黄光组的基因相对表达量在整个实验期间一直保持较低的表达水平。

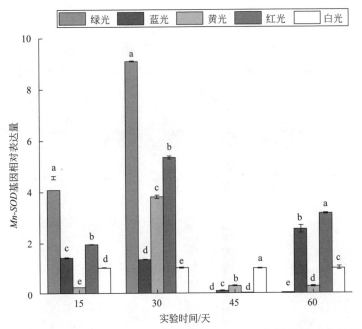

图 1-7 不同 LED 光谱下许氏平鲉幼鱼的 *Mn-SOD* 基因相对表达量变化

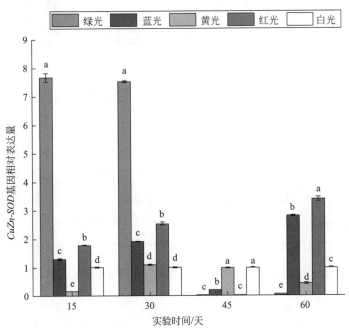

图 1-8 不同 LED 光谱下许氏平鲉幼鱼的 *CuZn-SOD* 基因相对表达量变化

关于 *CAT* 基因，如图 1-9 表示，在实验第 30 天内，绿光组和红光组的 *CAT* 基因相对表达量均显著高于其余各处理组（$P<0.05$），黄光组的基因相对表达量显著小于其余各处理组（$P<0.05$）；在实验第 60 天，黄光组的 *CAT* 基因相对表达率就显著小于其余各处理组（$P<0.05$）。

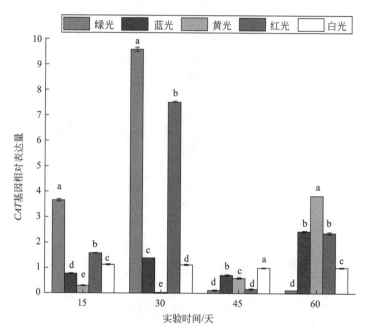

图 1-9 不同 LED 光谱下许氏平鲉幼鱼的 *CAT* 基因相对表达量变化

关于 *GST* 基因，如图 1-10 所示，在实验第 15 天，绿光组的 *GST* 基因相对表达量就显著超过了其他的各处理组（$P<0.05$）；黄光组在实验第 15 天的基因相对表达量水平显著落后于其余各处理组，实验第 15 天后其基因表达量水平也始终保持在较低水平状态，直到实验完成；而红光组在第 15 天、30 天、60 天时的基因相对表达量都处于较高水平。实验表明黄光环境下的鱼产生的应激较小，而绿光和红光环境更容易引起实验鱼体内产生氧化应激，从而抑制许氏平鲉幼鱼的生长发育。

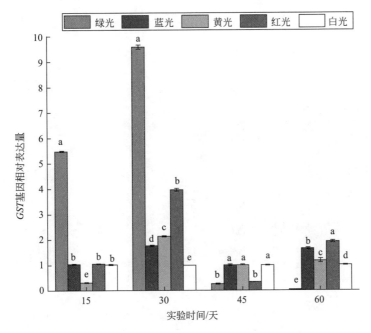

图 1-10 不同 LED 光谱下许氏平鲉幼鱼的 *GST* 基因相对表达量变化

1.3.1.2 不同 LED 光谱对许氏平鲉幼鱼的非特异性免疫基因的影响

图 1-11 为不同 LED 光谱下许氏平鲉幼鱼 *CTSD* 基因相对表达量的检测结果。在实验第 30 天前，绿光组的 *CTSD* 基因相对表达量就显著超过了其他各处理组（$P<0.05$），而后便一直处于较低的表达水平，在实验第 60 天，基因相对表达量显著低于其余各处理组（$P<0.05$）；红光组除在实验第 45 天外，*CTSD* 基因相对表达量均达到了较高的表达标准，而在实验第 60 天时，基因相对表达量则显著超过了其他各处理组（$P<0.05$）；而黄光组的基因相对表达量则一直处于较低表达水平。

图 1-12 为不同 LED 光谱下许氏平鲉幼鱼 *CTSF* 基因相对表达量的检测结果。在实验第 30 天前，绿光组和红光组的 *CTSF* 基因相对表达量都达到较高水平，并明显超越了蓝光组、黄光组和白光组（$P<0.05$）；在实验第 60 天，红光组的 *CTSF* 基因组相对表达量显著高于其余的各处理组（$P<0.05$），而绿光组的基因相对表达量显著少于其余各处理组（$P<0.05$）；黄光组的基因相对表达量一直处于较低表达水平。

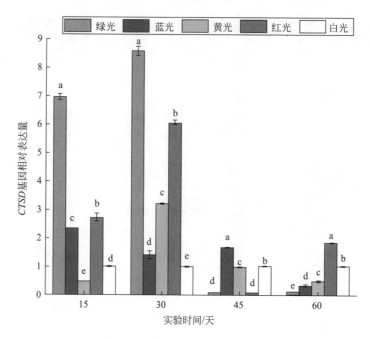

图 1-11　不同 LED 光谱下许氏平鲉幼鱼的 *CTSD* 基因相对表达量变化

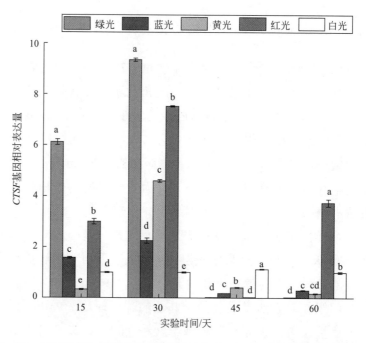

图 1-12　不同 LED 光谱下许氏平鲉幼鱼的 *CTSF* 基因相对表达量变化

1.3.1.3 不同 LED 光谱对许氏平鲉幼鱼的细胞凋亡基因的影响

细胞凋亡基因 *Bcl-2a*、*tp53*、*caspase 3*、*caspase 8* 和 *caspase 10* 基因相对表达量变化如图 1-13～图 1-17 所示。

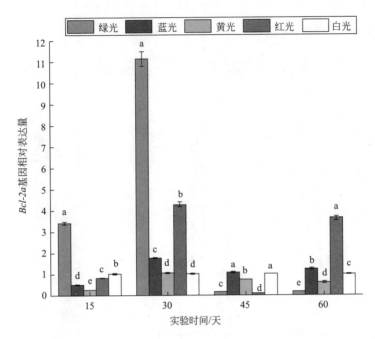

图 1-13 不同 LED 光谱下许氏平鲉幼鱼的 *Bcl-2a* 基因相对表达量变化

在实验第 30 天前，绿光组的 *Bcl-2a* 基因相对表达量最大且显著超过了其他各处理组（$P<0.05$）；红光组在实验第 60 天时，基因相对表达量显著超过了其他各处理组（$P<0.05$）；而黄光组在实验第 15 天的基因相对表达量显著低于其余各处理组（$P<0.05$），之后的基因相对表达水平也始终处于较低水平，直到实验完成。

从 *tp53* 基因相对表达水平的计算中可以看到，在实验第 30 天和第 60 天，绿光组、蓝光组和红光组的 *tp53* 基因相对表达量都处于较高水平，并显著超过了黄光组和白光组（$P<0.05$）；黄光组的基因相对表达量始终处于较低表达水平，且在第 30 天和第 60 天时都显著落后于其余的各处理组（$P<0.05$）。

从 *caspase 3* 基因相对表达量的计算中可以看到，绿光组的 *caspase 3* 基因相对表达量在第30天前，显著超过了其他的各处理组（$P<0.05$）；红光组的基因相对表达量除了在第45天显著小于其他各处理组之外（$P<0.05$），均保持较高的表达水平，且在第60天显著高于其余各处理组（$P<0.05$）；而黄光组的 caspase 3 基因相对表达量一直保持较低的表达水平，且在第15天显著低于其余各处理组（$P<0.05$）。

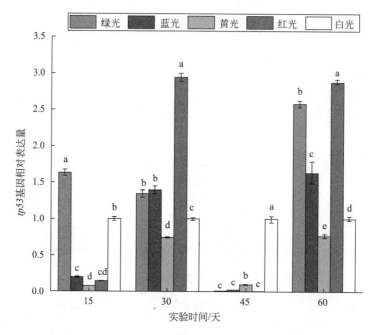

图1-14 不同LED光谱下许氏平鲉幼鱼的 tp53 基因相对表达量变化

从 caspase 8 基因组相对表达量的计算结果中我们可以看到，在实验第15天，绿光组的 caspase 8 基因组的相对表达量显著超过其余各处理组（$P<0.05$）；在实验第30天，蓝光组的基因相对表达量显著超过其余各处理组（$P<0.05$）；在实验第45天，白光组的基因相对表达量显著大于其余各处理组（$P<0.05$）；在实验第60天，红光组的基因相对表达量显著大于其余各处理组（$P<0.05$）；而黄光组的基因相对表达量在整个实验期间均保持较低水平，且在第15天显著低于其余各处理组（$P<0.05$）。

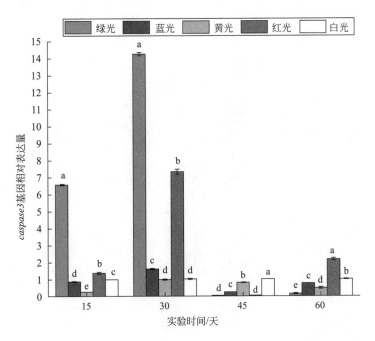

图 1-15　不同 LED 光谱下许氏平鲉幼鱼的 *caspase 3* 基因相对表达量变化

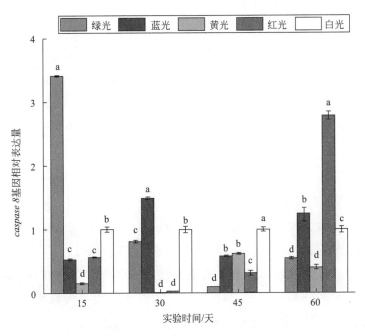

图 1-16　不同 LED 光谱下许氏平鲉幼鱼的 *caspase 8* 基因相对表达量变化

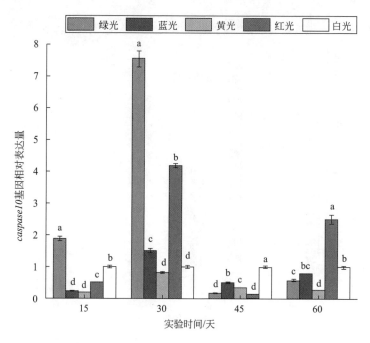

图 1-17 不同 LED 光谱下许氏平鲉幼鱼的 *caspase 10* 基因相对表达量变化

从 *caspase 10* 基因相对表达率的计算中可以看到，在实验前 30 天，绿光组的 *caspase 10* 基因的相对表达水平显著超过了其他各处理组（$P<0.05$）；红光组的基因相对表达水平在第 30 天时显著超过除绿光组外的其他各处理组（$P<0.05$），且在第 60 天显著高于其余各光谱处理组（$P<0.05$）；黄光组的基因相对表达量在整个实验过程中均保持较低水平，且在第 60 天显著低于其余各组（$P<0.05$）。

1.3.1.4 小结

光是鱼类养殖过程中的一个重要环境因子，但不同光谱组成对许氏平鲉幼鱼氧化应激的影响机制尚不清楚。抗氧化酶能够有效对抗高活性氧（ROS）对物种的不利危害，并在维持细胞免遭氧化应激方面起到了关键作用，构成动物抗氧化体系的大部分基础（Fei 等，2020）。谷胱甘肽 *S*-转移酶（GST）、超氧化物歧化酶（SOD）、热休克蛋白（HSP70）和过氧化氢酶（CAT），在抵御活性氧（ROS）方面起着重要作用，是抗氧化防护体系的重要生物标志物。HSP70

是热休克蛋白家族的成员，可促进受损和变性蛋白质的复性和破坏。它经常被用作压力生物标志物（Metzger等，2016）。在本实验中，绿光组的 *HSP70* 基因相对表达量在实验第 30 天前的表达水平较高，而后的表达水平较低；而蓝光组和红光组在实验第 45 天前 *HSP70* 的基因相对表达量较低，在第 60 天的表达量显著高于其余各处理组（$P<0.05$）。有研究发现，高饲养密度可能导致牙鲆（*Paralichthys adspersus*）的应激反应，以及骨骼肌和肾脏中 *HSP70* 的高水平表达（Valenzuela 等，2019），这与我们的研究结果相类似。由此我们可以推测，蓝光和红光的照射引起了许氏平鲉幼鱼的氧化应激。有研究表明，*HSP70* 基因相对高表达量通常伴随着抗氧化酶基因相对高表达量，即 *SOD*、*CAT* 和 *GST*，超氧自由基在 *SOD*、*CAT* 和 *GST* 的协同作用下转化为无害的 H_2O（Liu 等，2015；Cheng 等，2018）。在本实验中，绿光组的 *Mn-SOD*、*CuZn-SOD*、*CAT* 和 *GST* 的基因相对表达量在整个实验期间的趋势与 *HSP70* 的基因相对表达量基本一致，均为在实验第 30 天前显著高于其余各处理组（$P<0.05$），而后一直处于较低水平；而蓝光组和红光组在第 60 天的 *Mn-SOD*、*CuZn-SOD* 和 *GST* 基因相对表达量也与 *HSP70* 大致相同，显著高于其余各处理组（$P<0.05$）。有科学研究表明，在橙光和红光的直接影响下，抗氧化酶的转录基因（*SOD*、*CAT* 和 *POD*）相对表达水平提高，但其酶活性在相应时期没有明显升高甚至被抑制（Wu 等，2020）。这与我们的研究结果相似。有研究表明，抗氧化基因的 mRNA 上调，但需要更多的抗氧化酶来消除活性氧，这种情况被称为"抗氧化剂的损失"（Wu 等，2020）。由此我们推测，在实验第 60 天，红光组和蓝光组这些抗氧化基因的高水平表达被认为是对不适当光谱胁迫的反应，可能反映了许氏平鲉幼鱼体内抗氧化系统不能完全清除有害 ROS，可能进一步降低鱼类的生长性能，需要更高水平的抗氧化酶活性水平以应对压力环境下产生的氧化应激。

组织蛋白酶是维持细胞稳态所必需的天冬氨酸溶酶体蛋白酶。*CTSD*、*CTSF* 是非特异性免疫系统的重要标志物，*CTSD* 的功能主要涉及蛋白质降解和加工，与内分泌和免疫有关，而 *CTSF* 对胚胎发生和组织发育至关重要（Cheng 等，2011；Patel 等，2018）。在本实验中，绿光组和红光组的 *CTSD* 和 *CTSF* 的基因相对表达量在整个实验期间基本保持平行状态。在实验第 30 天前绿光组的 *CTSD*、*CTSF* 基因相对表达量一直保持较高的水平，红光组仅次之；而在实验第 60 天，绿光组的基因相对表达水平较低，红光组依然保持较高水平。有研究发现，红光可上调斑马鱼肝脏溶菌酶的 mRNA 水平，而红光下溶菌酶的活性显著降低（Zheng 等，2016），这也与我们的研究结果相似。酶活性与相关调控基因表达水平不一致，可能是由于不适宜的光谱环境造成了环境压力，抑制了非特异性免疫，进一步降低了许氏平鲉幼鱼的生长性能。

细胞凋亡是一个很自然的生物过程，能够去除鱼体所不需要的、受损的、坏死的或可能有害的细胞，如病原体感染的细胞（Xian 等，2013）。*Bcl-2a* 基因在内质网中发现，并控制了神经细胞凋亡。它的表达直接或间接地影响了 Ca^{2+} 在内质网中的释放，从而防止了细胞凋亡，并保护细胞免受细胞凋亡（Borghetti 等，2015）。在本实验中，绿光组的 *Bcl-2a* 基因相对表达量在第 30 天前一直保持较高的表达水平，而后一直处于较低水平直至实验结束，而红光组除第 45 天外，基因相对表达量均保持较高水平，且在第 60 天显著高于其余各处理组（$P<0.05$）。*tp53* 是一种肿瘤抑制因子，通过充当转录因子来调节复杂的 DNA 损伤系统。*tp53* 的表达因为对 DNA 损伤而增多，其产生也会影响下游的抑制性细菌周期蛋白质依赖性激酶活力，从而阻碍了细胞生存周期的进行（Huang 等，2020）。在本实验中，红光组的 *tp53* 基因相对表达量在第 30 天和第 60 天显著高于其余各处理组（$P<0.05$）。涉及细胞凋亡的半胱氨酸蛋白酶即 caspase，它的家族组成物是细胞凋亡途径的核心，以引起细胞凋亡的结构性质而直接或间接存在，对整个凋亡过程至关重要（Sakata 等，2007）。其中，*caspase 3* 是一个经常活化的凋亡蛋白酶基因，能催化对多种重要细胞蛋白质的特异性切割，而 *caspase 8* 和 *caspase 10* 可直接或间接触发 *caspase 3*。在本实验中，绿光组的 *caspase 3* 基因相对表达量在实验第 30 天后一直保持较低水平，而红光组除第 45 天在整个实验期间均保持较高水平。在本试验中，绿光组的 *caspase 8* 基因相对表达量只在实验第 15 天时达到了较高，红光组在实验第 60 天时的相对表达水平却显著超过了其他各处理组（$P<0.05$）。在本实验中，绿光组的 *caspase 10* 基因相对表达量在第 30 天前一直处于较高水平，且之后长期保持在较低水平，而红光组在第 30 天及第 60 天时也处于较高水平，并且在第 60 天时，基因的相对表达量显著超过了其他处理组（$P<0.05$）。有研究发现，暴露于蓝藻毒素微囊藻毒素-LR 的白鲑（*Coregonus lavaretus*）中 Bcl-2 mRNA 水平显著增加（Łakomiak 等，2016）；当凡纳滨对虾（*Penaeus vannamei*）暴露于全光谱和红光时，眼柄和肝胰腺中的 *p53* 基因转录上调（Fei 等，2020）；绿光组条石鲷

（Oplegnathus fasciatus）幼鱼的 caspase 3 mRNA 的表达明显低于其他波长，而在红光组，caspase 3 mRNA 水平明显高于其他波长光的表达水平（Choe 等，2017）。因此，我们可以推测，在不利的光环境条件下，细胞凋亡基因的基因表达量增加，导致细胞凋亡加剧，从而抑制红鳍东方鲀幼鱼的生长。而在绿光照射的环境下，在第 30 天后的 5 种细胞凋亡基因的基因相对表达量均较低，说明有利的光环境下，许氏平鲉幼鱼体内细胞凋亡基因的基因表达量减小，使其细胞凋亡进程减慢，从而间接对许氏平鲉幼鱼的生长产生了促进作用。

在光周期为 12L：12D、光照度为 $(250\pm20)mW/m^2$ 的环境下，五种不同 LED 光谱对红鳍东方鲀幼鱼阶段的抗氧化应激基因、非特异性免疫基因和细胞凋亡相关基因的表达具有一定的影响。绿光、蓝光和白光环境能够使许氏平鲉幼鱼的抗氧化应激防御基因、非特异性免疫基因表达上调，细胞凋亡基因下调，从而获得更好的生长性能，而红光环境会导致细胞凋亡基因表达上调，导致生长受抑制。因此，绿光、蓝光和白光环境更适宜许氏平鲉幼鱼抗氧化、免疫和细胞凋亡功能的发挥与协调。

1.3.2　不同光照条件对许氏平鲉幼鱼 GH/IGF-I 轴相关基因表达的影响

实验所用许氏平鲉幼鱼源自大连天正实业有限公司。幼鱼运输到实验室后，进行为期一周的驯化，以使其适应养殖新环境。驯化期间采用商业浮性饲料进行投喂，每日上午 8:30 和下午 3:30 各饱食投喂一次。一周后选取 750 尾体质匀称健康的许氏平鲉幼鱼进行实验。

本实验所采用的光源为 LED 灯（型号：GK5A；由中国科学院半导体研究所提供设计，深圳超频三科技有限公司生产），灯具共有五种光色，分别为绿光（$\lambda_{525\sim530nm}$）、蓝光（$\lambda_{450\sim455nm}$）、黄光（$\lambda_{590\sim595nm}$）、红光（$\lambda_{625\sim630nm}$）、白光（$\lambda_{400\sim780nm}$），光源安装在水面正上方 1m 处。

实验在遮光隔间内进行，不同处理组间采用遮光布进行遮盖，以避免处理组之间光源的交叉污染，确保各组光照条件的稳定。本实验设置 5 个光谱处理组，分别为绿光、蓝光、黄光、红光和白光处理组。每个处理组内设置 3 个重复，即放置 3 个养殖桶，养殖桶为灰白色 PE 材质圆柱形桶（直径 80cm，内高 60cm，有效水体体积 250L）。实验开始时，每个养殖桶放入 50 尾经过驯化的许氏平鲉幼鱼，体长（6.27±0.30）cm，体重（7.56±0.17）g，实验周期为60d。实验期间，每个养殖桶均采用曝气泵进行不间断曝气，实验光强设置为(250±20)mW/m^2，每日早晨8:30用SRI 2000 UV光谱照度计（尚泽股份有限公司）测定光照强度并校准。光照周期通过电子定时器进行控制，设置为12L:12D。每日上午8:30和下午3:30饱食投喂一次，每日投喂饵料的质量按每养殖桶内鱼体总质量的2%进行计算，每次投喂时，均需要称量饲料，投喂后30min收集剩余残饵，烘干称重。每2天更换一次水，换水体积为50%。实验期间无异常死亡现象，存活率为100%。

样本采集时间分别为第1天、15天、30天、45天、60天共5个取样时间点；在取样前的24h停止投喂，之后从每个重复处理组中随机取3尾幼鱼，用麻醉剂（MS-222 80mg/L）麻醉鱼体，将试验鱼置于冰盘上，解剖鱼体，取出脑、肝脏和肠道组织，经预冷生理盐水快速冲洗后，用吸水纸吸干水分，放入冷藏管中，先放入液氮中，随后保存于-80℃冰箱直至样品测定。

GH、GHRa、GHRH、IGF-I、IGFBP2a 和 18S rRNA 的基因序列均来源于中国海洋大学的许氏平鲉基因组数据（登录号：CNA0000824）。实验中使用的生物特异性引物用 Primer Premier 5.0 计算机软件设计，引物的制备工作由上海市生工生物技术股份公司进行，具体的引物顺序详见下表1-11。

表1-11 许氏平鲉 GH/IGF-I 轴相关调控基因的引物序列

引物名称	引物序列（5'-3'）	温度/℃
GH F	GACTCAACTGAAGGCGGGAA	57
GH R	CAGGCCAACAGTTCGTAGGT	57
GHRa F	ACATCCCTGATCTTCCGTGC	57
GHRa R	GTTGCAGGCTGCTCTGATTG	57
GHRH F	AGAGGACCAATGGGGAGACA	57
GHRH R	TGATGGCCTCAGAGGAAGGA	57
IGF-I F	TGTAGCCACACCCTCTCACT	57
IGF-I R	TGGGGCCATAGCCTGGTTTA	57
IGFBP2a F	ATCCCCAACTGCGACAAGAG	57
IGFBP2a R	GGCTAATGGGATAGGTCGGC	57
18S rRNA F	CCTGAGAAACGGCTACCACAT	57
18S rRNA R	CCAATTACAGGGCCTCGAAAG	57

本实验中的所有基因组相应表现率数值,均以平均值±标准误差(Mean±SE)显示,其中基因表达量利用比较 Ct 方法和 $2^{-\triangle\triangle Ct}$ 测定基因组相应表现水准,公式选用 SPSS 22.0 的单因素方差分析(one-way ANOVA)方法作为统计数据处理,并利用 Duncan 方法开展的多项对比分析,以 $P<0.05$ 为差异的明显水平。解析后得到数据结果利用 Origin 2022 软件,完成作图。

1.3.2.1　不同 LED 光谱对许氏平鲉幼鱼脑部 GH/IGF-I 轴相关基因表达的影响

图 1-18 表明了在不同 LED 光谱下,许氏平鲉幼鱼的 *GH* 基因相对表达量变化。在第 30 天,红光组的 *GH* 基因相对表达量显著超出了其余的各处理组($P<0.05$);在第 45 天,黄光组的基因相对表达量显著多于其余各处理组($P<0.05$);在实验第 60 天,绿光组和红光组的基因相对表达量显著多于其余各处理组($P<0.05$)。

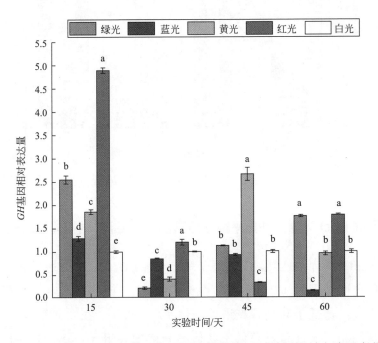

图 1-18　不同 LED 光谱下许氏平鲉幼鱼的 *GH* 基因相对表达量变化

图 1-19 显示了在不同 LED 光谱下许氏平鲉幼鱼的 *GHRH* 基因相对表达量变化。在实验第 15 天,绿光组的 *GHRH* 基因相对表达量显著超出了其余各处

理组（$P<0.05$）；在实验第 30 天，绿光组、蓝光组和红光组的基因相对表达量显著超出黄光组和白光组（$P<0.05$）；在实验第 45 天，绿光组和白光组的基因表达量显著大于其余各处理组（$P<0.05$）；在实验第 60 天，绿光组和红光组的基因相对表达量显著大于其余各处理组（$P<0.05$），而黄光组的 GHRH 基因相对表达量显著低于其余各组（$P<0.05$）。

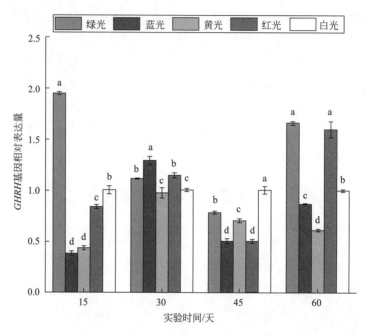

图 1-19　不同 LED 光谱下许氏平鲉幼鱼的 GHRH 基因相对表达量变化

1.3.2.2　不同 LED 光谱对许氏平鲉幼鱼脑部 GH/IGF-I 轴相关基因表达的影响

如图 1-20 所示，在实验第 15 天，红光组的 GHRa 基因相对表达量显著超过了其他各光谱处理组（$P<0.05$），绿光组次之；在实验第 30 天，黄光组的基因相对表达量显著低于其余各光谱处理组（$P<0.05$）；在实验第 45 天，绿光组的 GHRa 基因相对表达量显著低于其他各光谱处理组（$P<0.05$），且黄光组的基因相对表达量显著大于其余各光谱处理组（$P<0.05$）；在实验第 60 天，绿光组和白光组的基因相对表达量显著大于其余各光谱处理组（$P<0.05$），而蓝色组、黄光组和红光组的基因相对表达量没有显著性差别。

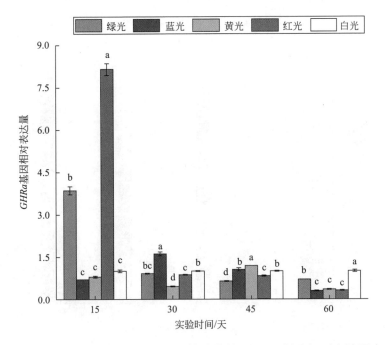

图1-20 不同LED光谱下许氏平鲉幼鱼的 *GHRa* 基因相对表达量变化

如图1-21所示，在实验第15天，绿光组和在蓝光组的 *IGF-I* 基因组相应表现量都显著超过了其余各光谱处理组（$P<0.05$），且黄光组的基因相对表达量显著小于其余各光谱处理组（$P<0.05$）；在实验15天后，红光组的 *IGF-I* 基因相对表达量显著高于其余各光谱处理组（$P<0.05$），直至实验研究完成；而绿光组的 *IGF-I* 基因相对表达量在15天后显著少于其余各光谱处理组（$P<0.05$），直至实验结束。

如图1-22所示，在实验第15天，绿光组的 *IGFBP2a* 基因的相对表达量就显著超过了其他各光谱处理组（$P<0.05$），且黄光组的基因相对表达量显著低于其余各光谱处理组（$P<0.05$）；在实验第15天后，红光组的 *IGFBP2a* 基因相对表达量已经显著超过了其他各光谱处理组（$P<0.05$），蓝光次之，且绿光组的基因相对表达量一直显著低于其余各光谱处理组（$P<0.05$），直至实验结束。

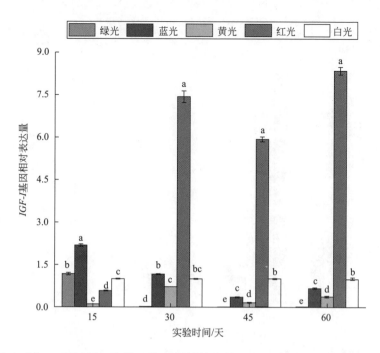

图 1-21　不同 LED 光谱下许氏平鲉幼鱼的 *IGF-I* 基因相对表达量变化

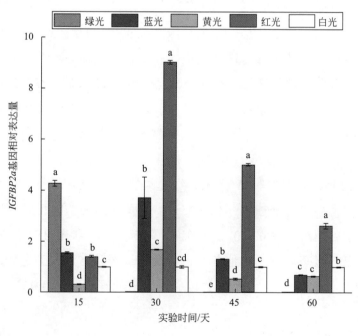

图 1-22　不同 LED 光谱下许氏平鲉幼鱼的 *IGFBP2a* 基因相对表达量变化

1.3.2.3 小结

鱼类的生长主要受到 GH/IGF-I 生长轴线的调控（Li 等，2010），该轴线中的主要因子包括：*GH*、*GHRH*、*GHRa*、*IGF-I*、*IGFBP2a*。环境因子如温度、光周期、光谱会影响生物体内激素的变化。下丘脑产生的神经内分泌因子 *GHRH* 刺激垂体合成并释放 *GH*，因此 *GHRH* 对 *GH* 有重要的调控作用。在本研究中，绿光组的 *GH* 基因相对表达量在除第 30 天阶段中始终保持较高的表达水平，并于第 60 天时显著超过除红光组外的其他组别（$P<0.05$），而红光组的基因相对表达量除第 45 天外，均处于较高表达水平，且在第 30 天前显著高于其余各组（$P<0.05$）；*GHRH* 基因的相对表达量在绿光和白光组中也显示较高水平，且在第 15 天时显著超过了其他各处理组（$P<0.05$），而红光组的基因相对表达量同样一直处于较高水平，且在第 60 天显著高于除绿光组外的其余各组（$P<0.05$）。有研究发现，鲤鱼（*Cyprinus carpio*）的 *GHRH* 基因以剂量依赖性的方式刺激垂体合成并释放 *GH*（McRory 等，1995），这与本研究结果相似。因此，本研究结果表明，通过促进下丘脑中 *GHRH* 的产生，绿光和红光可以增强垂体中 *GH* 的合成和释放。

GH 与肝脏表面的 *GHRa* 结合后，促进肝组织合成及产生 *IGFs*，*IGFs* 再与肝脏上的 *IGFBP* 结合后，经内分泌途径到达靶细胞，促进靶细胞的增殖和生长，从而促进生物的生长（陈栋等，2013）。因此 *GH* 对 *IGFs* 有重要的调控作用，其表达水平在某种程度上能够反映动物的生长状况。*IGFBPs* 不仅具有 *IGF* 依赖性作用，还能通过其在细胞膜上的受体或转运到细胞核的直接核作用，以非 *IGF* 依赖的方式促进细胞的生长或分化（Firth 等，2002）。在本实验中，绿光组的 *GHRa* 基因相对表达量在实验第 15 天的表达水平上显著优于除红光组外的其他各光谱处理组（$P<0.05$），且在第 15 天后一直保持相对较高的表达水平，而红光组的基因相对表达量在第 15 天显著高于其余各处理组（$P<0.05$）。这和 *GH* 基因相对表达率的变化情况基本一致。但绿光组的 *IGF-I* 基因相对表达量在实验第 15 天后，均显著低于其他各处理组（$P<0.05$），蓝光和白光组的 *IGF-I* 基因相对表达量一直处于较高水平，而实验第 15 天后，红光组 *IGF-I* 基因相对表达量显著高于其他处理组（$P<0.05$）。在绿光组中，*IGF-I* 的相对表达和 *GH* 基因呈负相关。绿光组的 *IGFBP2a* 基因相对表达量在实验第 15 天前均显著超

过其他各处理组（$P<0.05$），而后均显著低于其余各处理组（$P<0.05$），而红光组的 *IGFBP2a* 基因相对表达量在实验第 15 天后均显著高于其余各处理组（$P<0.05$）。这基本符合 *IGF-I* 基因相对表达水平的变化趋势。通过一系列研究，在正常环境条件下，鱼类的生长发育主要与鱼体的 GH 和 IGF-I 水平有关，而通过促进细胞分化，GH 和 IGF-I 水平可能对生长产生了直接影响。如，不同光照周期处理的公子小丑鱼（*Amphiprion ocellaris*）幼鱼肝脏 *GHR1* mRNA、*GHR2* mRNA 和 *IGF* mRNA 表达量与其平均体长、体重增长趋势相似（Li，2016）。而在一些不良环境条件的胁迫下，鱼体的成长情况和体内血浆 GH 水平以及 GH 基因的表达水平，也可以呈负相关关系。如，久效磷杀虫剂暴露尼罗罗非鱼三周，虽然明显限制了罗非鱼的成长，但其 GH 浓度却明显上升，很可能是由于对肝脏 IGF-I 的负反馈调节机理（Cheng 等，2002）。但在本研究中，所有红光组的 GH/IGF-I 生长轴相关基因相对表达量都达到了较高水平，特别是红光组的 *IGF-I*、*IGFBP2a* 基因相对表达量，在实验第 15 天后显著超过除绿光组以外的其他各处理组（$P<0.05$），却与红光组许氏平鲉幼鱼的生长性能趋势不一致。因此，可以推测，其原因可能是红光养殖下的许氏平鲉幼鱼处于胁迫状态，生长轴基因过度表达，影响了负反馈调节机制，导致其神经内分泌系统处于紊乱状态，影响了其正常生长性能。

综上所述，在光周期为 12L：12D、光照度为 (250 ± 20)mW/m² 的环境下，五种不同 LED 光谱对许氏平鲉幼鱼阶段的 GH/IGF-I 生长轴相关基因的表达具有一定的影响。绿光、蓝光和白光环境下养殖的许氏平鲉幼鱼获得较好的生长性能与 GH/IGF-I 生长轴基因存在一定的关系。绿光、蓝光和白光环境上调了许氏平鲉幼鱼的 GH/IGF-I 生长轴相关基因 *GH*、*GHRH*、*GHRa* 的相对表达，从而使许氏平鲉幼鱼获得了更好的生长性能，而红光照射下的幼鱼可能处于胁迫状态，导致其神经内分泌系统处于紊乱状态，从而使生长受抑制。

参考文献

白奕天, 丁天扬, 李东东, 等, 2018. 不同盐度对文蛤(*Meretrix meretrix*)呼吸代谢及体内酶活性的影响. 海洋科学, 42(06): 123-131.

邝旭文, 蔡宝玉, 王利平, 2005.中华倒刺鲃肌肉营养成分与品质的评价. 中国水产科学, 12(2), 211-

215.

陈大刚, 叶振江, 段钰, 等, 1994. 许氏平鲉繁殖群体的生物学及其苗种培育的初步研究. 海洋学报(中文版), 1994(03):94-101.

陈栋, 2013. 金雀异黄素对尼罗罗非鱼(*Oreochromis niloticus*)生长的影响及其机制研究. 中国海洋大学.

仇登高, 徐世宏, 刘鹰, 等, 2015, 光环境因子对循环水养殖系统中大西洋鲑生长和摄食的影响. 中国水产科学, 22(01): 68-78.

崔鑫, 2019. 光谱和光强对欧洲舌齿鲈(*Dicentrarchus labrax*)幼鱼生长、存活和发育的影响. 大连海洋大学.

费凡, 任纪龙, 代明允, 等, 2019. 5 种光色环境对欧洲舌齿鲈营养品质的影响. 动物营养学报, 31(5): 2431-2441.

洪磊, 2004. 环境胁迫对鱼类生理机能影响的初步研究. 中国海洋大学.

姜海滨, 杜荣斌, 鹿叔锌, 等, 2010. 温度、盐度对许氏平鲉幼鱼存活及生长的影响. 齐鲁渔业, 27(06): 9-10.

李鑫, 魏平平, 刘松涛, 等. 不同光周期下欧洲舌齿鲈幼鱼生长、摄食和肌肉营养成分的比较. 中国水产科学, 2020, 27(09):1062-1074.

刘群, 李吉方, 温海深, 等, 2013. 饥饿和再投喂对许氏平鲉幼鱼体组分和糖原含量的影响. 海洋湖沼通报, 2013(1) :11-15.

刘松涛, 李伊晗, 李鑫, 等, 2021. 不同 LED 光谱对红鳍东方鲀幼鱼生长、摄食及消化酶活性的影响. 中国水产科学, 28(08): 1011-1019.

罗钦, 柯文辉, 李冬梅, 等, 2019. 3 种特种水产品肌肉中脂肪酸组成比较及主成分综合评价. 南方农业学报, 50(10): 2286-2292.

吕里康, 张思敏, 李吉方, 等, 2020. 光周期对许氏平鲉性腺分化过程中形态学、性激素水平及相关基因表达的影响. 水生生物学报, 44(02): 319-329.

马爱军, 刘新富, 翟毓秀, 等, 2006. 野生及人工养殖半滑舌鳎肌肉营养成分分析研究. 渔业科学进展, 27(2): 49-54.

潘孝毅, 张琴, 李俊, 等, 2017. 饲料中添加甘氨酸可提高大黄鱼(*Larimichthys crocea*)的抗氧化和抗应激能力. 渔业科学进展, 38(2): 91-98.

任纪龙, 魏平平, 费凡, 等, 2019. LED 光谱对舌齿鲈幼鱼摄食、生长和能量分配的影响. 水产学报, 43(8): 1821-1829.

石军, 褚武英, 张建社, 2013. 鱼类肌肉生长分化与基因表达调控. 水生生物学报, 37(6): 1145-1152.

孙耀, 张波, 郭学武, 等, 1999. 体重对黑鲪能量收支的影响. 海洋水产研究,1999(02):66-70.

孙耀, 张波, 郭学武, 等. 体重对黑鲪能量收支的影响. 海洋水产研究, 20(2): 66-70.

滕霞, 孙曼霁, 2003. 羧酸酯酶研究进展. 生命科学, 2003(01): 31-35.

万军利, 2010. 野生与养殖许氏平鲉消化酶活力的比较. 生态学杂志, 29(05): 1035-1038.

汪洋,王稳航,2021. 肌内结缔组织的组成、分布及生长调控研究进展. 中国食品学报,21(7): 349-359.

王丽梅, 李多慧, 罗耀明, 等, 2021. 环氧丙烷对仿刺参抗氧化酶和免疫酶活性的影响. 水产学杂志, 34(06): 59-64.

王梦娅,金超凡,张奉燕,等, 2021. 许氏平鲉肌肉生长发育的初步研究. 中国海洋大学学报（自然科学版）, 51(1): 44-50.

王萍, 桂福坤, 吴常文, 等, 2009. 光照对眼斑拟石首鱼行为和摄食的影响. 南方水产, 5(05): 57-62.

王珊珊,周德庆,刘楠,等, 2015. 许氏平鲉鱼皮胶原蛋白与胶原肽的制备及特性研究. 食品安全质量检测学报, 6(10): 3976-3983.

王晓杰, 张秀梅, 李文涛, 2005. 盐度胁迫对许氏平鲉血液免疫酶活力的影响. 海洋水产研究, 2005(06): 17-21.

王晓杰,张秀梅,黄国强, 2006. 低温胁迫对许氏平鲉补偿生长的影响. 中国水产科学, 2006(4), 566-572.

王雪梅, 孙玉忠, 朱景友, 等, 2008. 许氏平鲉人工育苗技术研究. 齐鲁渔业, 2008(04): 22-23.

吴亮,吴洪喜,马建忠,等, 2016. 光色对豹纹鳃棘鲈幼鱼摄食、生长和存活的影响. 海洋科学, 40(11):44-51.

许晓莹,李小勤,孙文通,等, 2018. 杜仲对草鱼生长、肌肉品质和胶原蛋白基因表达的影响. 水产学报, 42(5): 787-796.

严全根, 解绶启, 雷武, 等, 2006. 许氏平鲉幼鱼的赖氨酸需求量. 水生生物学报, 2006(04): 459-465.

于久翔,高小强,韩岑,等, 2016. 野生和养殖红鳍东方鲀营养品质的比较分析. 动物营养学报, 28(9): 2987-2997.

张延华,马国红,宋理平,等, 2014. 四种鱼肉的基本成分及胶原蛋白含量分析. 农学学报, 4(9): 79-81.

郑家声, 冯晓燕, 2002. 许氏平鲉消化道中部分消化酶的研究. 中国水产科学, 2002(04): 309-314.

朱龙, 隋风美, 1999. 许氏平鲉的生物学特征及其人工养殖. 现代渔业信息, 1999(04): 21-25.

Borghetti G, Yamaguchi A A, Aikawa J, et al., 2015. Fish oil administration mediates apoptosis of Walker 256 tumor cells by modulation of *p53*, *Bcl-2*, *caspase-7* and *caspase-3* protein expression. Lipids in health and disease, 14(1): 1-5.

Cheng C H, Guo Z X, Wang A L, 2018. The protective effects of taurine on oxidative stress, cytoplasmic free-Ca^{2+} and apoptosis of pufferfish (*Takifugu obscurus*) under low temperature stress. Fish & shellfish immunology, 77: 457-464.

Cheng R, Chang K M, Wu J L, 2002. Different temporal expressions of tilapia (*Oreochromis mossambicus*) insulin-like growth factor-I and *IGF* binding protein-3 after growth hormone induction. Marine Biotechnology, 4(3): 218-225.

Cheng X W, Huang Z, Kuzuya M, et al., 2011. Cysteine protease cathepsins in atherosclerosisbased vascular disease and its complivations. Hypertension, 58(6): 978-986.

Choe J R, Shin Y S, Choi J Y, et al., 2017. Effect of different wavelengths of light on the antioxidant and immunity status of juvenile rock bream, *Oplegnathus fasciatus*, exposed to thermal stress. Ocean Science Journal, 52(4): 501-509.

Choi C Y, Kim T H, Choi Y J, et al., 2017. Effects of various wavelengths of light on physiological stress and non-specific immune responses in black rockfish *Sebastes schlegelii* subjected to water temperature change. Fisheries science, 83(6): 997-1006.

Choi Y J, Choi J Y, Yang S G, et al., 2016. The effect of green and red light spectra and their intensity on the oxidative stress and non-specific immune responses in gold-striped amberjack, Seriola lalandi. Marine and Freshwater Behaviour and Physiology, 49(4): 223-234.

Cowan K J, Storey K B, 1999. Reversible phosphorylation control of skeletal muscle pyruvate kinase and phosphofructokinase during estivation in the spadefoot toad, *Scaphiopus couchii*. Molecular and cellular biochemistry, 195(1): 173-181.

Cuvier-Péres A, Jourdan S, Fontaine P, et al., 2001. Effects of light intensity on animal husbandry and digestive enzyme activities in sea bass *Dicentrachus labrax* post-larvae. Aquaculture, 202(3-4): 317-328.

Downing G. Impact of spectral composition on larval haddock, Melanogrammus aeglefinus. L., growth and survial. Aquaculture Research, 2002, 33(4): 251-259.

Fei F, Gao X, Wang X, et al., 2020. Effect of spectral composition on growth, oxidative stress responses, and apoptosis-related gene expression of the shrimp, *Penaeus vannamei*. Aquaculture Reports, 16: 100267.

Firth S M, Baxter R C, 2002. Cellular actions of the insulin-like growth factor binding proteins. Endocrine reviews, 23(6): 824-854.

Guo H, Roques J A C, Li M, et al., 2020. Effects of different feeding regimes on juvenile black rockfish (*Sebastes schleglii*) survival, growth, digestive enzyme activity, body composition and feeding costs. Aquaculture Research, 51(10): 4103-4112.

Henderson R J, Sargent J R, Hopkins C C E, 1984. Changes in the content and fatty acid composition of lipid in an isolated population of the capelin *Mallotus villosus* during sexual maturation and spawning. Marine Biology, 78(3): 255-263.

Huang Z, Liu X, Ma A, et al., 2020. Molecular cloning, characterization and expression analysis of *p53* from turbot Scophthalmus maximus and its response to thermal stress. Journal of Thermal Biology, 90: 102560.

Infante J L Z, Cahu C L, 2001. Ontogeny of the gastrointestinal tract of marine fish larvae.

Comparative Biochemistry and Physiology Part C: Toxicology & Pharmacology, 130(4): 477-487.

Jeon J, Lim H K, Kannan K, et al., 2010. Effect of perfluorooctanesulfonate on osmoregulation in marine fish, *Sebastes schlegelii*, under different salinities. Chemosphere, 81(2): 228-234.

Jia R, Liu B L, Feng W R, et al., 2016. Stress and immune responses in skin of turbot (*Scophthalmus maximus*) under different stocking densities. Fish & shellfish immunology, 55: 131-139.

Karakatsouli N, Papoutsoglou S E, Pizzonia G, et al., 2007. Effects of light spectrum on growth and physiological status of gilthead seabream *Sparus aurata* and rainbow trout *Oncorhynchus mykiss* reared under recirculating system conditions. Aquacultural Engineering, 36(3): 302-309.

Kim D J, Cho Y C, Sohn Y C, 2005. Molecular characterization of rockfish (*Sebastes schlegelii*) gonadotropin subunits and their mRNA expression profiles during oogenesis. General and comparative endocrinology, 141(3): 282-290.

Kim S H, Kim J H, Park M A, et al., 2015. The toxic effects of ammonia exposure on antioxidant and immune responses in Rockfish, *Sebastes schlegelii* during thermal stress. Environmental toxicology and pharmacology, 40(3): 954-959.

Łakomiak A, Brzuzan P, Jakimiuk E, et al., 2016. *miR-34a* and *bcl-2* expression in whitefish (*Coregonus lavaretus*) after microcystin-LR exposure. Comparative Biochemistry and Physiology Part B: Biochemistry and Molecular Biology, 193: 47-56.

Lee H W, Ji H E, Lee S H, 2009. A study of interrelationships between the effect of the upwelling cold water and sea breeze in the southeastern coast of the Korean Peninsula. Journal of Korean Society for Atmospheric Environment, 25(6): 481-492.

Li W S, Lin H R, 2010. The endocrine regulation network of growth hormone synthesis and secretion in fish: emphasis on the signal integration in somatotropes. Science China Life Sciences, 53(4): 462-470.

Li Z B, 2016. The effects of environmental factors on growth and Growth-related genes' expressions of *Amphiprion ocellaris*. Shanghai Ocean University.

Lim S R, Choi S M, Wang X J, et al., 2004. Effects of dehulled soybean meal as a fish meal replacer in diets for fingerling and growing Korean rockfish *Sebastes schlegelii*. Aquaculture, 231(1-4): 457-468.

Liu H, He J, Chi C, et al., 2015. Identification and analysis of *icCu/Zn-SOD*, *Mn-SOD* and *ecCu/Zn-SOD* in superoxide dismutase multigene family of *Pseudosciaena crocea*. Fish & Shellfish Immunology, 43(2): 491-501.

Long L, Zhang H, Ni Q, et al., 2019. Effects of stocking density on growth, stress, and immune responses of juvenile Chinese sturgeon (*Acipenser sinensis*) in a recirculating aquaculture system. Comparative Biochemistry and Physiology Part C: Toxicology & Pharmacology, 219: 25-34.

Luchiari A C, Freire F A M, 2009. Effects of environmental colour on growth of Nile tilapia, *Oreochromis niloticus* (Linnaeus, 1758), maintained individually or in groups. Journal of Applied Ichthyology, 25(2): 162-167.

Luchiari A C, Pirhonen J, 2008. Effects of ambient colour on colour preference and growth of juvenile rainbow trout *Oncorhynchus mykiss* (Walbaum). Journal of fish biology, 72(6): 1504-1514.

Mapunda J, Mtolera M S P, Yahya S A S, et al., 2021. Light colour affect the survival rate, growth performance, cortisol level, body composition, and digestive enzymes activities of different Snubnose pompano *Trachinotus blochii* (Lacépède, 1801) larval stages. Aquaculture Reports, 21: 100804.

McRory J E, Parker D B, Ngamvongchon S, et al., 1995. Sequence and expression of cDNA for pituitary adenylate cyclase activating polypeptide (*PACAP*) and growth hormone-releasing hormone (*GHRH*)-like peptide in catfish. Molecular and cellular endocrinology, 108(1-2): 169-177.

Metzger D C H, Hemmer-Hansen J, Schulte P M, 2016. Conserved structure and expression of *HSP70* paralogs in teleost fishes. Comparative Biochemistry and Physiology Part D: Genomics and Proteomics, 18: 10-20.

Mourente G, Odriozola J M, 1990. Effect of broodstock diets on lipid classes and their fatty acid composition in eggs of gilthead sea bream (*Sparus aurata* L.). Fish Physiology and Biochemistry, 8(2): 93-101.

Munz F W, 1958. The photosensitive retinal pigments of fishes from relatively turbid coastal waters. The Journal of General Physiology, 42(2): 445-459.

Nakagawa M, Hirose K, 2004. Individually specific seasonal cycles of embryonic development in cultured broodstock females of the black rockfish, *Sebastes schlegelii*. Aquaculture, 233(1-4): 549-559.

Nasir N A N, Farmer K W, 2017. Effects of different artificial light colors on the growth of juveniles common carp (*Cyprinus carpio*). Mesopotamia Environmental Journal, 3(3).

Nishida Y, 2011. The chemical process of oxidative stress by copper (II) and iron (III) ions in several neurodegenerative disorders. Monatshefte für Chemie-Chemical Monthly, 142(4): 375-384.

Patel S, Homaei A, El-Seedi H R, et al., 2018. Cathepsins: Proteases that are vital for survival but can also be fatal. Biomedicine & Pharmacotherapy, 105: 526-532.

Periago M J, Ayala M D, López-Albors O, et al., 2005. Muscle cellularity and flesh quality of wild and farmed sea bass, *Dicentrarchus labrax* L. Aquaculture, 249(1-4): 175-188.

Purslow P P, 2017. The structure and growth of muscle//Lawrie's Meat Science. England: Woodhead Publishing, 49-97.

Ribeiro L, Zambonino-Infante J L, Cahu C, et al., 1999. Development of digestive enzymes in larvae of *Solea senegalensis*, Kaup 1858. Aquaculture, 179(1-4): 465-473.

Sakata S, Yan Y L, Satou Y, et al., 2007. Conserved function of *caspase-8* in apoptosis during bony fish evolution. Gene, 396(1): 134-148.

Smolinski M B, Mattice J J L, Storey K B, 2017. Regulation of pyruvate kinase in skeletal muscle of the freeze tolerant wood frog, *Rana sylvatica*. Cryobiology: 77: 25-33.

Somero G N, Childress J J, 1980. A violation of the metabolism-size scaling paradigm: activities of glycolytic enzymes in muscle increase in larger-size fish. Physiological Zoology, 53(3): 322-337.

Stefansson S O, Hansen T J, 1989. The effect of spectral composition on growth and smolting in Atlantic salmon (*Salmo salar*) and subsequent growth in sea cages. Aquaculture, 82(1-4): 155-162.

Takahashi A, Kasagi S, Murakami N, et al., 2016. Chronic effects of light irradiated from LED on the growth performance and endocrine properties of barfin flounder *Verasper moseri*. General and Comparative Endocrinology, 232: 101-108.

Uberschar B, 1993. Measurement of proteolytic enzyme activity: Significance and application in larval fish research. Physiological and biochemical aspects of fish development, 1993: 233-239.

Valenzuela C A, Escobar-Aguirre S, Zuloaga R, et al., 2019. Stocking density induces differential expression of immune-related genes in skeletal muscle and head kidney of fine flounder (*Paralichthys adspersus*). Veterinary immunology and immunopathology, 210: 23-27.

Wang T, Cheng Y, Liu Z, et al., 2013. Effects of light intensity on growth, immune response, plasma cortisol and fatty acid composition of juvenile *Epinephelus coioides* reared in artificial seawater. Aquaculture, 414: 135-139.

Winston G W, Di Giulio R T, 1991. Prooxidant and antioxidant mechanisms in aquatic organisms. Aquatic toxicology, 19(2): 137-161.

Wu L, Wang Y, Han M, et al., 2020. Growth, stress and non-specific immune responses of turbot (*Scophthalmus maximus*) larvae exposed to different light spectra. Aquaculture,

520: 734950.

Xian J A, Miao Y T, Li B, et al., 2013. Apoptosis of tiger shrimp (*Penaeus monodon*) haemocytes induced by Escherichia coli lipopolysaccharide. Comparative Biochemistry and Physiology Part A: Molecular & Integrative Physiology, 164(2): 301-306.

Yarahmadi P, Miandare H K, Fayaz S, et al., 2016. Increased stocking density causes changes in expression of selected stress-and immune-related genes, humoral innate immune parameters and stress responses of rainbow trout (*Oncorhynchus mykiss*). Fish & shellfish immunology, 48: 43-53.

Zheng J L, Yuan S S, Li W Y, et al., 2016. Positive and negative innate immune responses in zebrafish under light emitting diodes conditions. Fish & Shellfish Immunology, 56: 382-387.

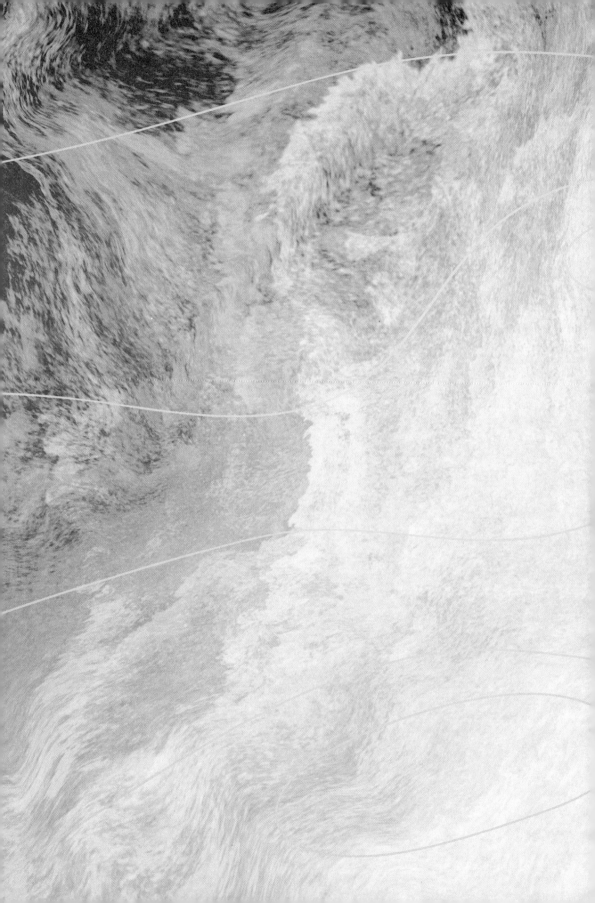

2

光照对欧洲舌齿鲈生长和发育的影响

2.1 欧洲舌齿鲈的简介

欧洲舌齿鲈（*Dicentrarchus labrax*），又名狼鲈、欧鲈，隶属鲈形目，狼鲈科，舌齿鲈属。在大西洋-地中海区域，欧洲舌齿鲈是沿海潟湖和河口最常见的鱼类之一。欧洲舌齿鲈具有生长速度快、抗病力强、含肉率高、营养价值高等特点，适宜在池塘和工厂化流水养殖，是欧洲和地中海区域水产养殖业中一种重要的经济鱼类。

欧洲舌齿鲈与鲷科（Sparidae）、鳗鲡科（Anguillidae）和鲻科（Mugilidae）等鱼类一样具有洄游性，它一般在沿海潟湖和河口生长，然后洄游至深海繁殖。Pawson 等（2007）发现，欧洲西北部的欧洲舌齿鲈约 4 龄时达到性成熟并开始生殖洄游。当秋季/冬季（10 月至 12 月）的水温较低时，欧洲舌齿鲈为寻求高于 9℃的水温环境会从近海索饵场洄游至深海产卵场，在产卵结束后（4 月/5 月），再次回到近岸。Laffaille 等（2001）从 2005 年春季至 2006 年夏季调查了法国里昂湾欧洲舌齿鲈的索饵场，发现 3 月至 7 月期间，欧洲舌齿鲈幼鱼体长为 12~22mm 时，它们会从产卵场洄游至近岸索饵场，而在当年 11 月，体长达到 63~112mm 时，再继续洄游至深海。在地中海西北部，欧洲舌齿鲈 4 月到 6 月在浅水栖息地中生活，包括沿海潟湖或河口等天然水体以及码头等人工区域（Pérez-Ruzafa 等，2007）。研究还发现影响洄游和产卵时间的主要因素是温度。在地中海，雌性在冬季（12 月至 3 月）产卵；而在大西洋，产卵一直持续到 6 月。欧洲舌齿鲈的年龄不同，其运动的空间范围也不同。大多数稚鱼（全长<32cm）在其出生地附近有限范围内活动，并没有表现出季节性的运动。成鱼（32~42cm）停留在离出生区域 80 公里以内的岸边，而全长大于 42cm 的欧洲舌齿鲈出现了大规模的季节性洄游（Pickett 等，2004）。

2.2 光照对欧洲舌齿鲈仔稚幼鱼（早期）生长和发育的影响

光作为一个重要的环境因子会影响鱼类从胚胎到性成熟的各个发育阶段。欧洲舌齿鲈具有典型的洄游习性，幼鱼生活在沿海潟湖和河口等浅水区，性成熟后，洄游至深海地区进行繁殖。在洄游过程中，周围环境中的光照条件也相应发生变化，了解其各个发育时期对光照环境的需求，能够帮助我们更好地改进欧洲舌齿鲈的人工养殖方法。以往的研究对于幼鱼的光照需求了解得不够深入（Villamizar等，2009；Villamizar等，2011）。因此，本研究以孵化后30d的欧洲舌齿鲈幼鱼作为研究对象，采用12种照明方式对其进行养殖：3个光照强度（$0.3W/m^2$、$1.0W/m^2$和$2.0W/m^2$）的白光、蓝光、红光和绿光，养殖周期为66d。旨在查明光谱和光照强度对欧洲舌齿鲈幼鱼的生长、发育和存活的影响。此外，为了了解光照条件对欧洲舌齿鲈幼鱼影响的可能机制，比较了各实验组幼鱼体内应激相关、生长相关和昼夜节律相关基因的表达水平。最后，通过组织学和电镜技术分析了光照条件的变化是否影响幼鱼的视觉，主要是对视网膜的结构影响。研究结果将为优化欧洲舌齿鲈幼鱼的人工照明方案奠定重要的理论基础，并对解析光照对鱼类的生长、存活和发育的影响机制提供一定的参考。

2.2.1 不同光照条件对欧洲舌齿鲈幼鱼生长和存活的影响

本研究所用欧洲舌齿鲈为2010年底由中国科学院海洋研究所刘鹰教授团队首次从希腊引进的。其在大连富谷水产有限公司进行苗种工厂化繁育。研究对象为孵化后30d的欧洲舌齿鲈幼鱼，平均体长为$(12.52±1.34)mm$，平均体重为$(92.35±4.77)mg$。该研究于2018年2月2日至2018年4月8日在大连富谷水产有限公司进行。将欧洲舌齿鲈幼鱼随机分配到36个100L圆柱形桶（高62cm）中，养殖密度为700尾/池。用卤虫无节幼体和大卤虫喂食幼鱼（每天6~8次，每次1.5~2.5h，直至水体中有剩余的饵料出现来确保其饱食）。其中孵化后30天至40天的幼鱼饲喂卤虫无节幼体，孵化后41天至96天幼鱼饲喂大卤虫。在喂食幼鱼前一天，使用卤虫强化剂强化卤虫无节幼体。幼鱼饲养条件：盐度，33；温度，18.5~19.5℃；光周期，24h持续光照；水体氧含量，8mg/L以上，pH 7.9~8.1。每天监测饲养水体中的盐度、温度、溶解氧含量和pH值。每周从桶中取出水样并测量氨氮和亚硝酸盐含量，确保氨氮含量＜0.2mg/L，亚硝酸盐含量＜0.05mg/L。为保持水质，每天进行两次换水和底部清洁以去除粪便、过多的卤虫和死亡的幼鱼。

如表2-1所示，设置12种照明条件（3种光照强度×4种光谱），每种照明条件设置3组平行（共设置36个养殖桶）：$0.3W/m^2$、$1.0W/m^2$和$2.0W/m^2$的全光谱（W0.3、W1.0、W2.0）；$0.3W/m^2$、$1.0W/m^2$和$2.0W/m^2$的蓝光（B0.3、B1.0、B2.0）；$0.3W/m^2$、$1.0W/m^2$和$2.0W/m^2$的红光（R0.3、R1.0、R2.0）；$0.3W/m^2$、$1.0W/m^2$和$2.0W/m^2$的绿光（G0.3、G1.0、G2.0）。用光照分析仪测量光谱组成和光照强度（图2-1）。由12个LED灯提供人工照明。为了避免任何背景光对研究的影响，将各个处理组采用不透光灰色幕布进行光隔离。对于所有处理组，通过改变灯距离水表面的高度来调节光照强度。为确保光环境的稳定，每天早晨饲喂幼鱼前监测光照强度数值以确保水面上的辐照度保持在$0.3W/m^2$、$1.0W/m^2$和$2.0W/m^2$。本节探讨了光谱和光照强度对欧洲舌齿鲈幼鱼的生长、发育和存活的影响。

表2-1 各处理组的光照强度和光谱组成

实验组名	光谱	平行	光照强度(平均值±标准差)	
			以(/lux)单位计	以(/W/m²)单位计
W0.3	全光谱	1	74.16±4.95	0.29±0.02
		2	71.90±3.56	0.30±0.04
		3	71.64±1.87	0.29±0.01
W1.0	全光谱	1	305.32±47.80	1.18±0.18
		2	230.86±30.18	0.92±0.11
		3	224.74±30.47	0.89±0.11
W2.0	全光谱	1	579.06±64.93	2.20±0.24
		2	536.16±40.15	2.06±0.14

续表

实验组名	光谱	平行	光照强度(平均值±标准差)	
			以(/lux)单位计	以(/W/m²)单位计
W2.0	全光谱	3	636.86±110.25	2.38±0.43
B0.3	蓝色	1	10.08±0.36	0.31±0.01
		2	9.04±1.23	0.28±0.03
		3	10.16±0.32	0.31±0.01
B1.0	蓝色	1	31.80±1.63	1.01±0.05
		2	29.56±3.11	0.95±0.08
		3	31.12±1.58	1.00±0.05
B2.0	蓝色	1	59.28±1.58	1.99±0.05
		2	57.94±2.76	1.94±0.08
		3	62.94±1.80	2.08±0.06
R0.3	红色	1	65.16±3.38	0.30±0.01
		2	61.20±2.03	0.29±0.01
		3	66.32±4.05	0.31±0.01
R1.0	红色	1	216.60±11.68	1.03±0.05
		2	208.08±8.58	1.00±0.05
		3	218.60±12.26	1.04±0.05
R2.0	红色	1	425.28±22.64	2.08±0.10
		2	413.24±13.38	2.04±0.05
		3	388.88±31.11	1.88±0.23
G0.3	绿色	1	179.98±14.57	0.31±0.03
		2	160.3±20.89	0.27±0.03
		3	181.60±3.11	0.30±0.01
G1.0	绿色	1	578.10±31.37	1.01±0.05
		2	644.48±54.65	1.10±0.10
		3	647.53±48.90	1.10±0.08
G2.0	绿色	1	1082.14±55.60	1.99±0.09
		2	1113.00±80.73	2.04±0.12
		3	1105.33±7.57	2.04±0.05

注：光照强度以 lux 和 W/m^2 表示。

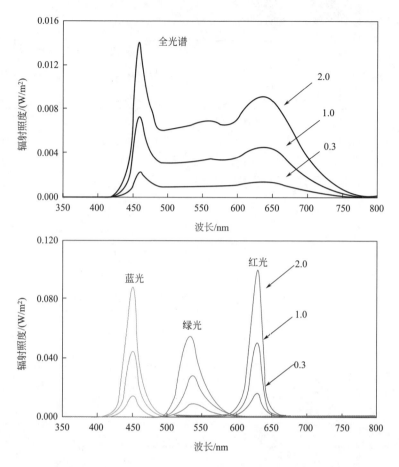

图 2-1 全光谱、蓝光、绿光和红光 LED 的光谱组成

以绝对光谱分布表示，每种光色设置 3 种光强（0.3W/m²、1.0W/m² 和 2.0W/m²）

2.2.1.1 不同光谱和光强对欧洲舌齿鲈幼鱼生长的影响

在处理开始后第 18 天、34 天、51 天和 66 天随机选择 10 尾（第 18 天和 34 天）或 20 尾（第 51 天和 66 天）幼鱼，冰上麻醉，使用蒸馏水冲洗幼鱼后用纸巾吸干多余的水分，测量其体长、体高、头长和头高，然后使用微量天平测量湿重。特定生长率（special growth rate，SGR）计算公式如下：

$$\text{SGR}(\%/d) = \frac{(\ln m_2) - (\ln m_1)}{t} \times 100$$

式中，m_1、m_2 分别为初始、终末体质量（mg）；t 是养殖周期（d）。

在不同光谱和光照强度下饲养的欧洲舌齿鲈幼鱼体长、体高、头长和头高的结果如表 2-2 所示。在研究开始后第 18 天、34 天、51 天时，光谱和光照强度对体长均无显著影响（$P>0.05$），但在暴露第 18 天、51 天时，光谱和光照强度交互作用对体长有显著影响（$P<0.05$）。第 66 天时，光谱、光照强度和光谱×光照强度交互作用均显著影响体长（$P<0.05$）。在绿光或红光条件下饲养的欧洲舌齿鲈幼鱼的平均体长显著高于全光谱或蓝光条件下的幼鱼体长（$P<0.05$）。在全光谱和蓝光条件下饲育的幼鱼平均体长无显著差异（$P>0.05$）。此外，$2.0W/m^2$ 光照强度下饲养的幼鱼的平均体长显著大于 $1.0W/m^2$ 或 $0.3W/m^2$ 光照强度下饲养的幼鱼（$P<0.05$），而 $1.0W/m^2$ 和 $0.3W/m^2$ 光照强度组的幼鱼之间平均体长无显著差异（$P>0.05$）。

表 2-2　不同光照强度和光谱饲育下欧洲舌齿鲈幼鱼体长、体高、头长和头高比较

处理		体长/mm				体高/mm	头长/mm	头高/mm
		第 18 天	第 34 天	第 51 天	第 66 天			
光谱	全光谱	15.14 ± 0.66[a]	18.23 ± 0.97[a]	23.99 ± 1.66[a]	30.97 ± 1.94[a]	8.06 ± 0.51[a]	10.13 ± 0.60[a]	6.83 ± 0.51[b]
	蓝光	15.07 ± 0.52[a]	19.13 ± 1.18[a]	23.63 ± 1.32[a]	29.84 ± 1.52[a]	7.71 ± 0.47[a]	10.04 ± 0.43[a]	6.44 ± 0.21[a]
	红光	15.58 ± 0.98[a]	19.02 ± 1.76[a]	24.27 ± 1.65[a]	32.59 ± 3.30[b]	8.53 ± 0.80[b]	10.91 ± 0.69[b]	7.15 ± 0.61[bc]
	绿光	15.15 ± 0.89[a]	18.77 ± 1.14[a]	24.22 ± 1.19[a]	34.29 ± 1.38[c]	8.90 ± 0.27[c]	11.14 ± 0.36[b]	7.23 ± 0.45[c]
光照强度	0.3 W/m²	15.03 ± 0.58[a]	19.07 ± 1.22[a]	23.43 ± 1.24[a]	31.59 ± 2.48[a]	8.22 ± 0.68[a]	10.55 ± 0.75[a]	6.85 ± 0.54[a]
	1.0 W/m²	15.39 ± 0.75[a]	18.33 ± 1.13[a]	24.26 ± 1.19[a]	31.42 ± 1.64[a]	8.19 ± 0.49[a]	10.43 ± 0.48[a]	6.76 ± 0.42[ab]
	2.0 W/m²	15.28 ± 0.97[a]	18.975 ± 1.46[a]	24.40 ± 1.71[a]	32.76 ± 3.60[b]	8.49 ± 0.88[a]	10.69 ± 0.87[a]	7.07 ± 0.66[c]
光谱		NS	NS	NS	*	*	*	*
光照强度		NS	NS	NS	*	NS	NS	NS
光谱×光照强度		*	NS	*	*	*	*	*

注：数据表示为平均值±标准差。同一列中的数字后跟不同的小写字母表示使用 Duncan 检验显著差异性，显著性水平设定为 0.05。NS 表示 F 检验后的差异不显著（$P>0.05$）。*表示 $P<0.05$。

在其他生长特征上，双因素方差分析结果显示，光谱和光谱×光照强度交互作用对体高、头长和头高均有显著影响（$P<0.05$），但光照强度对它们均无显著影响（$P>0.05$）。在绿光或红光下饲养的幼鱼体高和头长显著高于全光谱或蓝光下的幼鱼（$P<0.05$），而在全光谱和蓝光下的体高和头长无显著性差异（$P>0.05$）。此外，蓝光下饲养的幼鱼的头高显著低于全光谱、红光或绿光饲养组幼鱼（$P<0.05$）。在 $2.0W/m^2$ 下幼鱼的头高显著高于 $1.0W/m^2$ 或 $0.3W/m^2$ 条件下饲养的幼鱼（$P<0.05$）。在不同光照强度下欧洲舌齿鲈幼鱼体高和头长无显著性差异（$P>0.05$）。

不同光谱和光照强度下欧洲舌齿鲈幼鱼的湿重和特定生长率 SGR 的测定结果如表 2-3 所示。在暴露 18d 后，光谱×光照强度交互作用对湿重有显著影响（$P<0.05$）；但在暴露 18d、34d 和 51d 后，光谱和光照强度均不影响湿重（$P>0.05$）。到第 66 天，光谱、光照强度和光谱×光照强度交互作用均显著影响湿重和 SGR（$P<0.05$）。在绿光下饲养的幼鱼的平均湿重和 SGR 最高，其次是红光组，且红光和绿光组的结果显著大于全光谱和蓝光组的幼鱼（$P<0.05$），而全光谱和蓝光组无显著性差异（$P>0.05$）。此外，在 $2.0W/m^2$ 光照条件下，幼鱼的平均湿重和 SGR 显著大于 $1.0W/m^2$ 或 $0.3W/m^2$ 条件下饲养的幼鱼（$P<0.05$），而 $1.0W/m^2$ 和 $0.3W/m^2$ 组的幼鱼湿重和 SGR 无显著性差异（$P>0.05$）。

表 2-3　不同光谱和光照强度饲育下欧洲舌齿鲈幼鱼的湿重和特定生长率比较

处理		湿重/mg				特定生长率/(%/d, 0~66d)
		第 18 天	第 34 天	第 51 天	第 66 天	
光谱	全光谱	25.20 ± 5.22^a	65.82 ± 16.11^a	206.50 ± 45.57^a	474.36 ± 101.52^a	5.94 ± 0.32^a
	蓝光	26.50 ± 4.55^a	77.37 ± 15.70^a	219.82 ± 37.44^a	419.14 ± 59.48^a	5.77 ± 0.21^a
	红光	29.66 ± 10.35^a	81.00 ± 26.84^a	243.67 ± 46.80^a	586.59 ± 193.88^b	6.22 ± 0.46^b
	绿光	27.97 ± 7.52^a	80.47 ± 22.59^a	225.75 ± 26.83^a	670.53 ± 102.02^c	6.48 ± 0.23^c

续表

处理		湿重(mg)				特定生长率/(%/d, 0~66d)
		第18天	第34天	第51天	第66天	
光照强度	0.3 W/m²	26.01 ± 5.63[a]	79.35 ± 16.11[a]	212.97 ± 41.03[a]	511.43 ± 132.34[a]	6.04 ± 0.39[a]
	1.0 W/m²	27.24 ± 7.73[a]	67.23 ± 15.48[a]	221.03 ± 31.23[a]	500.81 ± 87.41[a]	6.03 ± 0.26[a]
	2.0 W/m²	28.75 ± 8.22[a]	81.92 ± 27.44[a]	237.82 ± 45.04[a]	600.72 ± 210.77[b]	6.24 ± 0.54[b]
光谱		NS	NS	NS	*	*
光照强度		NS	NS	NS	*	*
光谱×光照强度		*	NS	NS	NS	NS

注：数据表示为平均值±标准差。同一列中的数字后跟不同的小写字母表示使用 Duncan 检验显著差异性，显著性水平设定为 0.05。NS 表示 F 检验后的差异不显著性（$P>0.05$）。*表示 $P<0.05$。

2.2.1.2 不同光谱和光强对欧洲舌齿鲈幼鱼发育的影响

在处理开始后第 18 天、34 天、51 天和 66 天随机选择 10 尾（第 18 天和 34 天）或 20 尾（第 51 天和 66 天）幼鱼，冰上麻醉，使用蒸馏水冲洗幼鱼后用纸巾吸干多余的水分，使用安装在解剖显微镜上的数码相机对幼鱼进行拍照，并利用图像分析处理软件对样品图像分析。记录幼鱼形态并计算畸形率。

在所有处理组中，欧洲舌齿鲈幼鱼畸形率在 22.65%（红光，2.0W/m²）到 45.71%（蓝光，0.3W/m²）之间。如表 2-4 所示，光谱对畸形率有显著性影响，全光谱或蓝光下饲养的幼鱼总畸形率显著高于红光或绿光饲养的幼鱼（$P<0.05$）。颌畸形是本研究中最常见的畸形之一，包括下颌的伸长或缩短。光谱和光照强度均影响颌畸形的发生率（$P<0.05$）。全光谱或蓝光下饲养的幼鱼颌畸形率显

著高于红光或绿光下饲养的幼鱼（$P<0.05$）。此外，在 $0.3W/m^2$ 光照条件下饲养的幼鱼颌畸形率显著高于在 $1.0W/m^2$ 或 $2.0W/m^2$ 光照条件下饲养的幼鱼（$P<0.05$）。

观察到的另一种畸形是脊椎弯曲，在蓝光下脊椎畸形率比例最低（$P<0.05$），在 $0.3W/m^2$、$1.0W/m^2$ 和 $2.0W/m^2$ 光照条件下饲养的幼鱼脊椎畸形率无显著性差异（$P>0.05$）。

2.2.1.3 不同光谱和光强对欧洲舌齿鲈存活的影响

每天计数表面和底部死亡鱼的条数。存活率（survival rate，SR）参考 Bergot 等（1986）使用的公式进行计算，该公式考虑了每日死亡的数量和取样的数量：

$$SR(\%) = \left[\frac{(n0-d1)}{n0} \frac{(n0-d1-s1-d2)}{(n0-d1-s1)} \frac{(n0-d1-s1-d2-s2-d3)}{(n0-d1-s1-d2-s2)} \frac{(n0-d1-s1-d2-s2-d3-s3-d4)}{(n0-d1-s1-d2-s2-d3-s3)} \right] \times 100$$

公式中，$n0$ 为鱼的初始数量；$d1$ 为第一阶段（第一次取样之前）鱼的死亡数量，$s1$ 为第一次取样的数量；$d2$ 为第二阶段（第一次取样之后第二次取样之前）鱼的死亡数量；$s2$ 为第二次取样的数量；$d3$ 是第三阶段（第二阶段之后第三阶段之前）鱼的死亡数量；$s3$ 是第三次取样的数量；$d4$ 是第四阶段（第三阶段之后第四阶段之前）鱼的死亡数量。分别计算实验开始后第 18 天、34 天和 51 天的存活率。

研究发现光谱对幼鱼的存活有显著影响，如表 2-4 所示，暴露 18d、34d、51d 和 66d 绿光组的幼鱼的存活率显著低于其他光谱组的存活率（$P<0.05$）。此外，与暴露于 $0.3W/m^2$ 的幼鱼相比，暴露于 $2.0W/m^2$ 的幼鱼在第 18 天和第 51 天的存活率显著性降低（$P<0.05$），且 $1.0W/m^2$ 和 $0.3W/m^2$ 组之间没有显著性差异（$P>0.05$）。第 34 天，暴露于 $2.0W/m^2$ 的幼鱼存活率显著性低于 $1.0W/m^2$ 或 $0.3W/m^2$ 幼鱼的存活率（$P<0.05$），且 $1.0W/m^2$ 和 $0.3W/m^2$ 组之间无显著性差异（$P>0.05$）。三个光照强度组的幼鱼在第 66 天的存活率无显著性差异（$P>0.05$）。

表 2-4 处理后 66d 时不同光谱和光照强度对欧洲舌齿鲈幼鱼畸形率和存活率的影响

处理		畸形率/%			存活率/%			
		总畸形率	颌畸形	脊椎弯曲	第18天	第34天	第51天	第66天
光谱	全光谱	39.52±12.94[b]	27.46±12.79[b]	12.06±3.28[b]	86.27±1.80[b]	80.71±3.35[b]	74.83±3.39[b]	66.68±2.47[b]
	蓝光	37.14±8.60[b]	28.57±8.60[b]	8.57±2.67[a]	84.25±3.84[b]	78.83±3.75[b]	74.56±3.61[b]	68.14±2.64[b]
	红光	28.34±6.66[a]	18.20±5.88[a]	10.14±4.50[ab]	84.22±5.21[b]	77.69±7.35[b]	72.92±6.76[b]	66.81±3.88[b]
	绿光	28.69±6.89[a]	17.90±6.17[a]	10.79±6.02[ab]	66.43±5.14[a]	56.30±7.14[a]	52.14±7.19[a]	41.38±8.13[a]
光照强度	0.3 W/m²	37.19±11.27[a]	28.18±10.27[c]	9.01±3.66[a]	81.87±10.99[b]	75.67±13.29[b]	70.47±12.41[b]	61.62±12.45[a]
	1.0 W/m²	30.79±8.02[a]	19.05±5.51[a]	11.75±3.78[a]	80.23±7.37[ab]	74.38±8.41[b]	69.53±9.19[ab]	62.14±11.98[a]
	2.0 W/m²	32.29±10.38[a]	21.87±11.13[ab]	10.42±5.25[a]	78.79±9.15[a]	70.10±12.28[a]	65.84±11.61[a]	58.51±13.11[a]
光谱		*	*	NS	*	*	*	*
光照强度		NS	*	NS	NS	*	NS	NS
光谱×光照强度		NS	NS	*	*	NS	NS	NS

注：数据表示为平均值±标准差。同一列中的数字后跟不同的小写字母表示使用 Duncan 检验显著差异性，显著性水平设定为 0.05。NS 表示 F 检验后的差异不显著性（$P > 0.05$）。*表示 $P < 0.05$。

2.2.1.4 不同光谱和光强对生长和应激等相关基因表达的影响

采集处理后第 66 天幼鱼脑组织，采用实时定量 PCR（qPCR）技术检测了生长激素（growth hormone，gh）、促肾上腺皮质激素释放激素（corticotropin releasing hormone，crf）、促甲状腺激素（thyroid stimulating hormone，tsh）、N-乙酰基转移酶 1A（N-acetyltransferase 1a，aanat1a）、N-乙酰基转移酶 1B（N-acetyltransferase 1b，aanat1b）、褪黑激素受体（mellc、mt1、mt2）在不同处理

组幼鱼的脑组织中的表达水平。脑中 aanat1a、aanat1b、mellc、mt1、mt2、gh、tsh 和 crf mRNA 表达变化如图 2-2 和图 2-3 所示。光谱和光照强度均显著影响这些基因的表达量（$P<0.05$）。在第 66 天，蓝光、绿光和红光照射组幼鱼脑内的 aanat1a、aanat1b、mellc 和 tsh 表达显著高于全光谱组（$P<0.05$）。暴露于红光下的幼鱼脑内 mt1、mt2 和 crf 的表达均显著高于暴露于其它光谱下的幼鱼（$P<0.05$）。红光和全光谱组幼鱼脑内 gh 表达显著高于蓝光和绿光组幼鱼（$P<0.05$）。与暴露于 $0.3W/m^2$ 和 $1.0W/m^2$ 光照强度的幼鱼相比，暴露于 $2.0W/m^2$ 光照强度的幼鱼脑中 aanat1a、aanat1b、mellc、mt1、mt2、tsh 和 crf 的表达显著性升高（$P<0.05$）。生长激素 gh 的表达也有显著差异，在 $0.3W/m^2$ 和 $1.0W/m^2$ 光照强度组幼鱼脑中的表达显著高于 $2.0W/m^2$ 光照强度下饲养的幼鱼（$P<0.05$）。

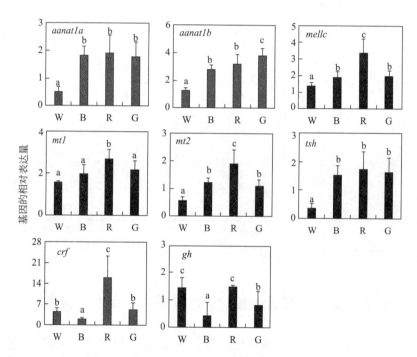

图 2-2 不同光谱条件下欧洲舌齿鲈脑中 aanat1a、aanat1b、mellc、mt1、mt2、gh、tsh 和 crf mRNA 的相对表达量

不同的小写字母表示处理之间具有显著差异（$P<0.05$）。W：全光谱；B：蓝光；R：红光；G：绿光

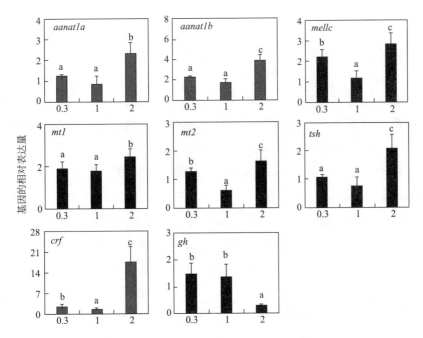

图 2-3 不同光照强度下欧洲舌齿鲈脑中 *aanat1a*、*aanat1b*、*mellc*、*mt1*、*mt2*、*gh*、*tsh* 和 *crf* mRNA 的相对表达量

不同的小写字母表示处理之间具有显著差异（$P<0.05$）。
0.3、1 和 2 分别代表 $0.3W/m^2$、$1.0W/m^2$ 和 $2.0W/m^2$

2.2.1.5 小结

在本研究中发现与蓝光或白光条件相比，欧洲舌齿鲈幼鱼在红光或绿光下饲养时生长较好。然而，之前的一项研究发现，欧洲舌齿鲈幼鱼在蓝光下，光周期为12L：12D的条件下生长得更好（Villamizar 等，2009）。这可能是因为在本研究中，光照处理从孵化后30d的幼鱼开始，而在他们的实验中，光照处理是从受精卵开始的。如前所述，欧洲舌齿鲈与鲷科、鳗鲡科和鲻科等鱼类一样具有洄游性，它一般在沿海潟湖和河口生长，然后洄游至深海繁殖。由此可知，欧洲舌齿鲈在不同的发育阶段对光照的需求是不同的。而本研究用幼鱼的大小，跟生长洄游幼鱼的大小相似，而此时它在自然界已从深海短波长的光照环境洄游至中、长波长的水环境。因此，不难理解为什么本研究中的幼鱼在红光和绿光下生长得更好。另外，两个研究中结果不同也可能是这两个研究中使用光照强度和光周期不同造成的。

一般认为，松果体分泌的激素（如褪黑激素）参与鱼类生长等的调控过程（Underwood 等，1990；Zachmann 等，1992）。在由色氨酸合成褪黑激素的过程中，芳香胺-N-乙酰基转移酶（arylalkylamine-N-acetyltransferase，AANAT）和羟基吲哚氧位甲基转移酶（hydroxyindole-O-methyl-transferase，HIMOT）是参与其中的关键酶类。Klein（2007）研究发现，褪黑激素之所以夜晚合成量增加是由于 AANAT 活性的升高。此外，褪黑激素要通过褪黑激素受体，经 G 蛋白耦连受体介导的信号转导通路起作用。本研究中，测定了各实验组中幼鱼脑内的 $aanat1a$、$aanat1b$、$mellc$、$mt1$ 和 $mt2$ 的表达量，发现蓝光、红光和绿光组幼鱼脑内的 $aanat1a$、$aanat1b$ 和 $mellc$ 显著高于全光谱组幼鱼。并且，红光组幼鱼脑内的 $mt1$ 和 $mt2$ 的表达水平显著高于其他光谱条件下饲养的幼鱼。这些结果表明，红光组幼鱼生长较好的原因可能是褪黑激素分泌介导的调控。另外，红光组幼鱼脑内 gh 表达水平较高，这些结果都支持 Shin 等（2011）提出的观点，光谱会影响褪黑激素的分泌，进而通过褪黑激素影响生长激素的分泌。

尽管如此，虽然 $aanat1a$、$aanat1b$、$mellc$、$mt1$ 和 $mt2$ 的表达在暴露于 $2.0W/m^2$ 光照强度下的幼鱼脑内的水平显著性高于 $0.3W/m^2$ 和 $1.0W/m^2$ 光照强度组，并没有发现 $2.0W/m^2$ 光照强度下 gh 的表达要显著高于其他两组。这可能表明褪黑激素对生长的影响可能不仅仅通过影响 GH 的分泌而发挥作用，很可能还通过其他垂体内分泌的激素进行调控。TSH 是垂体分泌的激素，能够促进甲状腺激素 T3 和 T4 的分泌，本研究中还测定了 tsh 的表达水平。研究发现，蓝光、绿光和红光组幼鱼脑内的 tsh 的表达显著高于全光谱组幼鱼，$2.0W/m^2$ 光照强度下幼鱼脑内的表达显著高于其它两个光照强度组。这些结果表明，光照条件的变化会影响 TSH 的分泌进而会影响幼鱼的生长。今后有必要进一步研究褪黑激素和 TSH 的作用关系。此外，褪黑激素除了对垂体有直接调控作用，它还可能通过作用在视前区和下丘脑，或者直接作用在外周组织，控制一些促进或抑制因子的合成，进而影响鱼类的摄食和生长（Schreck，1993）。

对硬骨鱼类来说，皮质醇是调控生长、免疫和繁殖等生理过程的重要激素（Mommsen 等，1999；Jesus 等，1991；Jesus 等，1992；Vazzana 等，2002）。在下丘脑-垂体-肾间组织轴（the hypothalamic–pituitary–interrenal axis，HPI），下丘脑分泌促肾上腺皮质激素释放因子（corticotropin-releasing factor，CRF），作用在垂体上，刺激其产生促肾上腺皮质激素（adrenocorticotropic hormone，

ACTH），进而调控皮质醇的合成和分泌。以往的研究表明，鱼类孵化后很短时间内（几天或几周，跟鱼的种类有关）就能够合成皮质醇，并且在应激条件下会出现皮质醇显著升高的现象（Barry 等，1995；Jentoft 等，2002；Deane 等，2003；Alsop 等，2008；Applebaum 等，2010）。本研究发现，红光组幼鱼脑内的 crf 的表达显著高于其他各组，同时，$2.0W/m^2$ 光照强度下幼鱼脑内 crf 的表达显著高于其他两个光照强度组。有研究表明，应激时，crh 的表达会下降，说明糖皮质激素的升高可能会通过负反馈的机制降低促肾上腺皮质激素释放激素（corticotropin releasing hormone，CRH）的合成和分泌（Dallman 等，2010；Bernier 等，1999）。因此，在红光条件下或者 $2.0W/m^2$ 光照强度下对幼鱼造成的应激性可能较小。Villamizar 等（2013）研究了不同光照条件对斑马鱼生长和发育的影响，他们也发现在紫光条件下斑马鱼生长较好，同时 $pomca$ 和 crh 在紫光组幼鱼脑内表达水平高于其他实验组。

  导致鱼类出现畸形和死亡的因素包括直接和间接因素，如营养（Suzuki 等，2000；Laure 等，2005）、水温、盐度（Ottesen 等，1998）、污染物（Rosenthal 等，1976）、饲养池的颜色（Cobcroft 等，2009）和光照条件（Natalia 等，2014；Politis 等，2004；Battaglene 等，1990；Liu 等，2010；Trotter 等，2003）等。在本研究中，在红光和绿光组饲养的幼鱼其颌畸形率较低，而在暴露于全光谱或蓝光的幼鱼颌畸形较高。Barahona-Fernandes（1979）认为颌骨畸形会影响鱼类的摄食活动，进而导致其饥饿甚至是死亡。因此，红色和绿色光照条件下幼鱼生长更好可能也跟其较低的颌畸形率有关。本研究中，当幼鱼暴露于蓝光条件下，颌畸形率高而脊椎畸形的发生率却低于全光谱。最近的研究发现胰岛素样生长因子（$igf1a$ 和 $igf2a$）的过表达和敲除都会影响鱼类的发育，如中线形成和脊索发育（Zou 等，2009；White 等，2009）。Villamizar 等（2013）发现暴露于绿光或紫光的斑马鱼，其脊椎畸形率较高。他们指出，脊椎畸形幼鱼较多，可能与 $igf1a$ 和 $igf2a$ 表达水平有关。但本研究并没有检测 igf 的表达水平，今后需要进行进一步的研究来阐明欧洲舌齿鲈中生长相关基因如 $igf1a$ 和 $igf2a$ 的表达水平是否跟发育相关。

  在本研究中，光谱也明显影响了幼鱼的存活率，并且在绿光条件下幼鱼的存活率最低。幼鱼饲养期间发现3个绿光组的幼鱼在实验第3天和第8天之间的死亡率很高，这是导致最后其存活率低的主要原因。这一结果与前人研究一致（Planas 等，1999；Chatain 等，1994）。观察发现死亡个体出现鱼鳔肥大的状况，导致幼鱼漂浮在水面，停止摄食并死于饥饿。Hatziathanasiou 等（2002）研究了放养密度（5 尾/L、10 尾/L、15 尾/L 和 20 尾/L）对欧洲舌齿鲈幼鱼生存、生长和摄食的影响（初始个体平均体重 25.56mg，平均体长 17.05mm）。在 5 尾/L 和 10 尾/L（$P<0.05$）的密度下幼鱼的存活率高于 15 尾/L 和 20 尾/L。另一方面，10 尾/L 的密度对幼鱼体重和长度的生长有抑制作用，而 15 尾/L 和 20 尾/L 的密度促进了鱼生长。本研究中使用的幼鱼个体大小与上述研究略有不同且最初幼鱼密度为 7 尾/L，然而我们不能排除绿光组中的幼鱼生长最好可能因为该组幼鱼由于前期大量死亡造成养殖密度较低。今后需进一步进行研究来确认其相关性。

有研究发现影响欧洲舌齿鲈眼睛和血浆中褪黑激素含量变化所需的光阈值为 $0.06W/m^2$（Hatziathanasiou 等，2002）。Villamizar 等（2009）在实验中使用光照强度为 $0.42W/m^2$。本研究旨在查明当光照强度增加时，欧洲舌齿鲈幼鱼的生长、发育和存活是否受到影响，因此我们将幼鱼暴露于 4 种不同光谱（全光谱、蓝光、红光和绿光）下，分别设计了 3 种不同光照强度（$0.3W/m^2$，$1.0W/m^2$ 和 $2.0W/m^2$），并发现在 $2.0W/m^2$ 条件下幼鱼生长最好，说明较高的光照强度能够促进幼鱼的生长。

总之，本研究发现光照条件是影响欧洲舌齿鲈生长、发育和存活的关键因素。处于索饵洄游大小的欧洲舌齿鲈幼鱼在红光或绿光下生长得最好，而在 $2.0W/m^2$ 时生长明显优于 1.0 或 $0.3W/m^2$。然而，当受到绿光照射时幼鱼的存活率最低。这为设计欧洲舌齿鲈幼鱼的饲养方案提供理论基础。

2.2.2 不同的光照条件对欧洲舌齿鲈的视觉发育的影响

光照不仅对鱼类的视力至关重要，而且还会影响视网膜的功能和可塑性，不当的光照条件甚至在眼内会产生具有潜在破坏性的活性氧物质。前人研究表明，在特殊光照条件下对鱼类进行养殖，会发现鱼类在主要的生长阶段，其视网膜表现出不同的敏感性（Wagner 和 Kröger，2005；Kröger 等，1999；Wagner 和 Kroger，2000；Fuller 等，2010；Julia 等，2008；Dalton 等，2015；付金玲，

2013）。特别是，光照强度和光谱的差异可以影响感光细胞的光敏感性（Julia 等，2008），导致视网膜结构改变（Wagner 和 Kröger，2005），并导致视网膜中视蛋白的表达变化（Fuller 等，2010；Julia 等，2008；Dalton 等，2015；付金玲，2013；Hofmann 等，2010）。例如，在近单色光（光谱剥夺）和两种光强的白光（对照）条件下饲养蓝宝丽鱼（*Aequidens pulcher*, Cichlidae）1~2 年后，在视锥细胞内光谱剥夺不会改变视色素的吸收特性，但是在蓝光照射组中，中长波长光敏感的视锥细胞外节长度显著增加。另外，2 年后，在蓝光组内观察到短波长光敏感的视锥细胞消失 65%（Wagner 和 Kröger，2005）。研究人员还发现持续强光饲养导致白化斑马鱼光感受器细胞大量死亡，以及导致白化虹鳟鱼的视杆细胞外节被破坏和光感受细胞消失。虽然正常体色硬骨鱼对持续光照造成的损伤具有较高的抵抗，但在高强度光照下发现感光层厚度依然会减小（Yurco 和 Cameron，2005；Allison 等，2006；Fausett 和 Daniel，2006；Bernardos 等，2007；Fimbel 等，2007；Kassen 等；2010；Thummel 等，2008；Allen 和 Hallows，1997；Marotte 等，1979；Raymond 等，2010；Vera 和 Migaud 2009；Bejarano-Escobar 等，2012）。在大西洋鲑中的研究发现，当将鱼暴露于白色或蓝色 LED 下（光照强度范围为 0.199~2.7W/m^2），其血浆中皮质醇和葡萄糖浓度会在短期内上升，然而，并没有发现视网膜结构受到损伤的迹象（Migaud 等，2007）。在另一项也以大西洋鲑作为研究对象的研究中，研究人员用较高的光照强度（51~380W/m^2）养殖大西洋鲑，发现养殖 7d 后，部分鲑鱼个体的外核层（outer nuclear layer, ONL）细胞核的数量和感光细胞层（photoreceptor layer, PRos/is）厚度减少，暴露 15d 后几乎所有鲑鱼都出现这一现象（Vera 和 Migaud，2009）。Vera 和 Migaud（2009）发现，在持续的高强度光照下（51~380W/m^2），与大西洋鳕和大西洋鲑相比，欧洲舌齿鲈成鱼对光的敏感性较低。

尽管海洋鱼类幼鱼可能也利用化学线索来发现较长距离的猎物，但视觉在其捕食短距离内的猎物时具有重要的作用（Lee 等，2017；Debose 等，2008；Lee 等，2016）。在水产养殖生产中，虽然饲养池中的饵料密度较高，但它们仍然必须进入幼鱼的视觉范围才能被发现和摄入。与幼鱼视觉系统匹配的照明条件可以增加其视觉范围并减少其搜索食物的时间，最终有利于幼鱼的生长和存活（Aksnes 和 Giske，1993；Lee 等，2017；Blaxter 和 Staines，1971）。因此，在欧洲舌齿鲈上有必要进一步查明光照条件的变化是否会影响幼鱼的视觉系统，以及这是否会影响它们的生长。

本研究对暴露于 2.2.1 所述的 12 种光照条件下欧洲舌齿鲈幼鱼视网膜进行了组织病理分析，包括 H.E.染色切片和透射电子显微镜的观察，旨在查明不同的光照条件是否会影响幼鱼的视觉，进而影响其生长、发育和存活；以及视网膜是否因连续长时间暴露于不同 LED 光照条件下而出现任何损伤。

2.2.2.1　光照对欧洲舌齿鲈幼鱼头长和眼睛直径的影响

在养殖后第 51 天和第 66 天，每桶随机选择 20 尾幼鱼，冰上麻醉，测定头长和眼睛直径，并计算眼径/头长。表 2-5 显示了在不同光照条件下第 51 天和第 66 天欧洲舌齿鲈头长和眼睛直径的差异。在暴露第 51 天时，光谱、光照强度和光谱×光照强度交互作用效应均影响眼径/头长（$P<0.05$）；但在暴露第 66 天结果不显著（$P>0.05$）。第 51 天，暴露于绿光或红光下的幼鱼眼径/头长显著性高于全光谱或蓝光下的眼径/头长（$P<0.05$），且在蓝光下幼鱼的眼径/头长显著低于全光谱饲养组幼鱼（$P<0.05$）。此外，$2.0W/m^2$ 光照强度下幼鱼的眼径/头长显著高于 $1.0W/m^2$ 和 $0.3W/m^2$ 光照强度组的幼鱼（$P<0.05$）。

表 2-5　第 51 天和第 66 天不同光谱和光照强度下欧洲舌齿鲈幼鱼眼径、眼径与头长比与眼径与体长比

处理		第 51 天			第 66 天		
		眼径/mm	眼径/头长	眼径/体长	眼径/mm	眼径/头长	眼径/体长
光谱	全光谱	2.20 ± 0.12[a]	27.69 ± 1.28[a]	9.18 ± 0.27[a]	2.76 ± 0.13[b]	27.33 ± 1.65[b]	8.94 ± 0.52[ab]
	蓝光	2.19 ± 0.09[a]	29.42 ± 0.75[b]	9.28 ± 0.25[a]	2.63 ± 0.09[a]	26.21 ± 0.52[a]	8.82 ± 0.24[a]
	红光	2.36 ± 0.16[b]	30.54 ± 1.24[c]	9.71 ± 0.19[b]	2.96 ± 0.20[c]	27.16 ± 0.69[ab]	9.12 ± 0.34[b]
	绿光	2.26 ± 0.11[ab]	30.38 ± 0.78[c]	9.34 ± 0.78[a]	2.97 ± 0.08[c]	26.70 ± 0.64[ab]	8.65 ± 0.18[a]

续表

处理		第 51 天			第 66 天		
		眼径/mm	眼径/头长	眼径/体长	眼径/mm	眼径/头长	眼径/体长
光照强度	0.3 W/m²	2.25±0.12ᵃ	29.24±1.52ᵃ	9.59±0.34ᵇ	2.82±0.19ᵃᵇ	26.74±0.86ᵃ	8.93±0.31ᵃ
	1.0 W/m²	2.22±0.10ᵃ	29.03±1.46ᵃ	9.11±0.41ᵃ	2.78±0.13ᵃ	26.69±0.42ᵃ	8.86±0.26ᵃ
	2.0 W/m²	2.30±0.17ᵃ	30.27±1.39ᵇ	9.42±0.53ᵃᵇ	2.89±0.25ᵇ	27.12±1.55ᵃ	8.86±0.53ᵃ
光谱		*	*	*	NS	NS	NS
光照强度		NS	*	*	*	NS	NS
光谱×光照强度		NS	*	NS	*	NS	*

注：数据表示为平均值±标准差。同一列中的数字后跟不同的小写字母表示使用 Duncan 检验显著差异性，显著性水平设定为 0.05。NS 表示 F 检验后的差异不显著性（$P>0.05$）。*表示 $P<0.05$。

2.2.2.2 光照对视网膜显微结构的影响

在养殖后第 51 天，每桶随机取 5 尾幼鱼的头部，在波恩氏液中固定 24～28h 然后转移到 70%乙醇中直至进一步处理。将头部在不同浓度梯度的乙醇中脱水并用石蜡包埋，切片机制备 4μm 切片，根据常规组织学技术进行 H.E.染色，使用显微镜观察切片并使用数码相机拍照。组织学结果显示，欧洲舌齿鲈幼鱼具有脊椎动物视网膜的所有十层结构（图 2-4）。使用图像分析软件 LAS X 对组织切片上视网膜进行测量。测定以下参数：视网膜色素上皮层（retinal pigment epithelium layer，RPE）、感光层（the photoreceptor layer，PRos/is，从 RPE 的最外部到外核层距离）、外核层（outer nuclear layer，ONL）、外网层（the outer plexiform layer，OPL）、内核层（inner nuclear layer，INL）、内网层（the inner plexiform layer，IPL）、神经节细胞层（ganglion cell layer，GCL）和神经纤维层（optic fiber layer，OFL）的厚度；ONL 细胞核、INL 细胞核和神经节细胞的数量（个/100 μm）。对每个视网膜（$n=9$/处理组）的中央区、背侧区和腹侧区进行 6 次测量。此外，计算了视网膜各层结构的厚度与总厚度（total thickness，TT）比值、ONL 细胞核数与 INL 细胞核数量比、ONL 细胞核数与 GCL 细胞核数量比以及 INL 细胞核数与 GCL 细胞核数量比。

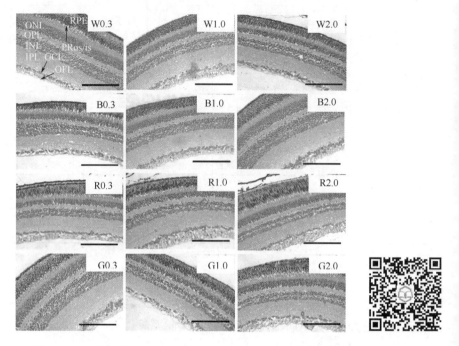

图 2-4 第 51 天不同光谱和光照强度下欧洲舌齿鲈幼鱼视网膜的组织学特征

光谱（W：全光谱；B：蓝光；R：红光；G：绿光），光照强度分别为：
$0.3W/m^2$、$1.0W/m^2$ 和 $2.0W/m^2$ 比例尺=100μm

在不同光照条件下幼鱼视网膜的组织学切片中，未观察到明显的差异。对其各层厚度等参数进行测量和计算发现，虽然光照条件不影响视网膜的总厚度（$P>0.05$），但与全光谱相比，蓝光组幼鱼的 PRE、PRos/is 和 INL 的厚度更厚（$P<0.05$）（表 2-6）。此外，蓝光下饲养的幼鱼的 ONL 厚度显著高于全光谱、红光或绿光饲养组的幼鱼（$P<0.05$）。在 $2.0W/m^2$ 光照强度下，幼鱼 PRE 和 OPL 的厚度显著小于 $0.3W/m^2$ 组的厚度（$P<0.05$）。蓝光下饲养的幼鱼的 RPE/TT 显著大于全光谱组幼鱼（$P<0.05$）（表 2-7）。在蓝光下幼鱼的 ONL/TT 显著高于全光谱、红光或绿光的幼鱼（$P<0.05$）。在全光谱下，幼鱼视网膜的 IPL/TT 显著大于蓝光、红光或绿光条件下饲养的幼鱼（$P<0.05$）。在 $2.0W/m^2$ 光照强度下，幼鱼的 RPE/TT 和 ONL/TT 显著低于 $0.3W/m^2$ 光照强度组（$P<0.05$）。相

比之下，2.0W/m² 光照强度组幼鱼的 INL/TT 显著大于 0.3W/m² 条件下的幼鱼（$P<0.05$）。

表 2-6 第 51 天不同光谱和光照强度下欧洲舌齿鲈幼鱼视网膜各层厚度

处理		RPE/μm	PRos/is/μm	ONL/μm	OPL/μm	INL/μm	IPL/μm	GCL/μm	GFL/μm	TL/μm
光谱	全光谱	31.27 ± 5.88ª	47.08 ± 8.22ª	21.03 ± 4.19ª	14.03 ± 2.18ª	32.99 ± 4.41ª	51.02 ± 7.51ª	13.93 ± 2.96ª	14.03 ± 1.56ª	192.91 ± 30.24ª
	蓝光	37.23 ± 5.46ᵇ	53.88 ± 6.98ᵇ	26.30 ± 4.74ᵇ	15.54 ± 1.70ª	38.56 ± 6.13ᵇ	54.37 ± 9.20ª	16.19 ± 3.53ª	14.91 ± 1.45ª	218.25 ± 32.45ª
	红光	33.52 ± 4.56ᵃᵇ	50.26 ± 5.88ᵃᵇ	22.36 ± 3.37ª	15.27 ± 1.48ª	35.42 ± 5.31ᵃᵇ	51.04 ± 6.50ª	15.33 ± 3.48ª	18.30 ± 7.44ª	205.41 ± 26.51ª
	绿光	34.09 ± 2.41ᵃᵇ	51.22 ± 4.12ᵃᵇ	22.82 ± 2.82ª	14.84 ± 1.25ª	35.10 ± 3.95ª	51.51 ± 5.44ª	15.48 ± 3.47ª	15.26 ± 1.59ª	206.47 ± 19.10ª
光照强度	0.3 W/m²	35.31 ± 3.97ᵇ	51.66 ± 5.73ª	23.93 ± 3.08ª	15.59 ± 1.59ᵇ	35.10 ± 5.24ª	53.39 ± 7.71ª	15.66 ± 3.86ª	15.24 ± 2.56ª	209.31 ± 28.16ª
	1.0 W/m²	34.96 ± 5.75ᵃᵇ	51.98 ± 6.99ª	24.02 ± 4.95ª	15.13 ± 1.46ᵃᵇ	36.49 ± 5.69ª	53.82 ± 7.15ª	15.26 ± 2.85ª	16.56 ± 6.57ª	210.91 ± 28.05ª
	2.0 W/m²	31.82 ± 4.92ª	48.19 ± 7.08ª	21.43 ± 4.11ª	14.04 ± 1.82ª	34.96 ± 4.99ª	48.75 ± 5.77ª	14.78 ± 3.42ª	15.09 ± 1.63ª	197.06 ± 27.67ª
光谱		*	NS	*	NS	NS	NS	NS	NS	NS
光照强度		NS	NS	NS	*	NS	NS	NS	NS	NS
光谱×光照强度		*	NS	*	NS	NS	NS	NS	NS	NS

注：数据表示为平均值±标准差。同一列中的数字后跟不同的小写字母表示 Duncan 检验显著差异性，显著性水平设定为 0.05。NS 表示 F 检验后的差异不显著性（$P > 0.05$）。*表示 $P < 0.05$。

表 2-7 第 51 天不同光谱和光照强度下欧洲舌齿鲈幼鱼视网膜各层厚度与总厚度的比值

处理		RPE / TT/%	PRos is / TT/%	ONL / TT/%	OPL / TT/%	INL / TT/%	IPL / TT/%	GCL / TT/%	GFL / TT/%
光谱	全光谱	16.16 ± 0.85^a	24.36 ± 0.89^a	10.85 ± 0.79^a	7.28 ± 0.39^a	17.16 ± 0.96^a	26.53 ± 1.93^b	7.19 ± 0.58^a	7.36 ± 0.96^a
	蓝光	17.09 ± 0.99^b	24.76 ± 1.08^a	12.02 ± 0.80^b	7.18 ± 0.70^a	17.68 ± 1.47^a	24.85 ± 0.70^a	7.36 ± 0.63^a	6.94 ± 1.08^a
	红光	16.32 ± 0.78^{ab}	24.54 ± 1.35^a	10.86 ± 0.56^a	7.48 ± 0.59^a	17.20 ± 0.61^a	24.88 ± 1.10^a	7.41 ± 0.92^a	8.95 ± 3.63^a
	绿光	16.58 ± 1.20^{ab}	24.88 ± 1.53^a	11.03 ± 0.70^a	7.20 ± 0.38^a	16.97 ± 0.47^a	24.93 ± 0.70^a	7.46 ± 1.27^a	7.42 ± 0.80^a
光照强度	0.3 W/m^2	16.94 ± 1.00^b	24.78 ± 1.35^a	11.46 ± 0.65^b	7.49 ± 0.51^a	16.74 ± 0.67^a	25.54 ± 2.01^a	7.41 ± 1.05^a	7.29 ± 0.86^a
	1.0 W/m^2	16.52 ± 0.85^{ab}	24.66 ± 1.13^a	11.31 ± 1.00^b	7.21 ± 0.38^a	17.26 ± 0.59^{ab}	25.53 ± 0.68^a	7.21 ± 0.60^a	7.97 ± 3.38^a
	2.0 W/m^2	16.15 ± 1.03^a	24.46 ± 1.19^a	10.81 ± 0.76^a	7.16 ± 0.62^a	17.76 ± 1.23^b	24.82 ± 1.05^a	7.45 ± 0.93^a	7.74 ± 1.01^a
光谱		NS	NS	*	NS	NS	*	NS	NS
光照强度		NS	NS	*	NS	*	NS	NS	NS
光谱×光照强度		NS	NS	*	NS	NS	NS	NS	NS

注：数据表示为平均值±标准差。同一列中的数字后跟不同的小写字母表示 Duncan 检验显著差异性，显著性水平设定为 0.05。NS 表示 F 检验后的差异不显著性（$P>0.05$）。*表示 $P<0.05$。

不同处理组的 ONL、INL 和 GCL 细胞核数量如表 2-8 所示：当幼鱼暴露于蓝光或红光时，幼鱼视网膜 ONL 细胞核数量显著大于全光谱组的幼鱼（$P<0.05$）。在红光下饲养的幼鱼视网膜 INL 细胞核数量显著高于全光谱、蓝光或绿光下的幼鱼（$P<0.05$）。此外，2.0W/m^2 光照强度下饲养的幼鱼 INL 和 GCL 细胞核数量显著低于 0.3W/m^2 组幼鱼（$P<0.05$）。而光谱、光照强度对细胞核数量比（ONL/INL、ONL/GCL 或 INL/GCL）均无显著影响（$P>0.05$）。光谱×光照强度相互作用对 ONL/INL、INL/GCL 无显著影响。

表 2-8 第 51 天不同光谱和光照强度下欧洲舌齿鲈幼鱼 ONL、INL 和 GCL 的细胞核密度（个/mm²），及 ONL/INL、ONL/GCL 和 INL/GCL 细胞核比值

处理		细胞核数			细胞核数比率		
		ONL/个·mm²	INL/个·mm²	GCL/个·mm²	ONL/INL	ONL/GCL	INL/GCL
光谱	全光谱	44377 ± 2937ᵃ	35538 ± 2903ᵃ	8911 ± 1099ᵃ	1.25 ± 0.10ᵃ	5.03 ± 0.57ᵃ	4.03 ± 0.45ᵃ
	蓝光	48223 ± 3930ᵇ	37736 ± 1334ᵃ	9283 ± 929ᵃ	1.28 ± 0.08ᵃ	5.21 ± 0.37ᵃ	4.10 ± 0.43ᵃ
	红光	48869 ± 5064ᵇ	40663 ± 3915ᵇ	9338 ± 706ᵃ	1.20 ± 0.05ᵃ	5.24 ± 0.43ᵃ	4.37 ± 0.42ᵃ
	绿光	45489 ± 3379ᵃᵇ	36355 ± 2656ᵃ	9102 ± 751ᵃ	1.25 ± 0.07ᵃ	5.02 ± 0.45ᵃ	4.01 ± 0.33ᵃ
光照强度	0.3 W/m²	45804 ± 4089ᵃ	36137 ± 3101ᵃ	8736 ± 907ᵃ	1.27 ± 0.08ᵃ	5.26 ± 0.35ᵃ	4.16 ± 0.33ᵃ
	1.0 W/m²	46092 ± 2875ᵃ	37085 ± 2424ᵃ	9255 ± 743ᵃᵇ	1.25 ± 0.09ᵃ	5.00 ± 0.36ᵃ	4.04 ± 0.46ᵃ
	2.0 W/m²	48322 ± 5166ᵃ	39497 ± 3754ᵃ	9486 ± 821ᵇ	1.22 ± 0.07ᵃ	5.12 ± 0.60ᵃ	4.19 ± 0.47ᵃ
光谱		*	*	NS	NS	NS	NS
光照强度		NS	*	*	NS	NS	NS
光谱×光照强度		NS	NS	*	NS	*	NS

注：数据表示为平均值±标准差。同一列中的数字后跟不同的小写字母表示 Duncan 检验显著差异性，显著性水平设定为 0.05。NS 表示 F 检验后的差异不显著性（$P>0.05$）。*表示 $P<0.05$。

2.2.2.3 光照对视网膜超微结构的影响

在养殖后第 51 天，每桶随机选取 5 尾幼鱼，冰上麻醉，解剖取眼球（每个样品中仅使用右侧视网膜），将其在 4℃，2.5%戊二醛（pH7.4）中固定 2d。磷酸缓冲液冲洗 3 次，每次 15min，将处理后的所有样品在 1%四氧化锇中 20℃下固定 2h。然后将样品在梯度乙醇（50%~100%）中脱水，环氧树脂包埋。在冷冻超薄切片机上用金刚石刀切割样品。用 2%乙酸铀酰和碱性柠檬酸铅染色，然后在透射电子显微镜下观察并拍照。

在 12 种光照条件下，视网膜的 RPE、OPL、INL、IPL、GCL 或 OFL 中未发现明显异常，但在 PRos/is 层观察到不同程度的异常。如图 2-5（A~B）所示，在 W1.0 组的一些个体中发现视杆细胞的外节弯曲和肿胀，而其内节正常（图 2-5C）。此外，一些幼鱼个体中也发现视杆细胞的外节严重损伤，外节膜盘排列紊乱，外节断裂和缩短，以及外节与内节分离并变成圆形或梨形（图 2-5D~F）。

在 W0.3 和 W2.0 组中也发现了不同程度的视网膜损伤。如在 W2.0 组中除了视

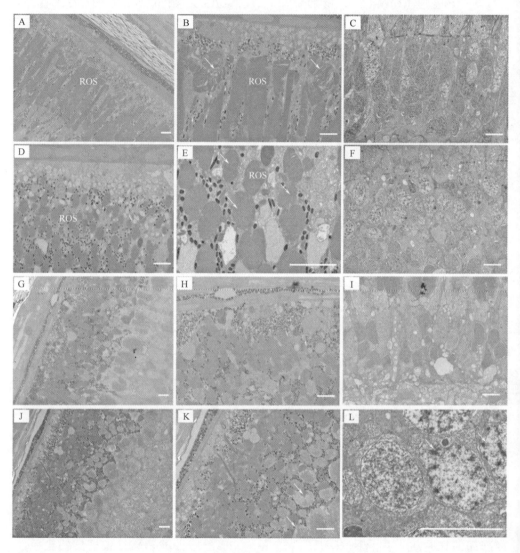

图 2-5 第 51 天在不同光照强度（0.3W/m²、1.0W/m² 和 2.0W/m²）持续白光照射下欧洲舌齿鲈幼鱼视网膜的透射电子显微镜照片

A~C，来自同一个个体；D~F，来自同一个个体；G~I，来自同一个个体；J~L，来自同一个个体。（A~C）来自暴露于 1.0W/m² 个体的视网膜，视杆细胞外节（ROS）出现弯曲和肿胀（箭头，A 和 B），但内节正常（C）。（D~F）来自暴露于 1.0W/m² 的个体的视网膜，可见严重的 ROS 破坏，包括外节膜盘的解体，外节断裂和缩短，以及外节与内节分离，变成圆形或梨形（箭头，D 和 E）。来自暴露于 0.3W/m²（G~I）和 2.0W/m²（J~L）个体的视网膜。在暴露于 0.3W/m² 和 2.0W/m² 后，也发现了不同程度的视网膜损伤，尤其是在 W2.0 中，视锥细胞外节出现缩短（箭头，J 和 K）。另外，在肿胀的内节（L）中发现了细胞核溶解（箭头）。比例尺=5μm

杆细胞的损伤，还发现视锥细胞外节出现缩短的现象，同时还观察到其肿胀的内节里发生细胞核溶解（图2-5G～I）（一种坏死指标）。

在B0.3组中，幼鱼的感光细胞出现轻微的损伤（图2-6A～E），而在B2.0组中，一些幼鱼个体的视网膜的损伤较为严重（图2-6I～K）。在B0.3组，外

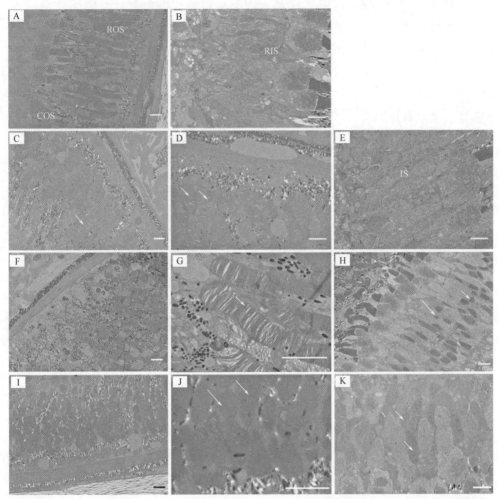

图2-6 第51天在不同光照强度持续蓝光下欧洲舌齿鲈幼鱼视网膜的透射电子显微镜照片

A、B，来自同一个个体；C～E，来自同一个个体；F～H，来自同一个个体；I～K，来自同一个个体。B0.3组中感光细胞出现轻微破坏（A～E），在B2.0组中出现严重损伤（I～K）。（A，B）来自暴露于0.3W/m^{2}幼鱼个体视网膜的正常感光细胞。（C～E）来自暴露于0.3W/m^{2}的视网膜，外节段失去其形状并且不再精确堆叠，此外大部视网膜中圆盘之间的接触消失（箭头）。在暴露于1.0W/m^{2}之后，外节段是曲折的并且层状结构被破坏（F～H，来自同一个个体）。（I～K）来自暴露于2.0W/m^{2}的视网膜，外部区段收缩并形成几个小的圆形（I，J）。此外，在B1.0和B2.0组中，在内节段（箭头，H，K）中观察到核仁凝聚。比例尺=5μm。ROS，视杆细胞外节；COS，视锥细胞外节；RIS，视杆细胞内节；IS，内节

节有轻微的弯曲，并出现膜盘结构的轻微紊乱。B1.0 处理的幼鱼，外节弯曲，且膜盘的层状结构被破坏（图 2-6 F～H）。而暴露于 B2.0 光照条件的幼鱼，一些个体的感光细胞外节收缩并形成一些小圆形结构（图 2-6 I～K）。此外，在 B1.0 和 B2.0 组中观察到感光细胞的内节核仁固缩（图 2-6 H～K）。

同样值得注意的是，本研究处理条件下幼鱼的视网膜对红光敏感性也较高。在一些个体中同时观察到视杆细胞和视锥细胞外节收缩，形成许多小圆形的结构，外节和内节之间出现空泡化且细胞核固缩（图 2-7）。用绿光处理的幼鱼中，发现在 G0.3 组中出现轻微的光感受细胞的损伤（图 2-8）。在 G1.0 和 G2.0 组的个体中发现了严重的光感受细胞的损伤，包括外节会形成圆形结构和肿胀的椭圆体（图 2-8）。

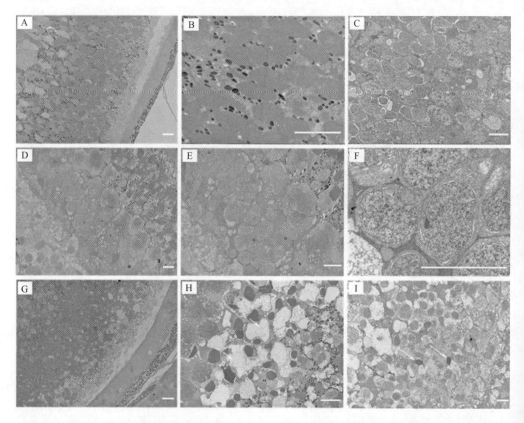

图 2-7 第 51 天在不同光照强度持续红光饲育下欧洲舌齿鲈幼鱼视网膜的透射电子显微镜照片

A～C，来自同一个个体；D～F，来自同一个个体；G～I，来自同一个个体。在一些个体中，杆外段和锥外段均收缩（A、D 和 G），形成许多小圆形，外段和内段之间形成特征性空泡（箭头，H），观察到核仁凝聚（箭头，I）。比例尺=5μm

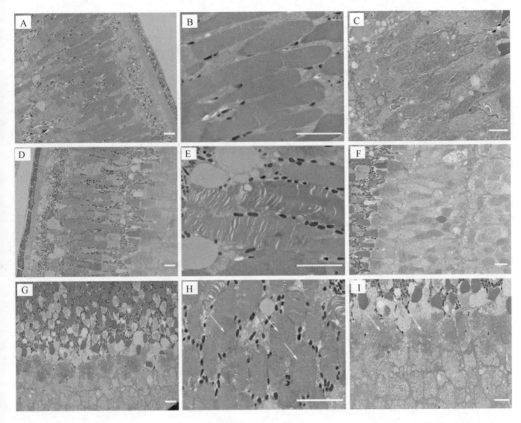

图 2-8 第 51 天在不同光照强度持续绿光饲育下欧洲舌齿鲈幼鱼视网膜的透射电子显微镜照片

A~C，来自同一个个体；D~F，来自同一个个体；G~I，来自同一个个体。用绿光处理的幼鱼中，发现在 G0.3 组中出现轻微的光感受器变形（A~C）。在 G1.0 和 G2.0 组几个个体中，发现了严重的光感受器变形，包括圆形外节段的形成和椭圆体（箭头，I）。比例尺=5μm

2.2.2.4 小结

本研究发现欧洲舌齿鲈幼鱼视网膜具有脊椎动物视网膜的十层结构。从组织学切片上，未观察到不同光照条件下饲养的幼鱼的视网膜结构有明显差异。然而，对各层厚度、各层细胞核密度进行测量并对各层厚度和总厚度的比值，以及各层细胞数比值进行计算发现，光照条件影响了部分视网膜层的厚度和细胞核密度。幼鱼暴露在 12 种光照条件下，其 RPE、INL 和 GCL 均未发现明显异常，但在感光细胞层观察到不同程度的异常，表明连续暴露于任何光照强度或光谱下，都会导致欧洲舌齿鲈幼鱼感光层结构变化。本研究强调了在今后设计鱼类生产照明方案应不仅考虑不同鱼类，甚至是同一种鱼类在不同发育阶段的光需求，也应考虑光照造成的潜在福利影响。

本研究发现，大多数个体中感光细胞的内节是正常的，而外节出现光损伤现象。如光感受器细胞的外节弯曲、肿胀，外节与内节分离，外节变大或变成圆形（或梨形）。表明外节是最先受到光损伤的部位之一，这与前人的研究结果一致。细胞膜的破损可能是由于细胞膜上脂质的分布特点造成的。外节细胞膜的损伤会对其内部膜盘的有序排列产生不利影响，导致膜盘排列紊乱。前人研究发现，光诱导的光感受器细胞损伤是从外节末端开始的（Organisciak 和 Vaughan，2010；Vaughan 等，2010；Bush 等，1991；Remé，2005），损伤程度的大小和膜盘的更新速度有关（Wu 等，2006；Young，1976）。Roehlecke 等（2011）还发现，体外培养小鼠视网膜组织时，照射蓝光（405nm）会导致外节中部细胞膜的缺损，这可能因为在伸长的外节结构中，中间部分较为薄弱，所以膜盘结构遭到破坏。尽管如此，即使在哺乳动物中，也不是十分清楚光照对视网膜造成损伤的机制。

在本研究中，$2.0W/m^2$ 光照强度组的 RPE 厚度、RPE/TT 和 ONL/TT 比值均显著低于 $0.3W/m^2$ 光照强度组。这说明 $2.0W/m^2$ 持续 LED 照射对欧洲舌齿鲈幼鱼视网膜造成的损伤更严重。对视网膜超微结构的观察同样验证了上述结果，如 W2.0 组中的一些幼鱼的视网膜受到严重损伤，视锥细胞核和视杆细胞的外节都出现了明显的缩短。此外，W2.0 组肿胀的内节出现细胞核的溶解。在实验开始后第 51 天的不同光照条件下，尽管幼鱼的头长和眼睛直径没有显著差异，但 $2.0W/m^2$ 处理下的幼鱼眼径/头长比明显高于 $0.3W/m^2$ 和 $1.0W/m^2$ 的幼鱼，可以推测 $2.0W/m^2$ 组的幼鱼眼径/头长比增大是一种视觉补偿机制。尽管也观察到光谱对眼径/头长比有显著影响，但其内在影响机制还需要进一步研究。

硬骨鱼类的眼睛与人的眼睛结构相似，但有两个主要区别：鱼类无眼睑和固定的瞳孔（Wagner，1998；Kusmic 和 Gualtieri，2000）。这使得它们在长期光照条件下，视网膜比高等脊椎动物更容易发生光损伤。因此，鱼类进化出有效的保护机制来应对高强度的光，如光感受细胞的移动和黑色素颗粒的迁移。在视杆细胞外节起抗氧化作用的黑色素保护视网膜免受光诱导的细胞毒性（Sanyal 和 Zeilmaker，1988）。与哺乳动物的视网膜不同，光线能引起鱼类视网膜发生运动反应和色素移动，强光下视网膜的视锥细胞向外界膜延伸，视杆细胞被色素细胞覆盖；弱光下视杆细胞移向外界膜，而视锥细胞末端的外节则靠近色素细胞。视网膜的这种色素移动是对光的视觉适应，保护了视杆细胞在强光时不会受到损伤，在弱光时暴露出来以增强感光能力（Allen 和 Hallows, 1997）。此外，光感受器能够伸入或退出视网膜色素上皮层（Wagner, 1990）。在本研究中，因为欧洲舌齿鲈幼鱼暴露于 $2.0W/m^2$ 时 RPE 层厚度减少，所以认为在此光照条件下幼鱼视网膜未出现黑色素移动。这和在大西洋鳕和大西洋鲑成鱼上研究结果一致（Vera 和 Migaud, 2009）。

在本研究中，虽然 ONL 细胞核密度（个/mm^2）无显著差异，但幼鱼暴露于 $2.0W/m^2$ 的 ONL 和 ONL/TT 明显低于暴露于 $0.3W/m^2$ 的幼鱼。而 $2.0W/m^2$ 组的 INL/TT 和 INL 核密度（个/mm^2）明显高于 $0.3W/m^2$ 组的结果。这些结果表明，$2.0W/m^2$ 组视网膜的光感受器细胞可能受到破坏或损伤，这与之前研究的结果一致（Braisted 等, 1994; Braisted 和 Raymond, 1992）。与哺乳动物不同，硬骨鱼视网膜具有在整个生命周期中均可生长的特性（Julian 等, 2015; Fernald, 1985）。这是因为它们具有两种不同的可进行自我更新的干细胞群：第一种位于 INL，它们经有丝分裂后迁移到 ONL 中，以补充视杆细胞前体（Julian 等, 2015）；另一细胞群位于视网膜边缘的外周生发区（circumferential germinal zone, CGZ），它们会产生视网膜中各种类型细胞（Hitchcock 等, 2004）。此外，最近的研究表明，在斑马鱼（*D. rerio*）中，Müller 胶质细胞作为一种多功能视网膜干细胞发挥作用，通过稳态和再生发育机制产生视网膜神经元（Bernardos 等, 2007）。Morris 等（2010）研究表明，斑马鱼的视杆细胞死亡会导致 ONL 中（而非 INL）视杆细胞前体细胞的增多。尽管如此，研究发现，在光感受器受损伤时，ONL 干细胞也能产生视锥细胞。有研究表明，在硬骨鱼视网膜中 ONL 细胞死亡也能够启动细胞再生（Raymond 等, 2010; Braisted 和 Raymond, 1992; Negishi, 1987; Otteson 和 Hitchcock, 2003），但是在鸡体内，毒素诱导的视网膜内细胞死亡可以诱导再生而不损害 ONL（Fischer 和 Reh, 2001）。Allison 等（2006）研究表明，在白化虹鳟鱼中，光诱导的视杆细胞的死亡并没有减少视杆细胞细胞核的数量，这表明通过细胞增殖取代了死亡细胞，尽管这种增殖过程不足以取代所有视杆细胞。因此，视网膜再生是否是一个连续的过程，在一定时间内损伤和恢复取决于细胞死亡相对于其再生的相对速度，而光谱是否影响再生过程也尚不清楚。前人对白化斑马鱼的研究表明，连续光照3天后，其视网膜能够自我更新（Vihtelic和Hyde，2015），且伴随着INL内细胞的大量增值。通过增殖细胞核抗原免疫组化和溴脱氧尿苷标记方法，可以观察到INL内细胞大量增殖。此外，用哇巴因破坏斑马鱼的视网膜98天（Sherpa等，2010）以及去除金鱼95%的视网膜（Mensinger和Powers，1999），它们的视网膜都可再生。遗憾的是，本研究未检测视网膜内细胞凋亡和增殖。

虽然不同处理组下幼鱼视网膜的光感受器层受损程度不同，但是本研究确认了使用连续LED光照条件对光感受器细胞有一定的损伤作用，但这种损伤却对幼鱼的生长没有影响。鉴于鱼类可以通过视网膜和视网膜外光感受器感应光照强度和光谱变化（Bayarri等，2003；Vera等，2009），光照对鱼类生长的影响可能通过视网膜光感受器外的另一个信号通路发生。这里得到的结果也支持了视网膜发育在响应环境光变化过程中具有较高的可塑性。这些结果为欧洲舌齿鲈人工养殖过程中制定照明方案奠定了基础，但是需要进一步研究以确定关键的暴露阈值。还需要进一步的研究来阐明包括幼鱼在内的非视网膜信号通路对硬骨鱼生长和发育的调节作用，并提高我们对鱼类视网膜退化和再生调节机制的认识。

2.3 光照对欧洲舌齿鲈幼鱼生长、摄食、生理生化及肌肉品质的影响研究

光照对水生生物（鱼类、藻类、软体动物）的生长、摄食、行为、内分泌系统调节均有重要的作用。每种生物的栖息环境的不同发育阶段对光的需求不同，有研究发现欧洲舌齿鲈似乎在不同的发育阶段对光照时间表现出不同的需求。如：欧洲鲈鱼幼鱼在12L：12D光周期中的生长速度比在长期光照或长期黑暗中生长更快，而(110.63±3.12)g的欧洲舌齿鲈在更长的光照下（15L：9D）生长更快（Villamizar等，2009；Yildirim等，2015）。通过实验探究欧洲舌齿鲈不同阶段对光需求的特点，寻求有利于欧洲舌齿鲈生长发育的光环境，从而

选择并优化光照条件，为工厂化养殖欧洲舌齿鲈的光环境提供科学的理论和参考依据。目前，鱼类陆基工厂化循环水养殖生产主要在封闭的室内进行，需要人为进行补光照明。针对这一现象，在养殖生产过程中通过调控光谱，给不同种类、不同发育阶段的养殖鱼类创造一个更加适宜的光谱环境，对促进水生生物生长、提高养殖生产效率具有重要意义。

本小节研究了人工养殖条件下，不同LED光谱（白光、红光、黄光、绿光、蓝光）及不同光周期（0L：24D、8L：16D、12L：12D、16L：8D、24L：0D）对欧洲舌齿鲈幼鱼生长、摄食、生理生化及肌肉品质的影响，以期为我国的欧洲舌齿鲈工厂化养殖提供借鉴和参考。

2.3.1 不同光照条件对欧洲舌齿鲈幼鱼生长摄食的影响

2.3.1.1 光周期对欧洲舌齿鲈幼鱼生长与摄食的影响

研究在设施渔业教育部重点实验室的养殖间进行，实验用鱼为300尾欧洲舌齿鲈，由大连庄河富谷养殖场提供。实验开始前，先将幼鱼暂养于实验室的养殖桶（半径80cm，高60cm）中1周，使其适应环境。暂养期间的水温控制在(22 ± 1)℃，溶氧>6mg/L，pH为7.4～7.8，盐度32.1～32.4，光照采用自然光。每天投喂2次浮性饵料，投喂时间为上午9:00和下午3:30（图2-9）。两天换一次海水，每次换1/3～2/3，所用海水经过沉淀和过滤。研究所用LED灯具由深圳市超频三科技股份有限公司提供，型号为CK 54，波长范围为400～780nm（图2-10）。

本研究设置5个光周期，分别为0L：24D（长期黑暗）8L：16D（光照时间8:00~16:00）、12L：12D（光照时间8:00~20:00）、16L：8D（光照时间8:00～24:00）、24L：0D（长期光照），每个光周期下设置三个重复，每个重复中放入健康、大小规格相近的20尾鱼，体长(13.5 ± 0.54)cm，体重(45 ± 5.3)g。养殖间用遮光布遮挡自然光并分隔出5个养殖区。采用电子计时器控制不同的光周期，水面的光强设定为250mW/m²，用光谱光度计（SRI-2000，OPTIMUM，台湾）测定水面光强。实验期间的投喂次数、时间与暂养期间相同，投喂量按体重的2.5%进行投喂。

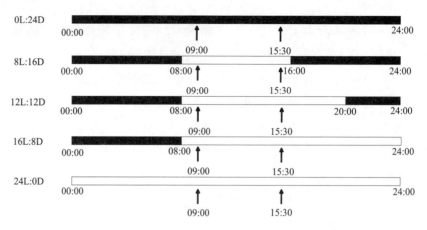

图 2-9　不同光周期下的投喂时间

黑色线段代表黑暗阶段，白色线段代表光照阶段，箭头代表投喂时间

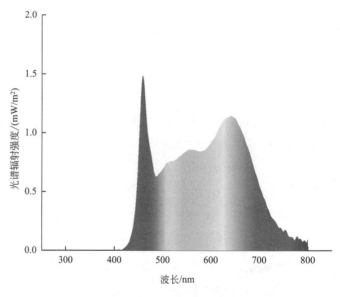

图 2-10　LED 光谱组成

投喂 30min 后，收集剩余残饵，放入 80℃的烘箱烘干至恒重。由于从投喂到收集时间约为 60min，也以此测定饵料的溶失系数，用于校正残饵质量。研究结束（养殖 60d）后的欧洲舌齿鲈幼鱼饥饿 24h，每个处理组随机取 6 尾，用 MS-222 麻醉后测体长、体重。将实验鱼放在冰上快速抽血，约抽取 0.6mL，血

液于 4℃放置 4~6h 后，12000r/min 离心 10min，取上清液保存于–80℃冰箱中，用于血液生理生化指标测定。然后在冰上快速解剖，取适量胃、肠、肝胰脏、肾，以及鳃和肌肉，用低温 0.9%的生理盐水清洗后，放入冻存管中用液氮中速冻，保存于实验室的–80℃冰箱，用于酶的测定。

体长特定生长率（specific growth rate of body length，SGR_L）：

$SGR_L/(\%/d)=[\ln(末体长)-\ln(初体长)]/天数 \times 100$；

体重特定生长率（specific growth rate of body weight，SGR_B）：

$SRG_B/(\%/d)=[\ln(末体重)-\ln(初体重)]/天数 \times 100$；

日增长指数（daily growth index，DGI）：

$DGI = [(末体重^{1/3}-初体重^{1/3})/天数] \times 100$；

相对增重量（weight gain，WG）：

$WG/(\%) =[(末体重-初体重)/初体重] \times 100$；

饲料转化率（feed conversion ratio，FCR）：

$FCR/(\%)= 摄入量/(末体重-初体重)$；

摄食量（feed intake，FI）：

$FI/(\%)= 100 \times 摄入量/[(末体重+初体重)/2]/天数$。

实验数据表示为平均值±标准差（Mean±SD），用软件 SPSS17.0 进行数据的统计分析，采用单因素方差分析（one-way ANOVA）和邓肯（Duncan）比较法检测不同光周期对欧洲舌齿鲈幼鱼生长和摄食影响的显著性，$P < 0.05$ 作为显著性水平。

表 2-9 是不同光周期对欧洲舌齿鲈生长的影响。在 8L：16D 处理组下，欧鲈的 BL、BW、SGR_L、SGR_B、DW 和 DGI 均显著高于 24L：0D 组（$P<0.05$）。在 12L：12D 和 16L：8D 下的 BW 显著高于 0L：24D 和 24L：0D 组的 BW（$P<0.05$），不同处理组下 SGR_B 的显著性差异与 BW 相似。在 8L：16D 组下的 DWG 最大且显著高于其他任何处理组；16L：8D 和 12L：12D 处理组的 DWG 之间无显著性差异，但均显著高于 0L：24D 和 24L：0D 的 DWG（$P<0.05$）。DGI 在不同光周期下具有显著差异，最大值为 8L：16D 处理组，依次为

16L：8D，12L：12D，0L：24D 和 24L：0D。

表 2-9　不同光周期对欧洲舌齿鲈生长的影响

指标	0L:24D	8L:16D	12L:12D	16L:8D	24L:0D
体长(BL)/ cm	15.63±0.25 [ab]	16.41±0.42 [a]	16.27±0.24 [a]	15.60±0.17 [ab]	15.25±0.34 [b]
体重(BW)/ g	61.49±1.15 [c]	78.84±3.00 [a]	72.53±0.48 [b]	72.27±0.44 [b]	61.29±2.20 [c]
体长特定生长率% (SGR$_L$)	0.24±0.03 [ab]	0.32±0.04 [a]	0.31±0.02 [a]	0.24±0.02 [ab]	0.20±0.04 [b]
体重特定生长率% (SGR$_B$)	0.52±0.02 [c]	0.87±0.02 [a]	0.74±0.01 [b]	0.81±0.03 [a]	0.44±0.01 [d]
日增重 (DWG)/ g	0.27±0.01 [c]	0.53±0.01 [a]	0.43±0.01 [b]	0.47±0.02 [b]	0.23±0.01 [d]
日增长指数 (DGI)	0.65±0.025 [d]	1.14±0.02 [a]	0.95±0.01 [c]	1.05±0.04 [b]	0.55±0.02 [e]

注：标有不同小写字母者表示不同光周期之间有显著性差异（$P<0.05$），标有相同字母者表示组间无显著性差异（$P>0.05$）。

表 2-10 是欧洲舌齿鲈在不同条件下的摄食情况，从表中可以知道，在不同光周期下的欧洲舌齿鲈的摄食量无显著性差异。然而，8L：16D，12L：12D 和 16L：8D 处理组的 FCR 显著低于 24L：0D 和 0L：24D（$P<0.05$）。

表 2-10　不同光周期对欧洲舌齿鲈摄食的影响

指标	0L:24D	8L:16D	12L:12D	16L:8D	24L:0D
摄食量 (FI)/%	0.53±0.03	0.56±0.04	0.58±0.04	0.56±0.02	0.63±0.02
饵料转化率 (FCR)	1.05±0.09 [b]	0.66±0.06 [c]	0.81±0.06 [c]	0.71±0.05 [c]	1.45±0.08 [a]

众所周知，光周期在水生生物生长、发育过程中有着重要作用。在本实验中，不同光周期对欧洲舌齿鲈幼鱼生长和摄食的影响存在显著差异。结果表明，暴露于 8L：16D 处理组的 BL、BW、SGR$_L$、SGR$_B$、DGI 和 DWG 较高，其次是 12L：12D 和 16L：8D（表 2-9）。虽然在各光周期下的 FI 之间没有显著性差异，但是 8L：16D、12L：12D 和 16L：8D 处理组下的 FCR 显著低于 0L：

24D 和 24L：0D。这表明光周期对欧洲舌齿鲈的生长和摄食有显著影响。从研究结果来看，长期光照和长期黑暗明显不适合欧洲舌齿鲈幼鱼的生长和摄食，而 8L：16D，12L：12D 和 16L：8D 似乎更有利于幼鱼的生长和摄食，Arvedlund 等（2000）的研究也发现黑红小丑鱼（*Amphiprion melanopus*）在 24L：0D 处理组下比 8L：16D 和 12L：12D 生长得慢。然而，有一些研究表明，在恒定光照条件系下，鱼类的摄食量更多，生长得更快，例如尖吻鲈鱼（Barlow 等，1995）、海鲷（Kissil 等，2001）和大西洋鲑（Hansen 等，1992）。有趣的是，银鲶鱼（*Rhamdia quelen*）暴露于长期黑暗中显示出最佳生长。这些结果还表明，不同鱼类对光周期的敏感性不同，并且光周期对鱼类的影响存在种间差异。

一般来说，较快的生长伴随着食物摄入和消化吸收能力的增加。本研究发现在 24L：0D 组下的 FI 高于其他光周期，然而，FCR 在所有处理组中却是最高的。这表明在长期光照条件下，鱼类更活跃，消耗大部分能量，只有一小部分能量用于促进体细胞生长（Morretti 等，1999）。此外，食欲、食物转化和生长与生长相关的激素也有关系，例如生长激素和胰岛素生长因子-1（Jornsson 等，1989）。根据目前关于鱼类的研究，褪黑激素通过直接作用于垂体细胞来调节 GH 分泌，并且它们的基因表达昼夜模式相似（Takemura 等，2004）。此外，褪黑激素通过松果体产生的调节昼夜节律作为光周期信号，主要的分泌特征是昼低夜高（Kim 等，2017）。此外，研究报道褪黑激素的分泌影响鱼的生理活动，包括生长（Herrero 等，2007）。这些可能是影响水生生物生长和发育的重要内源因素之一，这也可以解释为什么鱼在长期光照下生长会变慢。

综上，在五种光周期下欧洲舌齿鲈的生长和摄食存在显著差异，适合欧洲舌齿鲈生长的光周期依次为 8L：16D、12L：12D 和 16L：8D，而长期光照（24L：0D）和长期黑暗（0L：24D）均不适合欧洲舌齿鲈幼鱼的生长。

2.3.1.2 光谱对欧洲舌齿鲈幼鱼生长与摄食的影响

研究用欧洲舌齿鲈幼鱼取自大连海洋大学水产设施养殖与装备工程研究中心实验室循环水实验系统，并在实验室搭建的小型循环水实验系统中进行驯化养殖。驯化处理一周，驯化期间采用加州鲈专用浮性饲料（广东越群海洋生物研究开发有限公司），每日中午 12：00 饱食投喂一次。

研究采用自行搭建的海水循环水养殖系统，置于遮光布搭建的封闭暗室内，光源为定制 LED 灯具（深圳市超频三科技股份有限公司）。养殖桶采用灰白色 PE 材质圆形桶（直径 80cm，水深 60cm，水体约 260L），每个水桶配置一个净水机（HW-304B,森森集团股份有限公司）。每个养殖桶采用曝气泵不间断曝气，以确保溶解氧维持在 5.5mg/L。海水水温利用恒温加热棒控制在(19±1)℃，海水盐度为 31~32，pH 值为 7.5±0.1。在养殖桶底部设置排水阀，以便于收集粪便。采用定制 LED 灯具控制光谱，研究设置五个光谱处理组，分别为白光（$\lambda_{400\sim780nm}$）、红光（$\lambda_{625\sim630nm}$）、黄光（$\lambda_{590\sim595nm}$）、绿光（$\lambda_{525\sim530nm}$）、蓝光（$\lambda_{450\sim455nm}$），每个处理组设四个重复，每个养殖桶养殖 35 尾经过驯化的欧洲舌齿鲈幼鱼，体重 (29.91±0.39)g，体长 (13.78±0.35)cm。本研究用光强为 $(274.89\pm33.88)mW/m^2$，每日早晨 8：00 用 SRI-2000-UV 光谱照度计（尚泽股份有限公司）测定光照强度并校准。光照周期为 16L：8D（通过定时器进行控制）。

养殖期间，每日中午 12：00 饱食投喂一次，1h 后收集残饵、粪便。每两天换一次水，换水量为水体 50%。研究开始前 24h 停止投喂，测量每组幼鱼的体长、体重，作为初始值。

研究过程中为准确获得欧洲舌齿鲈幼鱼摄食量，在实验开始时，将饲料浸泡于养殖海水中，测定其 1h 溶失系数，矫正投喂饲料质量。在投喂 1h 后，收集残饵和粪便，在 65℃条件下烘干至恒重，测定消化率。在实验开始前，随机选取 9 尾鱼，用于初始鱼体（全鱼）成分测定。在实验过程中，每两周进行一次鱼体总长和鱼体质量测定工作。实验结束后，每个养殖桶随机选取 6 尾鱼，每个处理共选取 24 尾鱼（全鱼），用以实验结束时鱼体成分测定。

研究开始前随机选取 6 尾鱼，在实验结束时，从每个重复处理组中随机取 9 尾幼鱼，麻醉后，立即解剖鱼体，取肝脏和肌肉组织样品于-80℃冰箱保存备用。

本研究收集的鱼体、饲料、残饵、粪便等样品 65℃下烘干后，用小型粉碎机（CS-2000 武义海纳电器有限公司）粉碎，置于封口袋中，-20℃冰箱保存备用。样品氮含量测定采用国标（GB 5009.5—2016）方法进行，粗蛋白质含量用氮含量乘以 6.25 进行换算。总能量采用自动量热仪（湖南华德电子有限公司 HDC6000 自动量热仪）进行测定。粪便和饲料酸不溶灰分测定参照国标(GB 5009.4—2016)中方法进行，将其作为内源性指示剂计算消化率。每个样品测定 3 次重复，取平均值作为测定值。

将冻存的肝脏样品按照 UNIQ-10 柱式 Trizol 总 RNA 抽提试剂盒的操作说明进行总 RNA 的提取。利用微量分光光度计（SMA4000，merinton）测定 RNA 样品 OD260 及 OD280 值并确定其浓度，根据 OD260/OD280 的比值判断总 RNA 纯度，1.5%琼脂糖凝胶电泳检测 RNA 质量。

根据 RevertAid Premium Reverse Transcriptase 试剂盒操作说明，将提取的总 RNA 进行反转录扩增获得 cDNA。反转录产物于 $-20\,^\circ\!\text{C}$ 保存备用。参照 SG Fast qPCR Master Mix（2×）试剂盒说明及 LightCycler480 Ⅱ（Roche 罗氏）对各组样品目的基因和 β-actin 基因 cDNA 进行定量测定。PCR 反应条件为：$95\,^\circ\!\text{C}$ 预变性 3min，$95\,^\circ\!\text{C}$ 变性 3s，$60\,^\circ\!\text{C}$ 退火/延伸 30s，共 45 个循环。所测定基因的引物序列如表 2-11 所示。

表 2-11　Real-time PCR 引物序列

基因	引物序列(5′-3′)	基因库编号
IGF-1	F:TTGTGGACGAGTGCTGCTT R:CTTGTTTTTTGTCTTGTCTGGC	AY800248.1
IGF-2	F:AAGTCCCAAGGAAGCAGCAT R:CCGCCTGTCTCCGATACTTT	AY839105.1
β-actin	F:GAGAGGGAAATCGTGCGTG R:GAGGAAGGAAGGCTGGAAAA	AJ537421.1

将置于 $-80\,^\circ\!\text{C}$ 冰箱保存的肝脏和肌肉样品用研磨棒磨碎，然后提取总 RNA 和 DNA。DNA 提取采用海洋动物组织基因组 DNA 提取试剂盒（天根生化科技有限公司）进行提取。RNA 和 DNA 浓度采用微量分光光度计（SMA4000，merinton）测定。

$$\text{日增长指数 DGI} = (W_{Ft2}^{1/3} - W_{Ft1}^{1/3}) \times 100 / (t_2 - t_1)$$

式中，W_{Ft2} 和 W_{Ft1} 分别为时间 t_2 和 t_1 鱼的体质量（g）。

摄食率（FR_W,%）和饲料转化效率（FCE_W,%）的计算方法如下：

$$FR_W = 100 \times I / [(W_{t_2} + W_{t_1})/2] / (t_2 - t_1)$$

$$FCE_W = 100 \times (W_{t_2} - W_{t_1}) / I$$

式中，t_1 和 t_2 分别为某个实验阶段的开始时间（d）和结束时间（d），W_{t_2} 和 W_{t_1} 分别为某一实验阶段结束鱼体质量（g）和初始鱼体质量（g），I 为实验阶段内鱼的摄食量（g）。

鱼体能量的计算参考崔奕波等（1989）提出的鱼体能量转换模型和唐启升等（2003）测定的 5 种海洋鱼类的生物能量学模式。能量收支计算方程如下：

摄食能(energy intake，Ce)=I×GEF

生长能(growth energy，Ge)=FFe–IFe

排粪能(energy of feces，Fe)=Ce×(100–DRe)/100

排泄能(energy of exeretion，Ue)=UN×24.83

代谢能(energy of metabolism，Re)=Ce–Ge–Fe–Ue

式中，GEF、FFe、IFe、DRe、UN 分别为饲料能量含量（kJ/g）、实验结束时鱼体能量含量（kJ/g）、实验开始时鱼体的能量含量（kJ/g）、能量消化率（%）、氨氮排泄量（g），每排泄 1g 氨氮消耗的能量为 24.83J/mg（以 N 计）。

采用 SPSS 24.0 对所得数据进行单因素方差分析（ANOVA），利用 Duncan 多重比较分析不同处理组之间差异；以 $P<0.05$ 作为差异显著的标准。所有数据采用平均值±标准差的方式进行表示。分析所得数据用 Origin 8.6 软件进行绘图。

2.3.1.2.1 光谱对欧洲舌齿鲈幼鱼体质量（BW）变化和日增长指数（DGI）的影响

研究结果表明，不同光谱处理对欧洲舌齿鲈幼鱼体质量（body weight，BW）的影响具有显著性差异。在研究开始后第 50 天时，红光组和蓝光组鱼体质量存在显著性差异（$P<0.05$）。各处理组鱼体质量由高至低依次为红光组>白光组>绿光组>黄光组>蓝光组（$P<0.05$）。由表 2-12 可知，红光组欧洲舌齿鲈幼鱼生长最好［(41.09±5.70)g］，蓝光组欧洲舌齿鲈幼鱼生长最差［(36.02±4.18)g］。在 29～50d 饲育周期内，红光组、白光组和黄光组幼鱼的日增长指数存在显著性差异（$P<0.05$）。在整个养殖周期内，蓝光组 DGI 均显著低于其他各组（$P<0.05$），其余各组 DGI 依次为红光组>白光组>绿光组>黄光组>蓝光组（表 2-13）。

表 2-12　不同光谱条件下欧洲舌齿鲈幼鱼的体质量变化

单位：g

时间	光谱 LED				
	白光	红光	黄光	绿光	蓝光
0 d	29.75±1.98	29.98±2.00	29.79±1.98	29.61±1.99	30.49±2.08
14 d	32.28±2.90[a]	32.46±3.62[a]	31.43±3.25[c]	31.94±3.12[ab]	30.78±2.89[bc]
28 d	37.01±3.97[a]	37.12±4.83[a]	36.36±4.30[a]	34.90±3.88[b]	34.26±3.60[b]
42 d	39.23±4.84[b]	40.63±5.74[a]	39.05±5.29[b]	37.52±4.59[c]	36.09±4.30[d]
50 d	40.10±4.63[ab]	41.09±5.70[a]	38.77±5.07[b]	39.51±5.33[a]	36.02±4.18[c]

注：同行数据上标字符不同表示组间存在显著差异（$P<0.05$）。

表 2-13　不同光谱条件下欧洲舌齿鲈幼鱼的日增长指数（DGI）

单位：%/d

周期	光谱				
	白光	红光	黄光	绿光	蓝光
1～14d	0.61±0.20[a]	0.59±0.17[a]	0.40±0.11[a]	0.59±0.16[a]	0.08±0.08[b]
15～29d	1.05±0.20[a]	1.04±0.09[a]	1.06±0.08[a]	0.64±0.08[b]	0.80±0.09[b]
30～50d	0.45±0.12[b]	0.53±0.11[ab]	0.36±0.10[bc]	0.62±0.12[a]	0.25±0.06[c]
1～50d	0.66±0.12[a]	0.69±0.08[a]	0.57±0.16[a]	0.62±0.12[a]	0.36±0.04[b]

注：同行数据上标字符不同表示组间存在显著差异（$P<0.05$）。

2.3.1.2.2　光谱对欧洲舌齿鲈幼鱼生长相关因子基因表达量的影响

由图 2-11 可知，IGF-1 的 mRNA 在白光组表达量最高，在蓝光组和绿光组表达量相近，各组之间无显著性差异（$P>0.05$），基因表达量依次为白光组＞蓝光组＞绿光组＞红光组＞黄光组。

如图 2-12 所示，IGF-2 的 mRNA 表达量在黄光组中最高，其次依次为白光组＞红光组＞绿光组＞蓝光组，IGF-2 在红光组、绿光组表达量相近，在黄光组与蓝光组之间具有显著性差异（$P<0.05$）。

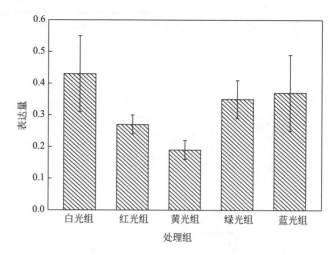

图 2-11 不同光谱对欧洲舌齿鲈类胰岛素生长激素因子-1（IGF-1）表达量的影响

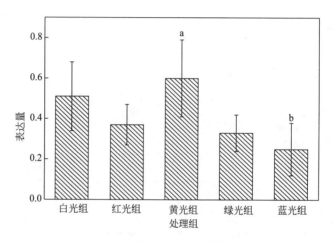

图 2-12 不同光谱对欧洲舌齿鲈类胰岛素生长激素因子-2（IGF-2）表达量的影响

2.3.1.2.3 光谱对欧洲舌齿鲈幼鱼摄食量(FI_w)、饲料转化率（FCR_w）及能量分配的影响

研究结果表明（表2-14），在研究开始的两周内，不同LED光谱处理组之间摄食量（FI）差异不显著（$P>0.05$）。整个实验周期，红光组、白光组和黄光组三组之间摄食量差异均不显著（$P>0.05$），但这三个处理组均与绿光组和蓝光组两组存在显著性差异（$P<0.05$）。其中，红光组摄食量最好，绿光组和蓝光组摄食量最差，且绿光组和蓝光组两个处理组摄食量不存在显著性差异

（$P>0.05$）。

整个养殖实验周期，各处理组摄食量由高至低依次为红光组>黄光组>白光组>蓝光组>绿光组，其中，红光组、黄光组和白光组三个处理组间差异不显著（$P>0.05$），蓝光组和绿光组处理组间差异不显著（$P>0.05$）。

表 2-14　不同光谱对欧洲舌齿鲈摄食量的影响

%

周期	光谱				
	白光	红光	黄光	绿光	蓝光
1～14d	0.31±0.03[a]	0.33±0.04[a]	0.31±0.02[a]	0.30±0.05[a]	0.32±0.04[a]
15～29d	0.46±0.06[c]	0.37±0.03[ab]	0.40±0.02[bc]	0.34±0.03[a]	0.35±0.03[ab]
30～50d	0.44±0.05[b]	0.46±0.06[b]	0.44±0.03[b]	0.35±0.02[a]	0.40±0.01[a]
1～50d	0.32±0.02[a]	0.33±0.03[a]	0.32±0.01[a]	0.27±0.03[b]	0.30±0.02[a]

注：同行数据上标字符不同表示组间存在显著差异（$P<0.05$）。

研究结果表明（表 2-15），不同 LED 光谱对欧洲舌齿鲈幼鱼饲料转化率（feed conversion ratio，FCR）具有显著性影响（$P<0.05$）。蓝光组饲料转化率与红光组、白光组和绿光组之间存在显著性差异（$P<0.05$）。黄光组饲料转化率与其他各组之间差异不显著（$P>0.05$）。各组之间的 FCR 依次为绿光组>红光组=白光组>黄光组>蓝光组。

表 2-15　不同光谱对欧洲舌齿鲈饲料转化率的影响

%

周期	光谱				
	白光	红光	黄光	绿光	蓝光
1～14d	0.019±0.007[a]	0.017±0.005[a]	0.012±0.003[a]	0.019±0.007[a]	0.002±0.002[b]
15～29d	0.019±0.007[ab]	0.017±0.005[a]	0.012±0.003[a]	0.019±0.007[a]	0.002±0.002[ab]
30～50d	0.014±0.005[bc]	0.016±0.003[b]	0.011±0.003[bc]	0.025±0.004[a]	0.009±0.002[c]
1～50d	0.019±0.003[a]	0.019±0.003[a]	0.016±0.001[ab]	0.021±0.005[a]	0.011±0.002[b]

注：同行数据上标字符不同表示组间存在显著差异（$P<0.05$）。

研究结果表明（表2-16），红光组、黄光组和白光组在摄食能上显著高于其他各组，红光组和白光组欧洲舌齿鲈幼鱼的生长能与其他处理组呈现显著性差异。在排粪能上，五个不同LED光谱处理组都存在显著性差异（$P<0.05$），排粪能从高到低依次为蓝光组>白光组>黄光组>红光组>绿光组。在排泄能上，五个处理组欧洲舌齿鲈幼鱼均没有表现出显著性差异（$P<0.05$），排泄能从高到低依次为白光组>红光组>蓝光组>黄光组>绿光组。代谢能方面，红光组显著高于其他各组，绿光组与黄光组不存在显著性差异（$P>0.05$），代谢能从高到低依次为红光组>黄光组>绿光组>白光组>蓝光组（$P<0.05$）。

表2-16 不同光谱对欧洲舌齿鲈幼鱼能量分配的影响

单位：kJ/(g/d)

项目	光谱				
	白光	红光	黄光	绿光	蓝光
摄食能(Ce)	289.95±17.12[a]	303.20±26.90[a]	290.88±11.13[a]	245.79±20.66[b]	258.80±10.12[b]
生长能(Ge)	5.25±0.53[a]	4.96±0.18[a]	3.81±0.31[c]	4.32±0.17[b]	2.37±0.23[d]
排粪能(Fe)	152.27±8.99[b]	104.23±9.25[d]	129.39±4.95[c]	89.85±7.55[e]	188.70±7.34[a]
排泄能(Ue)	12.29±1.69[a]	11.12±2.66[a]	10.93±1.10[a]	9.74±2.04[a]	11.06±1.00[a]
代谢能(Re)	120.16±6.30[c]	182.89±15.01[a]	146.75±4.96[b]	141.88±11.15[b]	56.67±1.85[d]

注：同行数据上标字符不同表示组间存在显著差异（$P<0.05$）。

2.3.1.2.4 光谱对欧洲舌齿鲈幼鱼肝脏和肌肉RNA/DNA比值的影响

研究结果表明（表2-17），不同LED光谱条件下，幼鱼肌肉和肝脏RNA/DNA比值不同。蓝光组肝脏RNA/DNA显著高于其他各组（$P<0.05$），其他各组之间差异不显著（$P>0.05$），RNA/DNA比值从高到低依次为蓝光组>黄光组>红光组>绿光组>白光组。肌肉中的RNA/DNA比值，白光组显著高于其他各组（$P<0.05$），其余各组RNA/DNA比值从高到低依次为黄光组>绿光组>红光组>蓝光组。

表 2-17 不同光谱对欧洲舌齿鲈幼鱼肌肉和肝脏 RNA/DNA 比值的影响

部位	光谱				
	白光	红光	黄光	绿光	蓝光
肝脏	1.46 ± 0.32^b	1.72 ± 0.10^b	2.18 ± 0.78^b	1.59 ± 0.36^b	4.20 ± 0.81^a
肌肉	0.93 ± 0.39^a	0.44 ± 0.02^{bc}	0.61 ± 0.21^b	0.50 ± 0.00^{bc}	0.23 ± 0.10^c

注：同行数据上标字符不同表示组间存在显著性差异（$P<0.05$）。

2.3.1.2.5 小结

本研究中，不同 LED 光谱对欧洲舌齿鲈幼鱼摄食和生长具有不同影响。红光组欧洲舌齿鲈幼鱼生长最好[(41.09±5.70)g]，蓝光组生长最差[(36.02±4.18)g]。这可能是由于在红光环境下，欧洲舌齿鲈幼鱼具有较高的摄食量（FI_W）和饲料转化率（FCR_W）。在实验周期前期（15~29d），白光组欧洲舌齿鲈幼鱼摄食量最高，到研究周期中后期，红光组欧洲舌齿鲈摄食量最高，这种差异转变可能是由于研究周期前期，欧洲舌齿鲈幼鱼对不同光环境存在适应阶段，随着研究的进行，欧洲舌齿鲈幼鱼在适应光谱环境后，其摄食量增高，在不适宜光谱环境下摄食量降低。这一结果与 Marchesan 等（2005）研究人造光源对欧洲舌齿鲈影响时，发现蓝光和绿光对欧洲舌齿鲈具有强烈的消极影响结果一致。光谱对水生动物生长和摄食影响随着个体发育阶段不同而不同（周显青等，2000）。Villamizar 等（2009）的研究结果表明，在光周期为 12L：12D 条件下，蓝光对欧洲舌齿鲈仔稚鱼的发育具有促进作用，蓝光更利于欧洲舌齿鲈仔稚鱼的存活和眼部、鱼鳍等部位的发育。两者研究结果不一致可能是由研究对象的大小和发育程度不一样以及实验开展地域环境差异造成的。光谱对鱼类摄食生长的影响还具有种属特异性（周显青等，2000）。陈婉情等（2016）研究发现，绿光条件，更有利于豹纹鳃棘鲈（*Plectropomus leopardus*）幼鱼生长和存活。Karakatsouli 等（2010）在研究光谱对鲤鱼（*Cyprinus carpio*）生长性能影响时发现，红光对鲤鱼生长具有促进作用。陈明卫等（2016）研究表明，蓝光条件下中华绒螯蟹（*Eriocheir sinensis*）幼体具有更好的摄食表现。Karakatsouli 等（2010）研究表明，红光更有利于虹鳟鱼（*Oncorhynchus mykiss*）生长和发育。而 Heydarnejad 等（2013）研究却发现黄光条件下养殖的虹鳟鱼幼鱼生长更好。

在本研究中,虽然在红光条件下欧洲舌齿鲈幼鱼饲料转化率不是最高的(仅次于绿光),但是红光条件更有利于欧洲舌齿鲈幼鱼摄食,因此,在红光条件下,欧洲舌齿鲈幼鱼生长表现最好。

类胰岛素生长因子-1(IGF-1)和类胰岛素生长因子-2(IGF-2)是动物生长和发育重要的促细胞分裂剂(Terova 等,2007)。本研究中,欧洲舌齿鲈幼鱼在不同光谱下 IGF-1 的 mRNA 表达无显著性差异,其中,白光组 IGF-1 基因表达量最高。IGF-2 的 mRNA 在黄光组和蓝光组表达量有显著性差异,且在黄光组基因表达量最高。可以推测不同光谱对鱼生长基因表达量影响不同。有研究表明,红鳍东方鲀(*Takifugu rubripes*)促生长素抑制素(somatostatin)mRNA 在不同光谱中的表达量不同,且在蓝光条件下,SS3 mRNA(促生长素抑制素-3)的表达量最高(Kim 等,2016)。IGFs mRNA 表达量不同,可能是由于不同光谱环境对 SS mRNA 表达量产生影响,从而抑制 GH 的表达,进而影响欧洲舌齿鲈幼鱼的生长,其具体影响原因和机制还有待于进一步探究。

光谱对水生生物能量分配的影响,已有许多研究见诸报道,如有学者研究不同的光谱对皱纹盘鲍(*Haliotis discus*)能量收支的影响时发现,在蓝光或绿光条件下,皱纹盘鲍通过排泄、粪便和呼吸,损失的能量要高于从食物中获得的能量(Gao 等,2016)。在红色或者橙光条件下,鲍鱼具有更高的摄食能,并且通过排泄和粪便损失的能量更少。隋佳佳等(2008)在研究光谱对刺参(*Apostichopus jponicus*)能量分配的影响时发现,蓝光下刺参用于生长的能量(GE)是最低的,且显著低于红、黄、橙 3 种光谱。

本研究结果显示,不同的光谱会对欧洲舌齿鲈幼鱼的能量分配产生影响。红光条件下,欧洲舌齿鲈幼鱼的摄食能最高,而在绿光和蓝光条件下,摄食能最低。在蓝光条件下,欧洲舌齿鲈幼鱼通过粪便排泄损失的能量显著高于其他各处理组。绿光和红光条件下,排粪能最低。不同的光谱对欧洲舌齿鲈幼鱼的排泄能的影响不具有差异显著性。因此,虽然红光条件下,欧洲舌齿鲈幼鱼的代谢能比在蓝光条件下的代谢能更高,但是由于红光条件下,欧鲈幼鱼摄食能最高,且排粪能较低,因此,用于生长的能量要比其他光谱条件下用于生长的能量要高。研究结果也证实这一点,欧洲舌齿鲈在红光条件具有较高的生长能,且在 5 种不同的光谱处理中生长得最好。而在蓝光条件下摄食能较低,排粪能最高，因此用于生长的能量较少，生长的效果也就最差。研究结果与在实际养殖过程中，通过肉眼观察的结果一致：红光组，欧洲舌齿鲈幼鱼摄食更好，且更加活跃。

以往研究结果表明，RNA/DNA 的比值是反映营养状况的重要指标（Buckley 等，1980；Gwak 等，2001），研究结果表明，RNA/DNA 比值与牙鲆（*Paralichthys olivaceus*）幼鱼生长呈正相关关系，但 Imsland 等（2002）认为 RNA/DNA 比值不能直接用作衡量鱼类的生长指标，因为研究表明，不同盐度会对鱼类的 RNA/DNA 的比值产生重要影响。本研究结果表明，RNA/DNA 比值与欧洲舌齿鲈幼鱼生长趋势并无关联，这与黄国强等（2014）在研究牙鲆幼鱼 RNA/DNA 比值与生长关系时的结果一致。

综上所述，本研究发现，五种不同 LED 光谱对欧洲舌齿鲈幼鱼［(29.91±0.39)g，(13.78±0.35)cm］生长、摄食和能量分配具有一定的影响。其中红光组中养殖的欧洲舌齿鲈幼鱼具有更好的摄食、生长表现，而且在能量分配上，红光组欧洲舌齿鲈幼鱼用于生长的能量更高，排泄能和排粪能较低。因此，综合本研究结果，建议在实际的养殖过程中，将欧洲舌齿鲈幼鱼置于红光环境下进行养殖。

2.3.2 不同光照条件对欧洲舌齿鲈幼鱼生理生化功能的影响

众所周知，消化酶在鱼类生长发育过程中起着重要作用，它能将大分子物质分解成小分子物质，促进鱼类的分解代谢。消化酶活性的增加能够促进机体的消化性能，进而在行为上表现摄食量的增加。目前，已有研究表明环境条件的改变对酶的活性有一定的影响（Blanco-Vives 等，2010；Mohammadabujafor 等，2011；Volpato 等，2013；Downing 等，2010）。在外界环境发生变化和抵抗病原菌的过程中，非特异性免疫起着重要作用，如水温（Saeed 等，2013）和溶氧（Wagner 等，2005）发生变化时，鱼体产生大量的氧自由基和抗氧化酶，以应对环境变化。

本研究设置了五种不同 LED 光谱（白光、红光、黄光、绿光、蓝光）及不同光周期（0L：24D、8L：16D、12L：12D、16L：8D、24L：0D），通过测定对欧洲舌齿鲈幼鱼消化酶、免疫酶和抗氧化酶的影响，评估不同光周期对幼鱼生长过程产生的环境压力,为健康养殖欧洲舌齿鲈光环境提供理论参考依据。

2.3.2.1 光周期对欧洲舌齿鲈幼鱼生理生化功能的影响

2.3.2.1.1 光周期对欧洲舌齿鲈幼鱼消化酶活性的影响

由图 2-13 可知,欧洲舌齿鲈幼鱼肠中的 AMS(淀粉酶)活性总体较高;胃和肝胰脏中的 AMS 活性均较低。胃中 AMS 活性,0L:24D>8L:16D>12L:12D>16L:8D>24L:0D,在 0L:24D、8L:16D 和 24L:0D 之间有显著性差异($P<0.05$)。在肠中,在 8L:16D 组下的 AMS 活性显著高于其他各组($P<0.05$),

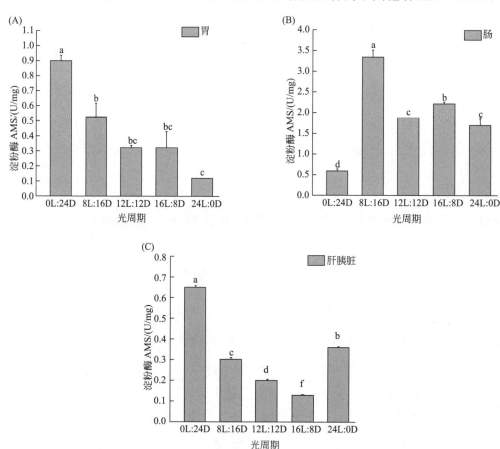

图 2-13 不同光周期下欧洲舌齿鲈幼鱼不同组织淀粉酶活性

标有不同小写字母者分别表示不同光周期之间有显著性差异($P<0.05$),标有相同字母者表示组间无显著性差异($P>0.05$),下同

在0L：24D组下的AMS活性显著低于其他各组（$P<0.05$）。不同光周期对肝胰脏中AMS活性有影响（$P<0.05$），依次为0L：24D>24L：0D>8L：16D>12L：12D>16L：8D。综上所述，胃中的AMS活性有随光照时间的延长而降低的趋势，肠中AMS活性在8L：16D组的活性最高，无明显的规律。肝胰脏中的AMS活性在光照时间16h之前有随光照时间的延长而降低的趋势。

图2-14为不同光周期对欧洲舌齿鲈幼鱼胃、肠和肝胰脏蛋白酶活性的影响，肠中的TPS（胃蛋白酶）活性较高，肝胰脏中的TPS活性较低。胃蛋白酶活性在8L：16D组显著高于其他处理组（$P<0.05$），且其他处理组之间没有显著性影响。肠中的TPS活性，24L：0D>16L：8D>12L：12D>0L：24D>8L：16D，除0L：24D组，随着光照时间的增加，肠中TPS活性逐渐增加。在肝胰脏中，TPS活性在0L：24D组下显著高于其他处理组（$P<0.05$）。

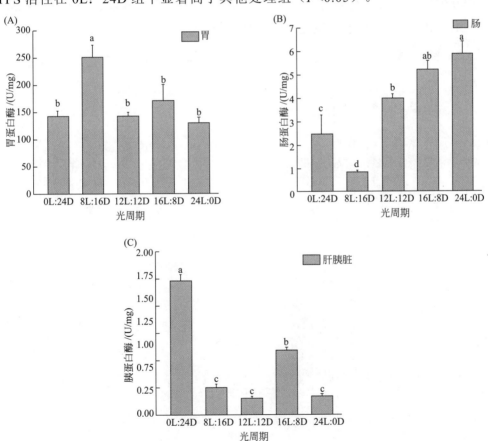

图2-14 不同光周期下欧洲舌齿鲈幼鱼不同组织蛋白酶活性

图 2-15 是不同光周期下欧洲舌齿鲈幼鱼不同组织脂肪酶活性的测定结果：胃中的脂肪酶（LPS）在各光周期处理组下有显著性差异，12L：12D>16L：8D>8L：16D>24L：0D>0L：24D。在肠中，LPS 在 8L：16D 处理组下的活性显著高于其他任何处理组（$P<0.05$），12L：12D 和 16L：8D 组之间无显著性差异。肝胰脏中的 LPS 在 0L：24D 组的活性显著高于其他处理组（$P<0.05$），且其他处理组之间有显著性差异。

2.3.2.1.2　光周期对欧洲舌齿鲈幼鱼血液生化指标的影响

表 2-18 为五种光周期对欧洲舌齿鲈幼鱼血糖和血脂活性影响结果：GLU 活性在光周期 0L：24D 下显著高于其他处理组（$P<0.05$），在 12L：12D 处理组活性最低；TC 和 TG 在 8L：16D 处理组的活性显著高于其他任何处理组（$P<0.05$）。HDL 活性在各处理组之间没有显著性差异；LDL 活性在 0L：24D 和 16L：8D 组显著高于其他处理组（$P<0.05$）。

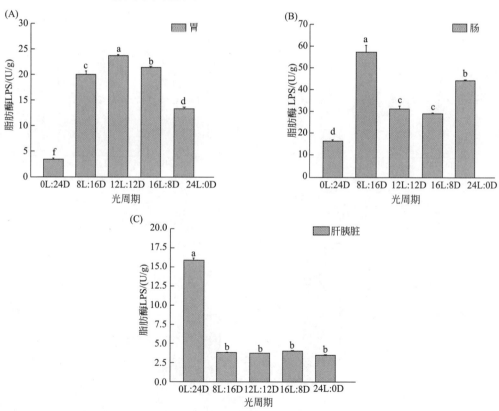

图 2-15　不同光周期下欧洲舌齿鲈幼鱼不同组织脂肪酶活性

表2-18 不同光周期对欧洲舌齿鲈幼鱼血清中血糖和血脂活性的影响

指标	0L:24D	8L:16D	12L:12D	16L:8D	24L:0D
葡萄糖 GLU/(mmol/L)	7.64±0.26^a	5.76±0.38^b	2.07±0.47^b	6.22±0.11^d	3.54±0.68^c
总胆固醇 TC/(mmol/L)	6.04±0.11^{bc}	33.92±1.35^a	0.96±0.05^d	7.76±0.33^b	5.54±0.17^c
甘油三酯 TG/(mmol/L)	4.51±0.22^{bc}	17.92±2.45^a	1.46±0.37^c	6.17±0.75^b	0.84±0.25^c
高密度脂蛋白胆固醇 HDL/(mmol/L)	2.24±0.08	2.40±0.67	1.56±0.65	2.48±0.14	1.46±0.42
低密度脂蛋白胆固醇 LDL/(mmol/L)	3.26±0.05^a	1.10±0.01^b	1.14±0.02^b	3.07±0.15^a	1.14±0.03^b

表2-19为不同光周期对欧洲舌齿鲈幼鱼血清酶类和代谢产物影响结果：谷丙转氨酶在24L:0D处理组的活性显著低于其他处理组（$P<0.05$），且其他处理组之间没有显著性差异；谷草转氨酶活性12L:12D>8L:16D>0L:24D>16L:8D>24L:0D；乳酸脱氢酶在各处理组下的活性差异不显著；总胆红素在12L:12D下的水平显著高于其他处理组（$P<0.05$）；尿素水平24L:0D>0L:24D>8L:16D>16L:8D>12L:12D；碱性磷酸酶在8L:16D和24L:0D组的活性显著高于其他处理组（$P<0.05$）；总蛋白活性在8L:16D和16L:8D组较高，且显著高于其他处理组（$P<0.05$）。

表2-19 不同光周期对欧洲舌齿鲈幼鱼血清酶类和代谢产物的影响

血清酶类及代谢产物	0L:24D	8L:16D	12L:12D	16L:8D	24L:0D
谷丙转氨酶 ALT/(U/L)	11.6±0.32^a	9.80±0.59^a	10.67±0.57^a	11.40±0.98^a	7.53±0.64^b
谷草转氨酶 AST/(U/L)	85.00±2.57^c	102.17±8.62^b	138.67±4.57^a	83.47±5.36^c	34.83±1.87^d
乳酸脱氢酶 LDH/(U/L)	76.35±3.55^b	91.83±11.68^{ab}	92.37±3.05^{ab}	105.30±6.49^a	88.45±0.65^{ab}
总胆红素 TBIL/(μmol/L)	3.15±0.31^d	9.51±0.55^b	87.61±0.38^a	6.46±0.49^c	4.07±0.38^d
尿素 UREA/(mmol/L)	5.79±0.07^b	5.04±0.33^{bc}	2.52±1.05^c	4.59±0.73^b	9.27±0.98^a
碱性磷酸酶 ALP/(U/L)	37.57±4.38^c	65.40±2.19^a	44.30±4.45^{bc}	51.20±3.63^b	64.30±3.22^a
总蛋白 TP/(g/L)	38.17±0.36^b	56.73±1.46^a	37.11±2.56^b	52.68±1.15^a	33.53±1.49^b

2.3.2.1.3 光周期对欧洲舌齿鲈幼鱼免疫酶和抗氧化酶的影响

图 2-16 为不同光周期下欧洲舌齿鲈幼鱼不同组织碱性磷酸酶（AKP）活性测定结果：鳃中 AKP 在 16L：8D 下活性最强，且显著高于 0L：24D、8L：16D、12L：12D（$P<0.05$）；肌肉中的 AKP 随着光照时间的增加而逐渐降低，0L：24D>8L：16D>12L：12D>16L：8D>24L：0D；肾中 AKP 在 12L：12D 组下活性最高；肝胰脏中的 AKP 活性在各组中差异不明显。

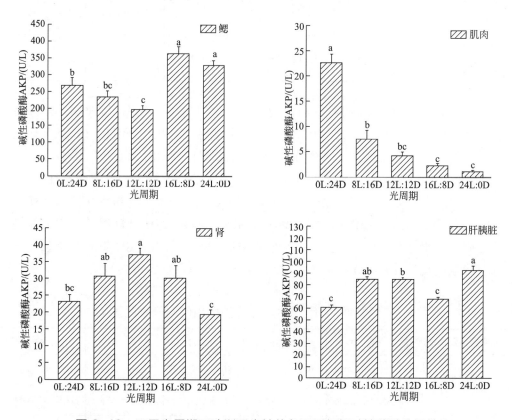

图 2-16 不同光周期下欧洲舌齿鲈幼鱼不同组织碱性磷酸酶活性

图 2-17 为不同光周期下欧洲舌齿鲈幼鱼不同组织酸性磷酸酶（ACP）活性结果：鳃和肾中 ACP 在 12L:12D 下的活性最高且显著高于其他处理组（$P<0.05$）；肌肉中 ACP 在 8L:16D 组活性显著高于其他处理组（$P<0.05$）；而肝胰脏中 ACP 活性在各组中差异不明显。

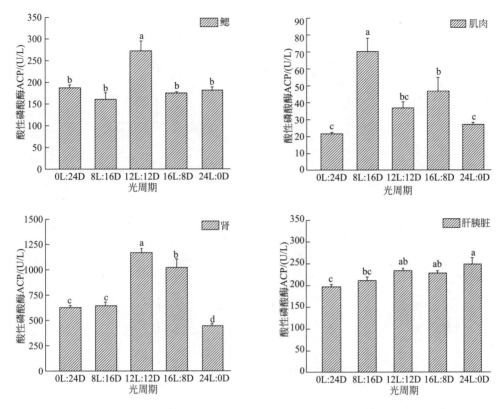

图 2-17 不同光周期下欧洲舌齿鲈幼鱼不同组织酸性磷酸酶活性

图 2-18 为五种光周期下欧洲舌齿鲈幼鱼鳃、肌肉、肾、肝胰脏组织中超氧化物歧化酶（SOD）活性结果：鳃和肾中 SOD 活性总体高于肌肉和肝胰脏中的活性；鳃中 SOD 活性 0L:24D 组显著高于 8L:16D 和 12L:12D（$P<0.05$），但与 16L:8D 和 24L:0D 相比无显著性差异（$P>0.05$）；肌肉中 SOD 活性在各组的差异不明显；肾中的 SOD 活性有随光照时间的增加而降低的趋势，但在 24L:0D 组 SOD 活性增加到最大值，且显著高于其他处理组（$P<0.05$）；肝胰脏中 SOD 在 16L:8D 组活性较低，而其他处理组之间无显著性差异。

图 2-19 为五种光周期下欧洲舌齿鲈幼鱼鳃、肌肉、肾、肝胰脏组织中 CAT 活性结果：在鳃和肾中 CAT 活性总体比肌肉和肝胰脏中的活性高；鳃和肌肉中的 CAT 活性在长期黑暗条件下（0L:24D）显著高于其他处理组（$P<0.05$）；肾组织中的 CAT 在长期光照条件下（24D:0L）的活性显著高于其他任何处理组（$P<0.05$）。在肝胰脏中 CAT 活性在除 16L:8D 外的各处理组中差异不明显。

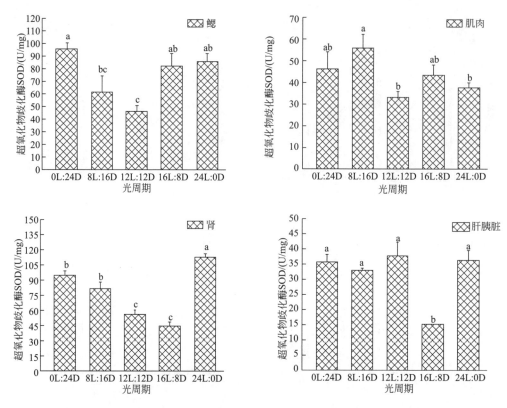

图 2-18 不同光周期下欧洲舌齿鲈幼鱼不同组织超氧化物歧化酶活性

2.3.2.1.4 小结

已有研究表明，鱼类淀粉酶在胃中的活性相比于其他组织（肠道、肝胰脏）会更低一些（Agrawal 等，1975），本文的研究也验证了这一事实，这可能是因为胃液酸性较强，使部分淀粉酶活性失活。本实验中，胃和肝胰脏中淀粉酶活性在 0L：24D 组显著高于其他处理组（24L：0D、8L：16D、12L：12D、16L：8D），随着光照时间的增加，AMS 的活性有降低的趋势，这与光照时长对尖吻鲈 AMS 活性的影响的结果相似（周胜杰等，2018）。光照时间的延长可能抑制了胃和肝胰脏中淀粉酶活性，也有其他研究表明，不同光谱对豹纹鳃棘鲈（*Plectropomus leopardus*）幼鱼不同组织 AMS 活性影响不同（陈婉情，2016）。在肠中 AMS 的活性在 8L:16D 的活性最高，在 0L:24D 组活性最低，这可能与摄食情况有关，因为 8L:16D 组的 FCR 显著低于 0L:24D 组。这可能是由于不同光周期影响摄食进而影响肠中 AMS 活性。

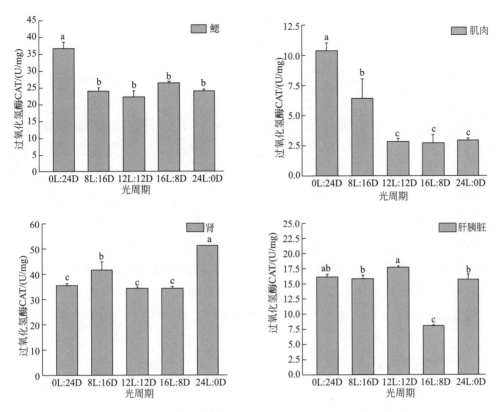

图 2-19 不同光周期下欧洲舌齿鲈幼鱼不同组织过氧化氢酶活性

蛋白酶能够利用和转化饵料中的营养物质。蛋白酶的活性受诸多环境因素的影响，如温度、盐度、pH 值的光照等。光有三要素，光强、光谱、光周期，它们在鱼类生长发育过程中起着不可或缺的作用。光强对鲈鱼幼鱼消化酶活性影响实验发现，在光强 50~450lux 组的胰蛋白酶活性显著高于 5lux 组（Armande 等，2001）。Yoseda 等发现 24h 长期光照可以提高豹纹鳃棘鲈仔鱼胰蛋白酶活性（Kenzo 等，2008），光色也会对其产生影响：绿光组胃内的胰蛋白酶活性均高于红光、蓝光、白光组（陈婉情，2016）。本实验中，光周期对欧洲舌齿鲈幼鱼不同组织（胃、肠、肝胰脏）蛋白酶产生影响。在 8L:16D 组，胃蛋白酶活性显著高于其他各组（$P<0.05$），且其他各光周期组之间无显著性差异。这与生长指标比较相似，8L:16D 生长较快。这说明，光照在一定程度上促进了蛋白酶活性的增加，提高了饲料中蛋白质类物质的分解和吸收。肠中的胰蛋白酶

在光照阶段随着光照时间的延长其活性也逐渐增加，这说明光照对肠中胰蛋白酶活性的影响是有规律的。本研究发现在黑暗条件下（0L:24D）肝胰脏中的蛋白酶活性很高,但黑暗条件下生长性能很低,这可能是鱼体在遇到环境胁迫时，需要更多的能量抵御环境压力。

脂肪是鱼类生命活动主要的能量来源之一，脂肪酶在促进物质消化吸收过程中起着重要作用（杨健等，2007；Chou等，1996）。有学者称脂肪酶似乎在鱼类的所有组织中存在（Bail，2000；徐革锋等，2009），本实验中也在欧洲舌齿鲈幼鱼胃、肠、肝胰脏检测到了脂肪酶的活性。胃中的脂肪酶12L:12D的活性显著高于其他处理组；胃和肠中的脂肪酶在0L:24D组活性均较低,但肝胰脏中的脂肪酶活性很高。目前尚未见有光周期对欧洲舌齿鲈活性影响的研究报道，但有研究表明光周期对消化酶活性有不同的影响作用，在长期光照条件下尖吻鲈脂肪酶比其他条件下活性更高,而对淀粉酶却没有影响（周胜杰等,2018；Lushchak等，2006），这也说明光照对不同的鱼类消化酶的影响可能不同。

光周期对欧洲舌齿鲈幼鱼消化酶的活性是有影响的，在一定光照时间内随着光照时间的增加，肝胰脏和肠中酶的活性有降低的趋势。在8L:16D的光周期下，肠中的淀粉酶和脂肪酶及胃蛋白酶与生长、摄食指标一致。但在0L:24D组肝胰脏中的胰蛋白酶含量较高，生长慢，可能是因为长期黑暗对幼鱼产生了生理胁迫，需要消耗的能量抵御不良的环境条件，因此生长较慢。

葡萄糖（GLU）是维持鱼类生命活动和能量代谢的重要来源，GLU代谢受神经和内分泌调节（祝尧荣等，2002）。鱼类在运动时消耗储存在肌肉中的肌糖原，则肝脏中的肝糖原也会向血液中释放葡萄糖，供鱼体活动（章龙珍等，2010）。血糖和血脂水平是反映体内碳水化合物代谢和脂肪代谢水平的重要生化指标（章龙珍等，2010）。在环境发生变化对鱼类产生胁迫时，血糖和血脂等代谢物水平也会发生变化（Kavadias等，2003）。在本实验中，本研究发现GLU在0L:24D组水平较高。一般来说，GLU水平较高说明摄食比较积极，生长状况较好，但在本实验中，生长较缓慢，这可能是因为在黑暗条件下需要较高的能量维持生命活动。TC、TG、HDL和LDL是医学上四项血脂指标，研究中发现TC和TG在8L:16D处理组的活性显著高于其他任何处理组（$P<0.05$），LDL起着将胆固醇从肝脏运送到全身组织的作用,HDL能够将机体中的胆固醇运送至肝脏分解代谢。在8L:16D下LDL水平比较低，而不同光周期对HDL没

有产生显著影响，这可能是胆固醇高的主要原因。

ALT 和 AST 是氨基酸代谢中的两个关键酶，它们的活力大小不仅反映了氨基酸代谢程度的强度，同时也是肝功能的重要指示物（Jyothi 等，1997），当肝脏组织发生异常时，细胞内的转氨酶大量释放出来进入血浆，引起血浆中 ALT 和 AST 浓度的升高（Begtashi 等，2004）。本研究发现 ALT、AST 在 24L:0D 组活性较低，说明鱼体对氨基酸代谢的能力较弱。在陈婉情的研究中，白光组的豹纹鳃棘幼鱼转氨酶的含量相对较高，她认为过强的白光可能会对幼鱼的肝脏产生不利影响（陈婉情，2016）。另外，总胆红素的变化也指示着肝的损伤情况，在 12L:12D 下总胆红素水平显著高于其他处理组，这可能暗示着光周期对肝组织有影响。血清中尿素氮是生物体内蛋白质的最终代谢产物（杨秀萍，2005），AKP 在肾小管上层组织细胞含量较多，肾脏的损害也会导致 AKP 的升高或降低（冯健等，2004）。在本研究中发现，在长期光照条件下（24L:0D）UREA 和 AKP 均较高，这可能说明长期光照会引起肾脏损伤（童燕，2007）。在本研究中总蛋白含量在长期光照条件下最低，这与章龙珍研究结果相似，他发现全光照条件下的中华鲟幼鱼总蛋白含量均低于对照组（章龙珍等，2010），其原因是蛋白质合成受阻还是其他原因有待进一步研究。

本研究采用全自动生化分析仪测定欧洲舌齿鲈血液生化指标，发现在长期光照条件下，血清中的 AST、ALT 活性显著低于其他处理组（$P<0.05$）。ALP 显著高于除 8L：16D 外其他处理组（$P<0.05$）。UREA 显著高于其他处理组（$P<0.05$）。URER 显著高于其他处理组（$P<0.05$）。欧洲舌齿鲈幼鱼的肾脏可能发生损伤，再结合欧鲈在长期光照条件下的生长指标，这也可能是导致其生长得较慢的原因之一。综合研究结果，欧洲舌齿鲈不适合在长期光照（24L:0D）条件下生长。

AKP 和 ACP 是评估生物体免疫能力和健康状况的生物标志物（刘树青等，1999；Zhang 等，2000），能够促进营养物质的转运和吸收，提高生物体的非特异性免疫能力（Ásgerisson 等，1995）。在水产养殖中，研究人员通过在饲料中添加免疫剂（Arvedlund 等，2000）、微量元素以及增加饲料中脂肪水平（王宏田等，2001）等，来提高机体的磷酸酶活性。环境条件温度（Chanmber，1975）、盐度（胡利华等，2011）等发生变化时也会对 AKP 和 ACP 活性产生影响。

本研究中，鳃中 ACP、肾中的 AKP 和 ACP 在 12L:12D 组下活性最高。在

24L:0D 条件下，ACP 在鳃、肾、肌肉中的活性都不高，AKP 在肌肉、肾中的活性也与 ACP 相似。这说明光周期对欧洲舌齿鲈幼鱼的非特异性免疫是有影响的，这可能是因为光周期为 12L:12D 时提高了欧洲舌齿鲈幼鱼免疫酶的活性，增强了机体的代谢吸收。目前，有关光周期对鱼类非特异性免疫酶的报道少见。在光色对豹纹鳃棘鲈幼鱼的影响研究中发现，绿光下肾、肝胰脏中 AKP 活性高于红色、白色光（陈婉情，2016）。综上，12L:12D 有利于提高欧洲舌齿鲈幼鱼的非特异性免疫。

有研究发现，当外界环境对水生动物产生环境压力或胁迫时，如重金属（朱星樽等，2016）、饲料组成（薛晓强等，2018）、温度和盐度（杨健等，2007），机体内会发生自由基介导的氧化损伤。一般情况，鱼类清除氧自由基主要依靠抗氧化酶类（Kavadias 等，2003）。SOD 能够将 O_2^- 转变为 H_2O_2，阻止氧自由基对生物体的伤害之后，机体通过过氧化氢（CAT）途径（催化 H_2O_2 生成 H_2O 和 O_2）进一步清除有毒的 H_2O_2（朱星樽等，2016）。在本研究中，鳃和肾中的 SOD 和 CAT 活性总体高于肌肉和肝胰脏中的，这可能是因为鳃和肾是鱼体重要的免疫器官。鳃中 SOD 活性在长期黑暗条件下（0L:24D）较高，肾中的 SOD 活性在长期光照条件下显著高于其他各组，这可能是由于长期黑暗和光照对欧洲舌齿鲈幼鱼产生了氧化胁迫，鱼体需要 SOD 去清除氧自由基。同样，可以看到鳃的 CAT 活性在长期黑暗条件下（0L:24D）较高，肾中的 CAT 活性在长期光照条件下最高，这也说明机体需要通过 CAT 途径进一步清除有毒的 H_2O_2，目前相关的研究报道极为少见。但根据本研究可知长期光照和长期黑暗可能会对欧洲舌齿鲈产生氧化胁迫，不利于幼鱼的生长发育。

本研究表明，光周期会对欧洲舌齿鲈幼鱼免疫酶（AKP、ACP)和抗氧化酶（SOD、CAT）产生影响。从总体来看，光周期 12L:12D 有利于提高欧洲舌齿鲈幼鱼的非特异性免疫，长期黑暗（0L:24D）和长期光照（24L:0D）条件下可能对幼鱼产生了氧化胁迫，SOD、CAT 活性较高，不利于幼鱼的生长发育。

2.3.2.2　LED 光色对欧洲舌齿鲈幼鱼生理生化功能的影响

2.3.2.2.1　不同光色下欧洲舌齿鲈幼鱼抗氧化能力的变化

开展光色对欧洲舌齿鲈影响的研究对于提高欧洲舌齿鲈工厂化循环水养殖的效能意义重大。本研究是在人工养殖条件下，红色（$\lambda_{625\sim630nm}$）、绿色（$\lambda_{525\sim530nm}$）、白色（$\lambda_{400\sim780nm}$）、黄色（$\lambda_{590\sim595nm}$）、蓝色（$\lambda_{450\sim455nm}$）5 种光色对欧洲舌齿鲈幼鱼抗氧化能力和消化能力的影响，确定出适于欧洲舌齿鲈幼鱼健康生长的光色环境，以期为我国的欧洲舌齿鲈工厂化养殖提供借鉴和参考。材料和方法同 2.3.1.2。

表 2-20 不同光色下欧洲舌齿鲈幼鱼抗氧化能力的变化

光色	超氧化物歧化酶 SOD/(U/mL)	还原型谷胱甘肽 GSH/(nmol/mL)	过氧化氢酶 CAT/(U/mL)
初始	16.41±1.06	27.74±0.53	88.30±0.06
红光	14.90±1.87[a]	38.06±3.91[a]	61.34±10.89[a]
绿光	11.48±1.45[b]	24.90±3.25[b]	28.35±3.91[c]
白光	12.50±0.79[b]	26.32±4.43[b]	7.34±1.31[d]
黄光	12.55±1.71[b]	13.06±1.85[c]	36.73±7.63[bc]
蓝光	10.52±1.12[b]	17.42±3.03[c]	42.92±7.58[b]

注：同列数据上标字符不同表示组间存在显著差异（$P<0.05$）。

从表 2-20 可得，光色组的欧洲舌齿鲈鱼 SOD 活力均低于初始组，红光组的 SOD 活力显著高于其他光色组（$P<0.05$），绿光、白光、黄光和蓝光组的 SOD 活力没有显著性差异；红光组的 GSH 含量显著高于其他光色组（$P<0.05$），绿光、白光组与黄光、蓝光组的 GSH 含量有显著性差异（$P<0.05$），但绿光与白光、黄光与蓝光间的 GSH 含量没有显著性差异；初始组 CAT 活力显著高于光色组，红光组 CAT 活力显著高于其他光色组（$P<0.05$），白光组的 CAT 活力显著低于其他光色组（$P<0.05$）。

2.3.2.2.2 不同光色下欧洲舌齿鲈幼鱼消化酶活力的变化

由表 2-21 可知，黄光组的胃蛋白酶活力显著高于红、绿、白光组（$P<0.05$），与初始组相当，绿光组的胃蛋白酶活力显著低于其他光色组（$P<0.05$）；红、绿、蓝光组的淀粉酶活力要显著高于白、黄光组的淀粉酶活力（$P<0.05$），红、绿、蓝光组的淀粉酶活力没有显著性差异，黄、白光组的淀粉酶活力没有显著性差异；白光组纤维素酶活力显著高于其他光色组（$P<0.05$），绿光组的纤维素酶活力与红、蓝光组间也存在显著差异（$P<0.05$），黄光组的纤维素酶活力

和绿、红、蓝光组没有显著性差异。

表 2-21 不同光色下欧洲舌齿鲈幼鱼消化酶活力的变化

光色	胃蛋白酶/(U/mg)	淀粉酶/(U/mg)	纤维素酶/(U/mg)
初始	0.80±0.07	0.12±0.03	7.63±1.51
红光	0.58±0.08[b]	0.19±0.02[a]	13.18±0.07[c]
绿光	0.28±0.02[c]	0.15±0.04[a]	42.65±3.77[b]
白光	0.61±0.13[b]	0.10±0.02[b]	69.94±12.97[a]
黄光	0.79±0.11[a]	0.11±0.01[b]	27.20±5.55[bc]
蓝光	0.65±0.04[ab]	0.17±0.03[a]	15.01±0.12[c]

注：同列数据上标字符不同表示组间存在显著差异（$P<0.05$）。

2.3.2.2.3 小结

氧化还原反应对生物体极其重要，它对生物体的衰老和死亡起到决定性作用，但是有氧参与的代谢会产生活性氧自由基（Hallaråker 等，1995），活性氧自由基会通过氧化应激损伤细胞大分子，造成蛋白质、核酸等大分子断链和酶失活等，进而引起生物体内发生脂质过氧化反应（Vosloo 等，2013）。当外界环境发生变化时，生物体内会产生氧化应激，产生大量的活性氧自由基，对生物体造成损伤（Bussell 等，2008）。鱼体的综合抗氧化能力可以通过测定 SOD 活力、CAT 活力和 GSH 含量体现。超氧化物歧化酶是一种用于清除超氧离子（·O^{2-}）的抗氧化酶，生物机体内有大量的 SOD 存在，SOD 可以通过歧化反应将超氧离子分解为 O_2 和 H_2O_2。SOD 是生物体内一种重要的活性氧自由基清除剂，它是反映生物体衰老和死亡的重要指标；SOD 还能提高巨噬细胞的防御能力，增强生物体的免疫力（董亮等，2013；牟海津等，1999）。过氧化氢酶可以将 SOD 通过歧化反应分解出来的 H_2O_2 转化为 H_2O 和 O_2，以此来降低生物体内活性氧自由基的含量，SOD 和 CAT 共同构成生物体内抗氧化防御机制的关键部分（Reyes-Becerril 等，2008；张坤生等，2007）。本研究结果显示：红光组 SOD 活力要显著高于其他光色组，这可能是因为在红光的照射下，欧洲舌齿鲈体内积累的 ·O^{2-} 要高于其他光色组，使鱼血液中的 ·O^{2-} 浓度升高，SOD

活力随着·O_2^-浓度升高而升高，机体抗氧化能力相应提高。蓝光组的 SOD 活力相对其他各组要低，说明蓝光组在氧化应激时，机体没有提高抗氧化酶活力来应对环境胁迫。

研究中，红光组 CAT 活力要显著高于其他光色组，绿光组和白光组的 CAT 活力相对其他光色组要低。说明在红光照射下，欧洲舌齿鲈可以将体内 H_2O_2 通过歧化反应完全转化为 H_2O 和 O_2，而在绿光和白光照射下，欧洲舌齿鲈体内的 H_2O_2 歧化反应不完全，甚至会和·O_2^-反应生成有害的 OH，致使机体受到损伤。本文研究结果与 Kim 等（2016）研究发现的褐牙鲆（*Paralichthys olivaceus*）在不同光色下养殖结果一致。Choi 等（2016）研究表明条石鲷（*Oplegnathus fasciatus*）幼鱼在红光下的 SOD 活力要高于绿光下的 SOD 活力，说明红光组的鱼能更好应对环境胁迫。Gao 等（2016）研究也表明红光组皱纹盘鲍（*Haliotis discus hannai*）的 SOD 活力要高于蓝光组。这些研究表明，红光下的鱼类抗氧化能力高，能够更有效地应对环境胁迫产生的氧化应激。

GSH 是生物体内重要的水溶性抗氧化剂，GSH 在谷胱甘肽过氧化物酶（GSH-Px）的作用下，自身不断被氧化，将 H_2O_2 还原成 H_2O，清除体内的自由基，帮助机体修复氧化应激产生的损伤。GSH 又可以作为谷胱甘肽硫转移酶（GST）的底物在机体中起到解毒作用（黄志斐等，2012；王辅明等，2009）。本研究表明，红光组 GSH 含量要显著高于其他光色组，说明在环境胁迫下，机体提高抗氧化能力来有效应对胁迫。而白光和蓝光组的 GSH 含量要显著低于红光组，说明在蓝光和黄光的胁迫下，机体有可能因为抗氧化酶活力低，不能清除自由基，使机体受损。这与高霄龙等（2016）对皱纹盘鲍的研究结果一致。

鱼类消化酶活力是反映鱼类动物消化生理机能的重要指标，其与鱼类所处环境和食性有关。胃蛋白酶可水解蛋白质产生氨基酸，帮助鱼体吸收养分。淀粉酶是水解淀粉和糖原的酶类总称。纤维素酶在分解纤维素时起生物催化作用，可以将纤维素分解成寡糖或单糖（姜令绪等，2007；张植元等，2017）。本研究表明，黄光组欧洲舌齿鲈的胃蛋白酶活力比其他光色组都要高。

Heydarnejad 等（2013）的研究发现黄色光条件下养殖的虹鳟鱼（*Oncorhynchus mykiss*）幼鱼生长得更好。这可能是因为饲料的主要成分是蛋白质（Lee 等，2002），黄光更利于鱼分泌胃蛋白酶，胃蛋白酶的活力高帮助鱼更好地利用饲料中的蛋白质。红光、白光和蓝光组欧洲舌齿鲈的胃蛋白酶活力没有显著性差异,这与赵宁宁等(2016)得到豹纹鳃棘鲈(*Plectropomus leopardus*)幼鱼红光和蓝光组胃蛋白酶活力没有显著性差异结果一致。

红光、绿光和蓝光组欧洲舌齿鲈的淀粉酶活力没有显著性差异,白光和黄光组淀粉酶活力没有显著性差异。赵宁宁等(2016)研究表明豹纹鳃棘鲈幼鱼的红光和蓝光组淀粉酶活力没有显著性。王芳等(2006)研究表明中国对虾(*Fenneropenaeus chinensis*)稚虾在白光、黄光、绿光和蓝光下的淀粉酶活力都没有显著性差异。提高淀粉的利用率有利于鱼类的生长,高的淀粉酶活力有利于鱼类利用淀粉(任鸣春等,2014)。

纤维素具有低的溶解性,并且鱼类一般都缺乏纤维素酶分解纤维素,因此纤维素通常在饲料中用作填充剂(Wilson,1994)。白光组欧洲舌齿鲈的纤维素酶活力显著高于其他光色组,较高的纤维素酶活力有可能过多地消耗了鱼类生长中的能量。

抗氧化能力指标表明,红光组欧洲舌齿鲈的抗氧化能力要高于其他组,该组的 SOD 活力、CAT 活力和 GSH 含量都要高于其他光色组,红光更能维护机体不受环境胁迫引起的氧化应激的影响,有利于维护机体健康。消化能力指标表明,黄光和红光组欧洲舌齿鲈的消化酶活力高,有利于欧洲舌齿鲈幼鱼消化吸收饲料,促进生长。

由此可见,红色光更有利于欧洲舌齿鲈的健康生长,欧洲舌齿鲈主要生活在近海岸、湖泊、河流等浅水域,浅水域的光色也主要以红光和黄光为主。因此,在实际养殖过程中,可以以红光为主来进行欧洲舌齿鲈幼鱼的养殖。

2.3.3 不同的光照条件对欧洲舌齿鲈肌肉品质的影响

本研究筛选使用较为普遍的 5 种光色(全光谱光、蓝色、绿色、黄色、红色)及不同 LED 光周期(0L:24D、8L:16D、12L:12D、16L:8D、24L:0D)环境对欧洲舌齿鲈幼鱼生长摄食和肌肉营养成分的影响,以期为我国欧洲舌齿鲈工厂化养殖光环境的调控提供参考依据。

2.3.3.1 不同光周期对欧洲舌齿鲈肌肉营养成分的影响

研究所用欧洲舌齿鲈幼鱼购自大连富谷食品有限公司。选取 450 尾无外伤、体质健康的幼鱼，体长(13.50±0.52)cm，体重(46.04±0.61)g，作为实验用鱼，并将其放入实验室搭建的小型循环水系统中进行为期一周的暂养，以保证其对新环境的适应。养殖期间采用浮性商业饲料（广东粤海饲料集团生产）进行投喂，每天投喂两次，投喂时间为上午9：00和下午2：30。

研究在大连海洋大学设施渔业教育部重点实验室所搭建的密闭遮光系统中进行。遮光系统采用不透光材质遮光布在养殖池内搭建而成，每个养殖池内设置4个独立的房间，尽量保证房间之间无光源的交叉污染。每房间内均设置有1个LED光源、3个PVC水族桶。实验光源为全光谱LED灯具（型号：GK5A），波长范围为400～780nm，由中国科学院半导体研究所设计，深圳超频三科技股份有限公司生产制造。光源安装在水族桶上方1.5m处。PVC水族桶为圆柱形灰白色，直径为80cm，桶深为60cm。5种光周期处理组分别为0L：24D（全黑暗）、8L：16D、12L：12D、16L：8D、24L：0D（全光照），其中L表示光照时间，D表示黑暗时间。实验开始时，将实验鱼随机均等地分配至各处理组中，每个处理组内3个重复，每个重复放置30尾鱼，实验周期为60d。

不同光周期条件由电子定时器进行调控，除全黑暗组外其余实验组的光照度范围设定为$(250±20)mW/m^2$。实验期间，每天8：00进行光照度的监测，采用光谱照度计（SRI 2000UV，尚泽光电股份有限公司）在每个水族桶的水面位置进行测量；每天投喂两次（上午9:00和下午2:30），总投喂量为鱼体总质量的2%；水温设定为（19±1）℃并采用控温加热棒调控；水族桶内的水每2天更换一次，换水体积为50%，更换时对桶底部的残饵粪便进行清除。

残饵收集在投喂1h后进行，将收集的残饵随即放入75℃烘箱烘干至恒重。为了准确计算实验用鱼的摄食量，研究结束时，将定量饲料浸泡于养殖海水中，1h后收集进行烘干至恒重，记录实际质量，计算饵料在水中浸泡1h的溶失系数。

研究开始前，随机抽取10尾鱼作为初始样品测量和记录其体长体重作为参照。研究结束时，采用随机取样的方式从每个水族桶选取3尾鱼进行麻醉处理，先进行体长、体重的测量，随后在冰盒上迅速解剖，取鱼体背部两侧肌肉，去鳞、去皮，用去离子水进行冲洗干净后，放置于–80℃超低温冰箱中保存，用于后续样品的测定。

2.3.3.1.1 不同周期对欧洲舌齿鲈肌肉常规营养成分的影响

水分测定参照 GB 5009.3—2016 采用 105℃干燥法；粗蛋白质含量参照 GB 5009.5—2016 采用凯氏定氮法，利用 K9860 凯氏定氮仪完成测定；粗脂肪含量参照 GB 5009.168—2016 采用索氏抽提法，利用 YG-2 型脂肪抽提器完成测定；粗灰分含量参照 GB 5009.3—2016 采用马弗炉 550℃灼烧法完成测定。

5 种光周期下欧洲舌齿鲈幼鱼肌肉中的常规营养成分（水分、粗蛋白质、粗脂肪、粗灰分）如表 2-22 所示。各处理组欧洲舌齿鲈幼鱼肌肉中的水分、粗蛋白质和粗灰分含量均无显著差异性，但 8L:16D 组的粗蛋白质和粗灰分含量均略高于其他各组；8L:16D 组的粗脂肪含量最高，16L:8D 组粗脂肪含量显著低于 8L:16D 和 0L:24D 处理组（$P<0.05$），而与 12L:12D 和 24L:0D 组之间无显著性差异。

表 2-22 不同光周期条件下欧洲舌齿鲈幼鱼的常规营养成分含量

%

营养成分	光周期处理组				
	0L:24D	8L:16D	12L:12D	16L:8D	24L:0D
水分	75.57±1.59	73.43±1.93	75.50±1.35	75.23±0.93	74.97±0.29
粗脂肪	2.43±0.12^{ab}	2.47±0.32^{a}	2.20±0.10^{abc}	2.03±0.06^{c}	2.13±0.06^{bc}
粗蛋白质	20.63±1.50	22.70±1.82	20.97±1.36	21.37±1.01	21.57±0.32
粗灰分	1.37±0.06	1.40±0.10	1.33±0.06	1.37±0.06	1.33±0.05

注：同一行中标有不同字母的处理组之间差异显著（$P<0.05$）；$n=9$；$\bar{x}±SD$。

2.3.3.1.2 背肌羟脯氨酸及胶原蛋白含量

每处理组各取 3 份肌肉样品用于该测定，每份 30～100mg。羟脯氨酸浓度的测定参照南京建成试剂盒说明书进行。测定原理为羟脯氨酸在氧化剂的作用下，所产生的氧化产物与二甲基苯甲醛作用呈现紫红色，根据不同颜色的深浅程度在 550nm 处的吸光值，计算出羟脯氨酸的含量。

由于羟脯氨酸含量稳定，在其他蛋白质中很少见，为胶原蛋白所特有，水产动物多采用换算系数（11.1）将羟脯氨酸换算为胶原蛋白含量（孙文通，2017）。

5 种不同光周期处理组欧洲舌齿鲈肌肉样品中羟脯氨酸的含量分别为 0.03%（0L：24D）、0.05%（8L：16D）、0.04%（12L：12D）、0.05%（16L：8D）、0.03%（24L：0D），如图 2-20A 所示；其对应的胶原蛋白含量分别为 0.32%（0L：24D）、0.59%（8L：16D）、0.48%（12L：12D）、0.60%（16L：8D）、0.31%（24L：0D），如图 2-20B 所示。24L：0D 组中肌肉胶原蛋白含量最低，而 0L：24D 和 24L：0D 组之间无显著性差异，且两个处理组的胶原蛋白含量显著低于其他各组（$P<0.05$）；8L：16D、12L：12D 和 16L：8D 处理组之间胶原蛋白含量无显著性差异，但 8L：16D 与 16L：8D 处理组中的肌肉胶原蛋白含量高于 12L：12D 处理组（$P>0.05$）。

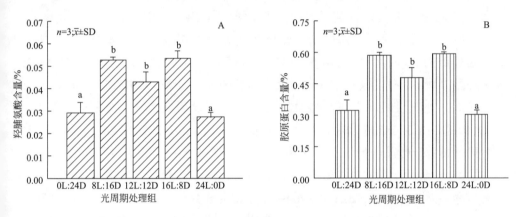

图 2-20 不同光周期条件下欧洲舌齿鲈幼鱼肌肉中胶原蛋白含量

A.羟脯氨酸含量；B.胶原蛋白含量。同一柱形中标有不同字母的处理组之间差异显著（$P<0.05$）

2.3.3.1.3 氨基酸组成与营养价值分析

食品中氨基酸的测定采用 Agilent 1260 高效液相色谱仪，色谱柱：C18 SHISEIDO 4.6mm×250mm×5μm；进样量：10μL；柱温：40℃；波长：254nm；流动相：A，0.1mol/L 无水乙酸钠+乙腈=97+3，混匀后调 pH 至 6.5（31.815g 乙酸钠+3880mL 水+120mL 乙腈），B，乙腈+水=80+20。

根据 1973 年联合国粮农组织/世界卫生组织（FAO/WHO）和 1991 年中国预防医学科学院营养与食品卫生研究所提出的评价标准，即氨基酸评分标准模式和全鸡蛋蛋白质氨基酸模式，将样品中某必需氨基酸的质量分数换算成每克蛋白质中含氨基酸质量（mg），计算出氨基酸评分（AAS）和化学评分（CS），以及必需氨基酸指数（EAAI），具体公式如下：

（1）aa=(样品中该氨基酸质量分数/样品中粗蛋白质质量分数)×6.25×1000。

（2）AAS=aa/AA(FAO/WHO)

（3）CS=aa/AA(全鸡蛋)

（4）EAAI=$(100A/AE \times 100B/BE \times 100C/CE \times \cdots \times 100H/HE)^{\frac{1}{n}}$

式中，aa 为检测样品中某种氨基酸含量（mg/g，以 N 计），AA(FAO/WHO) 为氨基酸评价标准含量（mg/g，以 N 计），AA（全鸡蛋）为全鸡蛋蛋白质中同种氨基酸含量（mg/g，以 N 计），n 代表比较的必需氨基酸个数，A、B、C、$\cdots$、H 为鱼肌肉蛋白质中某种必需氨基酸含量（mg/g，以 N 计），AE、BE、CE、$\cdots$、IE 代表全鸡蛋蛋白质中各类必需氨基酸含量（mg/g，以 N 计）。

5 种光周期下欧洲舌齿鲈幼鱼肌肉中的氨基酸组成及含量如表 2-23 所示。所有处理组的肌肉样品中均检测到 17 种氨基酸（不包含色氨酸），包括人体必需氨基酸 7 种、半必需氨基酸 3 种以及非必需氨基酸 7 种。其中，8L:16D、12L:12D 和 16L:8D 处理组肌肉中氨基酸总质量分数没有显著性差异，分别为（19.06±1.69）%、（18.64±0.47）%和（19.86±0.71）%，而 0L:24D 和 24L:0D 处理组的氨基酸总质量分数显著低于上述 3 组，分别为（17.08±0.55）%和（17.37±0.17）%。

呈鲜味氨基酸组成中谷氨酸在各组中所占质量分数均高于其他种类的呈鲜味氨基酸。天冬氨酸在 16L：8D 组中所占质量分数最高，显著高于 8L：16D 和 24L：0D 处理组（$P<0.05$），24L：0D 组中天冬氨酸质量分数最低，但与 8L：16D 组没有显著性差异；半必需氨基酸组成中精氨酸的质量分数均比其他种半必需氨基酸高。其中，12L：12D 组精氨酸质量分数最高，显著高于 24L：0D 组，但与 0L：24D、8L：16D 和 16L：8D 组没有显著性差异。24L：0D 组中组氨酸质量分数最低，显著低于其他各组（$P<0.05$），而其余各组间均无显著性差异；非必需氨基酸组成中，脯氨酸的质量分数高于其他种非必需氨基酸；其中，0L：24D 组中的脯氨酸质量分数最低，显著低于 16L：8D 组（$P<0.05$），16L：8D 组中脯氨酸质量分数略高于 8L：16D、12L：12D 以及 24L：0D 组，但均无显著性差异。

总之，7 种必需氨基酸（苏氨酸、缬氨酸、甲硫氨酸、异亮氨酸、亮氨酸、苯丙氨酸和赖氨酸）、2 种呈鲜味氨基酸（甘氨酸、丙氨酸）以及 1 种非必需氨基酸（酪氨酸）在 5 种光周期条件下均无显著差异。

表 2-23　不同光周期条件下欧洲舌齿鲈肌肉氨基酸组成

%

氨基酸	光周期处理组				
	0L：24D	8L：16D	12L：12D	16L：8D	24L：0D
天冬氨酸(Asp)[i]	0.66±0.10[bc]	0.59±0.07[c]	0.89±0.07[ab]	0.99±0.09[a]	0.59±0.25[c]
谷氨酸(Glu)[i]	1.56±0.01[b]	1.83±0.21[ab]	2.11±0.29[a]	2.00±0.22[ab]	1.95±0.01[ab]
甘氨酸(Gly)[i]	0.92±0.03	0.96±0.03	0.96±0.02	1.01±0.08	0.97±0.01
丙氨酸(Ala)[i]	1.04±0.02	1.06±0.08	1.11±0.14	1.06±0.05	1.07±0.07
胱氨酸(Cys)[ii]	0.16±0.09[a]	0.04±0.01[b]	0.04±0.01[b]	0.04±0.01[b]	0.04±0.01[b]
组氨酸(His)[ii]	0.63±0.07[a]	0.66±0.10[a]	0.71±0.06[a]	0.71±0.03[a]	0.39±0.23[b]
精氨酸(Arg)[ii]	2.16±0.04[ab]	2.22±0.08[ab]	2.44±0.32[a]	2.23±0.10[ab]	2.07±0.15[b]
丝氨酸(Ser)[iii]	0.70±0.03[ab]	0.74±0.05[ab]	0.83±0.11[a]	0.77±0.06[ab]	0.67±0.02[b]
脯氨酸(Pro)[iii]	2.09±0.16[b]	2.45±0.25[ab]	2.53±0.19[ab]	2.76±0.39[a]	2.37±0.33[ab]
酪氨酸(Tyr)[iii]	0.67±0.04	0.69±0.05	0.74±0.08	0.72±0.04	0.69±0.06
苏氨酸(Thr)[iv]	0.89±0.05	0.96±0.01	0.97±0.11	0.92±0.04	0.93±0.05
缬氨酸(Val)[iv]	0.90±0.06	0.94±0.07	0.98±0.10	0.96±0.04	0.93±0.08
甲硫氨酸(Met)[iv]	0.52±0.07	0.530±0.09	0.63±0.07	0.61±0.03	0.57±0.07
异亮氨酸(Ile)[iv]	0.81±0.06	0.84±0.07	0.88±0.09	0.86±0.03	0.83±0.06
亮氨酸(Leu)[iv]	1.38±0.09	1.44±0.10	1.55±0.18	1.47±0.07	1.46±0.09
苯丙氨酸(Phe)[iv]	0.80±0.04	0.86±0.07	0.91±0.12	0.85±0.03	0.81±0.01
赖氨酸(Lys)[iv]	1.64±0.11	1.67±0.19	1.83±0.24	1.76±0.09	1.58±0.29
总必需氨基酸 T_{EAA}	6.74±0.38	7.45±0.58	7.72±0.89	7.55±0.34	6.76±0.03
总半必需氨基酸 T_{HEAA}	2.91±0.03[ab]	2.92±0.18[ab]	3.29±0.28[a]	3.00±0.12[a]	2.51±0.38[b]
总非必需氨基酸 T_{NEAA}	3.46±0.22	3.92±0.34	4.12±0.40	4.13±0.30	3.68±0.32
总呈鲜味氨基酸 T_{DAA}	4.22±0.23	4.72±0.55	5.30±0.73	5.06±0.48	4.85±0.52
总氨基酸 T_{AA}	17.08±0.55[b]	19.06±1.69[ab]	18.64±0.47[ab]	19.86±0.71[a]	17.37±0.17[b]
总必需氨基酸/总氨基酸 T_{EAA}/T_{AA}	0.40±0.01[a]	0.39±0.01[ab]	0.39±0.01[a]	0.38±0.01[b]	0.39±0.01[ab]
总半必需氨基酸/总氨基酸 T_{HEAA}/T_{AA}	0.17±0.0108	0.16±0.01	0.16±0.01	0.15±0.01	0.15±0.02
总必需氨基酸/非必需氨基酸 T_{EAA}/T_{NEAA}	0.90±0.02[a]	0.88±0.03[ab]	0.85±0.01[bc]	0.83±0.03[c]	0.83±0.02[c]

注：以上含量均为肌肉鲜样中的含量；i，鲜味氨基酸；ii，半必需氨基酸；iii，非必需氨基酸；iv，必需氨基酸；同一行中标有不同字母的处理组之间差异显著（$P<0.05$）；$n=9$；$\bar{x}±SD$。

由表 2-24 可知，5 种光周期处理组中的苏氨酸和苯丙氨酸+酪氨酸评分均高于 FAO/WHO 氨基酸模式，且赖氨酸含量均高于 FAO/WHO 氨基酸模式和全鸡蛋蛋白模式评价标准；在 12L:12D 处理组中，缬氨酸、甲硫氨酸+半胱氨酸、亮氨酸以及异亮氨酸含量均接近或者高于 FAO/WHO 氨基酸模式，所含必需氨基酸总量也高于 FAO/WHO 氨基酸模式下的总量；同时该处理组中必需氨基酸总量高于其他处理组。8L:16D 处理组中所检测到的各类必需氨基酸的评分均低于其他各组，其中甲硫氨酸+胱氨酸和亮氨酸评分最低。

表 2-24　不同光周期条件下欧洲舌齿鲈肌肉中必需氨基酸含量与 FAO/WHO 模式比较

光周期处理组	苏氨酸 (Thr)	缬氨酸 (Val)	甲硫氨酸+胱氨酸 (Met+Cys)	异亮氨酸 (Ile)	亮氨酸 (Leu)	苯丙氨酸+酪氨酸 (Phe+Tyr)	赖氨酸 (Lys)	合计
0L：24D	271	274	195	247	419	443	496	2345
8L：16D	266	257	157	230	396	419	458	2182
12L：12D	288	292	217	263	459	482	543	2546
16L：8D	271	281	196	251	431	454	516	2400
24L：0D	269	270	177	241	422	441	457	2277
FAO/WHO 模式	250	310	220	250	440	380	340	2250
全鸡蛋蛋白模式	292	411	386	331	534	565	441	3059

由表 2-25 可知，5 种处理组中必需氨基酸的氨基酸评分除 8L:16D 组中的甲硫氨酸+胱氨酸外，均在 0.80 分以上，化学评分除 8L:16D 和 24L:0D 组中甲硫氨酸+胱氨酸外，均高于 0.50 分。此外，在 0L:24D 和 12L:12D 处理组中，第一限制性氨基酸均为缬氨酸，而在 8L:16D、16L:8D 和 24L:0D 中，第一限制性氨基酸均为甲硫氨酸+胱氨酸。

表 2-25 不同光周期条件下欧洲舌齿鲈肌肉中必需氨基酸 AAS、CS 和 EAAI 比较

必需氨基酸（EAA）	氨基酸评分（AAS）					化学评分（CS）				
	0L:24D	8L:16D	12L:12D	16L:8D	24L:0D	0L:24D	8L:16D	12L:12D	16L:8D	24L:0D
苏氨酸（Thr）	1.08	1.06	1.15	1.08	1.08	0.93	0.91	0.99	0.93	0.92
缬氨酸（Val）	0.88	0.83	0.94	0.91	0.87	0.67	0.63	0.71	0.68	0.66
赖氨酸（Lys）	1.46	1.35	1.60	1.52	1.35	1.13	1.04	1.23	1.17	1.04
亮氨酸（Leu）	0.95	0.90	1.04	0.98	0.96	0.78	0.74	0.86	0.81	0.79
异亮氨酸（Ile）	0.99	0.92	1.05	1.01	0.97	0.75	0.70	0.79	0.76	0.73
苯丙氨酸+酪氨酸（Phe+Tyr）	1.17	1.10	1.27	1.20	1.16	0.78	0.74	0.85	0.80	0.78
甲硫氨酸+胱氨酸（Met+Cys）	0.89	0.71	0.99	0.89	0.81	0.51	0.41	0.56	0.51	0.46
必需氨基酸指数（EAAI）	77.07	71.11	83.56	78.63	74.67					

2.3.3.1.4 肌肉脂肪酸组成

将冷冻的肌肉样品干燥至恒重，然后采用型号为 Agilent 7890A 气相色谱仪进行脂肪酸组成的测定，样品中各脂肪酸的含量按下列公式进行计算：

$$W = \frac{C \times V \times N}{m} \times k$$

式中 W——样品中各脂肪酸的含量，mg/kg；

C——样品测定液中脂肪酸甲酯的浓度，mg/L；

V——定容体积，mL；

k——各脂肪酸甲酯转化为脂肪酸的换算系数；

N——稀释倍数；

m——样品的称样质量，g。

各组光周期条件下欧洲舌齿鲈鱼肌肉脂肪酸的组成如表 2-26 所示。各处理组中肌肉脂肪酸组成中，除 16L:8D 和 24L:0D 组没有检测到顺-8,11,14 二十碳三烯酸外，其余各组脂肪酸组成均一致。共检测到 25 种脂肪酸，包括 9 种饱和

脂肪酸、6种单不饱和脂肪酸以及10种多不饱和脂肪酸。

在饱和脂肪酸（SFA）方面，5种光周期处理组肌肉中的SFA总含量有明显差异，其中8L：16D、12L：12D以及16L：8D组显著高于0L：24D和24L：0D组（$P<0.05$），24L：0D组中肌肉SFA含量在5种处理组中最低。所有处理组中，棕榈酸（$C_{16:0}$）含量均高于其他种SFA，且8L：16D组中$C_{16:0}$含量显著高于24L：0D（$P<0.05$），并略高于其他各组，而24L：0D组中棕榈酸含量最低；在单不饱和脂肪酸（MUFA）方面，MUFA总含量在5个处理组中没有显著性差异，但是反油酸甲酯（$C_{18:1n9c}$）含量均在24L：0L组中最低，显著低于0L：24D和8L：16D组（$P<0.05$）。24L：0D组中二十碳烯酸甲酯（$C_{20:1}$）含量最低，但是与其他各组没有显著性差异；多不饱和脂肪酸（PUFA）总含量在各处理组间差异显著性，其中，0L：24D组中PUFA总含量最低，显著低于24L：0D组，但与其他三组差异不显著。EPA（$C_{20:5n3}$）和DHA（$C_{22:6n3}$）含量在各处理组中没有显著性差异。

表2-26　不同光周期条件下欧洲舌齿鲈肌肉脂肪酸组成及含量

$n=9$；$\bar{x}\pm SD$；%

脂肪酸	光周期处理组				
	0L：24D	8L：16D	12L：12D	16L：8D	24L：0D
肉豆蔻酸（$C_{14:0}$）	3.86±0.53[b]	4.18±0.85[ab]	5.18±0.61[a]	5.19±0.07[a]	3.23±0.62[b]
十五烷酸（$C_{15:0}$）	0.21±0.03	0.23±0.02	0.25±0.02	0.23±0.02	0.24±0.02
棕榈酸（$C_{16:0}$）	19.18±0.90[a]	19.33±0.64[a]	18.56±0.42[ab]	19.08±0.22[a]	17.66±0.69[b]
十七烷酸（$C_{17:0}$）	0.28±0.01	0.27±0.02	0.28±0.02	0.27±0.01	0.28±0.01
硬脂酸（$C_{18:0}$）	5.73±0.14	5.62±0.21	5.64±0.07	5.60±0.22	5.63±0.26
花生酸（$C_{20:0}$）	0.28±0.01[ab]	0.25±0.01[b]	0.27±0.02[ab]	0.31±0.02[a]	0.30±0.01[a]
山嵛酸（$C_{22:0}$）	0.20±0.02	0.18±0.02	0.20±0.01	0.20±0.01	0.18±0.03
二十三碳酸（$C_{23:0}$）	0.06±0.01	0.05±0.01	0.06±0.02	0.05±0.01	0.06±0.01
木蜡酸（$C_{24:0}$）	0.12±0.02[b]	0.09±0.02[c]	0.13±0.01[b]	0.11±0.01[bc]	0.18±0.01[a]
棕榈油酸（$C_{16:1}$）	3.22±0.60[a]	3.14±0.40[ab]	2.83±0.10[ab]	2.98±0.44[ab]	2.34±0.16[b]

续表

脂肪酸	光周期处理组				
	0L：24D	8L：16D	12L：12D	16L：8D	24L：0D
反油酸甲酯($C_{18:1n9t}$)	0.28 ± 0.01^a	0.27 ± 0.04^a	0.20 ± 0.05^b	0.16 ± 0.01^b	0.13 ± 0.01^b
反油酸甲酯($C_{18:1n9c}$)	23.36 ± 3.22^a	23.40 ± 2.60^a	20.99 ± 1.09^{ab}	21.46 ± 1.61^{ab}	17.90 ± 1.30^b
二十碳烯酸甲酯($C_{20:1}$)	1.34 ± 0.04	1.34 ± 0.12	1.26 ± 0.11	1.33 ± 0.05	1.26 ± 0.11
顺芥子酸甲酯($C_{22:1n9}$)	2.87 ± 1.01^b	3.62 ± 0.98^b	3.97 ± 1.01^{ab}	4.02 ± 0.51^{ab}	5.74 ± 0.68^a
神经酸甲酯($C_{24:1}$)	0.36 ± 0.01^b	0.38 ± 0.08^b	0.40 ± 0.03^b	0.40 ± 0.04^b	0.54 ± 0.07^a
亚油酸甲酯($C_{18:2n6c}$)	19.33 ± 0.75	19.57 ± 0.69	20.19 ± 0.24	20.47 ± 1.62	19.66 ± 0.29
γ-亚麻酸甲酯($C_{18:3n6}$)	0.40 ± 0.01^b	0.45 ± 0.01^a	0.42 ± 0.02^{ab}	0.43 ± 0.02^{ab}	0.37 ± 0.04^c
A-亚麻酸甲酯($C_{18:3n3}$)	2.30 ± 0.39^b	2.90 ± 0.24^b	3.94 ± 0.36^a	3.75 ± 0.23^a	2.70 ± 0.36^b
二十碳二烯酸($C_{20:2}$)	0.76 ± 0.09^b	0.89 ± 0.05^{ab}	0.80 ± 0.04^{ab}	0.77 ± 0.04^b	0.94 ± 0.17^a
顺-8,11,14 二十碳三烯酸($C_{20:3n6}$)	0.09 ± 0.01^b	0.09 ± 0.01^b	0.12 ± 0.01^a	N.D	N.D
顺-11,14,17 二十碳三烯酸($C_{20:3n3}$)	0.12 ± 0.02^b	0.14 ± 0.04^{ab}	0.15 ± 0.02^{ab}	0.15 ± 0.02^{ab}	0.18 ± 0.03^a
花生四烯酸甲酯($C_{20:4n6}$)	0.73 ± 0.13	0.73 ± 0.10	0.57 ± 0.04	0.68 ± 0.18	0.79 ± 0.15
二十二碳二烯酸($C_{22:2}$)	0.14 ± 0.01	0.15 ± 0.04	0.18 ± 0.04	0.16 ± 0.02	0.21 ± 0.01
二十碳五烯酸 EPA($C_{20:5n3}$)	4.21 ± 0.15	4.26 ± 0.41	4.24 ± 0.29	4.32 ± 0.36	4.69 ± 0.21
二十二碳六烯酸 DHA($C_{22:6n3}$)	9.62 ± 2.60	9.09 ± 1.12	9.19 ± 0.11	9.43 ± 1.72	11.00 ± 3.14
饱和脂肪酸 SFA	29.39 ± 0.49^b	30.30 ± 0.22^{ab}	30.58 ± 0.72^a	30.90 ± 0.24^a	27.89 ± 0.13^c
单不饱和脂肪酸 MUFA	32.31 ± 2.13	31.53 ± 1.70	29.64 ± 0.91	30.33 ± 1.57	29.65 ± 3.42
多不饱和脂肪酸 PUFA	36.52 ± 2.05^b	39.03 ± 1.00^b	39.79 ± 0.42^{ab}	40.47 ± 3.39^{ab}	44.21 ± 2.11^a
EPA+DHA	12.30 ± 1.00	14.21 ± 0.24	13.43 ± 0.30	13.75 ± 2.07	13.97 ± 2.16

注：以上含量均为肌肉鲜样中的含量；N.D 为未检出；同一行中标有不同字母的处理组之间差异显著（$P<0.05$）。

2.3.3.1.5 小结

肌肉是鱼类不同组织中重要的营养部位，也是最主要的食用部位，而粗蛋白质、粗脂肪以及其他营养成分的组成代表着鱼类的整体营养价值（Periago等，2005）。有研究表明，鱼类的营养价值又主要受肌肉中蛋白质和脂肪的含量所决定（Etherington等，1981）。本研究中，8L:16D组肌肉中粗蛋白质含量高于其他各组，且粗脂肪含量显著高于16L:8D和24L:0D两个处理组，而0L:24D组肌肉中粗蛋白质含量最低，这表明每日8h的光照时长有利于欧洲舌齿鲈鱼的肌肉中常规营养成分含量的增加。有研究表明，环境胁迫会对鱼类的肌肉组分的含量产生影响，如蓝光会对虹鳟鱼（*Oncorhynchus mykiss*）的肝脏部位产生影响，导致其粗脂肪含量下降，原因为蓝光下的虹鳟鱼受到一定程度的胁迫，进而消耗额外的能量应对该过程（Villamizar等，2009）。也有研究发现，欧洲舌齿鲈幼鱼在红色光环境下肌肉中粗脂肪含量也会显著降低，说明红光会对欧洲舌齿鲈幼鱼产生一定程度的胁迫（Barlow等，1995）。本研究中16L:8D和24L:0D组欧洲舌齿鲈幼鱼肌肉中粗脂肪含量也产生下降的现象，也可能是因为长期光照或者持续光照会对欧洲舌齿鲈鱼产生一定的胁迫。8L:16D组中肌肉粗脂肪含量最高，说明该光照条件对欧洲舌齿鲈鱼不会产生胁迫或者胁迫较弱，有利于肌肉中常规营养成分含量的增加。

此外，本研究中欧洲舌齿鲈肌肉组织中的粗蛋白质和粗脂肪含量均高于斑驳尖塘鳢（*Oxyeleotris marmoratus*）（Villamizar等，2009）、中华倒刺鲃（*Spinibarbus sinensis*）（Biswas等，2006）、暗纹东方鲀（*Takifugu obscurus*）（袁等，2009）等几种商业鱼类的肌肉营养成分含量。由此可见，在常规营养成分方面，欧洲舌齿鲈鱼比其他多种商业养殖鱼类富含更多对人体有益的营养。但目前有关光照对鱼类营养代谢的影响机制仍不清楚，有待进一步研究。

胶原蛋白是一种纤维状的结构性蛋白，目前已经发现多种形式的胶原蛋白，根据分子结构的不同可以分为一型、二型、三型等多种类型，而其中一型胶原蛋白是最常见也是最重要的（Keembiyehetty等，1998）。在水产及畜禽动物体内肌肉胶原蛋白含量的高低是判断肌肉品质的重要指标（Bing等，2006）。鱼类肌肉中胶原蛋白含量越高，更能有效维持鱼类肌肉的韧性和品质（费凡等，2019）。本研究中，0L：24D和24L：0D处理组欧洲舌齿鲈肌肉中胶原蛋白含量显著低于其他各组，8L：16D组中肌肉胶原蛋白含量最高，说明8L：16D的光周期条件可以提高鱼肌肉中胶原蛋白的含量,提升欧洲舌齿鲈鱼的肌肉品质。有研究表明,一型胶原蛋白包含α1和α2两条链,分别由 COLLA1 和 COLLA2 两个基因编码,胶原蛋白基因在信号肽的作用下经一系列传递过程最终形成稳定的三股螺旋结构的胶原分子(Wang 等,2012)。研究发现草鱼(Ctenopharyngodon idellus)肌肉中 COLLA1 基因含有与高等脊椎动物胶原蛋白相同的信号肽、C-前肽和三重螺旋结构(周磊,2007),而 C-前肽是促进前胶原蛋白成熟且使其转化成三重螺旋稳定结构的胶原蛋白的关键(Zelin 等,1998)。因此,0L:24D 和 24L:0D 两个光周期条件可能会对欧洲舌齿鲈鱼肌肉中 COLLA1 基因编码产生阻碍,进而影响到肌肉中合成胶原蛋白的关键 C-前肽发挥作用,最终导致该两组肌肉中胶原蛋白的合成极度减少。

鱼类肌肉中的氨基酸组成和含量决定着蛋白质的质量,进而影响鱼类的生长发育和肌肉品质,氨基酸的组成和含量对鱼类肌肉营养品质起着决定性作用(Liu,2010)。因此,鱼类肌肉中氨基酸的组成模式的研究可为鱼类营养学以及人工饲料配料设计等方面提供重要的参考价值(Saito 等,2001)。为了更好地了解不同光照周期对肌肉中氨基酸组成的影响,本研究还检测了水解氨基酸的质量分数。结果表明,0L:24D 和 24L:0D 处理组中总氨基酸含量低于 8L:16D、12L:12D 和 16L:8D 处理组。其中脯氨酸含量在 8L:16D、12L:12D 以及 16L:8D 处理组中含量较高。有研究表明,脯氨酸是机体内合成胶原蛋白的决定性氨基酸,有助于胶原蛋白和软骨对钙元素的吸收(Zhuang 等,2008)。本研究中欧洲舌齿鲈的胶原蛋白含量在 8L:16D、12L:12D 和 16L:8D 处理组中较高,且三个处理组中脯氨酸的含量也相对较高。有研究表明,饲料中氨基酸的组成含量会影响鱼类肌肉中总氨基酸含量(Xiong 等,2012)。因此在同等人工饲料条件喂养下,0L:24D 组和 24L:0D 组中总氨基酸含量较低可能与不适宜的光照环境有关。0L:24D 组和 24L:0D 组中的实验鱼饵料转换效率较低,营养物质利用率受到影响,进而导致肌肉中总氨基酸含量下降。

动物肌肉中蛋白质的鲜美味道与其自身的呈鲜味氨基酸含量有很大关系,而最有特征性的呈现鲜味氨基酸为天冬氨酸(Asp)和谷氨酸(Glu),二者是肌肉呈现鲜味的主要贡献者(Karakatsouli 等,2007);而甘氨酸(Gly)和丙氨酸(Ala)是呈现甘味的特征性氨基酸。本研究发现 12L:12D 组的 Asp 含量高于除 16L:8D 的其他各组,而 0L:24D 组中 Glu 含量最低,各个处理组中的

Gly 和 Ala 含量没有显著差异。有研究表明，鱼类肌肉中呈鲜味氨基酸的合成是通过调节相关酶的合成进而改变三羧酸循环以及糖酵解等途径来实现的（Wang 等，2008）。12L:12D 的光周期可能有助于鱼体有关部位的相关酶合成，进而促进了呈鲜味氨基酸的合成。

蛋白质中氨基酸组成的 FAO/WHO 理想模式应该是：必需氨基酸/总氨基酸的值约为 40%，必需氨基酸/非必需氨基酸应在 60%以上（Villamizar 等，2009）。本研究发现 5 种光照周期处理组中肌肉必需氨基酸/总氨基酸为 39%左右，必需氨基酸/非必需氨基酸为 85%左右，均接近或者明显超过于理想模式评分，由此证明欧洲舌齿鲈鱼的肌肉营养价值较高，优质蛋白质含量丰富。

必需氨基酸指数（EAAI）作为评价蛋白质营养价值的指标之一，其值的高低代表着氨基酸组成的平衡性以及蛋白质的质量（Etherington 等，1981）。本次实验中 12L:12D 处理组中 EAAI 最高，为 83.56，其余各组没有显著差异。由此可见，在氨基酸组成方面，12L:12D 的光照周期条件下的欧洲舌齿鲈鱼的肌肉蛋白质更优质更符合标准。在氨基酸评分方面，8L:16D、16L:8D 和 24L:0D 处理组中的欧洲舌齿鲈鱼肌肉中第一限制性氨基酸均为甲硫氨酸+半胱氨酸，第二限制性氨基酸为缬氨酸，这与日本鳗鲡（*Anguilla japonica*）（Zhang 等，2016）、大西洋鲑（*Salmo salar*）（Henderson 等，1984）及大口黑鲈（*Micropterus salmoniodes*）（Bing，2005）的结果相一致。

脂肪酸作为能源的同时更是生物体必需的脂肪源。有研究表明，生物机体内的饱和脂肪酸组成中，肉豆蔻酸（$C_{14:0}$）、棕榈酸（$C_{16:0}$）和硬脂酯酸（$C_{18:0}$）的含量占绝大部分，尤其以 $C_{16:0}$ 含量最高（史等，2017）。当生物机体受到外界刺激后，体内饱和脂肪酸会进行分解应对该过程，且 $C_{16:0}$ 会被优先用于能量消耗（Mourente，1990）。本研究中，5 种光周期处理组中的肌肉饱和脂肪酸组成，均呈现出 C14:0、C16:0 和 C18:0 含量高于其他种类饱和脂肪酸的情况。但 24L:0D 组肌肉中饱和脂肪酸总含量最低，且 C16:0 的含量最低，其原因可能是长期不间断的光照环境会对欧洲舌齿鲈幼鱼产生胁迫作用，机体需消耗更多的能量应对胁迫。在 5 种光周期处理组中，除 16L:8D 和 24L:0D 组没有检测到顺-11,14,17 二十碳三烯酸（$C_{20:3n3}$）外，其余脂肪酸种类组成在各处理组均检测到且无显著差异。由此可见，不同的光周期条件会影响欧洲舌齿鲈鱼肌肉中不同种类脂肪酸的含量，但对脂肪酸的种类组成无显著影响。

鱼类肌肉中多不饱和脂肪酸（PUFA）的组成和含量是评价营养品质高低的重要指标。有研究表明，脂肪在肌肉加热后会产生香气，同时高含量的多不饱和脂肪酸也是鱼类肌肉多汁性的有利证明（Villamizar等，2009）。本研究中，各光照处理组中多不饱和脂肪酸比例均高于36%，且高于其他多种鱼类，如黄斑篮子鱼（*Siganus canaliculatus*）（PUFA含量为28.28%）（Liu等，2010）和光倒刺鲃（*Spinibarbus hollandi*）（含量为11.7%）（Bing，2005）。有研究发现，EPA和DHA是PUFA中主要的脂肪酸类别，也是人及动物生长过程中的必需脂肪酸（张强等，1996）。同时EPA和DHA在细胞膜结构中也承担重要责任，并在鱼类早期发育过程中的色素沉积及脑、视神经等的发育中发挥着重要作用（马爱军等，2006；Mourente，1990）。本研究中，5种光周期处理组中欧洲舌齿鲈鱼肌肉中EPA+DHA含量虽没有显著性差异，但是8L:16D处理组中EPA+DHA含量最高，0L:24D处理组中EPA+DHA含量最低，综合欧洲舌齿鲈幼鱼体重的结果，可得出8L:16D光照环境更有利于欧洲舌齿鲈鱼肌肉中EPA和DHA的合成和富集的结论。而有关光周期对鱼类肌肉中脂肪酸合成影响的机制仍不明确，有待进一步研究。

5种不同光周期对欧洲舌齿鲈幼鱼生长、摄食和肌肉营养成分均产生不同程度的影响。其中8L:16D光周期下欧洲舌齿鲈幼鱼的日增长指数、特定生长率及相对增重率显著高于其他组；除粗脂肪含量外，5种光照周期下欧洲舌齿鲈幼鱼肌肉的常规营养成分没有明显差异。8L:16D光照环境可以不同程度地提升欧洲舌齿鲈鱼肌肉中必需氨基酸的含量，而12L:12D光周期可以提高欧洲舌齿鲈鱼肌肉中氨基酸的组成平衡，且EPA+DHA含量在8L:16D处理组中较高，因此，8L:16D和12L:12D两种光周期均可在一定程度上提升鱼肉的营养品质。

2.3.3.2 不同光色对欧洲舌齿鲈肌肉营养成分的影响

研究用欧洲舌齿鲈来自大连海洋大学水产设施与养殖装备团队实验室，选取无外伤、体质健壮的欧洲舌齿鲈幼鱼，体质量(29.91±0.39)g，体长(13.78±0.35)cm 600尾。

将研究用鱼随机分至5个光色组，全光谱组、蓝色组、绿色组、黄色组、红色组，每组设置4个平行，于小型循环水养殖水槽（300L）中暂养3天，以适应系统环境。暂养结束后开始正式光照实验，研究周期50天。养殖期间，投喂加州鲈鱼专用饲料（粗蛋白质含量51.01%±0.32%，粗脂肪含量7.23%±0.03%，粗灰分含量31.40%±0.86%，饲料由广东越群海洋生物研究开发有限公司生产），按鱼体质量的2%进行投喂，每日一次。水温控制在(19±1)℃、溶解氧量(DO)>5.5mg/L、盐度31.5±0.5、pH7.5±0.1。两天换水一次，换水体积为水体的50%，定期清除残饵粪便。

实验灯具由中国科学院半导体研究所设计，深圳超频三科技有限公司制造，采用全光谱（$\lambda_{400\sim780nm}$）、蓝色（$\lambda_{450\sim455nm}$）、绿色（$\lambda_{525\sim530nm}$）、黄色（$\lambda_{590\sim595nm}$）、红色（$\lambda_{625\sim630nm}$）5种光色，型号为GK5A的LED光源。在水面正上方60cm固定灯光，以水面正上方5cm处为统一测量标准，每日开灯5min后调节灯光以保证各个处理组光照强度为(274.89±33.88)mW/m^2，各处理组之间采用遮光布遮盖，以避免不同光源间的交叉污染。光质与光照强度均采用尚泽光电股份有限公司研制的SRI-2000-UV光谱照度计测定；光照周期16L：8D（电子定时器进行控制）。

研究结束后，每个处理组随机取鱼8尾，MS-222麻醉，于冰盘上解剖后迅速取鱼体两侧头后至尾柄前的全部肌肉，去鳞、去皮，去离子水冲洗干净，高速捣碎机将肌肉捣碎，真空冷冻干燥机干燥至恒重，置于-80℃超低温冰箱中保存以备用。再随机取3尾欧洲舌齿鲈幼鱼全鱼，105℃烘干至恒重，存于干燥器中，以供进行全鱼营养成分分析。

水分含量测定按照GB 5009.3—2010执行；粗灰分含量测定采用《食品安全国家标准 食品中灰分的测定》（GB 5009.4—2016）；粗蛋白质含量采用K9860凯氏定氮分析仪，依照GB 5009.5—2010凯氏定氮法测定；粗脂肪含量采用YG-2型脂肪抽提器，依照GB 5009.168—2016索氏抽提法测定。将干燥后的肌肉先按照GB 5009.124—2003的方法进行前处理，然后使用"日立"氨基酸分析仪（L-8900）测定除色氨酸外的其余17种氨基酸的含量；采用荧光分光光度法测定色氨酸的含量。将肌肉冷冻干燥恒重后，脂肪酸的组成采用SCION气相色谱456-GC仪器进行测定，通过与标准品脂肪酸停留时间对比标记各脂肪酸组成，面积归一化法计算各脂肪酸组成的相对含量，每个样品反复检测5次。根据1973年联合国粮农组织/世界卫生组织（FAO/WHO）提出的每克氨基酸评分标准模式和中国预防医学科学院营养与食品卫生研究所在 1991 年提出的全鸡蛋蛋白质的氨基酸模式进行比较,分别按照以下公式计算氨基酸评分（AAS）、化学评分（CS）和必需氨基酸指数（EAAI）,计算公式如下：

AAS=待评蛋白质某氨基酸含量(mg/g,以 N 计)/FAO/WHO 评分模式中同种氨基酸含量(mg/g,以 N 计);

CS=待评蛋白质中某氨基酸含量(mg/g,以 N 计)/全鸡蛋蛋白质中同种氨基酸含量(mg/g,以 N 计);

$$EAAI=\sqrt[n]{\frac{a}{A}\times100\times\frac{b}{B}\times100\times\cdots\cdots\times\frac{h}{H}\times100}$$

式中,n 为比较的氨基酸数；a、b、$\cdots$、h 为待评蛋白质的各氨基酸含量（mg/g,以 N 计）；A、B、$\cdots$、H 为全鸡蛋蛋白质的各氨基酸含量（mg/g,以 N 计）。

氨基酸含量（mg/g,以 N 计）=（样品中氨基酸含量/样品中粗蛋白质含量）×6.25×1000。

所有数据均以平均值±标准差（X±SD）表示,采用 SPSS 22.0 的单因素方差分析（one-way ANOVA）进行统计处理,并采用 Duncan 氏多重比较检验,$P<0.05$ 为差异显著。

2.3.3.2.1 五种光色环境下欧洲舌齿鲈的一般营养成分

5 种不同光色对欧洲舌齿鲈幼鱼全鱼和肌肉的水分、粗蛋白质、粗脂肪、粗灰分含量测定结果见表 2-27。由表可见,各光色组的全鱼水分、灰分含量差异不显著（$P>0.05$）,全鱼粗蛋白质含量以绿光组最高,但各组差异不显著（$P>0.05$）；绿光组全鱼粗脂肪含量显著高于全光谱组、蓝光组、黄光组和红光组（$P<0.05$）。各组间肌肉水分及灰分含量差异不大（$P>0.05$）；黄光组和蓝光组肌肉粗蛋白质含量略高,但各组间并无显著差异（$P>0.05$）；绿光组肌肉粗脂肪含量则显著高于其他组（$P<0.05$）,由高至低依次为：绿光组＞蓝光组＞黄光组＞全光谱组＞红光组。

表 2-27 5 种光色环境下欧洲舌齿鲈全鱼、肌肉的一般营养成分(干物质)

%

光色	全鱼				肌肉			
	水分	粗蛋白质	粗脂肪	粗灰分	水分	粗蛋白质	粗脂肪	粗灰分
全光谱	55.70±4.06	58.01±4.42	21.58±0.63^b	15.52±1.43	74.46±5.39	80.85±4.10	8.03±0.61^c	5.94±1.61
蓝光	54.92±4.47	59.40±4.50	22.37±0.50^b	14.90±1.41	73.42±5.21	82.44±4.34	9.68±0.85^b	5.89±1.28
绿光	55.21±4.39	62.07±4.09	24.82±0.55^a	15.20±1.15	73.67±4.63	80.04±3.61	11.92±0.45^a	6.12±1.41
黄光	55.33±4.25	58.43±5.40	2178±0.66^b	14.65±1.42	74.24±4.94	83.32±3.84	8.36±0.56^c	6.15±1.63
红光	55.29±3.96	56.87±4.43	19.46±0.74^c	15.37±1.17	73.86±4.86	79.04±3.70	7.87±1.01^c	6.21±1.17

注：不同字母表示同列数据差异显著（$P<0.05$）。

2.3.3.2.2 五种光色环境下欧洲舌齿鲈肌肉氨基酸组成与营养品质评价

5 种不同光色对欧洲舌齿鲈幼鱼肌肉中氨基酸组成与含量变化见表 2-28。由表可知，各处理组欧洲舌齿鲈均检测出 18 种氨基酸，其中包括必需氨基酸（EAA）8 种，半必需氨基酸（HEAA）2 种，非必需氨基酸（NEAA）8 种。测得的结果显示，18 种氨基酸在 5 种光色环境下部分存在显著性差异，其中绿光组 5 种非必需氨基酸 NEAA（天冬氨酸、谷氨酸、甘氨酸、丙氨酸和酪氨酸）、1 种必需氨基酸 EAA（苯丙氨酸）、1 种半必需氨基酸 HEAA（精氨酸）、氨基酸总量 TAA、必需氨基酸总量 EAA 及非必需氨基酸总量 NEAA 均显著高于全光谱、黄光组和红光组（$P<0.05$），而略高于蓝光组（$P>0.05$）；7 种必需氨基酸 EAA（苏氨酸、缬氨酸、甲硫氨酸、异亮氨酸、亮氨酸、色氨酸和赖氨酸）、2 种非必需氨基酸 NEAA（丝氨酸、脯氨酸）、2 种非必需氨基酸 NEAA（半胱氨酸、组氨酸）的含量在 5 种光色环境中差异不显著（$P>0.05$）。从氨基酸的组成中可以得出，18 种氨基酸在 5 种光色环境中含量均以谷氨酸的含量最高，全光谱组、绿光组、蓝光组、黄光组、红光组的含量分别为 13.68%、16.55%、16.18%、14.03%、11.45%，而后依次为天冬氨酸、赖氨酸、亮氨酸、精氨酸、丙氨酸，半胱氨酸含量最低，全光谱组、绿光组、蓝光组、黄光组、红光组的含量仅分别为 0.52%、0.64%、0.62%、0.54%、0.44%。5 种光色环境下必需氨基酸/总氨基酸的含量均为 0.41%，必需氨基酸/非必需氨基酸的含量均为 0.83%，差异不显著（$P>0.05$）。

表 2-28　5 种光色环境下欧洲舌齿鲈肌肉氨基酸组成（干物质基础）

%

氨基酸	全光谱	蓝光	绿光	黄光	红光
天冬氨酸(Asp)	9.71±0.88[b]	11.44±0.43[a]	11.73±0.51[a]	9.90±0.69[b]	8.13±0.53[c]
苏氨酸(Thr)	4.37±0.81	5.17±0.89	5.28±1.23	4.45±0.92	3.65±0.83
丝氨酸(Ser)	3.98±0.87	4.71±1.18	4.83±1.20	4.11±1.30	3.34±0.70
谷氨酸(Glu)	13.68±1.21[b]	16.18±0.58[a]	16.55±0.73[a]	14.03±0.98[b]	11.45±0.74[c]
脯氨酸(Pro)	3.12±1.23	3.60±1.12	3.71±1.56	3.32±1.47	2.67±0.84
甘氨酸(Gly)	4.64±0.45[b]	5.53±0.25[a]	5.69±0.22[a]	4.75±0.38[b]	3.91±0.22[c]
丙氨酸(Ala)	5.94±0.56[b]	6.98±0.28[a]	7.19±0.31[a]	6.04±0.44[b]	4.97±0.31[c]
半胱氨酸(Cys)	0.52±0.05	0.62±0.12	0.64±0.15	0.54±0.06	0.44±0.09
缬氨酸(Val)	4.40±0.81	5.26±0.89	5.40±0.97	4.47±0.72	3.66±0.71
甲硫氨酸(Met)	2.55±0.52	2.99±0.53	3.13±0.63	2.57±0.49	2.10±0.48
异亮氨酸(Ile)	4.14±0.67	4.93±0.77	5.08±0.97	4.21±0.70	3.45±0.68
亮氨酸(Leu)	7.49±0.88	8.89±1.31	9.10±1.58	7.64±0.94	6.26±1.27
酪氨酸(Tyr)	3.34±0.29[b]	3.89±0.23[a]	4.05±0.19[a]	3.43±0.26[b]	2.78±0.20[c]
苯丙氨酸(Phe)	4.29±0.41[c]	4.99±0.17[ab]	5.15±0.29[a]	4.52±0.44[bc]	3.59±0.28[d]
赖氨酸(Lys)	8.78±1.41	10.28±1.42	10.63±1.80	9.06±1.69	7.41±1.48
组氨酸(His)	2.59±0.48	3.10±0.57	3.11±0.61	2.77±0.51	2.20±0.37

续表

氨基酸	全光谱	蓝光	绿光	黄光	红光
精氨酸(Arg)	5.80±0.72^c	6.85±0.38^{ab}	7.17±0.29^a	6.04±0.48^{bc}	4.87±0.45^d
色氨酸(Trp)	1.22±0.11	1.22±0.11	1.24±0.17	0.99±0.09	1.21±0.10
氨基酸总量(TAA)	90.55±1.33^b	106.63±0.64^a	109.69±3.67^a	92.84±2.70^b	76.10±2.21^c
必需氨基酸(EAA)	37.24±0.44^b	43.72±0.73^a	45.02±1.79^a	37.91±2.60^b	31.34±0.98^c
非必需氨基酸(NEAA)	44.93±1.63^b	52.95±0.82^a	54.39±1.61^a	46.12±0.98^b	37.69±0.73^c
半必需氨基酸(HEAA)	8.38±0.63^b	9.96±0.18^a	10.28±0.37^a	8.80±0.34^b	7.08±0.62^c
必需氨基酸/总氨基酸(EAA/TAA)	0.41±0.00	0.41±0.01	0.41±0.00	0.41±0.02	0.41±0.00
必需氨基酸/非必需氨基酸(EAA/NEAA)	0.83±0.03	0.83±0.02	0.83+0.01	0.82±0.07	0.83±0.02

注：不同字母表示同行数据差异显著（$P<0.05$）。

将表 2-28 中的 EAA 含量的数据换算成每克氮中含氨基酸质量（mg）后，与全鸡蛋蛋白质的氨基酸模式、FAO/WHO 制订的蛋白质评价的氨基酸标准模式进行比较，并分别计算出了 5 种光色环境下欧洲舌齿鲈肌肉的 AAS、CS 和 EAAI。

由表 2-29 可知，5 种光色环境下欧洲舌齿鲈肌肉中 EAA 的含量不同，由高至低依次为绿光组、蓝光组、全光谱组、黄光组、红光组，分别为 3880.87mg/g、3657.21mg/g、3177.18mg/g、3141.50mg/g、2732.00mg/g，均高于 FAO/WHO 模式（2250mg/g），仅红光组低于全鸡蛋蛋白质的氨基酸模式（3059mg/g）。赖氨酸含量均超出 FAO/WHO 模式（340mg/g）和全鸡蛋蛋白质的氨基酸模式（441mg/g），除红光组外各处理组亮氨酸、苏氨酸、苯丙氨酸+酪氨酸均超出 FAO/WHO 模式和全鸡蛋蛋白质的氨基酸模式。由此分析可知，舌齿鲈具有较高的营养价值，且绿光、蓝光组鱼的营养品质更佳。

表 2-29　5 种光色环境下欧洲舌齿鲈肌肉中必需氨基酸含量与 FAO/WHO 模式和全鸡蛋蛋白质的氨基酸模式比较

单位：mg/g（以 N 计）

必需氨基酸	FAO/WHO 模式	全鸡蛋蛋白质的氨基酸模式	全光谱	蓝光	绿光	黄光	红光
异亮氨酸(Ile)	250	331	320.04	373.76	396.68	315.80	272.80
亮氨酸(Leu)	440	534	579.00	673.98	710.58	573.09	495.00
赖氨酸(Lys)	340	441	678.73	779.35	830.05	679.61	585.94
苏氨酸(Thr)	250	292	337.82	391.95	412.29	333.80	288.62
缬氨酸(Val)	310	411	340.14	398.77	421.66	335.30	289.41
色氨酸(Trp)	60	99	94.31	92.49	96.83	74.26	95.68
甲硫氨酸+胱氨酸(Met+Cys)	220	386	237.32	273.68	294.38	233.29	200.85
苯丙氨酸+酪氨酸(Phe+Tyr)	380	565	589.83	673.22	718.39	596.35	503.70
合计	2 250	3 059	3 177.18	3 657.21	3 880.87	3 141.50	2 732.00

由表 2-30 可知，5 种光色环境下欧洲舌齿鲈肌肉中 EAA 的 AAS 均接近或大于 1，CS 均大于 0.5，且 5 种光色环境下欧洲舌齿鲈肌肉中 EAA 的 AAS 和 CS 基本上都符合绿光组最高，蓝光组次之，红光组最低，这说明，绿光、蓝光环境下欧洲舌齿鲈肌肉中的 EAA 组成较红光环境中更为平衡，含量更高，营养更为丰富。由 AAS 和 CS 可知，5 种光色环境下欧洲舌齿鲈肌肉中的第一限制性氨基酸均为甲硫氨酸+半胱氨酸，第二限制性氨基酸均为缬氨酸。5 种光环境欧洲舌齿鲈的 EAAI 指数分别为绿光组 119.37、蓝光组 112.54、全光谱组 99.18、黄光组 95.61、红光组 86.57。

表2-30 5种光色环境下欧洲舌齿鲈肌肉必需氨基酸中AAS、CS和EAAI比较

必需氨基酸(EAA)	氨基酸评分AAS					化学评分CS				
	全光谱	蓝光	绿光	黄光	红光	全光谱	蓝光	绿光	黄光	红光
异亮氨酸(Ile)	1.28	1.50	1.59	1.26	1.09	0.97	1.13	1.20	0.95	0.82
亮氨酸(Leu)	1.32	1.53	1.61	1.30	1.13	1.08	1.26	1.33	1.07	0.93
赖氨酸(Lys)	2.00	2.29	2.44	2.00	1.72	1.54	1.77	1.88	1.54	1.33
苏氨酸(Thr)	1.35	1.57	1.65	1.34	1.15	1.16	1.34	1.41	1.14	0.99
缬氨酸(Val)	1.10	1.29	1.36	1.08	0.93	0.83	0.97	1.03	0.82	0.70
色氨酸(Trp)	1.57	1.54	1.61	1.24	1.59	0.95	0.93	0.98	0.75	0.97
甲硫氨酸+胱氨酸(Met+Cys)	1.08	1.24	1.34	1.06	0.91	0.61	0.71	0.76	0.60	0.52
苯丙氨酸+酪氨酸(Phe+Tyr)	1.55	1.77	1.89	1.57	1.33	1.04	1.19	1.27	1.06	0.89
氨基酸指数(EAAI)	99.18	112.54	119.37	95.71	86.57					

2.3.3.2.3 五种光色环境下欧洲舌齿鲈肌肉中脂肪酸组成

运用GC/MS面积归一化法检测5种光色环境下欧洲舌齿鲈肌肉脂肪酸组成见表2-31。5种光色环境下欧洲舌齿鲈肌肉脂肪酸组成类似，主要有16种脂肪酸，其中包括6种饱和脂肪酸SFA，4种单不饱和脂肪酸MUFA，6种多不饱和脂肪酸PUFA。5种光色环境下欧洲舌齿鲈肌肉中饱和脂肪酸SFA及多不饱和脂肪酸PUFA表现出了显著差异性，均表现为绿光组显著高于其他各组，而红光组含量最低（$P<0.05$）。在5种光环境下欧洲舌齿鲈脂肪酸含量方面：在SFA中，绿光组$C_{14:0}$含量显著高于其他各个光色组，$C_{16:0}$含量除蓝光组显著高于其他组，而红色组的$C_{14:0}$和$C_{16:0}$含量均最低（$P<0.05$）；在各个光色组单不饱和脂肪酸（MUFA）中，以$C_{18:1n-9}$含量最高（20.89%~22.80%），

且绿色组 $C_{18:1n-9}$ 含量较高，红色组含量最低，但各组间差异不显著（$P>0.05$）；在各个光色组多不饱和脂肪酸（PUFA）中，$C_{18:2n-6}$ 含量最高，而各组间差异并不显著（$P>0.05$），其次是 DHA、EPA；其中绿光组 DHA 含量显著高于红光组（$P<0.05$），而略高于其他三组（$P>0.05$），而 EPA 的含量在各组间差异不显著（$P>0.05$）；绿光组 EPA+DHA 含量显著高于红光组（$P<0.05$）。

表2-31 5种光色环境下欧洲舌齿鲈肌肉脂肪酸组成（干物质基础）

%

脂肪酸	全光谱	蓝光	绿光	黄光	红光
肉豆蔻酸（$C_{14:0}$）	2.38±0.10[b]	2.62±0.14[b]	2.93±0.22[a]	2.42±0.11[b]	2.01±0.13[c]
十五烷酸（$C_{15:0}$）	0.36±0.02	0.37±0.03	0.37±0.03	0.37±0.03	0.35±0.01
棕榈酸（$C_{16:0}$）	21.03±0.74[bc]	24.89±1.23[a]	26.97±1.53[a]	21.80±1.25[b]	18.97±1.27[c]
十七烷酸（$C_{17:0}$）	0.53±0.04	0.55±0.05	0.53±0.04	0.54±0.05	0.46±0.05
硬脂酸（$C_{18:0}$）	6.69±0.42	6.47±0.16	6.76±0.31	6.58±0.45	6.59±0.08
木蜡酸（$C_{24:0}$）	0.78±0.09	0.79±0.08	0.76±0.11	0.68±0.23	0.74±0.12
顺-10-十五碳烯酸甲酯（$C_{15:1n-10}$）	0.32±0.02	0.30±0.04	0.32±0.01	0.31±0.02	0.31±0.02
棕榈油酸（$C_{16:1}$）	3.51±0.28	3.54±0.09	3.61±0.08	3.67±0.06	3.52±0.13
反油酸甲酯（$C_{18:1n-9}$）	20.89±1.65	21.97±1.44	22.80±2.58	20.11±2.19	19.82±1.68
二十碳烯酸甲酯（$C_{20:1}$）	1.03±0.06[ab]	1.07±0.03[a]	0.99±0.04[ab]	0.97±0.04[b]	1.03±0.01[ab]
亚油酸甲酯（$C_{18:2n-6}$）	20.58±1.01	20.97±1.16	21.39±1.27	20.07±1.29	19.82±1.23
二十碳二烯酸（$C_{20:2}$）	0.70±0.11	0.80±0.15	0.70±0.08	0.72±0.10	0.76±0.09
A-亚麻酸甲酯（$C_{18:3n-3}$）	2.04±0.14	2.08±0.13	2.13±0.06	1.88±0.33	1.98±0.12

续表

脂肪酸	全光谱	蓝光	绿光	黄光	红光
花生四烯酸甲酯 ($C_{20:4n-6}$)(AA)	1.14±0.06[ab]	1.10±0.03[ab]	1.25±0.08[a]	0.94±0.27[ab]	0.80±0.08[b]
二十碳五烯酸 ($C_{20:5n-3}$)(EPA)	5.41±0.35	5.19±0.25	5.74±0.13	4.69±1.36	4.29±0.25
二十二碳六烯酸 ($C_{22:6n-3}$)(DHA)	12.66±0.73[a]	12.02±0.57[a]	13.88±0.64[a]	10.95±2.57[ab]	8.80±0.37[b]
饱和脂肪酸 (SFA)	31.77±1.18[c]	35.69±1.81[ab]	38.32±2.49[a]	32.39±2.26[bc]	29.12±1.88[c]
单不饱和脂肪酸 (MUFA)	21.92±2.41	23.04±4.41	23.79±3.65	21.08±2.11	20.85±3.80
多不饱和脂肪酸 (PUFA)	42.53±1.23[b]	42.16±1.40[b]	45.09±1.84[a]	39.25±2.87[c]	36.45±2.57[c]
EPA+DHA	18.06±1.07[ab]	17.21±0.32[ab]	19.62±0.77[a]	15.64±3.94[ab]	13.08±0.62[b]

注：不同字母表示同行数据差异显著（$P<0.05$）。

2.3.3.3 小结

肌肉组织是养殖鱼类最主要的食用部位，其蛋白质、脂肪的含量及其组成比例代表鱼类的整体营养价值（Periago 等，2005），主要体现在水分、灰分、粗脂肪、粗蛋白质、碳水化合物、微量元素和矿物质元素等上（吴亮，2016；佩利特等，1984）。本研究表明 5 种光色环境下欧洲舌齿鲈全鱼、肌肉粗脂肪含量表现出类似的变化规律，即绿光组全鱼和肌肉的粗脂肪含量显著高于其他组，而红光组含量最低。有研究表明蓝光环境可以大幅度降低虹鳟（*Oncorhynchus mykiss*）肝脏的脂肪含量，暗示蓝色光源对虹鳟存在一定的胁迫影响，从而大量消耗能量以应对外界环境的胁迫（Karakatsouli 等，2007）。由本实验可以看出，红色光源也产生了类似的现象，说明红色光对欧洲舌齿鲈造成了一定程度的压力，而绿色光源则表现出较好的效果。另外，也有研究发现蓝色光源对尼罗罗非鱼（*Nile tilapia*）（Volpato 等，2001）皮质醇的含量影响较小，表明此光源压力较小；低强度红光环境可以显著增加镜鲤（*Cyprinus carpio*）的蛋白质含量（Karakatsouli 等，2010）。而在本实验中，不同光色环境下，欧洲舌齿鲈蛋白质含量并无显著变化。目前，关于不同光色环境是如何影响鱼类营养代谢的机制仍然不清楚，有待进一步深入研究。

饲料中的蛋白质是首要营养素，由多种氨基酸组成，因而蛋白质营养实质上又被称为氨基酸营养（于久翔等，2016）。动物蛋白质的鲜美程度与其呈鲜味氨基酸含量相关，其中天冬氨酸、谷氨酸是最主要的呈鲜味氨基酸。鱼类部分呈味氨基酸通过调节相关酶的生成，改变 TCA、糖酵解途径，实现其生物合成（王镜岩等，2008）。在本实验中，绿光组、蓝光组 2 种呈鲜味氨基酸（天冬氨酸、谷氨酸）、2 种甘味氨基酸（甘氨酸、丙氨酸）、2 种香味氨基酸（酪氨酸、苯丙氨酸）含量均显著高于其他三组，其中以红光组含量最低。造成以上差异的原因可能是绿光、蓝光更有利于鱼体肌肉细胞中相关酶合成，通过 TCA 和糖酵解循环，进而促进其肌肉中呈味氨基酸的合成。有研究表明豹纹鳃棘鲈（*Plectropomus leopardus*）幼鱼在绿光环境下有着较高的鲜味，且天冬氨酸、谷氨酸、精氨酸、甘氨酸、丙氨酸、酪氨酸和苯丙氨酸等呈味氨基酸在绿光条件下含量较高（吴亮，2016）。

评价蛋白质的营养价值必须依据氨基酸的含量与组成，尤其是人体所需的 8 种 EAA 含量的高低和组成比例。在本实验中 TAA、EAA、NEAA、HEAA 含量变化由高至低依次为：绿光组＞蓝光组＞黄光组＞全光谱组＞红光组。不同的光色环境可能对鱼类肌肉营养品质产生不同的影响。

根据 FAO/WHO 的理想模式，质量较好的蛋白质其组成氨基酸中 EAA/TAA 应该在 40%左右，EAA/NEAA 应在 60%以上（Bing 等，2008）。必需氨基酸指数 EAAI 是评价蛋白质营养价值的常用指标之一。在本实验中，5 种光色环境 EAA/TAA 均在 41%左右，EAA/NEAA 在 83%左右，表明 5 种光色环境并没有对 EAA/TAA、EAA/NEAA 产生影响，这也进一步说明欧洲舌齿鲈具有较优的蛋白质量；以全鸡蛋蛋白质 EAAI 为参考标准，EAAI 越高，氨基酸组成越平衡，蛋白质量越高，利用率较高，在本实验中，EAAI 指数由高至低依次为绿光组＞蓝光组＞全光谱组＞黄光组＞红光组，分别为 119.37、112.54、99.18、95.61、86.57。由此可见在绿光、蓝光下欧洲舌齿鲈肌肉中氨基酸的组成符合优质蛋白质标准，且平衡效果较好。

按照 AAS 模式，欧洲舌齿鲈肌肉中的第一限制性氨基酸均为甲硫氨酸+半胱氨酸，第二限制性氨基酸均为缬氨酸，这与王广军等（2008）报道的大口黑鲈

（*Micropterus salmoides*）、中国花鲈（*Lateolabrax maculatus*），樊佳佳等（2012）报道的优鲈一号（*Micropterus salmoides, "Youlu No.1"*），陈佳毅等（2007）报道的加州鲈（*Micropterus salmoides*）、河鲈（*Perca fkuviatilis Linnaeus*）结果一致。

　　脂肪酸类除作为能源外，又作为必需脂肪酸源。鱼类生长和生存所需的必需脂肪酸除受种类影响外，还受年龄、性别、温度、盐度、饲料等影响。研究表明机体在受到外界刺激后，SFA 发挥重要的分解功能，其中 $C_{16:0}$ 被优先利用于能量消耗（张永珍等，2016）。且在 SFA 中，$C_{14:0}$、$C_{16:0}$、$C_{18:0}$ 的含量占饱和脂肪酸的绝大部分，$C_{16:0}$ 含量最高（孙中武等，2008）。在本实验中，绿光组、蓝光组 $C_{16:0}$ 含量显著高于其他三组，可能是由于欧洲舌齿鲈在红光、全光谱、黄光条件下消耗了大量能量。评价鱼体营养品质高低的另一个重要指标是鱼体肌肉所含 PUFA 的含量，高含量的 PUFA 在加热后能显著增加香气，在一定程度上反映了肌肉的多汁性。在本研究中，绿光组 PUFA 含量显著高于其他各组光色环境。在 PUFA 中，最主要的是 EPA、DHA 和 AA。5 种光环境下欧洲舌齿鲈肌肉中 EPA、DHA 含量之和占肌肉脂肪酸总量的 15.14%～18.77%，高于道氏虹鳟（*Oncorhynchus mykiss*）等 5 个品系（孙中武等，2008）、尼罗尖吻鲈（*Lates niloticus*）（朱健，2007）等。EPA、DHA 具有明显降血脂、抑制血小板凝集、减少脂肪在血管壁上的沉积、降血压、免疫调剂以及提高血管韧性的特点，能够有效降低心血管疾病的发生（于久翔等，2016）；除此之外，EPA、DHA 还具有抗衰老、促进大脑发育等功效（马爱军等，2006；Mourente 和 Odriozola，1990）。在本实验中绿光组 DHA、EPA 含量比红光组显著高出 57.73%、33.80%，由高至低依次为：绿光组＞全光谱组＞蓝光组＞黄光组＞红光组。可见，5 种光环境下欧洲舌齿鲈肌肉脂肪均具有较高的保健和营养价值，以绿光组、全光谱组更佳。

　　综合一般营养成分、氨基酸和脂肪酸组成，评价 5 种光色环境下欧洲舌齿鲈营养品质后得出：绿光、蓝光环境下欧洲舌齿鲈蛋白质含量较高，其 EAA/TAA 和 EAA/NEAA 值也均显著高于 FAO/WHO 的理想模式；且绿光环境下欧洲舌齿鲈肌肉脂肪酸中 EPA、DHA 含量较高。由此可见，绿光是欧洲舌齿鲈较为适宜的光照条件。LED 作为新型节约型光能源应用于水产领域，对于提高养殖鱼类营养品质方面具有较好的研究前景，其影响机制有待进一步的研究。

参考文献

邴旭文, 蔡宝玉, 王利平, 2005. 中华倒刺鲃肌肉营养成分与品质的评价. 中国水产科学: 12(2): 211-215.

邴旭文, 张宪中, 2006. 斑驳尖塘鳢肌肉营养成分与品质的评价. 中国海洋大学学报: 36(1): 107-111.

陈佳毅, 叶元土, 郭建林, 等, 2007. 梭鲈、河鲈和加州鲈的肌肉营养成分分析. 饲料研究: (9): 52-54.

陈明卫, 高维玉, 姜玉声, 等, 2016. 光色对中华绒螯蟹幼体诱集与仔蟹摄食的影响. 大连海洋大学学报: 31(4): 362-367.

陈婉情, 刘志明, 吴亮, 等, 2016. 光色对豹纹鳃棘鲈(*Plectropomus leopardus*)幼鱼生长及血液生化指标的影响. 生态学杂志: 35(7): 1889-1895.

陈婉情, 2016. 5 种光色对豹纹鳃棘鲈幼鱼生长特征及生理生化功能的影响. 上海海洋大学.

崔奕波, 1989. 鱼类生物能量学的理论学的理论与方法. 水生生物学报(04): 369-383.

代明允, 任纪龙, 费凡, 等, 2019. LED 光色对欧洲舌齿鲈幼鱼抗氧化能力和消化能力的影响. 海洋科学: 43(4): 16-21.

董亮, 何永志, 王远亮, 等, 2013. 超氧化物歧化酶(SOD)的应用研究进展. 中国农业科技导报: 15(05): 53-58.

樊佳佳, 白俊杰, 李胜杰, 等, 2012. 大口黑鲈"优鲈1号"选育群体肌肉营养成分和品质评价. 中国水产科学: 19(3): 423-429.

费凡, 任纪龙, 代明允, 等, 2019. 5 种光色环境对欧洲舌齿鲈营养品质的影响. 动物营养学报: 31(5): 478-488.

冯健, 刘永坚, 田丽霞, 等, 2004. 草鱼实验性镉中毒对肝胰脏、肾脏和骨骼的影响. 水产学报: 28(2): 195-200.

高霄龙, 李贤, 张墨, 等, 2015. 养殖皱纹盘鲍人工育苗 LED 光质及光照时期优选农业工程学报: 31(24): 225-231.

高霄龙, 2016. 光照对皱纹盘鲍生长、行为、生理的影响及其机制研究. 中国科学院大学.

胡利华, 闫茂仓, 郑金和, 等, 2011. 盐度对日本鳗鲡生长及非特异性免疫酶活性的影响. 台湾海峡: 30(4): 528-532.

黄国强, 李洁, 唐夏, 等, 2014. 光照周期对褐牙鲆幼鱼生长、能量分配及生化指标的影响. 水产学报: 38(1): 109-118.

黄志斐, 张喆, 马胜伟, 等, 2012. BDE209 胁迫对翡翠贻贝(*Perna viridis*)SOD、MDA 和 GSH 的影响. 农业环境科学学报: 31(06): 1053-1059.

姜令绪, 杨宁, 李建, 等, 2007. 温度和 pH 对刺参(*Apostichopus japonicus*)消化酶活力的影响. 海洋与湖沼: (05): 476-480.

孔晓荣, 1995. 鳗鱼肌肉的氨基酸及营养价值. 氨基酸和生物资源: 17(2): 33-35.

李爱杰, 1996. 水产动物营养与饲料学. 北京: 中国农业出版社.

刘邦辉, 2011. 草鱼 I 型胶原蛋白基因 cDNA 全序列的克隆、组织分布及在体调控研究. 上海: 上海海洋大学.

刘佳, 2007. 雏鸡中脑视顶盖 SGC 层细胞构筑及几种神经肽在 OT-Rt 通路的定位研究. 保定: 河北农业大学.

刘树青, 江晓路, 牟海津, 等, 1999. 免疫多糖对中国对虾血清溶菌酶、磷酸酶和过氧化物酶的作用. 海洋与湖沼: 30(3): 278-283.

陆九韶, 夏重志, 李永发, 等, 2004. 陆封型大西洋鲑肌肉营养成分分析. 水产学杂志: 17(2): 72-75.

马爱军, 刘新富, 翟毓秀, 等, 2006. 野生及人工养殖半滑舌鳎肌肉营养成分分析研究. 海洋水产研究: 27(2): 49-54.

牟海津, 江晓路, 刘树青, 等, 1999. 免疫多糖对栉孔扇贝酸性磷酸酶、碱性磷酸酶和超氧化物歧化酶活性的影响. 青岛海洋大学学报(自然科学版): (03): 124-129.

佩利特, P.L., 扬 Young, 等, 1984. 蛋白质食物的营养评价. 人民卫生出版社.

任鸣春, 贾文锦, 戈贤平, 等, 2014. 饲料不同淀粉水平对团头鲂成鱼生长性能、消化酶活性及肌肉成分的影响. 水产学报: 38(09): 1494-1502.

任泽林, 李爱杰, 1998. 饲料组成对中国对虾肌肉组织中胶原蛋白、肌原纤维和失水率的影响. 中国水产科学: 5(2): 40-44.

阮国良, 龚道兰, 柯玉清, 等, 2010. 光照时间对黄鳝生长及性腺发育的影响. 湖北农业科学: 49(3): 656-658.

史筱莉, 徐永健, 牟金婷, 等, 2017. 大海马和刁海龙氨基酸与脂肪酸的组成分析与评价. 中国海洋药物: 36(2): 75-83.

宋昌斌, 高霄龙, 仇登高, 等, 2015. 工厂化水产养殖 LED 灯具选择的分析与建议. 照明工程学报: (1): 108-111.

宋昌斌, 刘立莉, 卢鹏志, 等, 2018. 水产养殖车间 LED 光环境设计研究. 大连海洋大学学报: 33(2): 145-150.

隋佳佳, 2008. 光色对刺参(*Apostichopus jponicus*)行为、生长以及不同规格刺参代谢的影响. 中国海洋大学.

孙文通, 2017. 杜仲活性成分对草鱼生长、肌肉品质和胶原蛋白基因表达的影响. 上海: 上海海洋大学.

孙中武, 李超, 尹洪滨, 等, 2008. 不同品系虹鳟的肌肉营养成分分析. 营养学报: 30(3): 298-302.

谭洪卓, 谭斌, 田晓红, 等, 2009. 20 种中国蚕豆的化学组成、物理特性及其相互关系. 中国粮油学报: 24(12): 153-157.

唐启升, 孙耀, 张波, 2003. 7 种海洋鱼类的生物能量学模式. 水产学报(05): 443-449.

童燕, 2007. 盐度、pH 和捕捞胁迫对史氏鲟生理生化影响的初步研究. 上海: 华东师范大学.

汪海波, 梁艳萍, 汪海婴, 等, 2012. 草鱼鱼鳞胶原蛋白的提取及其部分生物学性能. 水产学报: 36(4): 553-561.

王芳, 宋传民, 丁森, 等, 2006. 光照对中国对虾稚虾 3 种消化酶活力的影响. 中国水产科学: (06): 1028-1032.

王辅明, 朱祥伟, 马永鹏, 等, 2009. 低浓度五氯酚暴露对稀有鮈鲫体内 SOD 活性、GSH 和 HSP70 含量的影响. 生态毒理学报: 4(03): 415-421.

王广军, 关胜军, 吴锐全, 等, 2008. 大口黑鲈肌肉营养成分分析及营养评价. 海洋渔业: 30(3): 239-244.

王宏田, 徐永立, 张培军, 2001. 假雄牙鲆消化器官中碱性磷酸酶比活性的研究. 海洋科学集刊: (1): 157-160.

王镜岩, 朱圣庚, 徐长法, 2008. 生物化学教程. 北京: 高等教育出版社.

吴亮, 2016. 光照对豹纹鳃棘鲈幼鱼栖息、生长和肌肉营养成分的影响. 上海海洋大学.

谢电, 陈耀星, 王子旭, 等, 2009. 单色光对肉雏鸡小肠黏膜形态结构的影响. 中国农业科学: 42(3): 1084-1090.

熊慧珊, 朱玲, 2012. 食品添加剂手册. 北京: 中国轻工业出版社.

徐革锋, 陈侠君, 杜佳, 等, 2009. 鱼类消化系统的结构、功能及消化酶的分布与特性. 水产学杂志: (4): 1-8.

薛晓强, 赵月, 王帅, 等, 2018. 饲料脂肪水平对血鹦鹉幼鱼肝脏免疫及抗氧化酶的影响. 中国渔业质量与标准: 8(03): 61-67.

杨健, 陈刚, 黄建盛, 等, 2007. 温度和盐度对军曹鱼幼鱼生长与抗氧化酶活性的影响. 广东海洋大学学报: 27(4): 25-29.

杨兴丽, 周晓林, 穆庆华, 等, 2004. 暗纹东方鲀含肉率及肌肉营养成分分析. 水生态学杂志: 24(3): 27-28.

杨秀萍, 2005. 动物生理学. 北京: 高等教育出版社:76.

叶乐, 胡静, 王雨, 等, 2014. 光周期和光照强度对克氏双锯鱼仔鱼存活、生长和发育的影响. 琼州学院学报: 21(5): 78-86.

于久翔, 高小强, 韩岑, 等, 2016. 野生和养殖红鳍东方鲀营养品质的比较分析. 动物营养学报: 28(9): 2987-2997.

袁章琴, 谭支良, 曾军英, 等, 2009. 饲料转换效率与细胞能量代谢. 华北农学报: 24(S1): 184-190.

曾本和, 刘海平, 王建, 等, 2019. 饲料蛋白质水平对拉萨裸裂尻鱼幼鱼肌肉氨基酸及蛋白质代谢的影响. 中国水产科学: 26(6): 1153-1163.

张坤生, 田荟琳, 2007. 过氧化氢酶的功能及研究. 食品科技: (01): 8-11.

张磊, 郑纪盟, 夏苏东, 等, 2014. 盐度和温度对欧洲舌齿鲈(*Dicentrarchus labrax*)幼鱼活动与存活的影响. 安徽农业科学: (34): 12121-12122.

张强, 王永利, 1996. 尖海龙与日本海马脂肪的提取和分析. 分析化学: 24(2): 139-143.

张永珍, 杨英明, 王磊, 等, 2016. 半滑舌鳎不同家系肌肉中脂肪酸含量的分析. 中国水产科学: 23(2): 417-424.

张植元, 范泽, 李静辉, 等, 2017. 饲料浮萍水平对黄金锦鲤生长性能、消化酶活力及抗氧化能力的影响. 大连海洋大学学报: 32(04): 416-421.

章龙珍, 王妤, 庄平, 等, 2010. 光照对中华鲟幼鱼生长及血液生化指标的影响. 海洋渔业: 32(2):141-147.

赵宁宁, 周邦维, 李勇, 等, 2016. 环境光色对工业化养殖豹纹鳃棘鲈幼鱼生长、肤色及生理指标的影响. 中国水产科学: 23(04): 976-984.

周慧, 2017. 四指马鲅视网膜早期发育及其对不同光周期环境的适应性研究. 上海海洋大学.

周磊, 2007. 不同品种畜禽肉品质参数的比较研究. 乌鲁木齐: 新疆农业大学.

周胜杰, 胡静, 于刚, 等, 2018. 光周期对尖吻鲈仔稚鱼消化酶活性的影响. 海洋科学: 42(06): 65-71.

周显青, 牛翠娟, 李庆芬, 2000. 光照对水生动物摄食、生长和存活的影响. 水生生物学报: (2): 178-181

朱健, 闵宽洪, 张成锋, 等, 2007. 尼罗尖吻鲈鱼肉营养成分的测定及评价. 营养学报: 29(1): 97-98.

朱星樽, 黎明, 袁莉霞, 等, 2016. 镉胁迫对黄颡鱼幼鱼抗氧化酶活性及免疫应答的影响. 浙江海洋学院学报(自然科学版): (6): 19.

祝尧荣, 沈文英, 2002. 饥饿和再投喂对草鱼鱼种糖代谢的影响. 绍兴文理学院学报: 自然科学版: (4): 23-25.

庄平, 宋超, 章龙珍, 等. 2008. 黄斑篮子鱼肌肉营养成分与品质的评价. 水产学报: 32(1): 77-83.

Agrawal V P, Sastry K V, Kaushab S K, 1975. Digestive enzymes of three teleost fishes. Acta Physiologica Academiae Scientiarum Hungaricae: 46(2): 93.

Aksnes D L, Giske J, 1993. A theoretical model of aquatic visual feeding. Ecological modelling: 67(2-4): 233-250.

Allen D M, Hallows T E, 1997. Solar pruning of retinal rods in albino rainbow trout. Visual neuroscience: 14(3): 589-600.

Allison W T, Hallows T E, Johnson T, et al., 2006. Photic history modifies susceptibility to retinal damage in albino trout. Visual neuroscience: 23(1): 25-34.

Alsop D, Vijayan M M, 2008. Development of the corticosteroid stress axis and receptor expression in zebrafish. American Journal of Physiology-Regulatory, Integrative and Comparative Physiology: 294(3): R711-R719.

Anras M L B, Lagardère J P, 1998. Variabilité météorologique et hydrologique. Conséquences sur l'activité natatoire d'un poisson marin. Comptes Rendus de l'Académie des Sciences-Series III-Sciences de la Vie: 321(8): 641-648.

Applebaum S L, Wilson C A, Holt G J, et al., 2010. The onset of cortisol synthesis and the stress response is independent of changes in CYP11B or CYP21 mRNA levels in larval red drum (Sciaenops ocellatus). General and comparative endocrinology: 165(2): 269-276.

Aranda A, Sánchez-Vázquez F J, Madrid J A, 1999. Influence of water temperature on demand-feeding rhythms in sea bass. Journal of Fish Biology: 55(5): 1029-1039.

Arvedlund M, McCormick M I, Ainsworth T, 2000. Effects of photoperiod on growth of larvae and juveniles of the anemonefish Amphiprion melanopus. Naga ICLARM Quarterly: 23: 18-23.

Ásgeirsson B, Hartemink R, Chlebowski J F, 1995. Alkaline phosphatase from Atlantic cod (Gadus morhua). Kinetic and structural properties which indicate adaptation to low temperatures. Comparative Biochemistry and Physiology Part B: Biochemistry and Molecular Biology: 110(2): 315-329.

Bapary M A J, Amin M N, Takeuchi Y, et al., 2011. The stimulatory effects of long wavelengths of light on the ovarian development in the tropical damselfish, Chrysiptera cyanea. Aquaculture: 314(1-4): 188-192.

Barahona-Fernandes M H, 1979. Some effects of light intensity and photoperiod on the sea bass larvae [Dicentrarchus labrax (L.)] reared at the Centre Oceanologique de Bretagne. Aquaculture: 17(4): 311-321.

Barlow C G, Pearce M G, Rodgers L J, et al., 1995. Effects of photoperiod on growth, survival and feeding periodicity of larval and juvenile barramundi Lates calcarifer (Bloch). Aquaculture: 138(1-4): 159-168.

Barry T P, Malison J A, Held J A, et al., 1995. Ontogeny of the cortisol stress response in larval rainbow trout. General and comparative endocrinology: 97(1): 57-65.

Battaglene S C, Talbot R B, 1990. Initial swim bladder inflation in intensively reared Australian bass larvae, Macquaria novemaculeata (Steindachner)(Perciformes: Percichthyidae). Aquaculture: 86(4): 431-442.

Bayarri M J, Rodríguez L, Zanuy S, et al., 2003. Effect of photoperiod manipulation on daily rhythms of melatonin and reproductive hormones in caged European sea bass (Dicentrarchus labrax). Fish Physiology and Biochemistry: 28(1): 37-38.

Beatty S, Koh H H, Phil M, et al., 2000. The role of oxidative stress in the pathogenesis of age-related macular degeneration. Survey of ophthalmology: 45(2): 115-134.

Begtashi I, Rodríguez L, Moles G, et al., 2004. Long-term exposure to continuous light inhibits precocity in juvenile male European sea bass (Dicentrarchus labrax, L.). I. Morphological aspects. Aquaculture: 241(1-4): 539-559.

Behar-Cohen F, Martinsons C, Viénot F, et al., 2011. Light-emitting diodes (LED) for domestic lighting: any risks for the eye? Progress in retinal and eye research: 30(4): 239-257.

Bejarano-Escobar R, Blasco M, Martín-Partido G, et al., 2012. Light-induced degeneration and microglial response in the retina of an epibenthonic pigmented teleost: age-dependent photoreceptor susceptibility to cell death. Journal of Experimental Biology: 215(21): 3799-3812.

Bergot P, Charlon N, Alami-Durante H, 1986. The effects of compound diets feeding on growth and survival of coregonid larvae. Ergebnisse der Limnologie: 22: 265-272.

Bernardos R L, Barthel L K, Meyers J R, et al., 2007. Late-stage neuronal progenitors in the retina are radial Müller glia that function as retinal stem cells. Journal of Neuroscience: 27(26): 7028-7040.

Bernier N J, Lin X, Peter R E, 1999. Differential expression of corticotropin-releasing factor (CRF) and urotensin I precursor genes, and evidence of CRF gene expression regulated by cortisol in goldfish brain. General and comparative endocrinology: 116(3): 461-477.

Bing X W, Zhang X Z, 2006. Evaluation of nutritional components and nutritive quality of the muscle of Oxyeleotris marmoratus Bleeker. Periodical of Ocean University of China, 36(1): 107-111.

Biswas A K, Seoka M, Takii K, et al., 2006. Stress response of red sea bream Pagrus major to acute handling and chronic photoperiod manipulation. Aquaculture: 252(2-4): 566-572.

Björnsson B T, Thorarensen H, Hirano T, et al., 1989. Photoperiod and temperature affect plasma growth hormone levels, growth, condition factor and hypoosmoregulatory ability of juvenile Atlantic salmon (Salmo salar) during parr-smolt transformation. Aquaculture: 82(1-4): 77-91.

Blanco-Vives B, Villamizar N, Ramos J, et al., 2010. Effect of daily thermo-and photo-cycles of different light spectrum on the development of Senegal sole (Solea senegalensis) larvae. Aquaculture: 306(1-4): 137-145.

Blaxter J H S, Staines M E, 1971. Food searching potential in marine fish larvae. Fourth European marine biology symposium. Cambridge: Cambridge University Press: 467-485.

Boeuf G, Le Bail P Y. 1999. Does light have an influence on fish growth? Aquaculture: 177(1-4):

129-152.

Bolla S, Holmefjord I, 1988. Effect of temperature and light on development of Atlantic halibut larvae. Aquaculture: 74(3-4): 355-358.

Bonvini E, Parma L, Gatta P P, et al., 2016. Effects of light intensity on growth, feeding activity and development in common sole (Solea solea L.) larvae in relation to sensory organ ontogeny. Aquaculture Research: 47(6): 1809-1819.

Braisted J E, Essman T F, Raymond P A, 1994. Selective regeneration of photoreceptors in goldfish retina. Development: 120(9): 2409-2419.

Braisted J E, Raymond P A, 1992. Regeneration of dopaminergic neurons in goldfish retina. Development: 114(4): 913-919.

Brännäs E, 1987. Influence of photoperiod and temperature on hatching and emergence of Baltic salmon (Salmo salar L.). Canadian Journal of Zoology: 65(6): 1503-1508.

Bromage N, Porter M, Randall C, 2001. The environmental regulation of maturation in farmed finfish with special reference to the role of photoperiod and melatonin. Aquaculture: 197(1): 63-98.

Buckley L J, 1980. Changes in ribonucleic acid, deoxyribonucleic acid, and protein content during ontogenesis in winter flounder Pseudopleuronectes americanus, and effect of starvation. Fish. Bull.(Wash. DC): 77: 703-708.

Bush R A, Remé C E, Malnoë A, 1991. Light damage in the rat retina: the effect of dietary deprivation of N-3 fatty acids on acute structural alterations. Experimental eye research: 53(6): 741-752.

Bussell J A, Gidman E A, Causton D R, et al., 2008. Changes in the immune response and metabolic fingerprint of the mussel, Mytilus edulis (Linnaeus) in response to lowered salinity and physical stress. Journal of Experimental Marine Biology and Ecology: 358(1): 78-85.

Cadet J, Douki T, Ravanat J L, 2010. Oxidatively generated base damage to cellular DNA. Free Radical Biology and Medicine: 49(1): 9-21.

Carrillo M, Zanuy S, Prat F, et al., 1995. Nutritional and photoperiodic effects on hormonal cycles and quality of spawning in sea bass (Dicentrarchus labrax L.). Netherlands Journal of Zoology: 45(1): 204-209.

Chambers J E, McCorkle F M, Carroll J W, et al., 1975. Variation in enzyme activities of the American oyster (Crassostrea virginica) relative to size and season. Comparative Biochemistry and Physiology Part B: Comparative Biochemistry: 51(2): 145-150.

Chamson A, Voigtländer V, Myara I, et al., 1989. Collagen biosynthesis anomalies in prolidase deficiency: effect of glycyl-L-proline on the degradation of newly synthesized collagen. Clinical physiology and biochemistry: 7(3-4): 128-136.

Chatain B, 1994. Abnormal swimbladder development and lordosis in sea bass (Dicentrarchus labrax) and sea bream (Sparus auratus). Aquaculture: 119(4): 371-379.

Chi L, Li X, Liu Q, et al., 2017. Photoperiod regulate gonad development via kisspeptin/kissr in hypothalamus and saccus vasculosus of Atlantic salmon (Salmo salar). PloS one: 12(2): e0169569.

Choi C Y, Shin H S, Choi Y J, et al., 2012. Effect of LED light spectra on starvation-induced oxidative stress in the cinnamon clownfish Amphiprion melanopus. Comparative Biochemistry and Physiology Part A: Molecular & Integrative Physiology: 163(3-4): 357-363.

Choi J Y, Kim T H, Choi Y J, et al., 2016. Effects of various LED light spectra on antioxidant and immune response in juvenile rock bream, Oplegnathus fasciatus exposed to bisphenol A. Environmental toxicology and pharmacology: 45: 140-149.

Chou B S, Shiau S Y, 1996. Optimal dietary lipid level for growth of juvenile hybrid tilapia, Oreochromis niloticus x Oreochromis aureus. Aquaculture: 143(2): 185-195.

Cobcroft J M, Battaglene S C, 2009. Jaw malformation in striped trumpeter Latris lineata larvae linked to walling behaviour and tank colour. Aquaculture: 289(3-4): 274-282.

Cobcroft J M, Pankhurst P M, Hart P R, et al., 2001. The effects of light intensity and algae-induced turbidity on feeding behaviour of larval striped trumpeter. Journal of Fish Biology: 59(5): 1181-1197.

Conides A J, Glamuzina B, 2006. Laboratory simulation of the effects of environmental salinity on acclimation, feeding and growth of wild-caught juveniles of European sea bass Dicentrarchus labrax and gilthead sea bream, Sparus aurata. Aquaculture: 256(1-4): 235-245.

Cook A F, Stacey N E, Peter R E, 1980. Periovulatory changes in serum cortisol levels in the goldfish, Carassius auratus. General and Comparative Endocrinology: 40(4): 507-510.

Coutant C C, 1986. Thermal niches of striped bass. Scientific American: 255(2): 98-105.

Cuvier-Péres A, Jourdan S, Fontaine P, et al. 2001. Effects of light intensity on animal husbandry and digestive enzyme activities in sea bass Dicentrachus labrax post-larvae. Aquaculture: 202(3-4): 317-328.

Dallman M F, Akana S F, Levin N, et al., 1994. Corticosteroids and the Control of Function in the Hypothalamo-Pituitary-Adrenal (HPA) Axis a. Annals of the New York Academy of Sciences: 746(1): 22-31.

Dalton B E, Lu J, Leips J, et al., 2015. Variable light environments induce plastic spectral tuning by regional opsin coexpression in the African cichlid fish, Metriaclima zebra. Molecular ecology: 24(16): 4193-4204.

De Jesus E G T, Hirano T, 1992. Changes in whole body concentrations of cortisol, thyroid hormones, and sex steroids during early development of the chum salmon, Oncorhynchus keta. General and comparative endocrinology: 85(1): 55-61.

De Jesus E G, Hirano T, Inui Y, 1991. Changes in cortisol and thyroid hormone concentrations during early development and metamorphosis in the Japanese flounder, Paralichthys olivaceus. General and comparative endocrinology, 1991, 82(3): 369-376.

De Silva S S, Anderson T A, 1994. Fish nutrition in aquaculture. Springer Science & Business Media.

De Vlaming V, 1980. Effects of pinealectomy and melatonin treatment on growth in the goldfish, Carassius auratus. General and comparative endocrinology: 40(2): 245-250.

Deane E E, Woo N Y S, 2003. Ontogeny of thyroid hormones, cortisol, hsp70 and hsp90 during silver sea bream larval development. Life sciences: 72(7): 805-818.

DeBose J L, Lema S C, Nevitt G A, 2008. Dimethylsulfoniopropionate as a foraging cue for reef fishes. Science: 319(5868): 1356-1356.

Delori F C, Webb R H, Sliney D H, 2007. Maximum permissible exposures for ocular safety (ANSI 2000), with emphasis on ophthalmic devices. JOSA A: 24(5): 1250-1265.

Downing G, Litvak M K, 2000. The effect of photoperiod, tank colour and light intensity on growth of larval haddock. Aquaculture International: 7(6): 369-382.

Downing G, Litvak M K, 2001. The effect of light intensity and spectrum on the incidence of first feeding by larval haddock. Journal of Fish Biology: 59(6): 1566-1578.

Downing G, Litvak M K, 2002. Effects of light intensity, spectral composition and photoperiod on development and hatching of haddock (Melanogrammus aeglefinus) embryos. Aquaculture: 213(1-4): 265-278.

Downing G, 2002. Impact of spectral composition on larval haddock, Melanogrammus aeglefinus L., growth and survival. Aquaculture Research: 33(4): 251-259.

Dufour V, Cantou M, Lecomte F, 2009. Identification of sea bass (Dicentrarchus labrax) nursery areas in the north-western Mediterranean Sea. Journal of the Marine Biological Association of the United Kingdom: 89(7): 1367-1374.

Dülger N, Kumlu M, Türkmen S, et al., 2012. Thermal tolerance of European Sea Bass (Dicentrarchus labrax) juveniles acclimated to three temperature levels. Journal of Thermal Biology: 37(1): 79-82.

Etherington D J, Sims T J, Detection and estimation of collagen. 1981. Journal of the Science of Food and Agriculture: 32(6): 539-546.

Fausett B V, Goldman D, 2006. A role for α 1 tubulin-expressing Müller glia in regeneration of the injured zebrafish retina. Journal of Neuroscience: 26(23): 6303-6313.

Fernald R D, 1985. Growth of the teleost eye: novel solutions to complex constraints. Environmental Biology of Fishes: 13(2): 113-123.

Fielder D S, Bardsley W J, Allan G L, et al., 2002. Effect of photoperiod on growth and survival of snapper Pagrus auratus larvae. Aquaculture: 211(1-4): 135-150.

Fimbel S M, Montgomery J E, Burket C T, et al. 2007. Regeneration of inner retinal neurons after intravitreal injection of ouabain in zebrafish. Journal of Neuroscience: 27(7): 1712-1724.

Fischer A J, Reh T A, 2001. Müller glia are a potential source of neural regeneration in the postnatal chicken retina. Nature neuroscience: 4(3): 247-252.

Frimodt C, 1995. Multilingual illustrated guide to the world's commercial warmwater fish. Fishing News Books Ltd.

Fuchs J, 1978. Influence de la photoperiode sur la croissance et la survie de la larve et du juvenile de sole (Solea solea) en elevage. Aquaculture: 15(1): 63-74.

Fuller R C, Carleton K L, Fadool J M, et al., 2005. Genetic and environmental variation in the visual properties of bluefin killifish, Lucania goodei. Journal of evolutionary biology: 18(3): 516-523.

García-López Á, Pascual E, Sarasquete C, et al., 2006. Disruption of gonadal maturation in cultured Senegalese sole Solea senegalensis Kaup by continuous light and/or constant temperature regimes. Aquaculture: 261(2): 789-798.

Güroy D, Güroy B, Merrifield D L, et al., 2011. Effect of dietary Ulva and Spirulina on weight loss and body composition of rainbow trout, Oncorhynchus mykiss (Walbaum), during a starvation period. Journal of animal physiology and animal nutrition: 95(3): 320-327.

Gwak W S, Tanaka M, 2001. Developmental change in RNA: DNA ratios of fed and starved laboratory - reared Japanese flounder larvae and juveniles, and its application to assessment of nutritional condition for wild fish. Journal of Fish Biology: 59(4): 902-915.

Hallaråker H, Folkvord A, Stefansson S O, 1995. Growth of juvenile halibut (Hippoglossus hippoglossus) related to temperature, day length and feeding regime. Netherlands Journal of Sea Research: 34(1-3): 139-147.

Hansen T, Stefansson S, Taranger G L, 1992. Growth and sexual maturation in Atlantic salmon, Salmon, salar L., reared in sea cages at two different light regimes. Aquaculture Research: 23(3): 275-280.

Hatziathanasiou A, Paspatis M, Houbart M, et al., 2002. Survival, growth and feeding in early life stages of European sea bass (Dicentrarchus labrax) intensively cultured under different stocking densities. Aquaculture: 205(1-2): 89-102.

Heil K, Pearson D, Carell T, 2011. Chemical investigation of light induced DNA bipyrimidine damage and repair. Chemical Society Reviews: 40(8): 4271-4278.

Henderson P A, Seaby R M H, Somes J R, 2011. Community level response to climate change: the long-term study of the fish and crustacean community of the Bristol Channel. Journal of Experimental Marine Biology and Ecology: 400(1-2): 78-89.

Henderson R J, Sargent J R, Hopkins C C E, 1984. Changes in the content and fatty acid composition of lipid in an isolated population of the capelin Mallotus villosus during sexual maturation and spawning. Marine Biology: 78(3): 255-263.

Herbst G N, Bromley H J, 1984. Relationships between habitat stability, ionic composition, and the distribution of aquatic invertebrates in the desert regions of Israel. Limnology and oceanography: 29(3): 495-503.

Herrero M J, Martínez F J, Míguez J M, et al., 2007. Response of plasma and gastrointestinal melatonin, plasma cortisol and activity rhythms of European sea bass (Dicentrarchus labrax) to dietary supplementation with tryptophan and melatonin. Journal of Comparative Physiology B: 177(3): 319-326.

Heydarnejad M S, Parto M, Pilevarian A A, 2013. Influence of light colours on growth and stress response of rainbow trout (Oncorhynchus mykiss) under laboratory conditions. Journal of animal physiology and animal nutrition: 97(1): 67-71.

Hitchcock P, Ochocinska M, Sieh A, et al., 2004. Persistent and injury-induced neurogenesis in the vertebrate retina. Progress in retinal and eye research: 23(2): 183-194.

Hofmann C M, O'QUIN K E, Smith A R, et al., 2010. Plasticity of opsin gene expression in cichlids from Lake Malawi. Molecular ecology: 19(10): 2064-2074.

Hubbs C, Blaxter J H S, 1986. Ninth larval fish conference: Development of sense organs and behaviour of Teleost larvae with special reference to feeding and predator avoidance. Transactions of the American Fisheries Society: 115(1): 98-114.

Imsland A K, Foss A, Bonga S W, et al., 2002. Comparison of growth and RNA: DNA ratios in three populations of juvenile turbot reared at two salinities. Journal of Fish Biology: 60(2): 288-300.

Jentoft S, Held J A, Malison J A, et al., 2002. Ontogeny of the cortisol stress response in yellow perch (Perca flavescens). Fish Physiology and Biochemistry: 26(4): 371-378.

Johnson D W, Katavic I, 1984. Mortality, growth and swim bladder stress syndrome of sea bass (Dicentrarchus labrax) larvae under varied environmental conditions. Aquaculture: 38(1): 67-78.

Julian D, Ennis K, Korenbrot J I, 1998. Birth and fate of proliferative cells in the inner nuclear layer of the mature fish retina. Journal of Comparative Neurology: 394(3): 271-282.

Jyothi B, Narayan G, 1997. Effect of phorate on certain protein profiles of serum in freshwater fish, Clarias batrachus(Linn.). Journal of Environmental Biology: 18(2): 137-140.

Karakatsouli N, Papoutsoglou E S, Sotiropoulos N, et al., 2010. Effects of light spectrum, rearing density and light intensity on growth performance of scaled and mirror common carp Cyprinus carpio reared under recirculating system conditions. Aquacultural Engineering: 42(3): 121-127.

Karakatsouli N, Papoutsoglou S E, Pizzonia G, et al., 2007. Effects of light spectrum on growth and physiological status of gilthead seabream Sparus aurata and rainbow trout Oncorhynchus mykiss reared under recirculating system conditions. Aquacultural Engineering: 36(3): 302-309.

Kassen S C, Ramanan V, Montgomery J E, et al., 2007. Time course analysis of gene expression during light-induced photoreceptor cell death and regeneration in albino zebrafish. Developmental neurobiology: 67(8): 1009-1031.

Kavadias S, Castritsi-Catharios J, Dessypris A, 2003. Annual cycles of growth rate, feeding rate, food conversion, plasma glucose and plasma lipids in a population of European sea bass (Dicentrarchus labrax L.) farmed in floating marine cages. Journal of Applied Ichthyology: 19(1): 29-34.

Kim B H, Hur S P, Hur S W, et al., 2016. Relevance of light spectra to growth of the rearing tiger puffer Takifugu rubripes. Development & Reproduction: 20(1): 23-29.

Kim B H, Hur S P, Hur S W, et al., 2017. Circadian rhythm of melatonin secretion and growth-related gene expression in the tiger puffer Takifugu rubripes. Fisheries and Aquatic Sciences: 20(1): 1-8.

Kim B S, Jung S J, Choi Y J, et al., 2016. Effects of different light wavelengths from LEDs on oxidative stress and apoptosis in olive flounder (Paralichthys olivaceus) at high water temperatures. Fish & Shellfish Immunology: 55: 460-468.

Kissil G W, Lupatsch I, Elizur A, et al., 2001. Long photoperiod delayed spawning and increased somatic growth in gilthead seabream (Sparus aurata). Aquaculture: 200(3-4): 363-379.

Klein D C. 2007. Arylalkylamine N-acetyltransferase:"the Timezyme". Journal of biological chemistry: 282(7): 4233-4237.

Kröger R H H, Bowmaker J K, Wagner H J, 1999. Morphological changes in the retina of Aequidens pulcher (Cichlidae) after rearing in monochromatic light. Vision research: 39(15): 2441-2448.

Kusmic C, Gualtieri P, 2000. Morphology and spectral sensitivities of retinal and extraretinal photoreceptors in freshwater teleosts. Micron: 31(2): 183-200.

Laffaille P, Lefeuvre J C, Schricke M T, et al., 2001. Feeding ecology of o-group sea bass, Dicentrarchus labrax, in salt marshes of Mont Saint Michel Bay (France). Estuaries: 24(1): 116-125.

Lee J S F, Britt L L, Cook M A, et al., 2017. Effect of light intensity and feed density on feeding behaviour, growth and survival of larval sablefish Anoplopoma fimbria. Aquaculture Research: 48(8): 4438-4448.

Lee J S F, Poretsky R S, Cook M A, et al., 2016. Dimethylsulfoniopropionate (DMSP) increases survival of larval sablefish, Anoplopoma fimbria. Journal of Chemical Ecology: 42(6): 533-536.

Lee S M, Jeon I G, Lee J Y, 2002. Effects of digestible protein and lipid levels in practical diets on growth, protein utilization and body composition of juvenile rockfish (Sebastes schlegeli). Aquaculture: 211(1-4): 227-239.

Liu H W, Stickney R R, Dickhoff W W, et al., 1994. Effects of environmental factors on egg development and hatching of Pacific halibut Hippoglossus stenolepis. Journal of the World Aquaculture Society: 25(2): 317-321.

Lushchak V I, Bagnyukova T V, 2006. Temperature increase results in oxidative stress in goldfish tissues. 1. Indices of oxidative stress. Comparative Biochemistry and Physiology Part C: Toxicology & Pharmacology: 143(1): 30-35.

Lythgoe J N, 1980. Visual Adaptations. (Book Reviews: The Ecology of Vision). Science: 209:1508-1509.

Marchesan M, Spoto M, Verginella L, et al., 2005. Behavioural effects of artificial light on fish species of commercial interest. Fisheries research: 73(1-2): 171-185.

Marotte L R, Wye-Dvorak J, Mark R F, 1979. Retinotectal reorganization in goldfish—II. Effects of partial tectal ablation and constant light on the retina. Neuroscience: 4(6): 803-810.

McFarland W N, 1991. The visual world of coral reef fishes//The ecology of fishes on coral reefs. Academic Press: 16-38.

Mensinger A F, Powers M K, 1999. Visual function in regenerating teleost retina following cytotoxic lesioning. Visual neuroscience: 16(2): 241-251.

Migaud H, Cowan M, Taylor J, et al., 2007. The effect of spectral composition and light intensity on melatonin, stress and retinal damage in post-smolt Atlantic salmon, Salmo salar. Aquaculture: 270(1-4): 390-404.

Migaud H, Davie A, Carboni S, et al., 2009. Treasurer J Effects of light on Atlantic cod (Gadus morhua) larvae performances: focus on spectrum. LARVI: 265-269.

Mommsen T P, Vijayan M M, Moon T W, 1999. Cortisol in teleosts: dynamics, mechanisms of action, and metabolic regulation. Reviews in fish biology and fisheries: 9(3): 211-268.

Monk J, Puvanendran V, Brown J A, 2006. Do different light regimes affect the foraging behaviour, growth and survival of larval cod (Gadus morhua L.)? Aquaculture: 257(1-4): 287-293.

Morretti A, 1999. Manual on hatchery production of seabass and gilthead seabream. Food & Agriculture Org.

Morris A C, Scholz T L, Brockerhoff S E, et al., 2008. Genetic dissection reveals two separate pathways for rod and cone regeneration in the teleost retina. Developmental neurobiology: 68(5): 605-619.

Mourente G, Odriozola J M, 1990. Effect of broodstock diets on lipid classes and their fatty acid composition in eggs of gilthead sea bream (Sparus aurata L.). Fish Physiology and Biochemistry: 8(2): 93-101.

Moustakas C T, Watanabe W O, Copeland K A, 2004. Combined effects of photoperiod and salinity on growth, survival, and osmoregulatory ability of larval southern flounder Paralichthys lethostigma. Aquaculture: 229(1-4): 159-179.

Myrberg A A, Fuiman L A, 2002. The sensory world of coral reef fishes. Coral reef fishes: dynamics and diversity in a complex ecosystem: 123-148.

Negishi K, Teranishi T, Kato S, et al., 1987. Paradoxical induction of dopaminergic cells following intravitreal injection of high doses of 6-hydroxydopamine in juvenile carp retina. Developmental Brain Research: 33(1): 67-79.

Neill W H, Miller J M, Van Der Veer H W, et al., 1994. Ecophysiology of marine fish recruitment: a conceptual framework for understanding interannual variability. Netherlands Journal of Sea Research: 32(2): 135-152.

Nissling A, Larsson R, Vallin L, et al., 1998. Assessment of egg and larval viability in cod, Gadus morhua: methods and results from an experimental study. Fisheries Research: 38(2): 169-186.

Organisciak D T, Vaughan D K, 2010. Retinal light damage: mechanisms and protection. Progress in retinal and eye research: 29(2): 113-134.

Ottesen O H, Bolla S, 1998. Combined effects of temperature and salinity on development and survival of Atlantic halibut larvae. Aquaculture international: 6(2): 103-120.

Otteson D C, Hitchcock P F, 2003. Stem cells in the teleost retina: persistent neurogenesis and injury-induced regeneration. Vision research: 43(8): 927-936.

Papoutsoglou S E, Karakatsouli N, Koustas P, 2005. Effects of dietary l-tryptophan and lighting conditions on growth performance of European sea bass (Dicentrarchus labrax) juveniles reared in a recirculating water system. Journal of Applied Ichthyology: 21(6): 520-524.

Park M S, Shin H S, Kim N N, et al., 2013. Effects of LED spectral sensitivity on circadian rhythm-related genes in the yellowtail clownfish, Amphiprion clarkii. Animal Cells and Systems: 17(2): 99-105.

Pawson M G, Pickett G D, Leballeur J, et al., 2007. Migrations, fishery interactions, and management units of sea bass (Dicentrarchus labrax) in Northwest Europe. ICES Journal of Marine Science: 64(2): 332-345.

Pérez-Ruzafa A, Marcos C, Pérez-Ruzafa I M, et al., 2011. Coastal lagoons:"transitional ecosystems" between transitional and coastal waters. Journal of Coastal Conservation: 15(3): 369-392.

Pérez-Ruzafa A, Marcos C, Pérez-Ruzafa I M, 2011. Mediterranean coastal lagoons in an ecosystem and aquatic resources management context. Physics and Chemistry of the Earth, Parts A/B/C: 36(5-6): 160-166.

Pérez-Ruzafa A, Mompeán M C, Marcos C, 2007. Hydrographic, geomorphologic and fish assemblage relationships in coastal lagoons//Lagoons and Coastal Wetlands in the Global Change Context: Impacts and Management Issues. Springer, Dordrecht: 107-125.

Periago M J, Ayala M D, López-Albors O, et al., 2005. Muscle cellularity and flesh quality of wild and farmed sea bass, Dicentrarchus labrax L. Aquaculture: 249(1-4): 175-188.

Pickett G D, Kelley D F, Pawson M G, 2004. The patterns of recruitment of sea bass, Dicentrarchus labrax L. from nursery areas in England and Wales and implications for fisheries management. Fisheries Research: 68(1-3): 329-342.

Planas M, Cunha I, 1999, Larviculture of marine fish: problems and perspectives. Aquaculture: 177(1-4): 171-190.

Politis S N, Butts I A E, Tomkiewicz J, 2014. Light impacts embryonic and early larval development of the European eel, Anguilla anguilla. Journal of Experimental Marine Biology and Ecology: 461: 407-415.

Porter M J R, Duncan N J, Mitchell D, et al., 1999. The use of cage lighting to reduce plasma melatonin in Atlantic salmon (Salmo salar) and its effects on the inhibition of grilsing. Aquaculture: 176(3-4): 237-244.

Raymond P A, Reifler M J, Rivlin P K, 1988. Regeneration of goldfish retina: rod precursors are a likely source of regenerated cells. Journal of neurobiology: 19(5): 431-463.

Re A D, Diaz F, Sierra E, et al., 2005. Effect of salinity and temperature on thermal tolerance of brown shrimp Farfantepenaeus aztecus (Ives)(Crustacea, Penaeidae). Journal of Thermal Biology: 30(8): 618-622.

Remé C E, 2005. The dark side of light: rhodopsin and the silent death of vision the proctor lecture. Investigative ophthalmology & visual science: 46(8): 2672-2682.

Reppart S M, Weaver D R, Godson C, 1996. Melatonin receptors step into the light: cloning and classification of subtypes. Trends in pharmacological sciences: 17(3): 100-102.

Reyes-Becerril M, Tovar-Ramírez D, Ascencio-Valle F, et al., 2008. Effects of dietary live yeast

Debaryomyces hansenii on the immune and antioxidant system in juvenile leopard grouper Mycteroperca rosacea exposed to stress. Aquaculture: 280(1-4): 39-44.

Rodríguez L, Begtashi I, Zanuy S, et al., 2005. Long-term exposure to continuous light inhibits precocity in European male sea bass (Dicentrarchus labrax, L.): hormonal aspects. General and comparative endocrinology: 140(2): 116-125.

Roehlecke C, Schumann U, Ader M, et al., 2011. Influence of blue light on photoreceptors in a live retinal explant system. Molecular Vision: 17: 876-884.

Rosenthal H, Alderdice D F, 1976. Sublethal effects of environmental stressors, natural and pollutional, on marine fish eggs and larvae. J. Fish. Res. Board Can.;(Canada): 33(9): 2047-2065.

Rozanowska M B, 2012. Light-Induced Damage to the Retina: Current Understanding of the Mechanisms and Unresolved Questions: A Symposium-in-Print. Photochemistry and photobiology: 88(6): 1303-1308.

Russell N R, Fish J D, Wootton R J, 1996. Feeding and growth of juvenile sea bass: the effect of ration and temperature on growth rate and efficiency. Journal of fish biology: 49(2): 206-220.

Saito M, Takenouchi Y, Kunisaki N, et al., 2001. Complete primary structure of rainbow trout type I collagen consisting of $\alpha 1$ (I) $\alpha 2$ (I) $\alpha 3$ (I) heterotrimers. European Journal of Biochemistry: 268(10): 2817-2827.

Sanyal S, Zeilmaker G H, 1988. Retinal damage by constant light in chimaeric mice: implications for the protective role of melanin. Experimental eye research: 46(5): 731-743.

Saeed T, Sun G, 2012. A review on nitrogen and organics removal mechanisms in subsurface flow constructed wetlands: dependency on environmental parameters, operating conditions and supporting media. Journal of environmental management, 112: 429-448.

Schreck C B, 1993. Glucocorticoids: metabolism, growth, and development. The endocrinology of growth, development, and metabolism in vertebrates: 367-392.

Shand J, Davies W L, Thomas N, et al., 2008. The influence of ontogeny and light environment on the expression of visual pigment opsins in the retina of the black bream, Acanthopagrus butcheri. Journal of Experimental Biology: 211(9): 1495-1503.

Sherpa T, Fimbel S M, Mallory D E, et al., 2008. Ganglion cell regeneration following whole-retina destruction in zebrafish. Developmental neurobiology: 68(2): 166-181.

Shin H S, Lee J, Choi C Y, 2011. Effects of LED light spectra on oxidative stress and the protective role of melatonin in relation to the daily rhythm of the yellowtail clownfish, Amphiprion clarkii. Comparative Biochemistry and Physiology Part A: Molecular & Integrative Physiology: 160(2): 221-228.

Skulstad O F, Taylor J, Davie A, et al., 2013. Effects of light regime on diurnal plasma melatonin levels and vertical distribution in farmed Atlantic cod (Gadus morhua L.). Aquaculture: 414: 280-287.

Stefansson S O, Nilsen T O, Ebbesson L O E, et al., 2007. Molecular mechanisms of continuous light inhibition of Atlantic salmon parr–smolt transformation. Aquaculture: 273(2-3): 235-245.

Stuart K R, Drawbridge M, 2011. The effect of light intensity and green water on survival and growth of cultured larval California yellowtail (Seriola lalandi). Aquaculture: 321(1-2): 152-156.

Stuart K R, 2013. The effect of light on larval rearing in marine finfish//Larval fish aquaculture. New York, NY: Nova Science Publishers: 25-40.

Suzuki T, Srivastava A S, Kurokawa T, 2000. Experimental induction of jaw, gill and pectoral fin malformations in Japanese flounder, Paralichthys olivaceus, larvae. Aquaculture: 185(1-2): 175-187.

Takemura A, Susilo E S, Rahman M D S, et al., 2004. Perception and possible utilization of moonlight intensity for reproductive activities in a lunar-synchronized spawner, the golden rabbitfish. Journal of Experimental Zoology Part A: Comparative Experimental Biology: 301(10): 844-851.

Taylor J F, North B P, Porter M J R, et al., 2006. Photoperiod can be used to enhance growth and improve feeding efficiency in farmed rainbow trout, Oncorhynchus mykiss. Aquaculture: 256(1-4): 216-234.

Terova G, Rimoldi S, Chini V, et al., 2007. Cloning and expression analysis of insulin-like growth factor I and II in liver and muscle of sea bass (Dicentrarchus labrax, L.) during long-term fasting and refeeding. Journal of Fish Biology: 70: 219-233.

Thummel R, Kassen S C, Enright J M, et al., 2008. Characterization of Müller glia and neuronal progenitors during adult zebrafish retinal regeneration. Experimental eye research: 87(5): 433-444.

Trotter A J, Battaglene S C, Pankhurst P M, 2003. Effects of photoperiod and light intensity on initial swim bladder inflation, growth and post-inflation viability in cultured striped trumpeter (Latris lineata) larvae. Aquaculture: 224(1-4): 141-158.

Tuckey L M, Smith T I J, 2001. Effects of photoperiod and substrate on larval development and substrate preference of juvenile southern flounder, Paralichthys lethostigma. Journal of Applied Aquaculture: 11(1-2): 1-20.

Underwood H, 1990. The pineal and melatonin: regulators of circadian function in lower vertebrates. Experientia: 46(1): 120-128.

Van der Meeren T, Jørstad K E, 2001. Growth and survival of Arcto-Norwegian and Norwegian coastal cod larvae (Gadus morhua L.) reared together in mesocosms under different light regimes. Aquaculture Research: 32(7): 549-563.

Vaughan D K, Nemke J L, Fliesler S J, et al., 2002. Evidence for a Circadian Rhythm of Susceptibility to Retinal Light Damage. Photochemistry and photobiology: 75(5): 547-553.

Vazzana M, Cammarata M, Cooper E L, et al., 2002. Confinement stress in sea bass (Dicentrarchus labrax) depresses peritoneal leukocyte cytotoxicity. Aquaculture: 210(1-4): 231-243.

Vera L M, Migaud H, 2009. Continuous high light intensity can induce retinal degeneration in Atlantic salmon, Atlantic cod and European sea bass. Aquaculture: 296(1-2): 150-158.

Vihtelic T S, Hyde D R, 2000. Light-induced rod and cone cell death and regeneration in the adult albino zebrafish (Danio rerio) retina. Journal of neurobiology: 44(3): 289-307.

Villamizar N, Blanco-Vives B, Migaud H, et al., 2011. Effects of light during early larval development of some aquacultured teleosts: A review. Aquaculture: 315(1-2): 86-94.

Villamizar N, García-Alcazar A, Sánchez-Vázquez F J, 2009. Effect of light spectrum and photoperiod on the growth, development and survival of European sea bass (Dicentrarchus labrax) larvae. Aquaculture: 292(1-2): 80-86.

Villamizar N, Vera L M, Foulkes N S, et al., 2014. Effect of lighting conditions on zebrafish growth and development. Zebrafish: 11(2): 173-181.

Villeneuve L, Gisbert E, Le Delliou H, et al., 2005. Dietary levels of all-trans retinol affect retinoid nuclear receptor expression and skeletal development in European sea bass larvae. British Journal of Nutrition: 93(6): 791-801.

Volpato G L, Barreto R E, 2001. Environmental blue light prevents stress in the fish Nile tilapia. Brazilian Journal of Medical and Biological Research: 34: 1041-1045.

Volpato G L, Bovi T S, de Freitas R H A, et al., 2013. Red light stimulates feeding motivation in fish but does not improve growth. PloS one: 8(3): e59134.

Vosloo A, Laas A, Vosloo D, 2013. Differential responses of juvenile and adult South African abalone (Haliotis midae Linnaeus) to low and high oxygen levels. Comparative Biochemistry and Physiology Part A: Molecular & Integrative Physiology: 164(1): 192-199.

Wagner H J, Fröhlich E, Negishi K, et al., 1998. The eyes of deep-sea fish II. Functional morphology of the retina. Progress in retinal and eye research: 17(4): 637-685.

Wagner H J, Kröger R H H, 2000. Effects of long-term spectral deprivation on the morphological organization of the outer retina of the blue acara (Aequidens pulcher). Philosophical Transactions of the Royal Society of London. Series B: Biological Sciences: 355(1401): 1249-1252.

Wagner H J, Kröger R H H, 2005. Adaptive plasticity during the development of colour vision. Progress in retinal and eye research: 24(4): 521-536.

Wagner H J, 1990. Retinal structure of fishes//The visual system of fish. Springer, Dordrecht: 109-157.

Wang H, Liang Y, Wang H, et al., 2012. Isolation and partial biological properties of scale collagens from grass carp(Ctenopharyngodonidellus). Journal of Fisheries of China, 36(4): 553-561.

Wang J Y, Zhu S G, Xu C F, 2008. Essential Biochemistry. Beijing:Higher Education Press.

Wang T, Cheng Y, Liu Z, et al. 2015. Effects of light intensity on husbandry parameters, digestive enzymes and whole-body composition of juvenile E pinephelus coioides reared in artificial sea water. Aquaculture Research: 46(4): 884-892.

White Y A R, Kyle J T, Wood A W, 2009. Targeted gene knockdown in zebrafish reveals distinct intraembryonic functions for insulin-like growth factor II signaling. Endocrinology: 150(9): 4366-4375.

Wilson R P, Keembiyehetty C N, 1998. Effect of water temperature on growth and nutrient utilization of sunshine bass [Morone chrysops (female) X Morone saxatilis (male)] fed diets containing different energy/protein ratios. Aquaculture (Netherlands): 166(1-2): 151-162.

Wilson R P, 1994. Utilization of dietary carbohydrate by fish. Aquaculture: 124(1-4): 67-80.

Wu J, Seregard S, Algvere P V, 2006. Photochemical damage of the retina. Survey of ophthalmology: 51(5): 461-481.

Xiaolong G, Mo Z, Huiqin T, et al., 2016. Effect of LED light quality on respiratory metabolism and activities of related enzymes of Haliotis discus hannai. Aquaculture: 452: 52-61.

Xiaolong G, Mo Z, Xian L, et al. 2016. Effects of LED light quality on the growth, metabolism, and energy budgets of Haliotis discus discus. Aquaculture: 453: 31-39.

Xiong H S, Zhu L. 2012. Handbook of Food Additives. Beijing: China Light Industry Press.

Yadav M, Ooi S D, 1977. Effect of photoperiod on the incorporation of 3H-thymidine into the gonads of Carassius auratus. Journal of Fish Biology: 11(5): 409-416.

Yeh N, Yeh P, Shih N, et al., 2014. Applications of light-emitting diodes in researches conducted in aquatic environment. Renewable and Sustainable Energy Reviews: 32: 611-618.

Yildirim Ş, Vardar H, 2015. The influence of a longer photoperiod on growth parameters of European sea bass Dicentrarchus labrax (Linnaeus, 1758) reared in sea cages. Journal of Applied Ichthyology: 31(1): 100-105.

Yoseda K, Yamamoto K, Asami K, et al., 2008. Influence of light intensity on feeding, growth, and early survival of leopard coral grouper (Plectropomus leopardus) larvae under mass-scale rearing conditions. Aquaculture: 279(1-4): 55-62.

Young R W, 1976. Visual cells and the concept of renewal. Investigative Ophthalmology and Visual Science: 15(9): 700-725.

Youssef P N, Sheibani N, Albert D M. 2011. Retinal light toxicity. Eye: 25(1): 1-14.

Yu D Y, Cringle S J, 2005. Retinal degeneration and local oxygen metabolism. Experimental eye research: 80(6): 745-751.

Yurco P, Cameron D A, 2005. Responses of Müller glia to retinal injury in adult zebrafish. Vision research: 45(8): 991-1002.

Zachmann A, Falcon J, Knijff S C M, et al., 1992. Effects of photoperiod and temperature on rhythmic melatonin secretion from the pineal organ of the white sucker (Catostomus commersoni) in vitro. General and comparative endocrinology: 86(1): 26-33.

Zalizniak L, Kefford B J, Nugegoda D, 2006. Is all salinity the same? I. The effect of ionic compositions on the salinity tolerance of five species of freshwater invertebrates. Marine and Freshwater Research: 57(1): 75-82.

Zelin R, Aijie L, 1998 Influence of dietary composition on the collagen content, the myofibrillae and the water loss in muscle tissue of praun. Zhongguo Shui Chan ke xue=Journal of Fishery Sciences of China, 5(2): 40-44.

Zhang R Q, Chen Q X, Zheng W Z, et al., 2000. Inhibition kinetics of green crab (Scylla serrata) alkaline phosphatase activity by dithiothreitol or 2-mercaptoethanol. The international journal of biochemistry & cell biology: 32(8): 865-872.

Zhuang P, Song C, Zhang L, et al., 2008. Evaluation of nutritive quality and nutrient components in the muscle of siganus oramin. Journal of Fisheries of China, 32(1): 77-83.

Zou S, Kamei H, Modi Z, et al., 2009, Zebrafish IGF genes: gene duplication, conservation and divergence, and novel roles in midline and notochord development. PloS one: 4(9): e7026.

3

光照对红鳍东方鲀生长发育的影响

3.1　红鳍东方鲀简介

红鳍东方鲀（*Takifugu rubripes*）隶属于鲀形目（Tetraodontiformes），鲀亚目（Tetraodontoidei），鲀科（Tetraodontidae），东方鲀属（*Takifugu*），又称河鲀、廷巴、腊头、龟鱼等，为近广盐性、底栖、食肉性鱼类（景琦琦，2018）。生长的适宜温度为14~27℃，最适温度为16~23℃，适宜盐度范围为5~45，最适盐度为15~35。主要以贝类、甲壳类动物和小鱼为食，也以海藻为食。栖息水深5~100m，底质为礁或砂带（万萘萘，2005）。红鳍东方鲀有以下七种特殊的习性：腹胀、钻沙、呕吐、互食、眼球转动、迁徙和发声。幼鱼耐盐度较高，主要生活在河口和潟湖中，成熟一年后才转移到深海。

红鳍东方鲀是一种一次性产卵的鱼类。产卵场多在含盐量低、潮流快的内湾、河港或浅海口，或岛屿较多的海域。产卵场水深约20m，产卵温度约14~20℃，盐度为32~33。性成熟年龄为3~4龄。雄性最小体长350mm，雌性最小体长360mm。产卵期为3月下旬至5月上旬。刚排出的蛋呈圆球形，黄色，黏性。受精后有圆形和梨形。卵子直径1.09~1.2mm，卵黄直径、油球大小不同。孵育时间因水温而异。在13℃、15℃、17~18℃孵育7~8天。

3.2　红鳍东方鲀幼鱼视网膜发育与视蛋白基因表达

除了洞穴鱼等一些深海鱼类外，对大多数鱼类来说，视觉对于鱼类的捕食、集群、繁殖和洄游过程至关重要（Guthrie 和 Muntz，1993；Muntz 等，2014；Caves 等，2018）。在水产养殖中设置与鱼类视觉相适应的照明系统，能够增加其视觉范围，减少搜索食物需要的时间，并最终增加其生长和存活率（Blaxter 和 Staines，1971；Aksnes 和 Giske，1993）。视网膜作为视觉系统最重要的功能结构，在视觉成像中起着至关重要的作用（Evans 和 Browman，2004；Caves

等，2018）。鱼类成熟的视网膜跟其他脊椎动物的结构类似，具有十层结构，包括视网膜色素上皮层（retinal pigment epithelium layer，RPE）、外界膜（outer limiting membrane）、感光层（the photoreceptor layer，PRos/is，即从RPE的最外部到外核层距离）、外核层（outer nuclear layer，ONL）、外网层（the outer plexiform layer，OPL）、内核层（inner nuclear layer，INL）、内网层（the inner plexiform layer，IPL）、神经节细胞层（ganglion cell layer，GCL）、神经纤维层（optic fiber layer，OFL）和内界膜（inner limiting membrane）。在视网膜中，进入光感受器的视觉信息通过双极细胞、水平细胞、无长突细胞和神经节细胞，然后通过视神经到达视叶（Prasad和Galetta，2001；Jones等，2009）。光感受器可将光信号转化成电信号，和其他脊椎动物一样，鱼类的感光细胞由视杆细胞和视锥细胞组成。视杆细胞识别光线的明暗，而不同类型的视锥细胞识别不同波长的光。

在大多数脊椎动物中，在光感受器细胞中表达的对光敏感的G蛋白偶联受体-视蛋白可以捕捉光信号（Shichida等，1998；Palczewski等，2000；Collin等，2003；Cortesi等，2015；Kasagi等，2015）。根据是否直接参与视觉成像，可将视蛋白分为视觉蛋白和非视觉蛋白两类（Terakita等，2005；Gao等，2017）。脊椎动物具有5种基本类型的视觉蛋白，包括在视杆细胞中表达的视紫红质（rhodopsin，RH1）及在不同的视锥细胞中表达的4种视觉蛋白。RH1负责在暗视觉（硬骨鱼类λ_{max}=447～525nm），短波长敏感蛋白（short wave-sensitive opsins，SWS1和SWS2）对UV敏感（SWS1：硬骨鱼λ_{max}=347～383nm）和对紫-蓝色光敏感（SWS2：硬骨鱼λ_{max}=397～482nm），绿光敏感视蛋白（RH2）对绿光敏感（硬骨鱼λ_{max}=452～537nm），长波长敏感蛋白（long wave-sensitive opsins，LWS，硬骨鱼λ_{max}=501～573 nm)对红色光敏感（Escobar-Camacho等，2017；Carleton和Yourick 2020）。除此之外，硬骨鱼还有一种新的视杆细胞样视蛋白（rod opsin）（Philp等，2000）。视蛋白可在视网膜变性等生理病变中参与重塑视觉功能，视蛋白突变可导致神经退行性失明视网膜色素变性（Athanasiou等，2012；Rennison等，2012）。鱼类非视觉视蛋白广泛表达于视网膜外的各组织，如大脑和鱼类的松果体。以往的研究表明，它们参与调节生物钟、激素水平和信号转导（Jenkins 等，2003；Nakane 等，2010；Guido 等，2020）。鱼类非视觉蛋白包括 pinopsin、va、parapinopsin、parietopsin、opsin3、opsin5、opsin6、opsin7、opsin8、opsin9、rrh、rgr、tmt-opsin、melanopsin 和 RH7 等（Jenkins 等，2003；Nakane 等，2010；Nakane 等，2014；Davies 等，2015；Beaudry 等，2017；Guido 等，2020）。在鱼类中，*opsin3* 和 *opsin5* 是目前研究最广泛的非视觉基因（Fernandes 等，2013；Nakane 等，2014 年；Hang 等，2016 年；Sugihara 等，2018）。研究鱼类视觉发育过程中的视蛋白在鱼类中的表达模式具有重要的生物学意义。

截至目前，关于红鳍东方鲀视觉发育过程及视蛋白基因在红鳍东方鲀幼鱼早期发育阶段的表达规律等尚未见报道。红鳍东方鲀共有近 20 个视蛋白，其中视觉蛋白包括 RH1、LWS、RH2、green opsin、SWS2 和 rod opsin。红鳍东方鲀的非视觉蛋白包括 va、parapinopsin、parietopsin、opsin3、opsin5、opsin6、opsin7、opsin8、opsin9、rrh、rgr、tmt-opsin、melanopsin 等（Moutsaki 等，2003；Neafsey 等，2005；Hankins 等，2014；Davies 等，2015；Koyanagi 等，2015；Sugihara 等，2018；Kawano 等，2020）。因此，本研究旨在查明红鳍东方鲀早期发育过程中的视网膜发育的组织学特征和视蛋白的表达模式。

3.2.1 红鳍东方鲀幼鱼视网膜发育的组织学特征

研究用受精卵由大连天正实业有限公司提供。该研究于 2020 年 4 月在大连海洋大学进行。将红鳍东方鲀卵随机分配到 3 个 300L 圆柱形桶（高 80cm）中，密度为 800 尾/桶，受精卵孵化后用卤虫无节幼体、卤虫和饲料喂食幼鱼（每天 6~8 次，每次 1.5~2.5h，直至水体中有剩余的饵料出现来确保其饱食）。在喂食幼鱼前一天，使用卤虫强化剂强化卤虫无节幼体。幼鱼饲养条件：盐度 33，温度 19~21℃，水体氧含量 8mg/L 以上，pH 值 7~8。每天监测饲养水体中的盐度、温度、溶解氧含量和 pH 值。每天从桶中取出水样并测量总氨氮和亚硝酸盐含量，总氨氮含量小于 0.2mg/L，亚硝酸盐含量小于 0.05mg/L。为保持水质，每天进行两次换水和底部清洁以去除粪便、过多的卤虫和死亡的幼鱼。

3.2.2 组织学和视网膜形态分析

在孵化后第 1 天、2 天、3 天、4 天、6 天、8 天、13 天、18 天和 26 天，随机采集 20 尾幼鱼（第 1 天、第 2 天、第 3 天、第 4 天、第 6 天、第 8 天、第 13 天、第 18 天取全鱼，孵化后第 26 天仅取头部），在 4%多聚甲醛中固定 24~28h 然后转移到 70%乙醇中直至进一步处理。根据常规组织学技术进行 H.E.染色。使用显微镜观察切片并使用数码相机拍照。使用图像分析软件 LAS X（Image Pro Plus，v.4.5，Media Cybernetics，美国）对相关参数进行测量。参数分别为：RPE、PRos/is、ONL、OPL、INL、IPL、GCL、OFL 的厚度；单位面积内 ONL、INL 和 GCL 的细胞核数量（个/mm^2）。对每个样品的视网膜（$n=9$/处理组）的中央区、背侧区和腹侧区进行六次测量。另外计算视网膜各层结构的厚度与总厚度（total thickness，TT）比值、ONL 细胞核密度与 INL 细胞核密度比、ONL 细胞核密度与 GCL 细胞核密度比以及 INL 细胞核密度与 GCL 细胞核密度比。采用单因素方差分析，Tukey 检验（IBM SPSS statistics version 22.0，IBM，Chicago，IL，美国）对所有数据进行统计学分析。$P<0.05$ 被认为有显著性差异。

红鳍东方鲀幼鱼的孵化并不同步，孵化需要 2d 左右（图 3-1）。孵化后 1d，可以观察到幼鱼具有河豚特有的圆形体型，侧面可以观察到较大的大脑。卵黄囊内充满大量的卵黄和油滴。体表由少量的黑色素细胞、红色素细胞及黄色素细胞覆盖，甚至扩散至卵黄囊，同时眼部色素开始沉着。然而，幼鱼的尾部无色素，可以观察到和身体其他地方存在明显的边界，即在其尾部的前端开始有色素沉着。孵化后第 2 天，幼鱼的尾部仍然透明，嘴部清晰可见且前端开始突出。卵黄囊正逐渐消失，大多数幼鱼开始游泳，并开始以轮虫为食。此外，在幼鱼眼部可以观察到虹膜结构。同时，在幼鱼腹部的色素逐渐呈现星形。孵化后 2d 开始，幼鱼体表色素的分布比在 1d 中观察到的更明显和广泛，特别是在幼鱼的背部。在孵化后 3d，可以清楚地观察到背部有鳍基结构。在孵化后 8d，幼鱼的牙齿形成，气囊出现，它们开始互相攻击。胸鳍发育良好，尾鳍明显可见。从孵化后 18d 起，尾鳍上成丝状放射型，尾部开始出现黑色素。在孵化后 26d，可以观察到尾鳍条。此时幼鱼形态与成鱼非常相似。

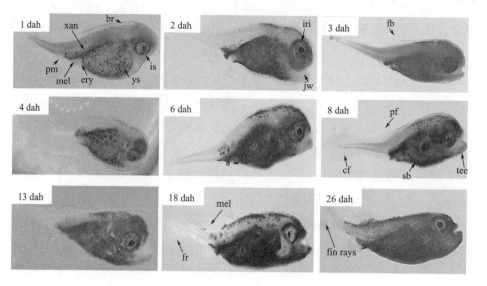

图 3-1 不同采样时间红鳍东方鲀的形态学观察

dah：孵化后日龄；br：大脑；cf：尾鳍；ery：红色素细胞；fb：鳍基；fr：丝状射线；iri：虹膜细胞；is：虹膜；jw：颌；mel：黑色素细胞；pf：胸鳍；pm：色素边缘；sb：鱼鳔；tee：牙齿；xan：黄色素细胞；ys：卵黄囊；fin rays：鳍条

孵化后 1d 时，红鳍东方鲀幼鱼的视网膜由 7 层结构组成，包括 RPE、PRos/is、ONL、OPL、INL、IPL 和 GCL。孵化后 2d 开始，视网膜的 8 层结构可见，包括 RPE、PRos/is、ONL、OPL、INL、IPL、GCL 和 OFL（图 3-2 和图 3-3）。

每一层结构的厚度值如表 3-1 所示，RPE 的厚度从孵化后 1d[$(9.3±0.8)\mu m$] 开始逐渐增加，在孵化后 26d 达到最大值 [$(20.0±1.5)\mu m$]。在孵化后第 1 天、2 天、3 天、4 天、6 天、8 天时，RPE 的厚度无显著差异（$P<0.05$），随后逐渐增加。PRos/is 的厚度从孵化后 13d 显著增加，在 26d 时达到最大值。孵化后 13d、18d、26d 之间无显著差异（$P<0.05$）。ONL 的厚度在孵化后 2d 时达到最大值 $7.9\mu m$，随后逐渐减小，在孵化后 13d 时达到最小值 $4.5\mu m$，从孵化后 18d 再次增加。OPL 的厚度从孵化后第 1 天$(0.3±0.1)\mu m$ 开始逐渐增加，到第 26 天达到最大值，$5.2\mu m$。孵化后 1d，INL 厚度为$(30.1±1.2)\mu m$，随后开始逐渐减小，在第 8 天时达到最小值，$18.9\mu m$。在孵化后 13d 至 26d 期间，INL 厚度显著增加（$P<0.05$）。IPL 厚度从孵化后 1d 逐渐增大，在孵化后 26d

时达到最大值，28.6μm。GCL厚度开始孵化时逐渐增加，在孵化后2d时达最大值，30.7μm，然后逐渐减小，在孵化后18d时达到最小值，13.9μm。在孵化后2d时可观察到OFL，在孵化后26d时达最大值，为9.4μm。视网膜总厚度（TT）从孵化后1d[(78.4±4.1)μm]开始逐渐增加，在孵化后26d时达到最大值120.8μm。

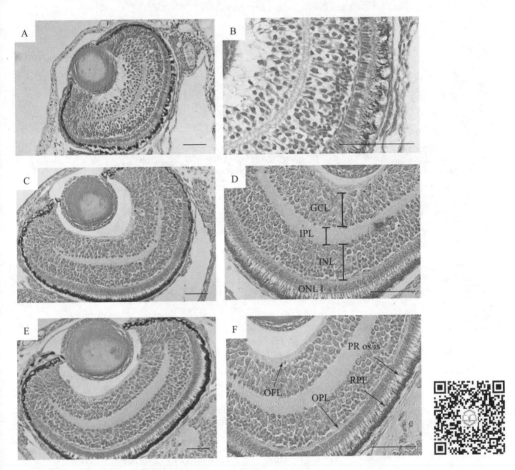

图3-2 红鳍东方鲀幼鱼不同发育阶段视网膜的组织学特征

A：孵化后1d（20×）；B：孵化后1d（100×）；C：孵化后2d（20×）；D：孵化后2d（40×）；E：孵化后3d（20×）；F：孵化后3d（40×）；RPE：视网膜色素上皮层；PRos/is：感光层；ONL：外核层；OPL：外网层；INL：内核层；IPL：内网层；GCL：神经节细胞层；OFL：神经纤维层。比例尺=50μm

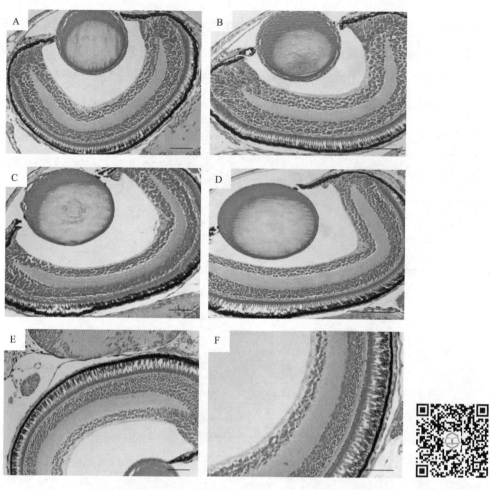

图 3-3　红鳍东方鲀幼鱼不同发育阶段视网膜的组织学切片
A：孵化后 4d；B：孵化后 6d；C：孵化后 8d；D：孵化后 13d；E：孵化后 18d；
F：孵化后 26d。比例尺=50μm

表 3-1　红鳍东方鲀不同发育时期视网膜各层厚度（μm）的变化

孵化后日龄	RPE	PRos/is	ONL	OPL	INL	IPL	GCL	OFL	TT
1($n=9$)	9.3± 0.8^{ab}	3.6± 0.0^a	6.2± 0.2^{ab}	0.3± 0.1^a	30.1± 1.2^d	3.8± 0.2^a	29.9± 0.4^{de}	—	78.4± 4.1^a
2($n=9$)	8.1± 0.4^a	4.5± 0.1^a	7.9± 0.7^b	2.2± 0.3^b	29.8± 0.7^d	10.1± 2.5^{ab}	30.7± 0.4^e	3.2± 0.3^b	97.1± 5.4^b
3($n=9$)	11.3± 0.4^{abc}	5.0± 0.2^{ab}	6.3± 0.1^{ab}	3.2± 0.4^{bc}	24.8± 1.0^{bc}	19.4± 1.5^{cde}	25.0± 1.6^{cd}	4.9± 1.1^b	100.7± 2.0^b

续表

孵化后日龄	RPE	PRos/is	ONL	OPL	INL	IPL	GCL	OFL	TT
4(n=9)	11.4 ± 0.5^{abc}	5.7 ± 0.3^{abc}	5.1 ± 0.3^{a}	2.9 ± 0.2^{bc}	20.6 ± 0.5^{ab}	16.0 ± 0.4^{bc}	20.5 ± 1.3^{bc}	4.9 ± 1.1^{b}	90.1 ± 3.5^{ab}
6(n=9)	12.4 ± 0.5^{bc}	5.9 ± 0.5^{abc}	4.6 ± 0.4^{a}	2.8 ± 0.2^{bc}	19.5 ± 0.8^{a}	17.3 ± 1.9^{cd}	16.2 ± 0.6^{ab}	4.4 ± 0.4^{b}	86.5 ± 0.4^{ab}
8(n=9)	11.5 ± 0.4^{abc}	4.4 ± 0.3^{a}	4.8 ± 0.5^{a}	3.2 ± 0.6^{bc}	18.9 ± 0.3^{a}	22.8 ± 0.7^{cdef}	17.9 ± 1.9^{ab}	7.1 ± 0.9^{bc}	86.1 ± 6.1^{ab}
13(n=9)	12.6 ± 0.7^{bc}	7.4 ± 1.0^{bcd}	4.5 ± 0.4^{a}	3.0 ± 0.1^{bc}	19.1 ± 0.5^{a}	23.1 ± 1.4^{def}	15.0 ± 0.6^{a}	5.3 ± 0.8^{bc}	90.4 ± 2.2^{ab}
18(n=9)	14.4 ± 0.9^{c}	8.3 ± 0.8^{cd}	5.5 ± 0.4^{ab}	4.2 ± 0.4^{cd}	20.0 ± 0.7^{a}	25.9 ± 0.9^{ef}	13.9 ± 0.6^{a}	5.0 ± 0.3^{b}	97.5 ± 3.6^{b}
26(n=9)	20.0 ± 1.5^{d}	10.0 ± 0.7^{d}	7.9 ± 1.2^{b}	5.2 ± 0.3^{d}	25.9 ± 1.7^{cd}	28.6 ± 1.2^{f}	14.4 ± 1.1^{a}	9.4 ± 1.2^{c}	120.8 ± 2.2^{c}

注：数据表示为平均值±标准差。同一列中的数字后跟不同的小写字母表示使用统计学 Duncan 检验显著差异性，$P<0.05$ 设定为显著性差异。

然后计算各层厚度与总厚度的比值，结果如图 3-4 所示。RPE/TT 和 PRos/is/TT 从孵化后 2d 开始逐渐增加。ONL/TT 值从孵化后 2d 开始先下降，然后从孵化后 18d 开始增加。OPL/TT 值从第 1 天开始增加，到第 18 天达到 5%。INL/TT 值从孵化后 1d（0.38）开始下降，在孵化后 18d 时达到最小值 0.20。与 OPL/TT 值相似，IPL/TT 值从孵化后 1d（0.08）开始增加。同样，GCL/TT 值从孵化后 1d 开始下降，孵化后 26d 时达到最小值为 0.12。OFL/TT 值从孵化后 2d（0.03）开始增加，在孵化后 26d 达到最大值 0.08。ONL、INL 和 GCL 的细胞核密度，以及 ONL/INL、ONL/GCL 和 INL/GCL 的比值见表 3-2。ONL 的细胞核密度从孵化后 2d 开始逐渐增加，在孵化后 13d 达到最大值，为 213460 个/mm^2，随后略有下降。INL 和 GCL 的核密度从孵化后 1d 开始逐渐增加。ONL/INL 比值从孵化后 1d（1.7±0.1）逐渐升高，到孵化后 13d（2.3±0.1）开始降低。ONL/GCL 的比值为 1.9（孵化后 2d）~3.7（孵化后 3d），不同发育时期差异不显著。与 ONL/GCL 比值相似，INL/GCL 比值在不同采样点间无显著差异，范围为 1.2（孵化后 2d）~2.0（孵化后 18d）。

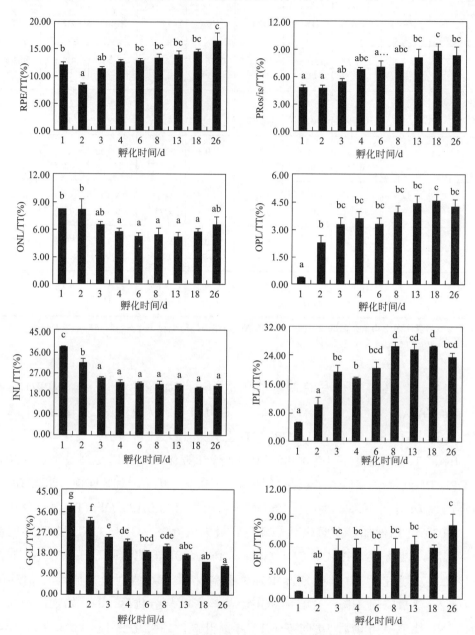

图 3-4　不同发育阶段红鳍东方鲀幼鱼视网膜各层厚度与总厚度比值

数据表示为平均值±标准差（$n=9$）。不同小写字母表示各处理间差异有统计学意义（单因素方差分析，$P<0.05$，$n=3$）

表3-2 红鳍东方鲀不同发育时期的ONL、INL和GCL的细胞核密度（个/mm²）以及ONL/INL、ONL/GCL和INL/GCL的比值

孵育后日龄	ONL	INL	GCL	ONL/INL	ONL/GCL	INL/GCL
1(n=9)	89958 ± 7376[a]	54235 ± 1320[a]	36448 ± 612[a]	1.7 ± 0.1[ab]	2.5 ± 0.2[a]	1.5 ± 0.0[ab]
2(n=9)	89506 ± 15753[a]	55999 ± 3906[ab]	45706 ± 1666[ab]	1.6 ± 0.2[ab]	1.9 ± 0.3[a]	1.2 ± 0.1[a]
3(n=9)	160573 ± 10284[ab]	76957 ± 2899[abc]	59826 ± 3702[bc]	2.1 ± 0.1[ab]	2.7 ± 0.1[a]	1.3 ± 0.1[a]
4(n=9)	200462 ± 16766[b]	81877 ± 3030[abc]	55366 ± 3317[abc]	2.5 ± 0.2[b]	3.7 ± 0.4[a]	1.5 ± 0.0[ab]
6(n=9)	206584 ± 24091[b]	85075 ± 2814[bcd]	70805 ± 2279[c]	2.4 ± 0.2[b]	2.9 ± 0.4[a]	1.2 ± 0.1[a]
8(n=9)	205943 ± 27561[b]	102339 ± 4509[cd]	62998 ± 6039[bc]	2.0 ± 0.3[ab]	3.4 ± 0.7[a]	1.7 ± 0.1[ab]
13(n=9)	213460 ± 18285[b]	92423 ± 3468[cd]	71367 ± 4897[c]	2.3 ± 0.3[b]	3.0 ± 0.2[a]	1.3 ± 0.1[a]
18(n=9)	189536 ± 20458[b]	144007 ± 8867[e]	71381 ± 3927[c]	1.3 ± 0.2[a]	2.7 ± 0.4[a]	2.0 ± 0.1[b]
26(n=9)	144339 ± 7996[ab]	114206 ± 13507[de]	67727 ± 6526[c]	1.3 ± 0.1[a]	2.2 ± 0.1[a]	1.7 ± 0.2[ab]

注：数据表示为平均值±标准差。同一列中的数字后跟不同的小写字母表示使用统计学Duncan检验显著差异性，显著性水平设为0.05。

3.2.3 不同发育阶段红鳍东方鲀视网膜内相关视蛋白的表达规律

在孵化后第1天、2天、3天、4天、6天、8天、13天、18天和26天，随机采集20尾幼鱼（1d、2d、3d、4d、6d、8d、13d、18d取全鱼，孵化后第26天仅取头部），然后将其保存在RNA later试剂（Ambion，Austin，TX，美国）中，随后储存在−80℃下超低温冰箱，直到用于RNA提取。采用Trizol法提取总RNA，并使用Nanodrop ND-1000分光光度计检测RNA浓度和完整性。实时qPCR检测 *RH1*、*LWS*、*RH2*、*green opsin*、*SWS2*、*rod opsin*、*opsin3* 和 *opsin5* 在不同处理组的幼鱼体内的表达水平。使用Primer Premier 5.0程序设计引物（表3-3）。使用 *ef1 α*作为内参基因，使用Applied Biosystems 7900 HT实时PCR系统（Applied Biosystems，Foster City，CA，美国）和SYBR FAST qPCR

Kit Master Mix（2×）Universal System（KAPA Biosystems，Boston，MA，美国）进行 qPCR。即将 1μg 总 RNA 用 DNase Ⅰ（37℃，30min）预处理后，使用第一链 cDNA 合成试剂盒（Takara，日本）合成 cDNA。PCR 扩增条件为：95℃，5 min；95℃，3s；60℃，20 s，共 40 个循环。相对定量的结果采用 $2^{-\Delta\Delta CT}$ 法进行分析。PCR 产物经 1.5%琼脂糖凝胶电泳检测。采用单因素方差分析，Tukey 检验（IBM SPSS statistics version 22.0, IBM, Chicago, IL, 美国）检验所有数据的统计学意义。$P<0.05$ 被认为有显著性差异。

表 3-3　本研究中用于 qPCR 的引物

基因 ID	基因	引物	引物序列	长度/bp
NM_001033849.1	RH1	Forward	GAACTACGTCCTGCTCAACCTG	148
		Reverse	CCCTCCTAAAGTGGCAAAGAAT	
XM_003973673.3	LWS	Forward	CAATGTGCGTCTTTGAGGGT	231
		Reverse	TCTTCAGTCCATGAGGCCAG	
XM_029826028.1	RH2	Forward	TTCCCATAAACTTCCTGACACTG	221
		Reverse	CAAAGCGACTTGACCTCCG	
NM_001033712.1	green opsin	Forward	CCGCTGTCAATGGCTACTTC	190
		Reverse	GTGAAAGCGACTCCAACTGC	
XM_003973672.3	SWS2	Forward	GGGACACCATTTGATCTGAGAC	106
		Reverse	AGCGGAACTGTTTATTGAGGAC	
NM_001078631.1	rod opsin	Forward	GGGGAGAATCACGCAATCA	195
		Reverse	GAGGAAGTGGCAGACGAACA	
XM_029835125.1	opsin3	Forward	CAGCGTCCCAGTCTTTCAGT	190
		Reverse	TCAGGCGTCTTCTTCCATTT	
XM_029850052.1	opsin5	Forward	GACGGTTGAGGAAGGGCTAT	181
		Reverse	GCTGGCTGTGCTGTCAAGA	
XM_003964421.2	β-actin	Forward	AACCAAATGCCCAACAACTTC	213
		Reverse	GATCCCCAGATGCAACAGAAC	

qPCR 的结果表明，RH1、LWS、RH2、green opsin、SWS2、rod opsin、opsin3 和 opsin5 均从孵化后 1 d 开始表达（图 3-5）。RH1 在孵化后 1~4 d 的表达量

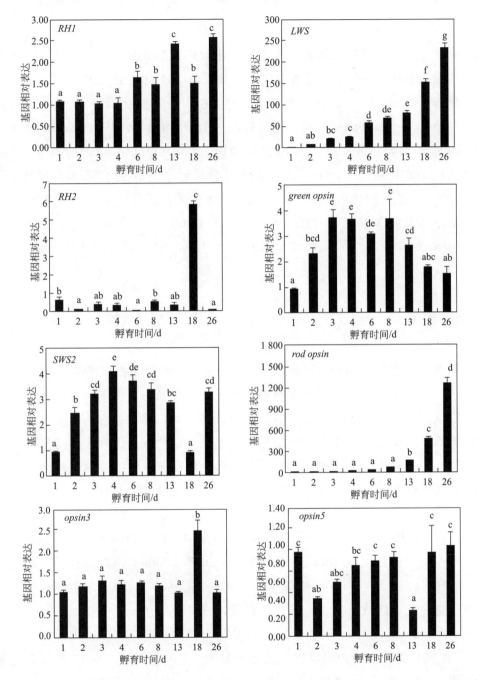

图 3-5 RH1、LWS、RH2、green opsin、SWS2、rod opsin、opsin3、opsin5 在红鳍东方鲀幼鱼不同发育时期的相对定量表达水平

无显著差异，从 4d 开始表达量增加，在孵化后 13d 达到一个高值，随后开始下降，从孵化后 18d 开始表达量再次增加，在孵化后 26d 时表达量最大。*LWS* 基因表达量从孵化后 1d 开始逐渐增加，在孵化后 26d 时达到最大值。*RH2* 基因表达量在孵化后 2～13d 无显著差异（$P>0.05$），在孵化后 18d 达到最大值（$P<0.05$）。*green opsin* 的表达量从孵化后 1d 开始增加，从孵化后 8d 开始下降。*SWS2* 基因表达量从孵化后 1d 开始增加，然后从孵化后 4d 开始减少，随后从孵化后 26d 开始增加。*rod opsin* 的表达量从孵化后 1d 逐渐增加，在孵化后 26d 达到最大值，孵化后 1d 到 8d 的表达量无显著性差异。*opsin3* 在孵化后 1～13d 时表达无显著性差异（$P>0.05$），在 18d 时表达量最大，随后开始降低。*opsin5* 基因表达量从孵化后 2d 开始升高，孵化后 13d 开始下降，然后升高。

3.2.4 小结

初次摄食之前，大多数海水鱼类在孵化后依赖卵黄囊的营养储备来进行个体发育。随着卵黄囊内的营养逐渐被消耗，仔鱼会经历从内源营养过渡到混合营养阶段的过渡（马等，2010；Yúfera 等，2014）。感觉器官的形态发生与鱼类幼鱼的行为变化密切相关，特别是视觉系统，对幼鱼的摄食和逃避捕食者至关重要（Lim 和 Mukai，2014）。研究认为幼鱼在卵黄囊的营养耗尽之前完成视网膜功能细胞的分化和开口是非常重要的（Rønnestad 等，2013；Lim 和 Mukai，2014；Hu 等，2018）。在本研究中，发现孵化后 2d 时红鳍东方鲀的卵黄囊消失，幼鱼开口摄食轮虫，同时发现在孵化后 2d 时，视网膜的十层结构完整，因此，推测幼鱼在孵化后 2d 后能够摄食。Wan 等（2006）也观察到了类似的结果，在孵化后 2d 口腔和肛门就打开了，同时消化道、肝脏和胰腺也开始分化和发挥功能。在其他鱼类中也发现在进食前，视觉一般已发育成熟，例如，在斑马鱼（*Danio rerio*）中，孵化后 2d 时卵黄完全消失，幼鱼可以自由游动和独立进食，此时可以观察到由视觉诱发的行为反应，也可以从孵化后 1d 记录到视网膜电图（Kimmel 等，1995；Glass 和 Dahm，2004）。赤点石斑鱼（*Epinephelus akaara*）幼鱼在孵化后 3d 时卵黄被完全吸收，孵化后 4d 时开口，其幼鱼从孵化后 2～3d 开始出现 ONL、INL 和 GCL 层，孵化后 4d 时视网膜分化为 PRE、

PRos/is、ONL、OPL、INL、IPL、GCL，并且眼睛脉络膜开始出现色素（Kim 等，2013；Kim 等，2019）。阿根廷鳀（*Engraulis anchoita*）幼鱼在卵黄囊末期（4mm），眼睛出现色素，视网膜可见 GCL 和 PR 层。视网膜开始具备功能的时期与外源营养的开始时间相一致（Miranda 等，2020）。在金头鲷（*Sparus aurata*）中，孵化后 3~4d，发现视网膜发育较好，口腔和肛门打开，卵黄囊耗尽，消化道、肝脏和胰腺的功能分化（Parry 等，2005；Yúfera 等，2014；Pavón-Muñoz 等，2016）。与此不同的是，在其他鱼类中，如金鱼（*Carassius auratus*）、青鳉（*Oryzias latipes*）、尼罗罗非鱼（*Oreochromis niloticus*）和斑马鱼（*Danio rerio*），视网膜在孵化前就发育良好，也被称为视网膜先熟鱼类（Kimmel 等，1995；Morrison 等，2001；Candal 等，2005，2008；Kitambi 和 Malicki，2008；Tsai 等，2013；Álvarez-Hernán 等，2019）。对于最原始的脊椎动物，如深海七鳃鳗（*Petromyzon marinus*），在胚胎发育期间视网膜发育就开始了，但直到变态期才完成分化，在 5 岁以上才发育成熟（De Miguel 和 Anadón 1987；Rodicio 等，1995）。

在孵化后 1d 就可以观测到 RPE 层和 PRos/is 层。虽然硬骨鱼的眼睛与哺乳动物的眼睛非常相似，但它有几个独特的结构特征，例如硬骨鱼的眼睛没有眼睑，大多数硬骨鱼不能改变瞳孔的大小（Kusmic 和 Gualtieri，2000；Reckel 等，2002），因此当鱼持续暴露在强光下时，它们的视网膜更容易受到潜在的光诱导损伤。因此，在鱼类进化出来了保护策略，包括黑色素颗粒的迁移和光感受器的运动。因为光感受器细胞能够伸入或退出 RPE，所以黑色素能够保护视网膜免受光诱导的细胞损伤（Sanyal 和 Zeilmaker，1988；Allen 和 Hallows，1997）。由此可见，红鳍东方鲀的 RPE 层发育较早，可能是为了保护 PRos/is 层。这一结果与之前对其他硬骨鱼的研究结果一致。例如，黄鳍棘鲷（*Acanthopagrus latus*）、鲻鱼（*Mugil cephalus*）和美洲西鲱（*Alosa sapidissima*），在视网膜发育之前，在视网膜边缘清晰地观察到一层薄薄的含有少量黑色素颗粒的 RPE 层（何等，1985；徐等，1988；Gao 等，2016）。

本研究发现红鳍东方鲀 ONL 和 OPL、INL 和 IPL、GCL 和 OFL 的厚度的变化呈现相反的趋势。在包括硬骨鱼在内的脊椎动物中，ONL 由视锥细胞和视杆细胞的细胞体组成，OPL 包含视杆细胞、视锥细胞的突触和水平细胞、双极细胞。INL 由双极细胞、无长突细胞、水平细胞和 Müller 细胞组成，而 IPL 由双极细胞、无长突细胞和神经节细胞之间的连接组成。神经节细胞的细胞核形成 GCL，而 OFL 包含聚集形成视神经的神经节细胞轴突（Fernald，1990；Kolb，2011；Ferreiro-Galve 等，2008，2010a，2010b，2012；Bejarano-Escobar 等，2014；Musilova 等，2019）。研究发现，随着细胞体和突触分化变得更加明显，导致 ONL 的厚度不断减少，OPL 的厚度不断增加（Ali 和 Anctil 1977；Kolb，2011）。同样，随着轴突的延伸和树突的连续分支，INL 的厚度减少，IPL 的厚度增加（Ali 和 Anctil 1977；Kolb，2011），随着轴突和树突的延长，GCL 的厚度减少，OFL 的厚度增加（Ali 和 Anctil 1977；Kolb，2011）。因此，本研究结果反映了红鳍东方鲀视网膜在发育早期的分化过程，同时正如其他快速发育的鱼类一样，网状层和细胞核层的出现几乎是同时发生的（Parry 等，2005；Pavón-Muñoz 等，2016）。相比之下，对发育缓慢的鱼类，如板鳃类和河鳟（*Salmo trutta fario*）的 IPL 比 OPL 进化得更早（Ferreiro-Galve 等，2008，2010a，2010b，2012；Harahush 等，2009；Candal 等，2005，2008；Bejarano-Escobar 等，2012，2013）。

以往研究发现 ONL/INL 比值可用来评估视网膜在第一个突触处的视觉信息整合程度，黄昏觅食的物种 ONL/INL 比值在 1.4～1.7 之间，夜间觅食的物种该值在 2.7～3.5 之间，昼夜均摄食的鱼类该值仅在 0.5～1.4（Munz 和 McFarland 1973；Schieber 等，2012）。研究认为对于夜间活动的鱼类中，较高的 ONL/INL 比值反映了它们对昏暗条件的适应（Munz 和 McFarland 1973）。在本研究中，红鳍东方鲀的 ONL/INL 值在早期发育阶段值为 1.3～2.5，说明红鳍东方鲀幼鱼具有较高的视觉敏感性。如前所述，雌性红鳍东方鲀春季在 10 米至 50 米深度的沿海水域产卵，幼鱼从春季到夏季停留在主要产卵地附近，然后进入更广阔的区域（Katamachi 等，2015；Kim 等，2016；Zhang 等，2019）。红鳍东方鲀较高的 ONL/INL 比值反映了它们对周围光照条件的适应。然而，Schieber 等（2012）研究了 4 种不同生态系统的板鳃鱼类的视网膜解剖情况，包括澳大利亚虎鲨（*Heterodontus portusjacksoni*）、公牛鲨（*Carcharhinus leucas*）、费氏窄尾魟（*Himantura fai*）和肩章鲨（*Hemiscyllium ocellatum*），发现 ONL/INL 比值可能对于板鳃类来说并不是可靠的评价指标。ONL/GCL 比值反映了视网膜会聚程度，而间接反映了鱼类的视敏度和光敏度（Xu 等，1998；Ma 等，2010）。较高的视觉敏感性有助于它们区分小型水生生物，如运动中的浮游动物，能够提高摄食成功率（Ma 等，2010）。在本研究中，不同发育阶段的红鳍东方鲀的 ONL/GCL 比值在 1.9～3.7 之间，且无显著差异，说明红鳍东方鲀在幼鱼开口前可能就具有较高的视觉敏感性。

　　脊椎动物视蛋白基因在视网膜或非视网膜组织中表达，负责促进视觉感知。红鳍东方鲀眼内的 *RH1*、*LWS*、*SWS2*、*RH2*、*green opsin* 基因从孵化后 1 d 时就已经表达，此结果表明红鳍东方鲀幼鱼可能从此时就能够捕获到不同波长信息，特别是能够检测到短波长的光，可以提高猎物和水环境的对比度（Hargrave 等，1983；Loew 等，1993；Browman 等，1994）。在大多数鱼类中也观察到类似的结果，包括鲱鱼（*Clupea pallasi*）（Sandy 和 Blaxter，1980）、比目鱼（*Pseudopleuronectes americanus*）（Mader 和 Cameron，2004）和虹鳟（*Oncorhynchus nerka*）（Flamarique 和 Hawryshyn，1996）。在水产养殖中，已被证实鱼类幼鱼的生长会受到光谱的影响。例如，光谱可以影响黑线鳕（*Melanogrammus aeglefinus*）的首次摄食，与在绿色或全光谱下饲养相比，在蓝光下饲养的幼鱼的摄食成功率显著更高（Downing 和 Litvak，2001）。在金头鲷幼鱼（*Sparus aurata*）中，红色光谱可以显著增加大脑多巴胺，抑制生长（Karakatsouli 等，2007）。利用短波长（蓝色）养殖条斑星鲽（*Verasper moseri*）可以促进其生长速度（Yamanome 等，2009）。因为负责感受各种光谱的视蛋白基因从孵化后 1d 就开始表达，所以在其人工育苗过程中可以在受精卵阶段就使用不同波长的光谱进行照射。系统发育分析显示，鱼类中大量视蛋白基因因基因组复制产生的（Rennison 等，2012）。在 5 种视蛋白类型中，*RH2* 型似乎经历了最多的基因复制事件（Spady 等，2006；Rennison 等，2012）。在红鳍东方鲀中，*RH2* 和 *green opsin* 均于孵化后 1d 开始表达，但它们的表达模式完全不同。*RH2* 和 *green opsin* 之间的差异可能是基因复制事件后产生了不同的光感觉作用（Rennison 等，2012；Matsumoto 等，2020）。*SWS1* 的光敏色素能够对紫外线具有敏感性，在觅食、交流和择偶等方面起着重要作用（Van 等，2006）。包括哺乳动物、鸟类、爬行动物、两栖动物、七鳃鳗、硬骨鱼在内的大多数脊椎动物中存在 *SWS1* 基因（Van 等，2006）。然而，有研究表明在红鳍东方鲀幼鱼眼组织的转录组中没有发现与 *SWS1* 基因相关的序列，这表明该基因在鲀形目的共同祖先中已经丢失（Neafsey 等，2005）。此外，鱼类拥有 *SWS2* 视蛋白，然而大多数哺乳动物，包括人类，除了少数有袋动物和单孔目动物,都没有这种视蛋白。视蛋白可恢复视网膜变性患者的视觉功能,视蛋白突变可导致神经退行性失明视网膜色素变性(Athanasiou 等,2012;Rennison,2012)。视蛋白处理的小鼠能够在光线昏暗的房间中检测到视觉刺激(Cehajic 等,2015)。本研究发现红鳍东方鲀孵化后 1d 中有视蛋白的表达,并且表达量逐渐增加,表明视蛋白对红鳍东方鲀视网膜的保护功能逐渐增强。

在动物界中,眼睛外的组织中也存在光感受细胞(Moriya 等,1996;Provencio 等,1998 年;Okano 等,1994 年;Nakane 等,2010 年;Kelley 等,2016 年;Musilova 等,2019 年;Liebert 等,2022 年)。在本研究中,非视觉视蛋白,如 $opsin3$ 和 $opsin5$ 在红鳍东方鲀中的表达也是从孵化后 1d 就被检测到的,这可能表明尽管视觉在觅食活动和进食中发挥关键作用,但非视网膜感光器官(如松果体器官)和深脑内感光细胞及非视觉视蛋白可能对河豚幼鱼的生长和发育也具有重要作用。在其他鱼类中也发现类似的现象,非视觉视蛋白包括 opsin4a、tmtopsa、tmtopsb 和 opsin3,在斑马鱼幼鱼的中枢神经系统中广泛表达(Fernandes 等,2013;Hang 等,2016 年)。TMT、opsin4 等非视觉蛋白表达在青鳉(*Oryzias latipes*)的端脑(吻侧前脑)中被检测(Fischer 等,2013)。这些光敏结构是如何介导光周期信号并引发关键生理事件的还有待进一步研究。

本研究揭示了红鳍东方鲀视网膜的发育过程,并对视蛋白基因在红鳍东方鲀早期发育阶段的表达模式进行了分析。这些结果可能表明红鳍东方鲀在孵化后的早期阶段,从内源性营养到混合营养的过渡阶段,发育良好的视网膜和视蛋白的早期表达可能对其生存至关重要。此外,所有检测到的视蛋白基因的表达均是从孵化后第 1 天开始,这表明红鳍东方鲀幼鱼可能在孵化后 1d 就能检测到各种光谱。研究结果可为红鳍东方鲀幼鱼的生物学研究提供一定的参考。

3.3 光照对红鳍东方鲀仔稚幼鱼生长和发育的影响

本研究以发光二极体(LED)为光源,探讨光谱及光照强度对红鳍东方鲀幼鱼生长及存活的影响。研究于2018年4月至2018年6月在大连富谷水产有限公司进行。河豚幼鱼购自大连富谷水产有限公司。研究开始之前，幼鱼一直饲育在20m³的养殖池内（160cm高）。研究正式开始时，将河豚幼鱼[平均体长为(8.17±0.9)mm]随机分配到100L的养殖桶（62cm高）中，以350尾/桶的密度进行培养。每天饱食投喂幼鱼切碎的虾和卤虫6~8次（每次1.5h，直到观察到有残饵为止）。幼鱼在盐度39和20.5~21.5℃的温度下饲养39天（从孵化后30d到69d），光周期保持在光照：黑暗（L：D）=12：12。溶解氧>8mg L^{-1}。每天监测盐度、温度、溶解氧和pH。每周检测采集水样中的氨氮和亚硝酸盐含量，确保其分别<0.2mg/L和<0.05mg/L。清洗养殖桶底部，清除杂物、多余饲料和死幼鱼，并每天更新两次水，以保持饲养用水的质量。

本研究使用了五种照明方案，每组三个重复（总共设置15个养殖桶）：0.5W/m²、1.5W/m²和3.0W/m²全光谱（W0.5、W1.5和W3.0），0.5W/m²蓝色（λ_{max}=450nm，B0.5）和0.5W/m²黄色（λ_{max}=600nm，Y0.5）（图3-6）。使用光谱光度计（植物照明分析仪PLA-20，中国浙江）测定光谱组成和光照强度（表3-4）。人工照明由5个LED灯（深圳超频三科技有限公司，深圳）提供。为避免背景光对实验产生影响，用一层不透光的灰色幕布将养殖桶隔开。通过调节LED灯距养殖水表面的高度来校正光照强度，并每天监测光照强度，保持水面的辐照度全光谱白光约为0.5W/m²、1.5W/m²、3.0W/m²，蓝光和黄光为0.5W/m²。

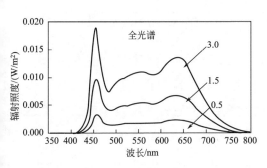 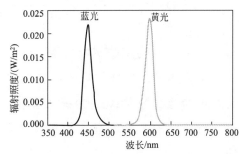

图3-6 全光谱、蓝色和黄色LED的光谱组成，以绝对光谱分布表示

表 3-4 实验设计

处理	光谱组成	光照强度（平均值±标准差）	
		lux	W/m²
W0.5	白色	128.25 ± 4.32	0.50 ± 0.02
W1.5	白色	395.53 ± 27.67	1.54 ± 0.11
W3.0	白色	774.80 ± 10.01	2.98 ± 0.03
B0.5	蓝色	16.13 ± 0.61	0.50 ± 0.02
Y0.5	黄色	223.23 ± 18.55	0.49 ± 0.04

注：W，白光组；B，蓝光组；Y，黄光组。

3.3.1 不同光谱和光照强度对红鳍东方鲀幼鱼生长与存活的影响

在第 17 天、30 天和 39 天，随机从每个养殖桶中选取 10 尾（处理后第 17 天和 30 天）或 20 尾（处理后第 39 天）幼鱼，并置于冰上麻醉，测量体长（BL）和湿重（WW）。同时计算特定生长率（SGR）：

$$特定生长率 = \frac{\ln 最终体重 - \ln 初始体重}{饲养天数} \times 100$$

存活率（So）：

$$So(\%) = \left[\frac{(n0-d1)}{n0} \frac{(n0-d1-s1-d2)}{(n0-d1-s1)} \frac{(n0-d1-s1-d2-s2-d3)}{(n0-d1-s1-d2-s2)} \right] \times 100$$

式中，$n0$ 为鱼的初始数量；$d1$ 为第一阶段（第一次取样之前）鱼的死亡数量；$s1$ 为第一次取样的数量；$d2$ 为第二阶段（第一次取样之后和第二次取样之前）鱼的死亡数量；$s2$ 为第二次取样的数量；$d3$ 是第三阶段（第二阶段之后第三阶段之前）鱼的死亡数量；分别计算实验开始后第 17 天、30 天和 39 天的存活率。

研究发现，处理后 17d，未观察到各处理组的幼鱼体长有显著差异（$P>0.05$）。在处理后 39d，W3.0 处理组的幼鱼体长为 $(29.83±0.58)$ mm，显著高于 B0.5 处理组的幼鱼(26.45±0.10)mm（$P<0.05$），但 W0.5、W1.5 和 W3.0 三个处理组之间和 W0.5、Y0.5 和 B0.5 三个处理组之间幼鱼体长无显著差异。在处理后第 17 天，五组幼鱼的湿重无显著差异（$P>0.05$），幼鱼湿重为(80.92±8.89)（Y0.5）~(108.58±10.50)mg（B0.5）。在处理后 39d，W3.0 处理组的幼鱼湿重最高为(1327.91±116.56)mg，其次是 W0.5（1128.22±97.94）mg、W1.5(1119.46±64.00)mg 和 Y0.5(1112.47±115.00)mg 组。处理后 39d，W3.0 和 B0.5 处理组幼鱼湿重差异显著（$P<0.05$）。W3.0 处理组幼鱼 SGR 最高（10.5%），显著高于 B0.5 处理组的幼鱼（9.7%）（$P<0.05$）。W0.5、W1.5 和 W3.0 三个处理组之间及 W0.5、Y0.5 和 B0.5 三个处理组之间差异不显著（$P>0.05$）（图 3-7，图 3-8）。处理后 17d，W1.5 组幼鱼的存活率显著高于 W0.5 和 W3.0 组幼鱼（$P<0.05$）。到处理后 30d 和 39d，W1.5 组幼鱼的存活率显著高于 W0.5（$P<0.05$），但 W0.5、Y0.5 和 B0.5 处理组三组幼鱼之间差异不显著（$P>0.05$）（图 3-9）。

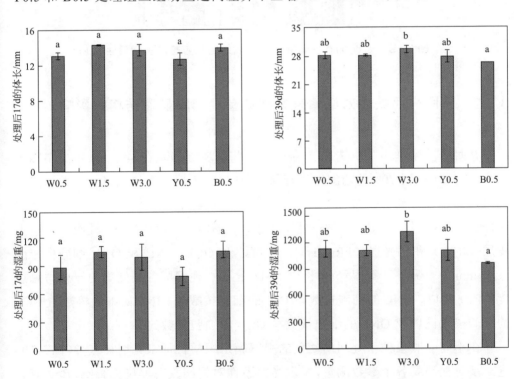

图 3-7 处理 17d 和 39d 后的红鳍东方鲀幼鱼的体长和湿重

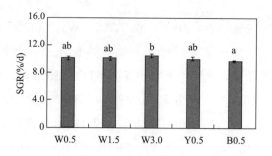

图 3-8 处理 0~39d 后红鳍东方鲀幼鱼的特定生长率（SGR）

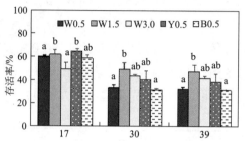

图 3-9 处理 17d、30d 和 39d 后红鳍东方鲀幼鱼的存活率

3.3.2 不同光照条件对红鳍东方鲀幼鱼视网膜显微结构的影响

从每个养殖桶中随机选取 5 条幼鱼，将其头部固定在 4%多聚甲醛中固定过夜，然后转移到70%的乙醇中进行保存，H.E.染色后使用显微镜观察并拍照。同时，测定以下参数：神经纤维层（OFL）、神经节细胞层（GCL）、内网层（IPL）、内核层（INL）、外网层（OPL）、外核层（ONL）、视网膜色素上皮层（RPE）和感光层（PRos/is）的厚度，及 GCL、INL 和 ONL 细胞核密度（个/mm²）。另外计算眼径/头长比（ED/HL）、视网膜各层结构的厚度与总厚度（TT）比值、ONL 的细胞核数与 INL 的细胞核数比、INL 的细胞核数与 GCL 的细胞核数比以及 ONL 的细胞核数与 GCL 的细胞核数比。

在不同光照条件下处理的幼鱼的视网膜组织学特征未见明显差异（图 3-10）。进一步对视网膜各个参数测量，发现光照条件对视网膜总厚度无影响（$P>0.05$）（表 3-5）。但是，计算各层厚度与视网膜总厚度的比值时，发现暴露于 W3.0 的幼鱼的 RPE/TT 值显著高于暴露于其他光照条件下的幼鱼（$P<0.05$）。此外，

暴露于 W3.0 的幼鱼的 ONL/TT 值显著低于暴露于 W0.5 的幼鱼（$P<0.05$），而暴露于 W3.0 的幼鱼的 IPL/TT 值显著高于暴露于在 W0.5 和 W1.0 的幼鱼（$P<0.05$）。在不同处理组的幼鱼的 PRos/is/TT、OPL/TT、INL/TT、GCL/TT 和 GFL/TT 中未发现显著差异（$P>0.05$）。

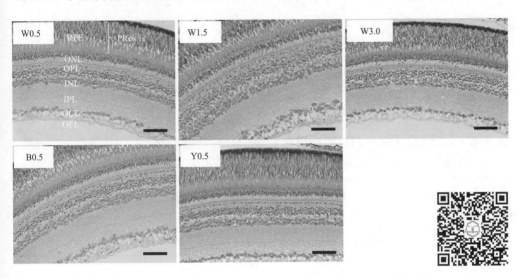

图 3-10 处理 39d 后红鳍东方鲀幼鱼视网膜的组织学切片

RPE：视网膜色素上皮层；PRos/is：感光器层（包括 RPE、PRos 和 PRis）；ONL：外核层；OPL：外网层；INL：内核层；IPL：内网层；GCL：神经节细胞层；OFL：神经纤维层。比例尺=50μm

表 3-5 处理 39d 后不同光照条件下红鳍东方鲀幼鱼视网膜各层厚度与总厚度的比值

处理	TT (μm)	RPE/TT (%)	PRos/is/TT (%)	ONL/TT (%)	OPL/TT (%)	INL/TT (%)	IPL/TT (%)	GCL/TT (%)	GFL/TT (%)
W0.5	252.3 ± 4.1[a]	19.4 ± 0.8[a]	30.3 ± 1.2[a]	8.8 ± 0.2[b]	7.9 ± 0.6[a]	17.4 + 0.9[a]	22.3 ± 0.7[ab]	5.1 ± 0.6[a]	8.5 ± 0.3[a]
W1.5	251.5 ± 24.5[a]	18.1 ± 0.8[a]	29.3 ± 1.1[a]	8.4 ± 0.2[ab]	8.6 ± 0.2[ab]	18.4 ± 0.4[a]	21.5 ± 0.33[a]	5.2 ± 0.1[a]	8.8 ± 0.5[a]
W3.0	253.5 ± 30.1[a]	21.5 ± 0.4[b]	29.7 ± 0.5[a]	8.3 ± 0.4[a]	8.6 ± 0.5[ab]	16.2 ± 0.4[a]	23.2 ± 0.3[c]	4.9 ± 0.2[a]	9.2 ± 0.0[a]
Y0.5	271.6 ± 16.1[a]	17.8 ± 1.4[a]	29.3 ± 0.8[a]	8.8 ± 0.4[a]	8.8 ± 0.4[b]	16.8 ± 1.0[b]	22.8 ± 0.5[bc]	5.4 ± 0.1[a]	9.3 ± 1.4[a]
B0.5	244.7 ± 17.9[a]	21.4 ± 0.3[a]	30.2 ± 0.2[a]	8.4 ± 0.2[a]	8.3 ± 0.2[a]	17.0 ± 0.2[ab]	22.4 ± 0.3[bc]	5.2 ± 0.4[a]	9.0 ± 0.3[a]

注：数据表示为平均值±标准差。同一列中的数字后跟不同的小写字母表示使用统计学 Duncan 检验显著差异性，显著性水平设定为 0.05。

各处理组的 ONL、INL 和 GCL 细胞核密度均有差异（表 3-6），并且当幼鱼暴露于 Y0.5 时，ONL 细胞核的密度显著低于其他光照条件下的幼鱼（$P<0.05$）。B0.5 处理组的幼鱼 INL 细胞核密度显著高于 Y0.5 处理的幼鱼（$P<0.05$）。此外，暴露于 B0.5 的幼鱼的 GCL 细胞核密度显著高于暴露于其他光照条件下的幼鱼的 GCL 细胞核密度（$P<0.05$）。W0.5、W1.5 和 W3.0 三个处理组幼鱼的 ONL/INL、ONL/GCL 和 INL/GCL 比值之间无显著性差异（$P>0.05$）。W0.5、Y0.5 和 B0.5 三组处理组的幼鱼的 ONL/INL、ONL/GCL 和 INL/GCL 比值之间无显著性差异（$P>0.05$）。

表 3-6　处理 39 d 后不同光照条件下红鳍东方鲀幼鱼 ONL、INL、GCL 的细胞核密度以及 ONL/INL、ONL/GCL 和 INL/GCL 值

处理	细胞核密度			比值		
	ONL/(个/mm²)	INL/(个/mm²)	GCL/(个/mm²)	ONL/INL	ONL/GCL	INL/GCL
W0.5	32833 ± 487[b]	37890 ± 422[ab]	13229 ± 1469[a]	0.86 ± 0.00[ab]	2.50 ± 0.27[ab]	2.89 ± 0.32[a]
W1.5	33261± 2630[b]	35196 ± 6099[a]	13090 ± 1536[a]	0.95 ± 0.09[b]	2.55 ± 0.15[b]	2.68 ± 0.30[a]
W3.0	35539 ± 2798[b]	38925 ± 3591[ab]	12930 ± 1464[a]	0.92 ± 0.80[b]	2.77 ± 0.32[b]	3.02 ± 0.103[a]
Y0.5	25367 ± 2467[a]	34095 ± 1984[a]	12047 ± 1077[a]	0.74 ± 0.03[a]	2.11 ± 0.16[a]	2.84 ± 0.20[a]
B0.5	33343 ± 2092[b]	42656 ± 3058[b]	15608 ± 722[b]	0.79 ± 0.09[a]	2.14 ± 0.08[a]	2.74 ± 0.30[a]

注：数据表示为平均值±标准差。同一列中的数字后跟不同的小写字母表示使用统计学 Duncan 检验显著差异性，显著性水平设定为 0.05。

3.3.3　不同光谱和光照强度对红鳍东方鲀幼鱼生长相关基因的表达的影响

在处理后第 39 天，从每个养殖桶中选取 20 尾鱼，解剖分离出脑和肝脏，提取 RNA。随后采用 qPCR 方法测定了促肾上腺皮质激素释放激素

（corticotropin releasing hormone, crh）、阿黑皮素原（proopiomelanocortin, pomc）、生长激素（growth hormone，gh）、生长激素释放激素（growth hormone releasing hormone, ghrh）、芳烷基胺 *N*-乙酰转移酶（aanat2 和 aanat1a）、生长抑素（somatostatin1，ss1；somatostatin2，ss2 和 somatostatin3，ss3）和胰岛素样生长因子（insulin-like growth factor, igf1 和 igf2）的表达水平。使用引物如表 3-7 所示。

表 3-7 qPCR 用引物

基因名	引物	序列	产物长度/bp
ef1α	上游	AGGAGGGCAATGCTAGTGG	204
	下游	TGGTCAGGTTGACGGGAG	
crh	上游	GCAAAGTTGGGAACATCAGG	169
	下游	GCCTGTTGAGCCAGCTGT	
pomc	上游	GTTTGTGAGCGTGGTGGTT	215
	下游	ATGGAGGGAGGCTGAAGG	
gh	上游	CTGAGGCGTCATCGCTAAT	134
	下游	CTAAAGCCTGACTGAAACATCTC	
ghrh	上游	GGGTAAACGTCTTGGCGA	160
	下游	AGCTTCCCTCCGTCTTCAC	
ss1	上游	GCACTAATGGGCAACAAACAG	155
	下游	GCAGCTCGTTCCATGTCAA	
ss2	上游	CTGTGGAGGACCTGATTGC	158
	下游	CTTACAGCCTGCTTTGCG	
ss3	上游	CGTCTACAACCGGCTATCG	152
	下游	GGGTTTGTCCAGCTGAGTTC	
igf1	上游	TGGACATAGTCATTCATCCTTCA	143
	下游	GCACATCATATCGAGTTTGGTAA	
igf2	上游	CCGCGGTGAAACAGGAA	191
	下游	TGATCTTCTCCGCTTGCCT	

图 3-11 显示了 *crh*、*pomc*、*gh* 和 *ghrh* mRNA 表达的变化。在第 39 天，5 个

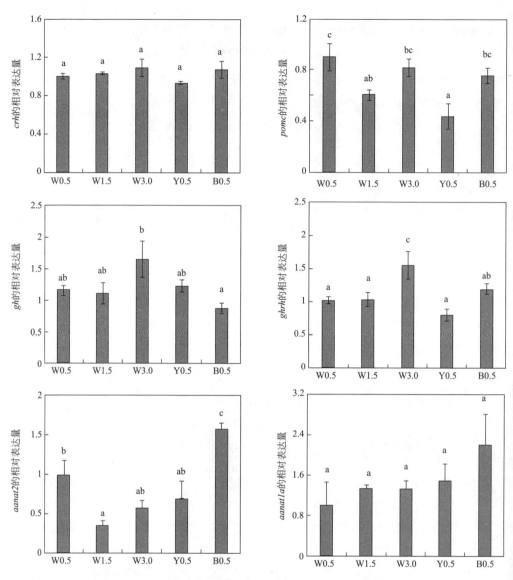

图 3-11 处理 39d 后红鳍东方鲀幼鱼脑中 *crh*、*pomc*、*gh*、*ghrh*、*aanat2*、*aanat1a* 的相对表达量

处理组的幼鱼脑中的 *crh* 表达无显著性差异（$P>0.05$）。暴露于 W0.5 的幼鱼脑中的 *pomc* 表达显著高于暴露于 W1.5 的幼鱼，而暴露于 W0.5 和 B0.5 的幼鱼的 *pomc* 表达显著高于暴露于 Y0.5 的幼鱼（$P<0.05$）。脑中生长激素的表达也存在差异，在 W3.0 组最高，B0.5 组最低（$P<0.05$）。在 W3.0 处理组，*ghrh*

表达也显著高于其他处理组（$P<0.05$）。B0.5组幼鱼的 aanat2 表达最高，但5个处理之间，其表达均无显著性差异（$P>0.05$）。ss1、ss2、ss3、igf1 和 igf2 表达量的变化如图3-12所示，5个处理之间，幼鱼的 ss1、igf1 和 igf2 表达无显著性差异。然而，W0.5组幼鱼的 ss2 最高，Y0.5组幼鱼的 ss3 显著低于W3.0。

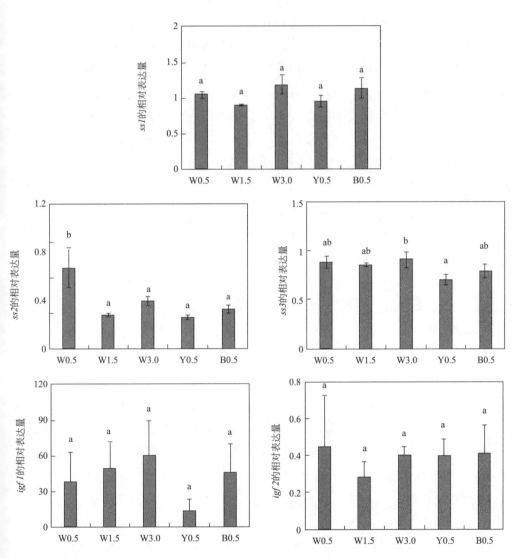

图 3-12 处理39d后红鳍东方鲀幼鱼脑中 ss1、ss2、ss3 及肝脏中 igf1 和 igf2 的相对表达量

3.3.4 小结

红鳍东方鲀在春季产卵，产卵地为 10~50m 的沿海。从春季到夏季，幼鱼主要在产卵场周围生活，然后会分布在其他海域。在本研究中，暴露于 W0.5、B0.5 和 Y0.5 光照条件下的幼鱼，BL、WW 和 SGR 值和存活率无显著差异，表明这些光照条件不影响幼鱼的生长和存活。研究还发现，暴露于 W3.0 的幼鱼与暴露于 W1.5 和 W0.5 的幼鱼相比，RPE/TT 值显著升高，这表明红鳍东方鲀幼鱼可能通过黑色素的迁移来保护其视网膜免受高光强的损害。尽管硬骨鱼类的眼睛与人眼结构相似，但还是有两个主要的区别：没有眼睑和瞳孔。与高等脊椎动物相比，因为鱼类的眼睛经常裸露在光线下，所以鱼类的视网膜更容易受到光环境因子的损害。因此，鱼类可以通过感光细胞的移动性和黑色素颗粒的迁移，来防止光照造成的有害影响。W3.0 组幼鱼的 ONL/TT 值显著低于 W0.5 组幼鱼，表明与 W0.5 组相比，W3.0 有可能会导致河豚幼鱼的视网膜损伤，今后需要进一步检测视网膜内细胞的凋亡情况等。同时，本研究中还发现光照条件改变了视网膜内有些层的厚度以及 ONL、INL 和 GCL 的细胞核密度，但这些变化与红鳍东方鲀幼鱼的生长无相关性。

在本研究中，脑中 *gh* 的表达模式与 BL、WW 和 SGR 的变化规律相似，并且 *ghrh* 在暴露于 W3.0 的幼鱼中的表达最高，这表明光照可能通过影响 *ghrh* 进而影响 *gh* 的表达，今后需要进一步验证。此外，5 个处理组幼鱼的脑内的 *ss1* 表达没有显著差异，W0.5、W1.5 和 W3.0 之间以及 W0.5、Y0.5 和 B0.5 之间的 *ss3* 表达没有显著差异。然而，暴露于 W0.5 的幼鱼中 *ss2* 的表达明显高于在其他光照条件下培养的幼鱼。这些结果表明，光照条件对 *ss1* 和 *ss3* 的表达无显著性影响，但 W0.5 可以上调 *ss2* 的表达。此外，未观察到 5 种光照条件下饲育的幼鱼肝脏中的 *igf1* 和 *igf2* 的表达有显著差异。5 种处理条件下幼鱼脑内的 *aanat1a* 的表达无显著差异，而 B0.5 处理幼鱼脑内 *aanat2* 的表达最高，且与 *gh* 的表达模式不同。在本研究中，暴露于不同光照条件下的幼鱼 *crh* 表达水平相同，但暴露于 W1.5 的幼鱼 *pomc* 表达显著低于暴露于 W0.5 的幼鱼，暴露于 Y0.5 的幼鱼 *pomc* 表达显著低于暴露于 W0.5 或 B0.5 的幼鱼，表明暴露于 W1.5 和 Y0.5 可能引起红鳍东方鲀幼鱼的应激。考虑到 W1.5 暴露的幼鱼存活率显著高于 W0.5 和 W1.5 组幼鱼，存活率较高造成相对的密度较高可能是造成应激的另一个原因。

3.4 光照度对早期幼鱼生长存活的影响研究

众所周知，光环境在水生生物不同发育阶段均具有不可或缺的作用，多数硬骨鱼类的生长存活需要适宜的光环境而进行。本部分的研究内容主要是不同光照度环境对红鳍东方鲀早期幼鱼的生长性能（体质量、死亡率、特定生长率、增重率）的影响进行研究，评估不同光照度环境对其生长和存活产生的积极或不利影响，以期确定适宜红鳍东方鲀早期幼鱼阶段的生长发育光照度阈值，为工厂化养殖红鳍东方鲀提供理论依据。

本章节研究4种光照度（$50mW/m^2$，$250mW/m^2$，$500mW/m^2$，$750mW/m^2$）下，红鳍东方鲀幼鱼的体长、体重、特定生长率、死亡率等，阐明不同光照度对幼鱼生长发育的影响规律，并筛选出适于该阶段发育的最佳光照度调控模式。

本部分的实验研究主要是针对不同光照度对红鳍东方鲀早期幼鱼的生长发育以及存活率的影响研究；本部分实验的红鳍东方鲀为受精卵孵化后30日龄早期幼鱼$(0.03±0.01)g$，实验鱼前期在自然光条件下孵化至30日龄；随后将1200尾红鳍东方鲀初孵早期幼鱼均匀分至4个实验处理组，4个光照度处理组分别为$50mW/m^2$、$250mW/m^2$、$500mW/m^2$、$750mW/m^2$，每个处理组设置3个重复。本实验的光源所采用的是LED全光谱灯具，灯具由中国科学院半导体研究所研发，经由深圳超频三科技股份有限公司以及无锡华兆泓光电科技有限公司联合制造。实验过程中的灯具悬挂选择在养殖桶中心正上方50cm处，每日早晨8:00用照明分析仪测定光照度，保证光照度在实验允许误差范围内（$±20mW/m^2$），光周期设定为人为控制12L:12D光周期时长，为避免不同处理组间的光照度影响，在不同处理组之间采用遮光布进行遮蔽，形成单个光照度处理组处于一个密闭室，避免光源之间的交叉污染。为了观察不同光照度对红鳍东方鲀早期幼鱼的生长发育影响，设置样本采集时间分别为7d、14d、21d、28d、35d等5个取样时间点；每个采样时间点每个处理组各取样9尾鱼，称量体长、体重后均匀分装至 3 个 1.5mL 冻存管中，放入液氮中迅速冷冻后放入超低温冰箱，−80℃保存至样品测定。

死亡率（M，%）、特定生长率（SGR，%/d）和增重率（WG，%）计算方法如下：

死亡率 $M(\%)=[(N_0-N_t)/N_0]\times100$

特定生长率 $SRG(\%/d)=[\ln W_t - \ln W_0]/T\times100$

增重率 $WG(\%)=[(W_t-W_0)/W_0]\times100$

上述公式中，N_0 和 N_t 代表实验期间内各组红鳍东方鲀早期幼鱼在实验初期的总数量和实验结束时的总数量；W_0 和 W_t 分别代表各组红鳍东方鲀早期幼鱼的初始体重和末期体重；T 代表实验 35 天。

本实验中各类生长指标数据均以平均值±标准误差（Mean±SE）表示，其中生长指标数据先使用 Excel 软件进行归类、整理；后采用 SPSS 23.0 的单因素方差分析（one-way ANOVA）进行统计处理，并采用 Duncan 进行多重比较分析，以 $P<0.05$ 作为差异显著水平。

3.4.1　不同光照度对红鳍东方鲀早期幼鱼生长发育的影响

图 3-13 和图 3-14 显示了在 4 种不同光照度下，实验 35 天期间内（30～65dph）红鳍东方鲀体重和体长的变化。实验过程中各处理组的体重和体长均呈现出相似的增长趋势。第 14 天，不同光照度对体长有显著差异；在第 21 天，不同光照度下鱼类的体重开始出现显著差异。实验最后一天，四种光照度处理组的体长差异无统计学意义，但 750mW/m² 光照处理的 BW 显著高于 50mW/m² 和 250mW/m² 光照处理。

3.4.2　不同光照度对红鳍东方鲀早期幼鱼生长存活的影响

实验期间，不同处理组之间的死亡率有显著差异，750mW/m² 处理组的死亡率显著高于其他各组，为 36.67%，而 50mW/m² 处理组的死亡率最低，为 7.33%，同时结合该组的生长性能（最终体质量）的结果可知，死亡率较低的现象会直接提高实验处理组内的养殖密度,进而影响生长;特定生长率及增重率在 250mW/m² 和 500mW/m² 处理组之间没有显著性差异,因此可得出在 250~500mW/m² 范围内的光照度较适宜红鳍东方鲀早期阶段的生长发育(见表3-8)。

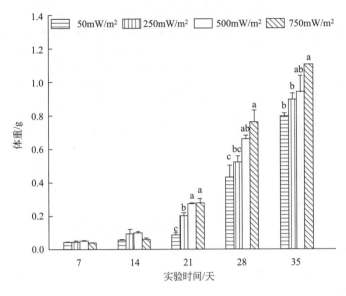

图 3-13　不同光照度下红鳍东方鲀早期幼鱼体重的变化

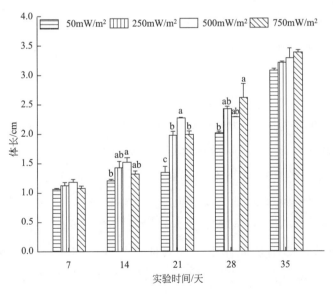

图 3-14　不同光照度下红鳍东方鲀早期幼鱼体长的变化

表 3-8　不同光照度下红鳍东方鲀早期幼鱼生长存活变化

光照度 /(mW/m^2)	初体质量/g	末体质量/g	特定生长 /(%/d)	死亡率/%	增重率/%
50	0.0255 ± 0.0004	0.7936 ± 0.0356^b	9.55 ± 0.13^b	7.33 ± 0.58^c	2734.17 ± 127.29^b
250	0.0255 ± 0.0007	0.8947 ± 0.0677^b	9.90 ± 0.22^b	15.00 ± 1.00^b	3095.24 ± 241.79^b
500	0.0255 ± 0.0009	0.9374 ± 0.1744^{ab}	10.00 ± 0.51^{ab}	15.67 ± 2.08^b	3247.86 ± 622.89^{ab}
750	0.0255 ± 0.0002	1.1002 ± 0.0091^a	10.49 ± 0.02^a	36.67 ± 2.08^a	3829.40 ± 132.67^a

注：同一行标注不同字母的处理组之间差异显著（$P<0.05$）。

3.4.3　小结

光是众多影响鱼类生活史的非生物因素之一，然而光照度在水产养殖中是尤为重要的。鱼类从胚胎阶段到性成熟阶段，光照度都有着至关重要的不可代替的作用。近年来的一些研究已经充分证实了这一观点（Villamizar 等，2011；Oppedal 等，1997；Puvanendran 等，2002；Oliveira 等，2007）。如 Wang 等人在 2003 年的一项报告中指出，320～1150lux 为斜带石斑鱼幼鱼最佳光照度范围，其增重率（WGR）和特定生长率（SGR）最佳（Wang 等，2003）；而 Puvanendran 和 Brown 两人（2002）的研究则显示，大西洋鳕鱼幼鱼在较高的光照度（2400lux）条件下生长较好，此外在 2400lux 条件下的鳕鱼幼鱼死亡率明显低于其他光照强度（300lux、600lux 和 1200lux）的鳕鱼幼鱼死亡率。然而在每日 16h 的光周期条件下，光照度为 50～1000lux 对大西洋白姑鱼幼鱼的存活率没有影响（Vallés 等，2013）。此外在不同的光照度环境中欧洲舌齿鲈幼鱼（*Dicentrarchus labrax*）的生长性能没有受到不同影响，但在较高光照度下存活率是较低的（Barahona 等，1979；Cuvier 等，2001）。本次实验的研究结果表明，相对于较低光照度环境（50mW/m^2）而言，在中等光照度（250～500mW/m^2）环境下的红鳍东方鲀幼鱼的生长和体重（生长性能）增长相对较好。同时高光照度（750mW/m^2）环境对存活率则有着不利影响，存活率显著降低。这些研究结果与一些针对其他鱼类的研究结果一致，如欧洲舌齿鲈鱼（Barahona 等，1979）、黑鲷幼鱼（Bardach，1980）和大西洋白姑鱼幼鱼（Vallés 等，2013）等。这些研究与本研究的结果均表明，光照度增加和存活率之间存在负相关关系。因此我们的研究同其他研究的结果也可以推测得出，光照度对幼鱼生长和生存的影响是具有种属特异性的，这种特异性可能与鱼类的遗传特性和在自然界中的生存有关。在光照度为 750mW/m² 、光周期为日光照 12h 的光照条件下，红鳍东方鲀幼鱼的 SGR 最高，显著高于其他各组。但与之相随的是最高的死亡率也发生在此条件下。因此我们认为这种现象可以解释为，与在其他光照度环境下饲养的幼鱼相比，暴露在较高光强（750mW/m²）下的幼鱼表现出更高的摄食率（Vallés 等，2013）或者为同类相食率大幅增加（Baras 等，2000）。高光照度（750mW/m²）可能导致幼鱼活动增加，幼鱼与猎物之间的相遇率增高，这是由于幼鱼更好地捕食猎物进而促进了幼鱼的生长。研究结果表明，50mW/m² 弱光条件下红鳍东方鲀幼鱼的死亡率和增重率最低。据报道，大多数海洋鱼类幼鱼通常是通过视觉进行捕食的（Hubbs and Blaxter，1986），因此，幼鱼在低光照条件下的视觉能力降低。这意味着这些鱼可能已处于饥饿的压力中。因此同类相食的特性减弱，从而导致死亡率显著降低。

在红鳍东方鲀早期幼鱼阶段，较高的光照度环境在一定程度上会增加同类相食的情况发生，死亡率提高；而 50mW/m² 光照度环境可能不利于红鳍东方鲀幼鱼捕捉猎物，进而导致生长性能偏低；综合分析表明，250～500mW/m² 光照度环境更适宜红鳍东方鲀早期幼鱼时期生长性能的发育。

3.5 光照度对早期幼鱼生理功能的影响研究

当外界环境不适宜时，不同种类酶活性的增加和规律变化可以有效促进鱼类机体的消化功能、新陈代谢以及应对外界环境变化导致的应激，从而保护鱼类的健康生长发育。本部分的主要研究内容是通过测定不同光照度下红鳍东方鲀早期幼鱼时期体内的消化酶（LPS，PPS）、代谢酶（ACP，AKP）、免疫酶

（谷丙转氨酶 ALT，谷草转氨酶 AST，LDH）以及抗氧化酶（SOD，T-AOC）活性值变化规律及趋势，综合分析不同光照度下的外界环境对红鳍东方鲀仔稚鱼体内生理功能的影响规律，评估外界环境变化对其产生的压力，探寻适宜红鳍东方鲀早期幼鱼健康发育的光照度范围，为红鳍东方鲀早期幼鱼健康养殖的光照度阈值调控提供理论依据。

研究不同光照度下红鳍东方鲀幼鱼阶段调控不同种类酶活性的变化规律，包括消化酶、代谢酶、免疫酶、抗氧化酶等，揭示光照度处理对其生理功能指标变化的影响规律，探明红鳍东方鲀幼鱼阶段的生理机制，及这些规律对生长发育的贡献和不利，以筛选出适用于幼鱼生长阶段的适宜光照度调控模式。酶活性测定采用南京建城生物工程研究所提供的试剂盒。所有酶测定均在提取后 12h 内进行，方法参照 Gao 等（2017）和 Wang 等（2017）。

本研究中各类生长指标数据均以平均值±标准误差（Mean±SE）表示，其中生长指标数据先使用 Excel 软件进行归类、整理；后采用 SPSS 23.0 的单因素方差分析（one-way ANOVA）进行统计处理，并采用 Duncan 进行多重比较分析，以 $P<0.05$ 作为差异显著水平。

3.5.1 不同光照度对红鳍东方鲀早期幼鱼的消化酶活性影响

胃蛋白酶酶活性检测结果如图 3-15 所示，在 35 天实验中，4 个实验处理组的酶活性均呈现出上升的趋势。其中 $250mW/m^2$ 处理组呈现出的趋势较平缓，均匀上升；$50mW/m^2$ 处理组则呈现出不规则上升趋势；而 $500mW/m^2$ 和 $750mW/m^2$ 处理组整体的上升幅度很小，几乎在实验第 21 天前呈现出动态平衡趋势，而后缓慢上升，并且 $500mW/m^2$ 和 $750mW/m^2$ 处理组中的胃蛋白酶活性在实验期间一直低于 $50mW/m^2$ 和 $250mW/m^2$ 处理组。

脂肪酶酶活性检测结果如图 3-16 所示，四个实验处理组的酶活性在实验期间的整体趋势相同，均呈现出下降趋势，在实验第 35 天时下降至同一浓度范围；不同的光照度条件仅在实验第 21 天前对红鳍东方鲀早期幼鱼脂肪酶活性产生较大的影响，如在实验第 7 天时，$50mW/m^2$、$250mW/m^2$ 及 $750mW/m^2$ 处理组酶活性显著高于 500mW/m² 处理组（表 3-9）。

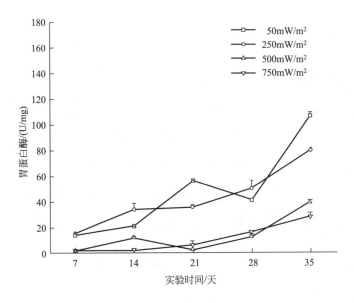

图 3-15 不同光照度下红鳍东方鲀早期幼鱼胃蛋白酶（PPS）活性的变化

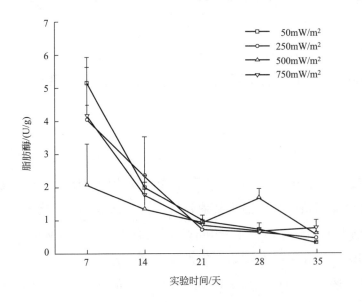

图 3-16 不同光照度下红鳍东方鲀早期幼鱼脂肪酶（LPS）活性的变化

表 3-9　不同组间消化酶活性差异性标注

消化酶	光照度/(mW/m²)	实验时间/天				
		7	14	21	28	35
PPS	50	b	b	a	b	a
	250	a	a	b	a	b
	500	c	c	c	c	c
	750	c	d	c	c	c
LPS	50	a	—	—	b	c
	250	a	—	—	b	bc
	500	b	—	—	a	ab
	750	a	—	—	b	a

注：同一行标注不同字母的处理组之间差异显著（$P<0.05$）。

3.5.2　不同光照度对红鳍东方鲀早期幼鱼的免疫酶活性影响

碱性磷酸酶活性如图 3-17 所示，在 4 个实验处理组中，碱性磷酸酶酶活性变化趋势几乎一致，均为实验第 7~14 天时急剧上升，后缓慢下降，再急剧下降；其中 250mW/m² 和 750mW/m² 处理组变化规律较为接近，在实验第 14 天时酶活性上升至最高值，显著高于其他各组，但是 750mW/m² 光照度处理组在实验第 28 天前的酶活性显著低于 250mW/m² 处理组；而 50mW/m² 和 500mW/m² 处理组的酶活性变化趋势在实验期间没有显著差异性。

酸性磷酸酶活性变化如图 3-18 所示，实验中的 4 个处理组的变化趋势也较为一致，据本实验结果可以看出，在实验第 7 天前，各处理组的红鳍东方鲀早期幼鱼受到不同光照强度的影响较大，其中 750mW/m² 处理组下的幼鱼酸性磷酸酶活性较低，另外 50mW/m² 处理组酶活性较高；但在实验第 7 天后，各处理组所受影响较小，酶活性差异几乎没有，且趋势相同（表 3-10）。

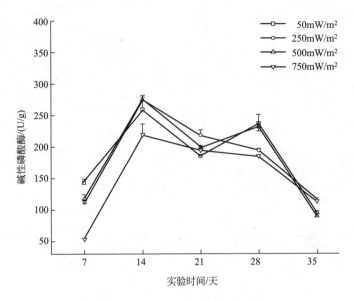

图 3-17　不同光照度下红鳍东方鲀早期幼鱼碱性磷酸酶（AKP）活性的变化

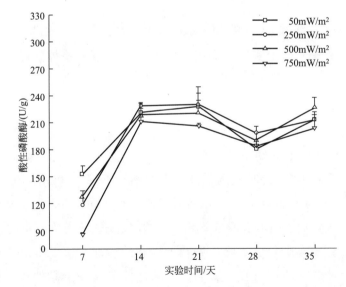

图 3-18　不同光照度下红鳍东方鲀早期幼鱼酸性磷酸酶（ACP）活性的变化

表 3-10　不同组间免疫酶活性差异性标注

消化酶	光照度/(mW/m²)	实验时间/天				
		7	14	21	28	35
碱性磷酸酶	50	a	a	c	a	b
	250	b	a	a	b	a
	500	b	a	b	a	b
	750	c	b	bc	b	a
酸性磷酸酶	50	a	—	—	—	ab
	250	b	—	—	—	ab
	500	b	—	—	—	a
	750	c	—	—	—	b

注：同一行标注不同字母的处理组之间差异显著（$P<0.05$）。

3.5.3　不同光照度对红鳍东方鲀早期幼鱼的代谢酶活性影响

不同光照度对红鳍东方鲀早期幼鱼的代谢酶活性影响结果如图 3-19～图 3-21 所示，实验中，4 个实验处理组的幼鱼谷丙转氨酶整体的趋势相同，均为先缓慢上升，后在实验第 35 天时下降至最低点。但 750mW/m² 处理组在实验第 7 天时的酶活性低于其他各处理组，而在实验第 28 天、第 35 天时与其他处理组几乎一致。

250mW/m² 处理组的幼鱼的谷草转氨酶在实验第 28 天前呈现出动态平衡，而后下降；随后在 14 日龄时达到最高，后又逐渐下降；500mW/m² 处理组在实验第 28 天前呈现缓慢上升的趋势，而后下降；而 50mW/m² 和 750mW/m² 处理组则呈现出先下降后上升再下降的趋势；在乳酸脱氢酶方面，4 个实验处理组的趋势一致，均呈现出急速下降，后趋于稳态的情况，仅 750mW/m² 在实验第 7 天时对乳酸脱氢酶活性有较大影响，其活性值显著高于其他实验处理组；在实验第 28 天时，50mW/m² 和 250mW/m² 处理组的乳酸脱氢酶活性值低于 500mW/m² 和 750mW/m² 光照度处理组（表 3-11）。

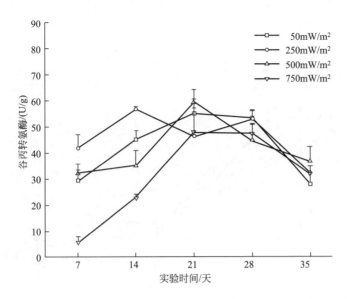

图 3-19　不同光照度下红鳍东方鲀早期幼鱼谷丙转氨酶（ALT）活性的变化

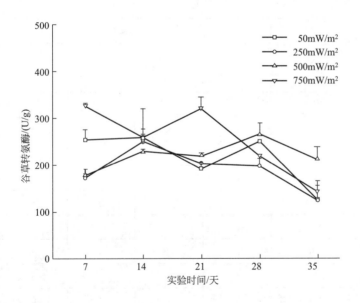

图 3-20　不同光照度下红鳍东方鲀早期幼鱼谷草转氨酶（AST）活性的变化

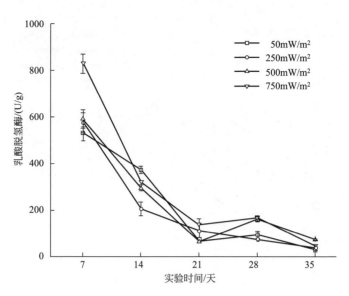

图 3-21 不同光照度下红鳍东方鲀早期幼鱼乳酸脱氢酶（LDH）活性的变化

表 3-11 不同组间代谢酶活性差异性标注

代谢酶	光照度/(mW/m²)	实验时间/天				
		7	14	21	28	35
谷丙转氨酶	50	a	ab	—	—	—
	250	a	a	—	—	—
	500	a	bc	—	—	—
	750	b	c	—	—	—
谷草转氨酶	50	b	—	b	ab	ab
	250	c	—	b	b	b
	500	c	—	b	a	a
	750	a	—	a	ab	ab
乳酸脱氢酶	50	b	a	—	b	c
	250	b	c	—	b	b
	500	b	b	—	a	a
	750	a	b	—	a	b

注：同一行标注不同字母的处理组之间差异显著（$P<0.05$）。

3.5.4　不同光照度对红鳍东方鲀早期幼鱼的抗氧化酶活性影响

抗氧化酶酶活性检测结果如图3-22和图3-23，50mW/m²、250mW/m²处理组的幼鱼的总抗氧化能力在实验期间变化幅度相同，而500mW/m²处理组则呈现先上升，后下降，再上升至与50mW/m²和250mW/m²处理组相同的活力，750mW/m²处理组与50mW/m²和250mW/m²处理组呈现出的趋势相同，但实验第35天的活力值低于其他各处理组。

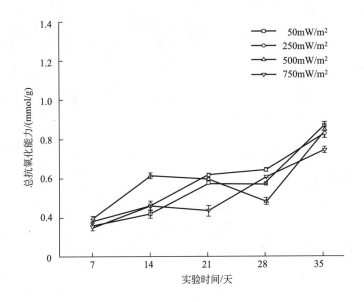

图3-22　不同光照度下红鳍东方鲀早期幼鱼总抗氧化能力（T-AOC）活性的变化

超氧化物歧化酶方面，在250mW/m²处理组中，整体呈现的是下降的趋势；50mW/m²处理组则是先缓慢下降后，在实验第28天上升，后下降至最低点；500mW/m²处理组是先上升，在实验第28天上升至最高点，后下降至与初始浓度相同；而750mW/m²处理组则表现出不规律的变化过程，可能是该处理组的实验鱼受到的光照应激所致（表3-12）。

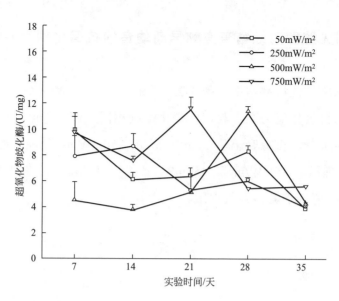

图 3-23 不同光照度下红鳍东方鲀早期幼鱼超氧化物歧化酶（SOD）活性的变化

表 3-12 不同组间抗氧化酶活性差异性标注

抗氧化酶	光照度/(mW/m²)	实验时间/天				
		7	14	21	28	35
超氧化物歧化酶	50	a	b	b	b	c
	250	a	a	b	c	c
	500	b	c	b	a	b
	750	a	a	a	c	a
总抗氧化能力	50	bc	c	b	c	a
	250	ab	b	a	a	a
	500	a	a	ab	d	a
	750	c	b	c	b	b

注：同一行标注不同字母的处理组之间差异显著（$P<0.05$）。

3.5.5 小结

抗氧化系统与活性氧（ROS）之间的内稳态变化是影响动物健康的重要因

素之一。正常情况下，鱼类代谢产生的 ROS 处于动态平衡状态（Martínez 等，2005）。当外界环境造成压力而平衡被打破时，ROS 大量积累对鱼类产生不利影响。为了消除过多的活性氧，鱼体会激活第二道防线，合成抗氧化酶降低环境压力（Gesto 等，2015）。在本研究中实验第 7 天，50mW/m² 和 750mW/m² 处理组的 SOD 酶活性显著高于 250mW/m² 和 500mW/m² 处理组。这表明，高光照环境和低光照环境都对红鳍东方鲀幼鱼产生应激。此外，SOD 酶活性的增加可能消除了不适宜的光照度环境所诱导积累的 ROS，从而保护细胞免受氧化损伤。此外有研究表明，适当的有氧运动可以提高鱼体的 T-AOC 活力值，增强自由基代谢，提高免疫功能（Azizbeigi 等，2014）。在本研究中，各光照度处理组的 T-AOC 活性均呈上升趋势。但在实验结束时，750mW/m² 光强环境下的 T-AOC 活性明显低于其他处理组。这种差异可能是光照度过高增加了鱼类的运动，反过来降低了 T-AOC 的水平，甚至破坏了活性。此外这也证明了高光照度环境虽然影响了红鳍东方鲀幼鱼的抗氧化系统，但未破坏细胞结构和机体功能。但无法确定在这一生理过程中相关抗氧化基因的表达水平是否发生了变化。因此高光照度胁迫破坏体内平衡的机制有待进一步研究。

  随着个体发育的发展，人们对海洋鱼类消化系统的结构和功能的认识发生了很大的变化（Cahu 和 Infante，1995）。同时，消化酶活性是影响鱼类生长参数的主要因素（Furne 等，2005）。本次研究发现，最低的胃蛋白酶活性或生存在 750mW/m² 处理条件下被发现。Cuvier-Péres 等（2001）研究发现光照度对鲈鱼仔鱼消化酶活性的影响，他们发现与 50lux 和 100lux 处理相比，在高光照处理（400lux）下观察到的胃蛋白酶活性显著降低，这与我们目前的研究相一致。而另一项研究发现在不同光照度(10～100lux)条件下，鲥海鲷（*Pagellus erythrinus* L.）幼鱼的 PPS、AMS、LPS 活性没有显著差异（Suzer 等，2006），而在本实验的所有处理组中，PPS 活性随着年龄的增长呈上升趋势。我们推测这一结果与功能性胃的形成相对应，因为胃蛋白酶的活性通常与成熟的胃功能直接相关（Suzer 等，2006）。故光照通过一个独立于摄食的过程影响和调节胃蛋白酶特异性活性，与生长性能成反比。此外有研究表明在硬骨鱼的早期阶段，消化道中缺乏胃蛋白酶是由包括酸性磷酸酶在内的细胞内消化过程所补偿的。Cara 等人（2003）认为 ACP 酶活性高意味着在发育初期的胞饮过程具有重要意义。在本研究中，每个处理组中的 ACP 活性伴随着 PPS 活性增加而增加，后趋于平稳。这表明在胞饮过程中，ACP 的部分功能被胃蛋白酶所取代。而 750mW/m² 处理组 ACP 酶活性趋势与 PPS 相似，整体活性均要低于其他处理组。这可能是因为高光照度会抑制幼鱼体内相关酶的合成，对红鳍东方鲀幼鱼的健康有一定影响。同时，AKP 存在于细胞膜中并在细胞膜上具有积极的转运作用；被认为是鱼类营养吸收的标志（Segner 等，1995）。我们推测，在 750mW/m² 光照下观察到的 AKP 活性下降可能是因为强光延迟了幼鱼肠上皮细胞的功能发育。这一推测得到了先前研究的支持，即幼鱼肠道中 AKP（一种刷状边界酶）的增加是哺乳动物和鱼类肠道上皮细胞多功能发育的一个指标（Cara 等，2003；Smith，1992）。暴露于环境应激源导致 AKP 活性显著增加（Ghorpade 等，2002；Bhavan 和 Geraldine 等，2004），这与我们的研究结果相似，50mW/m² 处理组在实验第 14 天时 AKP 活性最高。对这一发现的一种可能解释是，较低的光强度对鱼来说是一种应激源，导致了消化系统的紊乱。

转氨酶活性是鱼类代谢途径的重要标志，其变化往往反映在氮代谢和相互依赖的生物化学反应中。ALT 和 AST 酶活性可能是蛋白质和碳水化合物代谢之间的重要联系，其在不同生理条件下会发生变化（Shivaknmar，2005）。我们推测 ALT 酶活性的升高意味着红鳍东方鲀幼鱼处于压力环境下，可能是由于氨基酸的主动反式脱氨作用将酮酸进入三羧酸循环中，释放合成新蛋白质所需的能量（Sivaramakrishna 和 Radhakrishnaiah，1998）。此外有研究表明转氨酶活性的快速升高可能与身体受到胁迫而导致的组织损伤有关（Al-Ghanim，2014），这与本实验的结果相似，在应对较高的光照度环境胁迫期间，鱼类体内可能有大量的代谢物流失，酶活性的增加可能是将其用于鱼类蛋白质结构的重组，利于糖异生或能量产生，以此适应外部环境的变化。

LDH 是一种参与糖酵解的关键酶，由于它是在组织损伤过程中释放出来的，因此常常被用作损伤和疾病的标志物（Grizzle 等，1992）。当生物所在的外界环境对其造成压力时，它活性快速升高同时会发挥自身功能促进能量的合成以短时间内应对环境应激（De 等，2001）。在本实验中，750mW/m² 下的鱼在第 7 天的 LDH 活性高于其他各组，高照度组 LDH 活性的增加揭示了 LED 光照对酶的影响，也反映了生物体的代谢变化，这可能意味着此种光照度环境对其组织发育造成一定损伤。在鱼类和其他脊椎动物中，任何环境压力都可能影响其酶活性，从而破坏生物化学过程。有研究发现，暴露在含有化学胁迫的环境中可导致虾体内 LDH 活性的增加（Ovuru 和 Mgbere，2000），我们的研究也有着类似的结果。在实验后期，各处理组之间的 LDH 活性趋于稳定，无显著差异。这意味着鱼类可以通过生理补偿来避免外部环境的压力。也许，酶活性的变化是微妙的，为鱼类体内的生理生化过程的调整提供了策略，用于处理在环境中光环境的变化。

红鳍东方鲀早期幼鱼在 $250mW/m^2$ 和 $500mW/m^2$ 的光照度条件下具有较高的酶活性及稳定的变化趋势；而 $50mW/m^2$ 光照度条件下的多种酶类活性值较低且幼鱼受到的应激压力较大。因此，$250\sim500mW/m^2$ 光照度可以保护红鳍东方鲀幼鱼的细胞结构和功能免受氧化应激的影响，保证生物体内生理功能的正常进行。

3.6　光周期对红鳍东方鲀仔稚鱼生长、消化、代谢及非特异性免疫酶的影响

在自然界中，光作为一种不可或缺的环境因子，对仔稚鱼的早期发育起着至关重要的作用。寻求合适的光照条件是培养条件下幼虫生长和存活所必需的（Downing 和 Litvak，2000）。随着工业化养殖的繁荣，人造光在养殖业中的应用越来越普遍。光的三个重要因素（光周期、光强度和光质量）在动物生长发育过程中发挥不同的作用，但也有协同作用。在这三个因素中，光周期作为一个时间因子，可以通过影响昼夜节律和生长激素的周期水平来控制鱼类的生长和发育（Yong-Gwon 等，2001）。因此，许多水生生物需要依赖光周期的昼夜和季节变化来进行正常的生长、发育和繁殖（Boeuf 和 Falcon，2001）。一些研究表明，光周期的影响可以调节鱼类的生理功能，如硬骨鱼的生长、存活、繁殖和生理状态（Björnsson 等，2000；Chi 等，2019；Churova 等，2020；Gin'es 等，2003；Taylor 等，2006）。

光周期对幼鱼的影响因鱼的种类而异。一些研究表明，长期光照通常会促进白天活跃的鱼类的生长。例如，延长光照或连续光照可以提高多种鱼类的生长速度（Jonassen 等，2000；Simensen 等，2000）。一些研究还发现，光周期的变化对鱼类的生长没有明显的影响（Hallaråker 等，1995）。在水产养殖中，人们通常根据生境环境的光特性，探索和模拟生物生长和生存的适宜光条件。因此，我们需要对育种对象进行深入研究，以确定适合其生长和发育的光周期调控模式。

生理状态是动物健康的重要指标。例如，消化酶可以反映动物的消化功能，代谢酶可以反映动物对营养的吸收和代谢，非特异性免疫酶可以反映动物抵抗外部压力和疾病的能力（Cahu 和 Infante，1995；Martínez-Álvarez 等，2005；Shan 等，2008；Cahu，2001）。研究表明，光周期对水生动物的生理代谢和非特异性免疫系统有影响。例如，生长性能和消化酶活性最好的是 18L：6D 的斑点花鲈（*Lateolgrax Maculatus*）（Hou 等，2019）。此外，Gao 等发现在蓝光和白光下，16L：8D 下这些酶的活性显著低于 12L：12D 下的这些酶的活性，表明长时间的光暴露增加了抗氧化酶的活性（Gao 等，2017；Gao 等，2016）。

红鳍东方鲀（*Takifugu rubripes*）是一种海洋硬骨鱼，分布在黄海、渤海和东海中，也分布在朝鲜半岛和日本海岸。肉质鲜美，营养丰富，经济价值高，是鱼类中脂肪含量最低的（Lim 等，2011；Lu 等，2010）。在水产养殖中，光环境对仔鱼的早期发育有显著影响，不适宜的光照会造成环境胁迫，抑制鱼体的生长。有学者报道黄光（光周期为 12L：12D）能促进红鳍河豚幼鱼的生长发育，而红光和绿光均不适合其生存（Liu 等，2019）。据我们所知，目前尚无研究探讨光周期对红鳍东方鲀生长、代谢和免疫反应的影响。本研究旨在从生长和胁迫两方面研究不同光周期对红鳍东方鲀仔稚鱼发育的影响，以确定其发育过程中最适宜的光周期水平。

研究于 2019 年 3 月 18 日～4 月 17 日在设施渔业教育部重点实验室进行。红鳍东方鲀卵产自河北天正实业有限公司，在直径 14cm、高度 20cm 的玻璃罐中饲养，密度为 500 尾/L。待孵化后移入长 33cm、宽 23.5cm、高 19cm 的聚氯乙烯（PVC）白色容器中。在 4～14d，以 10～15 只/mL 的饲养密度投喂轮虫，每天投喂 5～6 次。15 日开始红鳍东方鲀用轮虫和卤虫混合饲养。在 15～30Dd，以 1～3 只/mL 密度喂食卤虫。实验期间，海水盐度为 32～33，温度为 19～20℃；

氧水平为>6mg/L，pH 为 7.8~8.1。水连续通气，每天更换 2 次。同时，用虹吸法清洗水箱底部的死鱼和过量饵料。

将 72000 枚卵分成 4 个光周期组。每组设 3 个对照组，每个对照组都是 6 个直径 14cm、高 20cm 的玻璃烧杯，每个烧杯放置 1000 枚。孵化后，每个对照组的幼虫均匀分布在 3 个 PVC 白色容器中（长 33cm，宽 23.5cm，高 19cm）。4 个光周期的光源为全光谱发光二极管（LED）（$\lambda_{400\sim780nm}$），由调光器控制。研究设置 8L：16D、16L：8D、20L：4D 和 24L：0D 四种光周期处理组。每个光照处理组在一个单独的隔间内进行，隔间用黑色遮阳布覆盖，防止其他光污染。水面的光强度设置为 250mW/m^2，每天使用光谱光度计测量和调整该值。试验期为 30d，从 1d 到 30d。

每隔 2~3d，每个处理组随机选取 10 只幼鱼，用 120μg/mL 三卡因甲烷磺酸盐溶液（3g/L，MS-222，Sigma-Aldrich，Saint Louis）进行麻醉。鱼体总长度采用立体显微镜测量。分别于 1d、5d、10d、15d、20d、30d 时从每个试验池随机抽取 10 只仔鱼进行酶活检测，用 MS-222 处理后，置于液氮中保存，随后移至-80℃保存。

消化酶活性、代谢酶活性和非特殊免疫酶活性测定采用南京建城生物工程研究所提供的试剂盒。所有酶测定均在提取后 12h 内进行，方法参照 Gao 等（2017）和 Wang 等（2017）学者报道的方法。

数据以平均值±标准误差（mean±SE）表示。采用 SPSS 17.0 软件，采用单因素方差分析和 Duncan 检验不同处理间的差异。在 $P<0.05$ 的概率水平上认为差异显著。用 Origin 2017 进行图表绘制。

3.6.1 不同光周期对红鳍东方鲀生长的影响

图 3-24 显示了 4 个光周期下 1~30d 的仔稚鱼生长情况。18d 前，仔稚鱼总长度（TL）无显著差异（$P>0.05$）。19 日时，仔稚鱼的总长度在 16L：8D 组最大，但与 20L：4D 组无显著差异。在 25 日时 20L：4D 的仔稚鱼体长最大，显著高于 8L：16D 组（$P<0.05$）。试验结束时，20L：4D 组仔稚鱼的 TL 显著高于其他各组（30d）（$P<0.05$）。

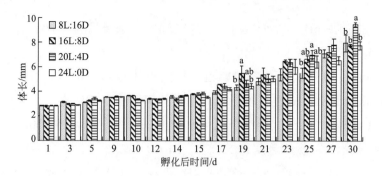

图 3-24 不同光周期下孵化后 1~30d 红鳍东方鲀仔稚鱼的体长变化

标注不同字母的处理组之间差异显著（$P<0.05$）

3.6.2 不同光周期对红鳍东方鲀仔稚鱼消化酶活性的影响

4 种光周期下仔稚鱼的胃蛋白酶活性如图 3-25 所示。除孵化后 5d 和 20d 外，其他各点的胃蛋白酶活性无显著差异（$P>0.05$）。各组脂肪酶活性的变化规律相似。脂肪酶活性在实验 5d 和 15d 时有两个峰值，24L：0L 组在孵化后 5d 时显著高于其他各组（$P<0.05$）（表 3-13）。各组的脂肪酶活性在 15d 时继续达到高峰，20d 时下降。在此之后，脂肪酶活性一直保持在一个稳定的水平，直到 30d。各组峰值均出现在 15d，峰值大小顺序为 16L：8D>24L：0D>8L：16D>20L：4D。

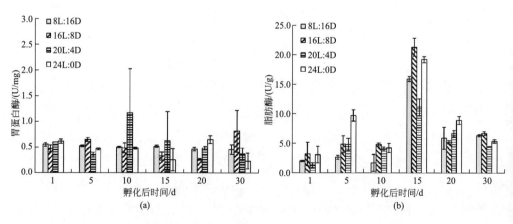

图 3-25 不同光周期下红鳍东方鲀幼鱼胃蛋白酶（PPS）、脂肪酶（LPS）活性的影响

表 3-13　不同光周期下消化酶的差异性标注

消化酶	光周期	孵化后时间/d					
		1	5	10	15	20	30
PPS	8L:16D	—	ab	—	—	ab	—
	16L:8D	—	a	—	—	b	—
	20L:4D	—	b	—	—	ab	—
	24L:0D	—	ab	—	—	a	—
LPS	8L:16D	—	b	b	b	—	a
	16L:8D	—	b	a	a	—	a
	20L:4D	—	b	a	c	—	c
	24L:0D	—	a	—	ab	—	b

注：同一行标注不同字母的处理组之间差异显著（$P<0.05$）。

3.6.3　不同光周期对红鳍东方鲀代谢酶活性的影响

4 个光周期下仔鱼的代谢酶活如图 3-26 所示。谷丙转氨酶（ALT）、谷草转氨酶（AST）和乳酸脱氢酶（LDH）活性最初是在孵化后 1d 检测到的。在 8L：16D、20L：4D 和 24L：0D 处理组中，ALT 活性从孵化后 1d 到 15d 均保持在相对稳定的水平，然后急剧上升，直到实验结束。15d 时 16L：8D 组 ALT 活性显著高于其他组（$P<0.05$）（表 3-14）。各组仔鱼的 AST 活性表现出相似的变化规律，20L：4D 组 AST 活性高于其他组。

LDH 活性与 AST、ALT 活性相比升高较慢。各组碱性磷酸酶（AKP）活性从 1d 到 5d 急剧升高，然后稳定到 15d。在此之后，峰值出现在 20d，然后在 30d 下降。20d 时，16L：8D 组 AKP 活性显著高于其他组（$P<0.05$）（表 3-14）。8L：16D、16L：8D、20L：4D 和 24L：0D 组的酸性磷酸酶（ACP）活性从 1d 到 30d 处于不稳定状态。在 15d 和 20d，16L：8D 组 ACP 活性显著高于其他组（$P<0.05$）（表 3-14）。

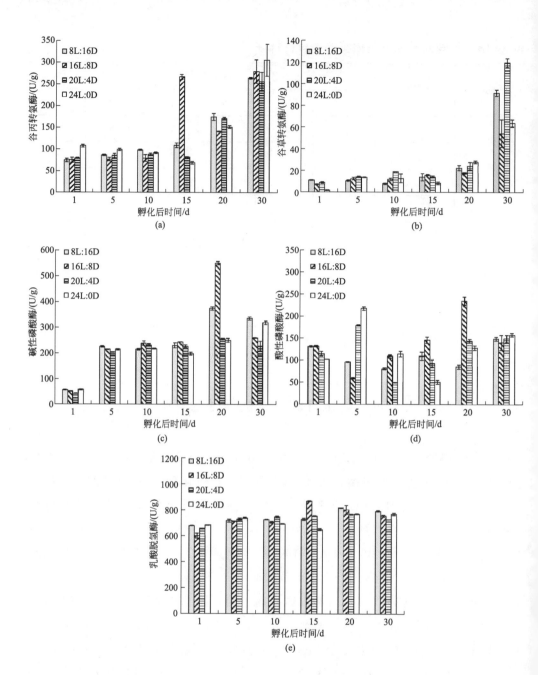

图 3-26 不同光周期对谷丙转氨酶（ALT）、谷草转氨酶（AST）、碱性磷酸酶（AKP）、酸性磷酸酶（ACP）和乳酸脱氢酶（LDH）活性的影响

表 3-14　不同光周期下代谢酶的差异性标注

代谢酶	光周期	孵化后时间/d					
		1	5	10	15	20	30
谷丙转氨酶	8L:16D	b	b	a	b	a	—
	16L:8D	b	b	b	a	c	—
	20L:4D	b	b	ab	c	ab	—
	24L:0D	a	a	ab	c	bc	—
谷草转氨酶	8L:16D	a	b	b	a	—	b
	16L:8D	b	ab	b	a	—	c
	20L:4D	ab	a	a	a	—	a
	24L:0D	c	ab	ab	b	—	c
乳酸脱氢酶	8L:16D	a	ab	b	c	—	a
	16L:8D	b	b	c	a	—	b
	20L:4D	a	ab	a	b	—	c
	24L:0D	a	a	c	—	—	ab
碱性磷酸酶	8L:16D	ab	a	b	a	b	a
	16L:8D	b	b	a	a	a	b
	20L:4D	c	b	ab	a	c	c
	24L:0D	a	ab	b	b	c	a
酸性磷酸酶	8L:16D	a	c	b	b	c	—
	16L:8D	a	d	a	a	a	—
	20L:4D	b	b	c	b	b	—
	24L:0D	c	a	a	c	b	—

注：同一行标注不同字母的处理组之间差异显著（$P<0.05$）。

3.6.4　不同光周期对红鳍东方鲀非特异性免疫活性的影响

4 种光周期下仔稚鱼的非特异性免疫酶活性变化如图 3-27 所示。不同处理组过氧化氢酶（CAT）活性从1d到15d缓慢上升，然后缓慢下降，直到30d，且CAT活性在各时间点均无显著差异（$P>0.05$）（表3-15）。而不同光周期下超氧化物歧化酶（SOD）活性最大值出现在不同的时间点。在10d时，16L：8D处理组下的SOD活性最高，且显著高于其他光周期组（$P<0.05$）（表3-15）；在8L：16D和24L：0D组中，SOD活性在15d时达到最大值。8L：16D和16L：8D组谷胱甘肽过氧化物酶（GSH-Px）活性从1d到10d急剧升高，然后开始下降，直至30d。GSH-Px活性在1d时，24L：0D处理组显著高于其他组（$P<0.05$）（表3-15）。16L：8D、20L：4D和24L：0D组的总抗氧化能力（T-AOC）活性在1～10d范围内稳定，15d时达到最大值，30d时急剧下降。由于大多数酶活性在15d时达到最大值，说明15d是一个重要的转折点。

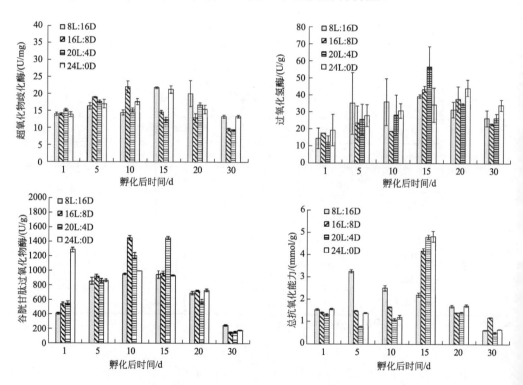

图3-27 不同光周期对超氧化物歧化酶(SOD)、过氧化氢酶(CAT)、谷胱甘肽过氧化物酶(GSH-Px)、总抗氧化能力(T-AOC)活性的影响

表 3-15 非特异性免疫酶活性的显著差异标记

非特异性免疫酶	光周期	孵化后时间/d					
		1	5	10	15	20	30
过氧化氢酶	8L:16D	—	—	—	—	—	—
	16L:8D	—	—	—	—	—	—
	20L:4D	—	—	—	—	—	—
	24L:0D	—	—	—	—	—	—
超氧化物歧化酶	8L:16D	—	—	c	a	a	a
	16L:8D	—	—	a	b	b	b
	20L:4D	—	—	bc	b	ab	b
	24L:0D	—	—	b	a	ab	b
谷胱甘肽过氧化物酶	8L:16D	c	—	c	b	b	b
	16L:8D	b	—	a	b	a	b
	20L:4D	b	—	b	a	b	b
	24L:0D	a	—	c	b	a	b
总抗氧化能力	8L:16D	a	a	a	c	a	b
	16L:8D	b	b	b	b	b	a
	20L:4D	b	b	c	a	b	c
	24L:0D	a	c	c	a	a	b

注：同一行标注不同字母的处理组之间差异显著（$P<0.05$）。

3.6.5 小结

光周期被认为是极大影响鱼类生长的重要环境因素，特别是在幼鱼发育阶段（Björnsson，1997；Taylor 等，2006；Vallone 等，2007）。例如，一些研究表明，持续光照可以促进大西洋鲑鱼幼鱼（Saunders 和 Harmon，1990）、金枪鱼幼鱼（Fielder 等，2002）和红鲷鱼幼鱼（Biswas 等，2006，2005）的生长。

在本研究中，光周期对幼鱼生长的影响在 18d 内没有差异，而 20L：4D 在 19d 后对幼鱼的生长有促进作用。这与鲶鱼幼鱼的研究结果一致，在 20d 之前，光周期对其生长没有影响，但在 20d 之后，16L：8D 显著改善了后者的生长（Shan 等，2008）。

最近的研究表明，光周期可能会在幼鱼开始外源取食之前产生影响。例如，在 24L：0D 光照下，欧洲鳕仔鱼内源卵黄耗尽的时间比在 0L：24D 光照下提前两天，但生长没有差异，这可能是由于长光照增加了仔鱼的活动和能量消耗（Villamizar 等，2011，2009）。然而，Puvanendran 和 Brown（2002）发现，大西洋鳕幼鱼在 24L：0D 条件下的生长速度快于 18L：6D 条件下的生长速度，并且比 12L：12D 条件下饲养的大西洋鳕幼鱼生长快。这些结果表明，光周期对鱼类生长的影响可能随着其发育阶段的不同而不同（Shan et al，2008），同时表明光周期对不同种类的幼鱼有不同的影响。

在海洋鱼类的生长和发育过程中，其消化系统会随着个体发育的生理变化而改变（Cahu 和 Infante，1995；Shan 等，2008）。在开始外源摄食之前，消化酶（如胃蛋白酶和脂肪酶）活性可用作评判幼鱼消化系统能力的参照（Cahu，2001）。大多数消化酶产生于外源摄食之前，消化酶也影响体内食物的消化和吸收（Chen 等 2006）。

在开始外源摄食前，本实验检测到红鳍东方鲀仔稚鱼体内 PPS 和 LPS 的活性处于较低水平。在一些其他鱼类中也发现了类似的结果，例如加利福尼亚大比目鱼（Alvarez-González 等，2005）、黄尾金鱼（Chen 等，2006）和小黄鱼（Shan 等，2008）等，在没有食物刺激的情况下也会合成消化酶。对 PPS 而言，除 5d 和 20d 外，不同光周期下的差异不显著（$P>0.05$）。不同光周期下，LPS 活性在 5d 和 15d 时有明显的波动和显著差异。在所有组中，酶活性均在 5d 时提高，在稍有下降后，持续到 15d 时开始升高，到 30d 时略有下降。这可能是由于外源食物的出现和变化，红鳍东方鲀仔稚鱼在 4d 时摄食轮虫，而在 14d 时摄食卤虫。Suzer 等人（2006）报道了常见的红背天牛幼鱼的脂多糖酶活性有类似趋势。因此，光周期对消化酶活性的影响没有表现出明显的规律性，但外源饲养在提高脂肪酶活性方面起着重要作用。

谷丙转氨酶和谷草转氨酶是氨基酸代谢的两个关键酶。它们的酶活性不仅反映了氨基酸代谢的强度，而且还显示了肝功能是否正常（Liu 等 2016；Yan

等，2007）。在本研究中，不同光周期组的 ALT 和 AST 活性在 15d 后升高。这可能是由于肝脏器官的成熟和摄食活动，提高了转氨酶的活性，增强了转氨酶的功能，从而促进了肝脏中氨基酸的代谢。光周期对 30d 时 AST 活性有不同程度的影响，20L：4D 组 AST 活性显著高于其他组。因此适当的光周期可以促进蛋白质代谢，从而促进鱼类的生长发育。在 30d 的 20L：4D 光周期下，仔稚鱼的生长良好，这一点也得到了证实。

乳酸脱氢酶是体内能量代谢中参与糖酵解的一种重要酶，其主要作用是催化乳酸氧化为丙酮酸（Punhal 等，2014）。乳酸脱氢酶与细胞代谢密切相关，是糖酵解和三羧酸（TCA）循环中的关键酶，因此，它的活性可以用来衡量无氧代谢水平（Valarmathi 和 Azariah，2003）。我们的研究表明，在 15d 时，16L：8D 组的乳酸脱氢酶显著高于其他组，这表明 16L：8D 光周期下红鳍东方鲀仔鱼代谢更活跃。

ACP 和 AKP 是衡量人体免疫功能和健康状况的重要指标。水生生物的部分新陈代谢也受到物质的磷酸化和去磷酸化的调节。这些过程的完成主要依赖于不同磷酸酶的催化作用（Pipe，1990）。酸性磷酸酶和碱性磷酸酶参与磷酸基团的转移和代谢，并将代谢产物水解成磷酸和乙醇（Asgeirsson 等，1995；Pinoni 和 Mananes，2004），然后，水解产生的小分子物质从体内排出。ACP 和 AKP 存在于鱼类体内组织器官中，直接参与磷酸盐基团的转运。这些酶对身体的生长、新陈代谢、内环境的稳定和身体健康都是必不可少的。在环境压力下，鱼类通过去磷酸化来适应环境变化（Ferrari 等，2011）。在本实验中，不同光周期下的碱性磷酸酶在 15d 之前同步。在 30d 时，8L：16D 和 24L：0D 组的碱性磷酸酶活性显著高于其他两组，说明光照时间过短或过长都可能对鱼体造成应激，导致体内碱性磷酸酶升高。

鱼类的非特异性免疫系统在应对环境应激中起着主导作用。超氧化物歧化酶（SOD）、过氧化氢酶（CAT）、谷胱甘肽过氧化物酶（GSH-Px）、总抗氧化能力（T-AOC）、磷酸酶等在免疫调节过程中起着重要作用（Poelstra 等，1997；Martínez-Alvarez 等，2005）。当外界环境发生变化时，生物体内的自由基也会发生变化，免疫系统中的抗氧化酶也会相应地发生变化，以保护生物体免受损害。CAT、SOD 和 GSH-Px 是清除生物体内氧自由基的重要抗氧化酶（Orun 等，2008）。T-AOC 可作为生物体抗氧化能力的综合指标。在鱼类早期发育过程中，它们可以作为抗氧化能力的标志。本研究结果表明，在15d之前，不同光周期下的抗氧化能力逐渐增强。这可能是由于仔稚鱼生长过程中不同组织中抗氧化酶的合成所致，也可能是机体保护自身免受环境胁迫的一种机制。除8L∶16D光周期处理组外，其他处理组的T-AOC在15天时达到最大值，这可能是由于摄食改变导致的，这能更好地清除鱼体内过量的活性氧等自由基，促进抗氧化系统的平衡。在8L∶16D组中，T-AOC在第5天达到最大值，然后下降，这可能是由于光照时间短，自由基的积累超过了一定的限度，破坏了生物膜和酶系统，从而导致T-AOC活性下降。GSH-Px是体内广泛存在的一种重要的过氧化氢分解酶，它可以将有毒的过氧化氢还原为无毒的羟基化合物，从而保护细胞膜的结构和功能不受过氧化氢的干扰和损害（Sahin等，2014）。此外，我们还发现，在第1天，24L∶0D组仔鱼的GSH-Px活性显著高于其他组，这可能是由于长光照下仔鱼体内为保护细胞结构和功能免受氧化物的影响和损伤，从而合成了大量的GSH-Px。因此在水产养殖中，应避免在连续光照条件下饲养。

综上所述，光周期对红鳍东方鲀仔鱼的生长、代谢和非特异性免疫系统均有影响。光周期在18d内对生长的影响没有差异，而20L∶4D在19d后对仔稚鱼的生长有促进作用。与光周期相比，一些消化酶和代谢酶的变化主要受外源食物的影响（摄食卤虫后，LPS、ALT、AST变化明显）。在30d时，8L∶16D和24L∶0D组的AKP显著高于其他两组，说明8L∶16D和24L∶0D光照可能对鱼体造成应激，导致AKP升高。仔稚鱼GSH-Px在第1天，24L∶0D组显著高于其他组，说明仔稚鱼受到应激。因此，可以选择短光周期以节省孵化18d前仔稚鱼早期发育的能量，而20L∶4D的光照周期更适合于孵化19d后的红鳍东方鲀仔稚鱼的生长。

参考文献

景琦琦，2018.不同养殖模式下红鳍东方鲀生长、血液生理及抗逆能力研究.山东农业大学.
何大仁，周仕杰，刘理东，等，1985.几种幼鱼视觉运动反应研究.水生生物学报(04):365-373.
马爱军，王新安，庄志猛，等，2007.半滑舌鳎仔、稚鱼视网膜结构与视觉特性,动物学报(02):354-363.
王荣月,劳锦程,王重阳,等,2020.壳聚糖纳米颗粒对红鳍东方鲀生长、免疫酶及免疫基因的影响.大连海洋大学学报,35(02):177-183.

徐永淦,何大仁,1988. 黄鳍鲷和普通鲻鱼幼鱼视网膜运动反应初步研究. 海洋与湖沼(02):109-115.

万蓁蓁,2005.红鳍东方鲀幼体发育和消化生理的研究[D].中国海洋大学.

张晓,梁萌青,卫育良,等,2021.饲料中蛋白质含量及养殖密度对红鳍东方鲀幼鱼生长性能、氮排泄及相关生化指标的影响. 渔业科学进展,42(01): 74-83.

Ali M A, Anctil M, 1977. Retinal structure and function in the walleye (*Stizostedion vitreum vitreum*) and sauger (*S. canadense*). J Fish Res Board Can, 34(10): 1467-1474.

Al-Ghanim K A, 2014. Effect of cypermethrin toxicity on enzyme activities in the freshwater fish *Cyprinus carpio*. African Journal of Biotechnology, 13(10): 1169-1173.

Aksnes D L, Giske J, 1993. A theoretical model of aquatic visual feeding. Ecol Model, 67: 233-250.

Allen D M, Hallows T E, 1997. Solar pruning of retinal rods in albino rainbow trout. Vis Neurosci, 14: 589-600.

Álvarez-Hernán G, Andrade J P, Escarabajal-Blázquez L, et al, 2019. Retinal differentiation in syngnathids: comparison in the developmental rate and acquisition of retinal structures in altricial and precocial fish species. Zoomorphology, 138(3): 371-385.

Alvarez-González C A, Cervantes-Trujano M, Tovar-Ramírez D, et al., 2005. Development of digestive enzymes in California halibut *Paralichthys californicus* larvae. Fish Physiol Biochem, 31: 83-89.

Asgeirsson B, Hartemink R, Chlebowski J F, 1995. Alkaline phosphatase from Atlantic cod (Gadus morhua). Kinetic and structural properties which indicate adaptation to low temperatures. Comp Biochem Physiol B, 110 (2): 315-329.

Athanasiou D, Kosmaoglou M, Kanuga N, et al., 2012. BiP prevents rod opsin aggregation. Mol Biol Cell, 23(18): 3522-3531.

Azizbeigi K, Stannard S R, Atashak S, et al., 2014. Antioxidant enzymes and oxidative stress adaptation to exercise training: Comparison of endurance, resistance, and concurrent training in untrained males. Journal of Exercise Science & Fitness, 12(1): 1-6.

Alsop D, Vijayan M M, 2009. Molecular programming of the corticosteroid stress axis during zebrafish development. Comp Biochem Physiol A Mol Integr Physiol, 153: 49-54.

Alsop D, Vijayan M M, 2008. Development of the corticosteroid stress axis and receptor expression in zebrafish. Am J Physiol Integr Comp Physiol, 294: R711-R719.

Aluru N, Vijayan M M, 2008. Molecular characterization, tissuespecific expression and regulation of melanocortin 2 receptor in rainbow trout. Endocrinology, 149:4577-4588.

Applebaum S L, Wilson A, Holt G J, et al., 2009. The onset of cortisol synthesis and the stress response is independent of changes in CYP11B or CYP21 mRNA levels in larval red drum. Gen Comp Endocrinol, 165: 269-276.

Barahona-Fernandes M H, 1979. Some effects of light intensity and photoperiod on the sea bass larvae [*Dicentrarchus labrax* (L.)] reared at the Centre Oceanologique de Bretagne.

Aquaculture, 17(4): 311-321.

Bardach J E, 1980. Fish Behavior and Its Use in the Capture and Culture of Fishes: Proceedings of the Conference on the Physiological and Behavioral Manipulation of Food Fish as Production and Management Tools, Bellagio, Italy, 3-8 November 1977, Held Jointly by the Hawaii Institute of Marine Biology and the International Center for Living Aquatic Resources Management, Manila[M]. WorldFish.

Björnsson B T, 1997. The biology of salmon growth hormone: from daylight to dominance. Fish Physiol. Biochem, 17: 9-24.

Bapary M A J, Amin M N, Takeuchi Y, et al., 2011. The stimulatory effects of long wavelengths of light on the ovarian development in the tropical damselfish, *Chrysiptera cyanea*. Aquaculture, 314: 188-192.

Bejarano-Escobar R, Blasco M, Durán AC, et al., 2012. Retinal histogenesis and cell differentiation in an elasmobranch species, the small-spotted catshark *Scyliorhinus canicula*. J Anat, 220(4): 318-335.

Bejarano-Escobar R, Blasco M, Durán A C, et al., 2013. Chronotopographical distribution patterns of cell death and of lectin-positive macrophages/microglial cells during the visual system ontogeny of the small-spotted catshark *Scyliorhinus canicula*. J Anat, 223(2): 171-184.

Bejarano-Escobar R, Blasco M, Martín-Partido G, et al., 2014. Molecular characterization of cell types in the developing, mature, and regenerating fish retina. Rev Fish Biol Fish, 24(1): 127-158.

Bergot P, Charlon N, Durante H, 1986. The effect of compound diets feeding on growth survival of coregonid larvae. Archiv für Hydrobiologie–BeiheftErgebnisse der Limnologie, 22: 265-272.

Boeuf G, Falc'on J, 2001. Photoperiod and growth in fish. Vie Et Milieu, 51 (4): 247-266.

Bhavan P S, Geraldine P, 2004. Profiles of acid and alkaline phosphatases in the prawn Macrobrachium malcolmsonii exposed to endosulfan. Journal of environmental biology, 25(2): 213-219.

Björnsson B T, Hemre G I, Bjornevik M, et al., 2000. Photoperiod regulation of plasma growth hormone levels during induced smoltification of underyearling Atlantic salmon. Gen. Comp. Endocrinol, 119 (1): 17-25.

Beaudry F E G, Iwanicki T W, Mariluz B R Z, et al., 2017. The non-visual opsins: eighteen in the ancestor of vertebrates, astonishing increase in ray-finned fish, and loss in amniotes. J Exp Zool B Mol Dev Evol, 328(7): 685-696.

Bernier N J, Lin X, Peter R E, 1999. Differential expression of corticotrophin-releasing factor (CRF) and urotensin I precursor genes, and evidence of CRF gene expression regulated by cortisol in goldfish brain. Gen Comp Endocrinol, 116: 461-477.

Boeuf G, Le Bail PY, 1999. Does light have an influence on fish growth? Aquaculture, 177: 129-

152.

Barry T P, Malison J A, Held J A, et al., 1995. Ontogeny of the cortisol stress response in larval rainbow trout. Gen Comp Endocrinol, 97: 57-65.

Baras E, Maxi M Y J, Ndao M, et al., 2000. Sibling cannibalism in dorada under experimental conditions. II. Effect of initial size heterogeneity, diet and light regime on early cannibalism. Journal of Fish Biology, 57(4): 1021-1036.

Browman H I, Novales-Flamarique I, Hawryshyn C W, 1994. Ultraviolet photoreception contributes to prey search behaviour in two species of zooplanktivorous fishes. J Exp Biol, 186: 187-198.

Bonvini E, Parma L, Gatta P P, et al., 2016. Effects of light intensity on growth, feeding activity and development in common sole (*Solea solea* L.) larvae in relation to sensory organ ontogeny. Aquac Res, 47: 1809-1819.

Blaxter J, Staines M E, 1971. Food searching potential in marine fish larvae. In: Crisp DJ (ed) Fourth european marine biology symposium. Cambridge University Press, Cambridge, 467-485.

Biswas, A K, Seoka M, Inoue Y, et al., 2005. Photoperiod influences the growth, food intake, feed efficiency and digestibility of red sea bream (Pagrus major). Aquaculture, 250(3-4): 666-673.

Biswas, A K, Seoka, M, Tanaka Y, et al., 2006. Effect of photoperiod manipulation on the growth performance and stress response of juvenile red sea bream (Pagrus major). Aquaculture, 258 (1-4): 350-365.

Blanco-Vives B, Villamizar N, Ramos J, et al., 2010. Effect of daily thermo-and photo-cycles of different light spectrum on the development of Senegal sole (*Solea senegalensis*) larvae. Aquaculture, 306: 137-145.

Candal E, Anadón R, DeGrip W J, et al., 2005. Patterns of cell proliferation and cell death in the developing retina and optic tectum of the brown trout. Dev brain res, 154(1): 101-119.

Caves E M, Brandley N C, Johnsen S, 2018. Visual acuity and the evolution of signals. Trends Ecol Evol, 33(5): 358-372.

Cruz E M V, Brown C L, Luckenbach J A, et al., 2006. Insulin-like growth factor-I cDNA cloning, gene expression and potential use as a growth rate indicator in Nile tilapia, *Oreochromis niloticus*. Aquaculture, 251: 585-595.

Cehajic-Kapetanovic J, Eleftheriou C, Allen A E, et al., 2015. Restoration of vision with ectopic expression of human *rod opsin*. Curr Biol, 25(16): 2111-2122.

Cavari B, Funkenstein B, Chen T T, et al., 1993. Effect of growth hormone on the growth rate of the gilthead seabream (*Sparus aurata*), and use of different constructs for the production of transgenic fish. Aquaculture, 111: 189-197.

Candal E, Ferreiro-Galve S, Anadón R, et al., 2008. Morphogenesis in the retina of a slow-developing teleost: emergence of the GABAergic system in relation to cell proliferation and differentiation. Brain Res, 1194: 21-27.

Cahu C L, Infante J L Z, 1995. Maturation of the pancreatic and intestinal digestive functions in sea bass (Dicentrarchus labrax): effect of weaning with different protein sources. Fish Physiology and Biochemistry, 14(6): 431-437.

Cuvier-Péres A, Jourdan S, Fontaine P, et al., 2001. Effects of light intensity on animal husbandry and digestive enzyme activities in sea bass Dicentrachus labrax post-larvae. Aquaculture, 202(3-4): 317-328.

Collin S P, Knight M A, Davies W L, et al., 2003. Ancient colour vision: multiple opsin genes in the ancestral vertebrates. Curr Biol, 13(22): R864-R865.

Chi L, Li X, Liu Q, et al., 2017. Photoperiod regulate gonad development via kisspeptin/kissr in hypothalamus and saccus vasculosus of Atlantic salmon (*Salmo salar*). PLoS ONE, 12: e0169569.

Chi L, Li X, Liu Q, et al., 2019. Photoperiod may regulate growth via leptin receptor A1 in the hypothalamus and saccus vasculosus of Atlantic salmon (Salmo salar).Animal Cells Syst. (Seoul), 23 (3): 200-208.

Cara J B, Moyano F J, Cárdenas S, et al., 2003. Assessment of digestive enzyme activities during larval development of white bream. Journal of Fish Biology, 63(1): 48-58.

Chen T T, Marsh A, Shamblott M, et al., 1994. Structure and evolution of fish growth hormone and insulin-like growth factors genes. In: Sherwood NM, Hew CL (ed) Molecular endocrinology of fish, fish physiology. Academic Press, Bethesda, 179-209.

Cortesi F, Musilová Z, Stieb S M, et al., 2015. Ancestral duplications and highly dynamic opsin gene evolution in percomorph fishes. Proc Natl Acad Sci USA, 112(5): 1493-1498.

Chen B N, Qin J G, Kumar M S, et al., 2006. Ontogenetic development of digestive enzymes in yellowtail kingfish Seriola lalandi larvae.Aquaculture, 260 (1-4): 264-271.

Choi C Y, Shin H S, Choi Y J, et al., 2012. Effects of LED light spectra on starvation-induced oxidative stress in the cinnamon clownfish, *Amphprion melanopus*. Comp Biochem Physiol A Mol Integr Physiol, 1163: 357-363.

Churova M V, Shulgina N, Kuritsyn A, et al., 2020. Muscle-specific gene expression and metabolic enzyme activities in Atlantic salmon Salmo salar L. fry reared under different photoperiod regimes. Comp. Biochem. Physiol. Part -B Biochem. Mol. Biol, 239, 110330.

Carleton K L, Yourick M R, 2020. Axes of visual adaptation in the ecologically diverse family Cichlidae. Semin Cell Dev Biol, 106: 43-52.

De Miguel E, Anadón R, 1987. The development of retina and the optic tectum of petromyzon marinus, L. A light microscopic study. J Hirnforsch, 28(4): 445-456.

Dallman M F, Akana S F, Levin N, et al., 1994. Corticosteroids and the control of function in the hypothalamo-pituitary-adrenal (HPA) axis. Ann NY Acad Sci, 746: 22-31.

De Silva S S, Anderson T A, 1994. Fish nutrition in aquaculture. Springer Science and Business Media, Berlinde .

Downing G, 2002. Impact of spectral composition on larval haddock, *Melanogrammus aeglefinus* L., growth and survival. Aquac Res, 33: 251-259.

De Coen W M, Janssen C R, Segner H, 2001. The use of biomarkers in *Daphnia magna* toxicity testing V. In vivo alterations in the carbohydrate metabolism of Daphnia magna exposed to sublethal concentrations of mercury and lindane. Ecotoxicology and environmental safety, 48(3): 223-234.

Downing G, Litvak M K, 1999. The influence of light intensity on growth of larval haddock. N Am J Aquaclt, 61: 135-140.

Downing G, Litvak M K, 2000. The effect of photoperiod, tank colour and light intensity on growth of larval haddock. Aquac. Int, 7 (6): 369-382.

Downing G, Litvak M K, 2001. The effect of light intensity and spectrum on the incidence of first feeding by larval haddock. J Fish Bio, 59: 1566-1578.

Davies W I, Tamai T K, Zheng L, et al., 2015. An extended family of novel vertebrate photopigments is widely expressed and displays a diversity of function. Genome Res, 25(11): 1666-1679.

Deane E E, Woo N Y S, 2003. Ontogeny of thyroid hormones, cortisol, hsp70 and hsp90 during silver sea bream larval development. Life Sci, 72: 805-818.

Escobar-Camacho D, Ramos E, Martins C, et al., 2017. The opsin genes of amazonian cichlids. Mol Ecol, 26(5): 1343-1356.

Evans B I, Browman H I, 2004. Variation in the development of the fish retina. Am Fish Soc Symp, 40:145-166.

Fernald R D, 1990. Teleost vision: seeing while growing. Journal of Experimental Zoology, 256(S5): 167-180.

Fielder D S, Bardsley W J, Allan G L, et al., 2002. Effect of photoperiod on growth and survival of snapper pagrus auratus larvae. Aquaculture, 211(1-4): 135-150.

Ferguson H W, 2006. Systemic pathology of fish: A text and atlas of normal tissue in teleosts and their responses in disease. Scotian Press, London.

Fox B K, Breves J P, Hirano T, et al., 2009. Effects of short-and long-term fasting on plasma and stomach ghrelin, and the growth hormone/insulin-like growth factor I axis in the tilapia, *Oreochromis mossambicus*. Domest anim endocrinol, 37:1-11.

Ferreiro-Galve S, Candal E, Carrera I, et al., 2008. Early development of GABAergic cells of the retina in sharks: an immunohistochemical study with GABA and GAD antibodies. J Chem Neuroanat, 36(1): 6-16.

Florini J R, Ewton D Z, Coolican S A, 1996. Growth hormone and the insulin-like growth factor system in myogenesis. Endocr Rev, 17:481-517.

Ferrari L, Eissa B L, Salibi'an A, 2011. Energy balance of juvenile Cyprinus carpio after a short-term exposure to sublethal water-borne cadmium. Fish Physiol.Biochem, 37: 853-862.

Fernandes AM, Fero K, Driever W, et al., 2013. Enlightening the brain: linking deep brain photoreception with behavior and physiology. Bioessays, 35(9): 775-779.

Feng H, Fu Y M, Luo J, et al., 2011. Black carp growth hormone gene transgenic allotetraploid hybrids of *Carassius auratus* red var. (female symbol) × *Cyprinus carpio* (male symbol). Sci China Life Sci, 54: 822-827.

Fischer R M, Fontinha B M, Kirchmaier S, et al., 2013. Co-expression of VAL-and TMT-opsins uncovers ancient photosensory interneurons and motorneurons in the vertebrate brain. PLOS Biol, 11(6): e1001585.

Flamarique I N, Hawryshyn C W, 1996. Retinal development and visual sensitivity of young Pacific sockeye salmon (*Oncorhynchus nerka*). J Exp Biol, 199(4): 869-882.

Furne M, Hidalgo M C, Lopez A, et al., 2005. Digestive enzyme activities in Adriatic sturgeon Acipenser naccarii and rainbow trout Oncorhynchus mykiss. A comparative study. Aquaculture, 250(1-2): 391-398.

Ferreiro-Galve S, Rodríguez-Moldes I, Anadón R, et al., 2010a. Patterns of cell proliferation and rod photoreceptor differentiation in shark retinas. J Chem Neuroanat, 39(1): 1-14.

Ferreiro-Galve S, Rodríguez-Moldes I, Candal E, 2010b. Calretinin immunoreactivity in the developing retina of sharks: comparison with cell proliferation and GABAergic system markers. Exp Eye Res, 91(3): 378-386.

Ferreiro-Galve S, Rodríguez-Moldes I, Candal E, 2012. Pax6 expression during retinogenesis in sharks: comparison with markers of cell proliferation and neuronal differentiation. J Exp Zool B Mol Dev Evol,318(2): 91-108.

Gao X L, Mo Z, Huiqin T, et al., 2016. Effect of LED light quality on respiratory metabolism and activities of related enzymes of Haliotis discus hannai. Aquaculture, 452: 52-61.

Ginés R, Afonso J M, Argüello A, et al., 2003. Growth in adult gilthead sea bream (Sparus aurata L) as a result of interference in sexual maturation by different photoperiod regimes. Aquac. Res, 34: 73-83.

Grizzle J M, Chen J, Williams J C, et al., 1992. Skin injuries and serum enzyme activities of channel catfish (Ictalurus punctatus) harvested by fish pumps. Aquaculture, 107(4): 333-346.

Glass A S, Dahm R, 2004. The zebrafish as a model organism for eye development. Ophthalmic Res, 36(1): 4-24.

Güroy D, Güroy B, Merrifield D L, et al., 2010. Effect of dietary ulva and spirulina on weight loss and body composition of rainbow trout, *Oncorhynchus mykiss* (Walbaum), during a starvation period. J Anim Physiol Anim Nutr, 95: 320-327.

Gesto M, Hernández J, López-Patiño M A, et al., 2015. Is gill cortisol concentration a good acute stress indicator in fish? A study in rainbow trout and zebrafish. Comparative Biochemistry and Physiology Part A: Molecular & Integrative Physiology, 188: 65-69.

Gao X Q, Hong L, Liu Z F, et al., 2016. Histological Observation of the Eye of American Shad (*Alosa sapidissima*) at the Early Developmental Stage. Progress In Fishery Science, 37(2):

76-83.

Guthrie D M, Muntz W R A, 1993. The role of vision in fish behaviour. In: Pitcher TJ (ed) Behavior of Teleost Fishes, 2nd edn. Chapman, London, 89-128.

Ghorpade N, Mehta V, Khare M, et al., 2002. Toxicity study of diethyl phthalate on freshwater fish Cirrhina mrigala. Ecotoxicology and environmental safety, 53(2): 255-258.

Guido M E, Marchese N A, Rios M N, et al., 2020. Non-visual opsins and novel photo-detectors in the vertebrate inner retina mediate light responses within the blue spectrum region. Cell Mol Neurobiol: 1-25.

García-López A, Pascual E, Sarasquete C, et al., 2006. Disruption of gonadal maturation in cultured Senegalese sole *Solea senegalensis* Kaup by continuous light and/or constant temperature regimes. Aquaculture, 261: 789-798.

Gao X, Zhang M, Li X, et al., 2017. Physiological metabolism of Haliotis discus hannai Ino under different light qualities and cycles. Aquac. Res, 48 (7): 3340-3350.

Hubbs C, Blaxter J H S, 1986. Development of sense organs and behaviour in teleost larvae with special reference to feeding and predation avoidance. T Am Fish Soc, 115: 98-114.

Hankins M W, Davies W I, Foster R G, 2014. The evolution of non-visual photopigments in the central nervous system of vertebrates. Springer Boston MA: 65-103.

Hallaråker H, Folkvord A, Stefansson S O, 1995. Growth of juvenile halibut (Hippoglossus hippoglossus) related to temperature, day length and feeding regime. Neth. J. Sea Res, 34 (1-3): 139-147.

Harahush B K, Hart N S, Green K, et al., 2009. Retinal neurogenesis and ontogenetic changes in the visual system of the brown banded bamboo shark, *Chiloscyllium punctatum* (Hemiscyllidae, Elasmobranchii). J Comp Neurol, 513(1): 83-97.

Hang C Y, Kitahashi T, Parhar I S, 2016. Neuronal organization of deep brain opsin photoreceptors in adult teleosts. Front Neurosci, 10: 48.

Hu J, Liu Y, Ma Z, et al., 2018. Feeding and development of warm water marine fish larvae in early life. In: Manuel Yúfera (ed) Emerging Issues in Fish Larvae Research. Springer, New York, 275-296.

Hargrave P A, McDowell J H, Curtis D R, et al., 1983. The structure of bovine rhodopsin. Biophys Struct Mech, 9(4): 235-244.

Head A B, Malison J A, 2000. Effects of lighting spectrum and disturbance level on the growth and stress responses of yellow perch *Perca flavescens*. J World Aquacult Soc, 31:73-80.

Hou Z S, Wen H S, Li J F, et al., 2019. Effects of photoperiod and light spectrum on growth performance, digestive enzymes, hepatic biochemistry and peripheral hormones in spotted sea bass (*Lateolabrax maculatus*). Aquaculture, 507 (30): 419-427.

Ito M, 1997. Subpopulations estimated from migration patterns. In: Tabeta O (ed) Fisheries stock managements of ocellate puffer takifugu rubripes in Japan. Koseisha-koseikaku, Tokyo, 28-40 (in Japanese).

Iuvone P M, Tosini G, Pozdeyev N, et al., 2005. Circadian clocks, clock networks, arylalkylamine N-acetyltransferase, and melatonin in the retina. Prog Retin Eye Res, 24:433-456.

Jones M R, Grillner S, Robertson B, 2009. Selective projection patterns from subtypes of retinal ganglion cells to tectum and pretectum: distribution and relation to behavior. J Comp Neurol, 517(3): 257-275.

Jentoft S, Held J A, Malison J A, et al., 2002. Ontogeny of the cortisol stress response in yellow perch (*Perca flavescens*). Fish Physiol Biochem, 26:371-378.

Jiao J, Hong S, Zhang J, et al., 2012. *Opsin3* sensitizes hepatocellular carcinoma cells to 5-fluorouracil treatment by regulating the apoptotic pathway. Cancer Lett, 320(1): 96-103.

Jonassen T M, Imsland A K, Kadowaki S, et al., 2000. Interaction of temperature and photoperiod on growth of Atlantic halibut Hippoglossus hippoglossus L. Aquac. Res, 31 (2): 219-227.

Jenkins A, Muñoz M, Tarttelin E E, et al., 2003. VA opsin, melanopsin, and an inherent light response within retinal interneurons. Curr Biol, 13(15): 1269-1278.

Jacobs G H, Neitz M, Neitz J, 1996. Mutations in S-cone pigment genes and the absence of colour vision in two species of nocturnal primate. Proc Biol Sci, 263(1371):705-710.

Johnston I A, Serrana D G, Devlin R H, 2014. Muscle fibre size optimisation provides flexibility for energy budgeting in calorie-restricted coho salmon transgenic for growth hormone. J Exp Biol, 217:3392-3395.

John T M, Viswanathan M, George J C, et al., 1990. Influence of chronic melatonin implantation on circulating levels of catecholamines, growth hormone, thyroid hormones, glucose, and free fatty acids in the pigeon. Gen Comp Endocrinol, 79:226-232.

Klein D C, 2007. Arylalkylamine N-acetyltransferase: "the Timenzyme". J Biol Chem, 282: 4233-4237.

Kolb H, 2011. Simple anatomy of the retina by helga kolb. Webvision: The Organization of the Retina and Visual System.

Kopchick J J, Andry J M, 2000. Growth hormone (GH), GH receptor, and signal transduction. Mol Genet Metab, 71: 293-314.

Kimmel C B, Ballard W W, Kimmel S R, et al., 1995. Stages of embryonic development of the zebrafish. Dev Dyn, 203(3): 253-310.

Kim B J, Choi S H, Kim S, 2013. Description of a small goby, *Trimma grammistes* (Perciformes: Gobiidae), from Jeju Island, Korea. Ocean Sci J, 48(2): 235-238.

Klein D C, Coon S L, Roseboom P H, et al., 1997. The melatonin rhythm-generating enzyme: molecular regulation of serotonin N-acetyltransferase in the pineal gland. Recent Prog Horm Res, 52: 307-357.

Kelley J L, Davies W I, 2016. The biological mechanisms and behavioral functions of opsin-based light detection by the skin. Front Ecol Evol, 4: 106.

Kaneko G, Furukawa S, Kurosu Y, et al., 2011. Correlation with larval body size of mRNA levels of growth hormone, growth hormone receptor I and insulinlike growth factor I in larval torafugu Takifugu rubripes. J Fish Biol, 79: 854-874.

Kusmic C, Gualtieri P, 2000. Morphology and spectral sensitivities of retinal and extraretinal photoreceptors in freshwater teleosts. Micron, 31: 183-200.

Kim B H, Hur S P, Hur S W, et al., 2016. Relevance of light spectra to growth of the rearing tiger puffer Takifugu rubripes. Dev Reprod, 20: 23-29.

Katamachi D, Ikeda M, Uno K, 2015. Identification of spawning sites of the tiger puffer Takifugu rubripes in Nanao Bay, Japan, using DNA analysis. Fish Sci, 81(3): 485-494.

Kusmic C, Gualtieri P, 2000. Morphology and spectral sensitivities of retinal and extraretinal photoreceptors in freshwater teleosts. Micron, 31(2): 183-200.

Kawano-Yamashita E, Koyanagi M, Wada S, et al., 2020. The non-visual opsins expressed in deep brain neurons projecting to the retina in lampreys. Sci Rep, 10(1): 1-11.

Kim E S, Lee C H, Lee Y D, 2019. Retinal development and opsin gene expression during the juvenile development in red spotted grouper (Epinephelus akaara). Dev Rerprod, 23(2): 171.

Kitambi S S, Malicki J J, 2008. Spatiotemporal features of neurogenesis in the retina of medaka, Oryzias latipes. Dev Dyn, 237(12):3870-3881.

Kasagi S, Mizusawa K, Murakami N, et al., 2015. Molecular and functional characterization of opsins in barfin flounder (Verasper moseri). Gene, 556(2): 182-191.

Karakatsouli N, Papoutsoglou S E, Pizzonia G, et al., 2007. Effects of light spectrum on growth and physiological status of gilthead seabream Sparus aurata and rainbow trout Oncorhynchus mykiss reared under recirculating system conditions, Aquac Eng, 36 (3): 302-309.

Klammt J, Pfaffle R, Werner H, et al., 2008. IGF signaling defects as causes of growth failure and IUGR. Trends Endocrin Met, 19:197-205.

Karlsen O, Skiftesvik A B, Helvik J V, 1998. The effect of light on activity and growth of Atlantic halibut, Hippoglossus hippoglossus L. yolk-sac larvae. Aquac Res, 29: 899-91.

Koyanagi M, Wada S, Kawano-Yamashita E, et al., 2015. Diversification of non-visual photopigment parapinopsin in spectral sensitivity for diverse pineal functions. BMC Biol, 13(1): 1-12.

Lythgoe J N, 1979. The Ecology of Vision. Clarendon Press, Oxford.

Lee J S F, Britt L L, Cook M A, et al., 2017. Effect of light intensity and feed density on feeding behaviour, growth and survival of larval sablefish Anoplopoma fimbria. Aquac Res: 1-11.

Liu H, Guo X, Gooneratne R, et al., 2016. The gut microbiome and degradation enzyme activity of wild freshwater fishes influenced by their trophic levels. Sci. Rep, 6 (1): 24340.

Li F, Guo Z D, Liu B X, et al., 2016. Early eye morphogenesis in the chinese sucker (Myxocyprinus asiaticus). Acta Hydrobiologica Sinica, 40(3): 7.

Lim S J, Kim S S, Ko G Y, et al., 2011. Fish meal replacement by soybean meal in diets for Tiger puffer, Takifugu rubripes. Aquaculture, 313 (1-4): 165-170.

Lim L S, Mukai Y, 2014. Morphogenesis of sense organs and behavioural changes in larvae of the brown-marbled grouper *Epinephelus fuscoguttatus* (Forsskål). Mar Freshw Behav Physiol, 47(5): 313-327.

Loew E R, McFarland W N, Mills E L, et al., 1993. A chromatic action spectrum for planktonic predation by juvenile yellow perch, *Perca flavescens*. Can J Zool, 71: 384-386.

Liebert A, Pang V, Bicknell B, et al., 2022. A Perspective on the Potential of Opsins as an Integral Mechanism of Photobiomodulation: It's Not Just the Eyes. Photomed Laser Surg, 40(2): 123-135.

Li X, Wei P, Liu S, et al., 2021. Photoperiods affect growth, food intake and physiological metabolism of juvenile European Sea bass (*Dicentrachus labrax* L.). Aquac. Rep, 20: 100656.

Liu Q, Yan H, Hu P, et al., 2019. Growth and survival of *Takifugu rubripes* larvae cultured under different light conditions. Fish Physiol Biochem, 45(5): 1533-1549.

Lu J, Zheng J, Liu H, et al., 2010. Protein profiling analysis of skeletal muscle of a pufferfish, Takifugu rubripes. Mol. Biol. Rep, 37: 2141-2147.

McFarland W N, 1991. The visual world of coral reef fishes. In: Sale PF (ed), The ecology of fishes on coral reefs. Academic Press, San Diego: 16-38.

Moriyama S, Ayson F G, Kawauchi H, 2000. Growth regulation by insulin-like growth factor-I in fish. Biosci Biotech Bioch, 64: 1553-1562.

Mader M M, Cameron D A, 2004. Photoreceptor differentiation during retinal development, growth, and regeneration in a metamorphic vertebrate. J Neurosci, 24(50): 11463-11472.

Migaud H, Cowan M, Taylor J, et al., 2007. The effect of spectral composition and light intensity on melatonin, stress and retinal damage in post-smolt Atlantic salmon, *Salmo salar*. Aquaculture, 270: 390-404.

Musilova Z, Cortesi F, Matschiner M, et al., 2019. Vision using multiple distinct *rod opsin*s in deep-sea fishes. Science, 364(6440): 588-592.

Munz F W, McFarland W N, 1973. The significance of spectral position in the rhodopsins of tropical marine fishes. Vision Res, 13(10):1829-1874.

Miranda V, Cohen S, Díaz A O, et al., 2020. Development of the visual system of anchovy larvae, *Engraulis anchoita*: A microanatomical description. J Morphol, 281(4-5): 465-475.

Migaud H, Davie A, Carboni S, et al., 2009. Treasurer effects of light on Atlantic cod (*Gadus morhua*) larvae performances: focus on spectrum. In: Hendry CI, Van Stappen G, Wille M, Sorgeloos P (ed), LARVI'09 -fish and shellfish larviculture symposium. Ghent, Belgium: 265-269.

Myrberg J A A, Fuiman L A, 2002. The sensory world of coral reef fishes. In: Sale PF (ed) Coral reef fishes, Academic Press, San Diego: 123-148.

Moriya T, Miyashita Y, Arai J I, et al., 1996. Light-sensitive response in melanophores of *Xenopus laevis*: I. Spectral characteristics of melanophore response in isolated tail fin of *Xenopus* tadpole. J Exp. Zool, 276(1): 11-18.

Morrison C, Miyake T, Wright J, 2001. Histological study of the development of the embryo and early larva of *Oreochromis niloticus* (Pisces: Cichlidae). J Morphol, 247: 172-195.

Martínez-Álvarez R M, Morales A E, Sanz A, 2005. Antioxidant defenses in fish: biotic and abiotic factors. Reviews in Fish Biology and fisheries, 15(1): 75-88.

McDonald T J, Nijland M J, Nathanielsz P W, 2007. The insulin-like growth factor system and the fetal brain: effects of poor maternal nutrition. Rev Endoc Metab Dis, 8: 71-84.

Matsumoto Y, Oda S, Mitani H, et al., 2020. Orthologous divergence and paralogous anticonvergence in molecular evolution of triplicated green opsin genes in medaka fish, genus Oryzias. Genome Biol Evol, 12(6): 911-923.

Monk J, Puvanendran V, Brown J A, 2006. Do different light regimes affect the foraging behaviour, growth and survival of larval cod (*Gadus morhua* L.) Aquaculture, 257: 287-293

Maule A G, Tripp R A, Kaattari S L, et al., 1989. Stress alters immune function and disease resistance in chinook salmon (*Oncorhynchus tshawytscha*). J Endocrinol, 120: 135-142.

Mommsen T P, Vijayan M M, Moon T W, 1999. Cortisol in teleosts: dynamics, mechanisms of action, and metabolic regulation. Rev Fish Biol Fisher, 9: 211-268.

Moutsaki P, Whitmore D, Bellingham J, et al., 2003. Teleost multiple tissue (tmt) opsin: a candidate photopigment regulating the peripheral clocks of zebrafish? Molecular brain research, 112(1-2): 135-145.

Ma A J, Wang X A, Zhuang Z M, et al., 2010. Structure of retina and visual characteristics of the half-smooth tongue-sole *Cynoglossus semilaevis* Günter. Acta Zoologica Sinica, 2010: 354-363.

Nogami H, Hiraoka Y, Matsubara M, et al., 2002. A composite hormone response element regulates transcription of the rat GHRH receptor gene. Endocrinol, 143: 1318-1326.

Nakane Y, Ikegami K, Ono H, et al, 2010. A mammalian neural tissue opsin (*Opsin 5*) is a deep brain photoreceptor in birds. Proc Natl Acad Sci USA, 107(34): 15264-15268.

Nakane Y, Shimmura T, Abe H, et al., 2014. Intrinsic photosensitivity of a deep brain photoreceptor. Curr Biol, 24(13): R596-R597.

Neafsey D E, Hartl D L, 2005. Convergent loss of an anciently duplicated, functionally divergent *RH2* opsin gene in the fugu and Tetraodon pufferfish lineages. Gene, 350(2): 161-171.

Ovuru S S, Mgbere O O, 2000. Enzyme changes shrimps (Penaeus notialis) following a brief exposure to weathered Bonny Light crude oil. Delta Agric, 7(1): 82-68.

Oliveira C, Ortega A, López-Olmeda J F, et al., 2007. Influence of constant light and darkness, light intensity, and light spectrum on plasma melatonin rhythms in Senegal sole. Chronobiology international, 24(4): 615-627.

Oppedal F, Taranger G L, Juell J E, et al., 1997. Light intensity affects growth and sexual maturation of Atlantic salmon (Salmo salar) postsmolts in sea cages. Aquatic Living Resources, 10(6): 351-357.

Orun I, Talas Z S, Ozdemir I, et al., 2008. Antioxidative role of selenium on some tissues of (Cd2+, Cr3+)-induced rainbow trout. Ecotoxicol.Environ. Saf, 71 (1): 71-75.

Olias G, Viollet C, Kusserow H, et al., 2004. Regulation and function of somatostatin receptors. J Neurochem, 89: 35.

Okano T, Yoshizawa T, Fukada Y, 1994. Pinopsin is a chicken pineal photoreceptive molecule. Nature, 372(6501): 94-97.

Pipe R K, 1990. Hydrolytic enzymes associated with the granular haemocytes of the marine mussel Mytilus edulis. Histochem. J, 22: 595-603.

Poelstra K, Bakker W W, Klok P A, et al., 1997. Dephosphorylation of endotoxin by alkaline phosphatase in vivo. Am. J.Pathol, 51 (4): 1163-1169.

Puvanendran V, Brown J A, 2002. Foraging, growth and survival of Atlantic cod larvae reared in different light intensities and photoperiods. Aquaculture, 214(1-4): 131-151.

Politis S N, Butts I A E, Tomkiewicz J, 2014. Light impacts embryonic and early larval development of the European eel, Anguilla anguilla. J Exp Mar Biol Ecol, 461: 407-415.

Pavón-Muñoz T, Bejarano-Escobar R, Blasco M, et al., 2016. Retinal development in the gilthead seabream Sparus aurata. J Fish Biol, 88(2): 492-507.

Philp A R, Bellingham J, Garcia-Fernandez J M, et al, 2000. A novel rod-like opsin isolated from the extra-retinal photoreceptors of teleost fish. FEBS letters, 468(2-3): 181-188.

Parry J W, Carleton K L, Spady T, et al., 2005. Mix and match color vision: tuning spectral sensitivity by differential opsin gene expression in Lake Malawi cichlids. Curr Biol, 15(19): 1734-1739.

Porter M J R, Duncan N J, Mitchell D, et al., 1998. The use of cage lighting to reduce plasma melatonin in Atlantic salmon (Salmo salar) and its effects on the inhibition of grilsing. Aquaculture, 176: 237-244.

Prasad S, Galetta S L, 2011. Anatomy and physiology of the afferent visual system. Handb Clin Neurol, 102: 3-19.

Provencio I, Jiang G, Willem J, et al., 1998. Melanopsin: An opsin in melanophores, brain, and eye. Proc Natl Acad Sci U S A, 95(1): 340-345.

Palczewski K, Kumasaka T, Hori T, et al., 2000. Crystal structure of rhodopsin: AG protein-coupled receptor. Science, 289(5480): 739-745.

Pinoni S A, López Mañanes A A, 2004. Alkaline phosphatase activity sensitive to environmental salinity and dopamine in muscle of the euryhaline crab Cyrtograpsus angulatus. J. Exp. Mar. Biol. Ecol, 307 (1): 35-46.

Punhal L, Laghari M Y, Narejo N T, et al., 2014. QTL for short-duration vigorous swimming movements in common carp (Cyprinus carpioL.) based on LDH activity. Pak. J. Zool, 46 (2): 383-390.

Powers M K, Raymond P A, 1990. Development of the visual system. In: Douglas R, Djamgoz M (ed) The visual system of fish. Springer, Dordrecht: 419-442.

Rubinson K, 1990. The developing visual system and metamorphosis in the lamprey. J Neurosci, 21(7): 1123-1135.

Radenko V N, Alimov V A, 1991. Significance of temperature and light for growth and survival of hypophtalmichthys molitrix Larvae. Vopr Ikhtiol, 34: 633-655.

Reinecke M, 2010. Influences of the environment on the endocrine and paracrine fish growth hormone-insulin-like growth factor-I system. J Fish Biol, 76: 1233-1254.

Reckel F, Melzer R R, Parry J W L, et al., 2002. The retina of five atherinomorph teleosts: photoreceptors, patterns and spectral sensitivities. Brain Behav Evol, 60(5): 249-264.

Rennison D J, Owens G L, Taylor J S, 2012. Opsin gexne duplication and divergence in ray-finned fish. Mol Phylogenet Evol, 62(3): 986-1008.

Rodicio M C, Pombal M A, Anadón R, 1995. Early development and organization of the retinopetal system in the larval sea lamprey, *Petromyzon marinus* L. Anat Embryol, 192(6): 517-526.

Rønnestad I, Yúfera M, Ueberschär B, et al., 2013. Feeding behaviour and digestive physiology in larval fish: current knowledge, and gaps and bottlenecks in research. Rev Aquac, 5: S59-S98.

Smith M W, 1992. Diet effects on enterocyte development. Proceedings of the Nutrition Society, 51(2): 173-178.

Schreck C B, 2000. Accumulation and long-term effects of stress in fish. In: Moberg GP, Mench JA (ed) The biology of animal stress: sssessment and implications for animal welfare. CAB International, Wallingford: 147-158.

Shivaknmar R, 2005. Endosufan induced metabolic alternation in freshwater fish, Catla cartla. Ph. D., Thesis, Karnataka University, Dharwad, Karnataka, India.

Stuart K R, 2013. The effect of light on larval rearing in marine finfish. In: Qin JG (ed) Larval fish aquaculture. Nova Science Publisher Inc, New York: 25-40.

Sugihara T, 2018. Investigation of molecular properties of vertebrate non-visual opsin, Opn3 (Dissertation, Osaka City University).

Shibata R, Aono H, Machida M, 2006. Spawning ecology of tiger puffer, *Takifugu rubripes*. Fish Res Agency, 3:131-135.

Strand A, Alanärä A, Staffan F, et al., 2007. Effects of tank colour and light intensity on feed intake, growth rate and energy expenditure of juvenile Eurasian perch, *Perca fluviatilis* L. Aquaculture, 272:312-318.

Sandy J M, Blaxter J H S, 1980. A study of retinal development in larval herring and sole. J Mar Biolog Assoc U K, 60(1): 59-71.

Shamblott M J, Chen T T, 1992. Identification of a second insulin-like growth-factor in a fish species. P Natl Acad Sci USA, 89:8913-8917.

Shamblott M J, Cheng C M, Bolt D, et al., 1995. Appearance of insulin-like growth-factor messenger-RNA in the liver and pyloric ceca of a teleost in response to exogenous growth-hormone. P Natl Acad Sci USA, 92:6943-6946.

Sánchez-Farías N, Candal E, 2015. Doublecortin is widely expressed in the developing and adult retina of sharks. Exp Eye Res, 134: 90-100.

Sánchez-Farías N, Candal E, 2016. Identifcation of radial glia progenitors in the developing and adult retina of sharks. Front Neuroanat,10: 65.

Schieber N L, Collin S P, Hart N S, 2012. Comparative retinal anatomy in four species of elasmobranch. J Morphol, 273(4): 423-440.

Saka S, Firat K, Suzer C, 2001. Effects of light intensity on early life development of gilthead sea bream, *Sparus aurata*, larvae. Isr J Aquacult, 53: 139-146.

Stefansson S O, Hansen T J, 1989. The effect of spectral composition on growth and smolting in Atlantic salmon (*Salmo salar*) and subsequent growth in sea cages. Aquaculture, 82:155-162.

Saunders R L, Harmon P R, 1990. Influence of photoperiod on growth of juvenile Atlantic Salmon and Development of salinity tolerance during winter–spring. Trans.Am. Fish. Soc, 119 (4): 689-697.

Shichida Y, Imai H, 1998. Visual pigment: G-protein-coupled receptor for light signals. Cell Mol Life Sci, 54(12): 1299-1315.

Simensen L M, Jonassen T M, Imsland A K, et al., 2000. Photoperiod regulation of growth of juvenile Atlantic halibut (Hippoglossus hippoglossus L.). Aquaculture, 190(1-2): 119-128.

Shin H S, Lee J, Choi C Y, 2011. Effects of LED light spectra on oxidative stress and the protective role of melatonin in relation to the daily rhythm of the yellowtail clownfish, *Amphiprion clarkia*. Comp Biochem Physiol A, 160:221-228.

Shin H S, Lee J, Choi C Y, 2012. Effects of LED light spectra on the growth of the yellowtail clownfish *Amphiprion clarkii*. Fish Sci, 78:549-556.

Szisch V, Papandroulakis N, Fanouraki E, et al., 2005. Ontogeny of the thyroid hormones and cortisol in the gilthead sea bream, *Sparus aurata*. Gen Comp Endocrinol, 142:186-192.

Spady T C, Parry J W, Robinson P R, et al., 2006. Evolution of the cichlid visual palette through ontogenetic subfunctionalization of the opsin gene arrays. Mol Biol Evol, 23(8): 1538-1547.

Sivaramakrishna B, Radhakrishnaiah K, 1998. Impact of sublethal concentration of mercury on nitrogen metabolism of the freshwater fish, *Cyprinus carpio*(Linnaeus). Journal of Environmental Biology, 19(2): 111-117.

Suzer C, Saka S, Fırat K, 2006. Effects of illumination on early life development and digestive enzyme activities in common pandora *Pagellus erythrinus* L. larvae. Aquaculture, 260(1-4): 86-93.

Segner H, Storch V, Reinecke M, et al., 1995. A tabular overview of organogenesis in larval turbot (*Scophthalmus maximus* L.)[C]//ICES Marine Science Symposia. Copenhagen, Denmark: International Council for the Exploration of the Sea, 201: 35-39.

Shan X, Xiao Z, Huang W, et al., 2008. Effects of photoperiod on growth, mortality and digestive enzymes in miiuy croaker larvae and juveniles. Aquaculture, 218(104): 70-76.

Sahin K, Yazlak H, Orhan C, et al., 2014. The effect of lycopene on antioxidant status in rainbow trout (*Oncorhynchus mykiss*) reared under high stocking density. Aquaculture, 418-419: 132-138.

Sanyal S, Zeilmaker G H, 1988. Retinal damage by constant light in chimaeric mice: implications for the protective role of melanin. Exp Eye Res, 46(5): 731-743.

Terakita A, 2005. The opsins. Genome Biol, 6(3): 1-9.

Tsai H, Chang M, Liu S, et al., 2013. Embryonic development of goldfish (*Carassius auratus*): a model for the study of evolutionary change in developmental mechanisms by artificial selection. Dev Dyn, 242:1262-1283.

Taylor J F, North B P, Porter M J R, et al., 2006. Photoperiod can be used to enhance growth and improve feeding efficiency in farmed rainbow trout, *Oncorhynchus mykiss*. Aquaculture, 256 (1-4): 216-234.

Vlaming V, 1980. Effects of pinealectomy and melatonin treatment on growth in the goldfish, *Carassius auratus*. Gen Comp Endocrinol, 40:245-250.

Valarmathi S, Azariah J, 2003. Effect of copper chloride on the Enzyme activities of the Crab *Sesarma quadratum* (Fabricius). Turkish J. Zool, 27 (3): 253-256.

Volpato GL, Barreto RE, 2001. Environmental blue light prevents stress in the fish Nile tilapia. Braz J Med Biol Res, 34:1041-1045.

Villamizar N, Blanco-Vives B, Migaud H, et al., 2011. Effects of light during early larval development of some aquacultured teleosts: A review. Aquaculture, 315 (1-2): 86-94.

Vallés R, Estévez A, 2013. Light conditions for larval rearing of meagre (Argyrosomus regius). Aquaculture, 376: 15-19.

Villeneuve L A, Gisbert E, Moriceau J, et al., 2006. Intake of high levels of vitamin A and polyunsaturated fatty acids during different developmental periods modifies the expression of morphogenesis genes in European sea bass (*Dicentrarchus labrax*). Br J Nutr, 95(4): 677-687.

Villamizar N, García-Alcazar A, Sánchez-Vázquez F J, 2009. Effect of light spectrum and photoperiod on the growth, development and survival of European sea bass (*Dicentrarchus labrax*) larvae. Aquaculture, 292 (1-2): 80-86.

Vallone D, Lahiri K, Dickmeis T, et al., 2007. Start the clock! Circadian rhythms and development. Dev. Dyn, 236 (1): 142-155.

Van der Salm A L, Martínez M, Flik G, et al., 2004. Effects of husbandry conditions on the skin colour and stress response of red porgy *Pagrus pagrus*. Aquaculture, 241:371-386.

Vera L M, Migaud H, 2009. Continuous high light intensity can induce retinal degeneration in Atlantic salmon, Atlantic cod and European sea bass. Aquaculture, 296:150-158

Van Hazel I, Santini F, Müller J, et al., 2006. Short-wavelength sensitive opsin (*SWS1*) as a new marker for vertebrate phylogenetics. BMC Evol Biol, 6(1): 1-15.

Villamizar N, Vera L M, Foulkes N S, et al., 2013. Effect of lighting conditions on zebrafish growth and development. Zebrafish, 11:173-181.

Wagner H J, 1990. Retinal structure of fishes. In: Douglas RH, Djamgoz MBA (ed). The visual system of fish. Chapman & Hall, London: 109-157.

Wendelaar Bonga S E, 1997. The stress response in fish. Physiol Rev, 77:591-625.

Weinstock M, 2008. The long-term behavioural consequences of prenatal stress. Neurosci Behav Rev, 32:1073–1086.

Wang T, Cheng Y Z, Liu Z P, et al., 2015. Effects of light intensity on husbandry parameters, digestive enzymes and whole-body composition of juvenile *Epinephelus coioides* reared in artificial sea water. Aquac Res, 46:884-892.

Wang F, Dong S, Huang G, et al., 2003. The effect of light color on the growth of Chinese shrimp *Fenneropenaeus chinensis*. Aquaculture, 228(1): 351-360.

Wood A W, Duan C, Bern H A, 2005. Insulin-like growth factor signaling in fish. Int Rev Cytol, 243:215–285.

Wagner H J, Fröhlich E, Negishi K, et al., 1998. The eyes of deep-sea fish II. Functional morphology of the retina. Prog Retin Eye Res, 17:637-685.

Wang J, Guo Q S, Shi H Z, et al., 2017. Effects of light spectrum and intensity on growth, survival and physiology of leech (Whitmania pigra) larvae under the rearing conditions. Aquac. Res, 48 (7): 3329-3339.

Wan Z Z, Gao T X, Zhang X M, et al., 2006. Histological study on the digestive system development of *Takifugu rubripes* larvae and juvenile. J Ocean Univ China, 5(1): 39-44.

Wagle M, Mathur P, Guo S, 2011. Corticotropin-releasing factor critical for zebrafish camouflage behavior is regulated by light and sensitive to ethanol. J Neurosci, 31:214-224.

Wilkinson R J, Porter M, Woolcott H, et al., 2006. Effects of aquaculture related stressors and nutritional restriction on circulating growth factors (GH, IGF-1 and IGF-II) in Atlantic salmon and rainbow trout. Comp Biochem Physiol A, 145:214-224.

Yong-Gwon C, Jae-Eun C, Duk-Whan R, et al., 2001. Light-dark and food restriction cycles in red Sea bream, pagrus major: effect of zeitgebers on demand-feeding rhythms. Fish. Aquat. Sci, 4 (3): 138-143.

Yan H, Liu Q, Shen X, et al., 2020. Effects of different light conditions on the retinal microstructure and ultrastructure of *Dicentrarchus labrax* larvae. Fish Physiol Biochem, 46(2): 613-628.

Yamanome T, Mizusawa K, Hasegawa E, et al., 2009. Green light stimulates somatic growth in the barfin flounder *Verasper moseri*. J Exp Zool A Ecol Genet Physiol, 311:73-79.

Yúfera M, Ortiz-Delgado J B, Hoffman T, et al., 2014. Organogenesis of digestive system, visual system and other structures in Atlantic bluefin tuna (*Thunnus thynnus*) larvae reared with copepods in mesocosm system. Aquaculture, 426: 126-137.

Yan Q, Xie S, Zhu X, et al., 2007. Dietary methionine requirement for juvenile rockfish, Sebastes schlegeli. Aquac. Nutr, 13 (3): 163-169.

Yeh N, Yeh P, Shih N, et al., 2014. Applications of light-emitting diodes in researches conducted in aquatic environmen. RENEW SUST ENERG REV Renew Sust Energ Rev, 32: 611-618.

Zilberman-Peled B, Bransburg-Zabary S, Klein D C, et al, 2011. Molecular Evolution of Multiple Arylalkylamine N-Acetyltransferase (AANAT) in Fish. Mar Drugs, 9(5): 906-921.

Zambonino Infante J L, Cahu C L, 2001. Ontogeny of the gastrointestinal tract of marine fish larvae. In: Comparative Biochemistry and Physiology -C Toxicology and Pharmacology, 130. Comparative Biochemistry and Physiology Part C: Toxicology &Pharmacology: 477-487.

Zhang D C, Huang Y Q, Shao Y Q, et al., 2006. Molecular cloning, recombinant expression, and growth-promoting effect of mud carp (*Cirrhinus molitorella*) insulin-like growth factor-I. Gen Comp Endocrinol, 148: 203-212.

Zeman M, Vy'boh P, Jura'ni M, et al., 1993. Effects of exogenous melatonin on some endocrine, behavioral and metabolic parameters in Japanese quail *Coturnix coturnix* japonica. Comp Biochem Physiol A, 105: 323-328.

Zhang N, Wang W, Li B, et al., 2019. Non-volatile taste active compounds and umami evaluation in two aquacultured pufferfish (*Takifugu obscurus* and *Takifugu rubripes*). Food Biosci, 32: 100468.

Zhong H, Zhou Y, Liu S, et al., 2012. Elevated expressions of GH/IGF axis genes in triploid crucian carp. Gen Comp Endocrinol, 178: 291-300.

Zhu T, Zhang T, Wang Y, et al., 2013. Effects of growth hormone (GH) transgene and nutrition on growth and bone development in common carp. J Exp Zool A Ecol Genet Physiol, 319:451-460.

4

光照对大菱鲆生长发育的影响

4.1 光谱环境对鱼类影响研究

光是重要的环境因子之一，对鱼类的生长、发育、生理状态和行为有重要影响（Dey 等，1990；Downing 等，2001）。光谱成分作为其主要特征之一，在自然水体中，由于水体对不同波长光的吸收效率不同，长波长光吸收快，而短波长在水体中穿透力强，故而传播的深度超过长波。水体表层存在各种波长光谱，而底层水光环境以短波长为主（Villamizar 等，2011）。长期的进化适应使鱼类对光谱的感光系统、生理响应存在一定差异。

4.1.1 鱼类视觉感知组织结构基础

4.1.1.1 鱼类视觉的组织基础

鱼眼由一套折光系统（角膜、房水、玻璃体、晶状体及相应的辅助结构）和其外覆盖的三层膜（巩膜、脉络膜及视网膜）构成。巩膜位于最外层，起保护眼球的作用。脉络膜在中间，其含有大量血管和色素（田文斐，2012）。视网膜位于眼球壁的最内侧，起接收外界光信号并向脑传递神经信号的作用，是视觉形成的重要部件（牛亚兵，2017）。脊椎动物的视网膜结构高度保守，鱼类的视网膜同其他脊椎动物相似，大致可分为 10 层（周慧，2017；张胜祥等，2002），从外至内依次为：①色素上皮层（pigment epithelium layer，PEL），主要由色素上皮细胞构成，富含黑色素颗粒，可以在一定程度上减弱强光对感光细胞的伤害。②视锥视杆层（layer of rods and cones，RCL），由视锥细胞和视杆细胞两种感光细胞组成，分别行使颜色视觉和明暗视觉功能。③外界膜（outer limiting membrane，OLM），与内界膜一样主要由 Müller 胶质细胞构成，起支撑保护和营养供应等作用。④外核层（outer nuclear layer，ONL），由视锥视杆细胞的细胞核构成。⑤外网层（outer reticular layer，ORL），是感光细胞层和内核层联系的媒介，该层内形成突触结构。⑥内核层（inner nuclear layer，INL），主要由水平细胞、双极细胞和无长突细胞三种神经细胞组成，在视觉传递过程中起重要作用。⑦内网层（Inner reticular layer，IRL），其通过形成突触结构以联系内核层和神经节细胞层。⑧神经节细胞层（layer of ganglion cells，GCL），由神经节细胞组成，该层可以将视觉传递出视网膜。⑨神经纤维层（nerve fiber layer，NFL），主要由神经节细胞的轴突部分组成。⑩内界膜（inner limiting membrane，ILM）（Stenkamp 等，2007）。

视觉系统与动物的交配、求偶及觅食等行为密切相关，是联系动物和外界环境至关重要的途径之一。因此，视觉是构建生物适应性进化与分子基础的一个理想模型。视觉器官是视觉鱼类感光的主要途径。眼是鱼类视觉形成的主要外周感觉器官，其主要由视网膜和其他附属结构组成。视网膜通过传递其接收的光信号至脑，脑的视觉中枢进一步处理后形成视觉。鱼类作为较低等且种类最多的脊椎动物，其眼部特性由于栖息环境的多样化而变得十分丰富。

鱼类的视觉系统与其所生存的环境密切相关，如长期生存在无光环境的深海鱼类眼部多退化。底栖鱼类的光感受系统一般发达程度较低，其视网膜内核层中仅存在 1~2 层水平细胞，如半滑舌鳎（*Cynoglossus semilaevis* Günther）（马爱军等，2007）和鳜鱼（*Siniperca chuatsi*）（田文斐，2012），而中上层鱼类光感受系统一般较为发达，其水平细胞一般分化为明显的 4 层（梁旭方等，1994）。此外，对 4 种岩礁性鱼类视网膜感光细胞和最小分辨角的比较研究表明，即使栖息环境相似的鱼类，其视觉特征也可能存在差异（李超等，2014）。鱼类的视觉特性与生活习性有关。白昼活动类型的鱼类一般具有较好的视力，它们的感光细胞层厚度与神经视网膜层厚度的比一般为 1:1，感光细胞与神经节细胞数目之比在 10:1 以内。而在弱光环境中生存的鱼类，其视网膜层厚度会相对减少 15%~25%，感光细胞与神经节细胞数目之比可达数十倍甚至百倍以上（敖磊，2002；潘鸿春和陈壁辉，1995）。

鱼类的视觉特性还与发育阶段有关。部分底栖鱼类，如大菱鲆和半滑舌鳎一般在仔鱼阶段视网膜网络会聚程度较低，视敏度较高，此时的视觉特性适于在光线充足的水层生存，有利于摄食浮游生物；变态后其视网膜网络会聚程度增高，视锥细胞相对密度降低，视敏度下降，并且视杆细胞数量增加，暗视觉能力得到加强，有利于在低光照条件生存（马爱军等，2007；车景青等，2016）。

视网膜是鱼类重要的感光器官，鱼类通过视觉细胞（视锥视杆细胞）上的视蛋白和视紫红质对光强和光谱进行感知，并直接对生理状态和行为反应产生影响（刘楚吾等，2015）。由于生活环境和习性的差异，不同鱼类视网膜有较大的差异，例如，鲤鱼视锥视杆细胞密集分布；而生活在水底层的灯眼鱼（*Anomalops katoptron*）的感光细胞主要由视杆细胞构成，视锥细胞零散分布。并且视网膜各亚层厚度表现出较大差异，意味着视敏度和光敏度有较大差异（马爱军等，2007；Mark 等，2018）。

4.1.1.2 鱼类视觉的分子基础

视蛋白是动物视觉形成的分子基础，对于鱼类的行为和生理反应具有重要意义。由于栖息环境光谱信息的多样化，以及完成求偶和摄食等行为的需要，鱼类在进化过程中经历不同的基因复制事件，并保留了多样的视蛋白库。鱼类在发育的不同阶段，可通过视蛋白基因的差异表达来适应生活习性的转变。视蛋白的表达还具有一定的可塑性和昼夜节律性，鱼类以此来适应迅速的光环境变化。

鱼类在不同的发育阶段，其视蛋白基因的表达可能存在一定的变化，这种异时表达可能引起光谱敏感性的变化，进而调节鱼类的视觉系统与环境光谱相适应（Cheng 等，2007）。例如，鲑科鱼类（salmonid）视网膜中对紫外敏感的视锥细胞在变态后的降海过程中消失，并在溯河洄游的成鱼期重新获得（Allison 等，2006；Kunz 等，1994；Bowmaker 等，1987）。虹鳟（*Oncorhynchus mykiss*）随着个体发育，单锥细胞逐渐降低 SWS1 的表达，并增加 SWS2 的表达。此外，也有斑马鱼、孔雀鱼、大西洋鳕（*Gadus morhua*）等物种中视蛋白基因在不同发育阶段异时表达的报道（Valen 等，2018；Laver 等，2011；Carleton 等，2008；Takechi 等，2005）。鱼类保留了三种个体发育中视蛋白表达变化的模式，以此来应对不同发育阶段的环境光谱特性。①一般模式（normal pattern），代表物种为尼罗罗非鱼（*Oreochromis niloticus*），其表现为在幼鱼到成鱼的整个发育过程中视蛋白表达持续变化。②幼态持续模式（neotenic pattern），代表物种为非洲慈鲷（*Metriaclima zebra*），其视蛋白表达在整个发育过程中变化不大，基本保持了幼鱼时期的视蛋白表达特点，该种模式使其保留了短波长敏感性。③直接发育模式（direct developing pattern），代表物种为马面鲷（*Dimidiochromis compressiceps*），其整个发育期均表现为成鱼期视蛋白的表达特点（Carleton 等，2008）。

除了个体发生对视蛋白基因表达变化的影响外，鱼类栖息环境的光谱信息也会对视蛋白的表达产生一定作用。研究表明，视蛋白表达的可塑性对尼罗罗非鱼和孔雀鱼的发育有深远的影响（Ehlman 等，2015；Hornsby 等，2013）。并且，视蛋白表达的可塑性在成鱼阶段也有报道（Chang 等，2019；Fuller 等，2011；Nandamuri 等，2017）。如栖息于透明度高的清水中蓝鳍鳉鱼（*Lucania goodei*）的种群表达更高水平的 SWS2B 和 SWS1，而在低紫外和蓝光光谱的浑浊水体生活的种群则显示较高水平的 LWS 和 RH2 表达，分别与两种水体短波长和中长波长为主的光谱环境相对应（Fuller 等，2004）。并且 Fuller 等（2005）在实验室条件下通过人为控制两种水色饲养的同一种群中重复出了该结果。此外，在 5 种马拉维湖慈鲷鱼类的研究中也观察到类似结果，其中实验室（低紫外）饲养的个体与野生个体相比总是高表达 SWS2B（Hofmann 等，2010）。这些研究表明，光环境可以改变鱼类视蛋白基因的表达水平，视蛋白的可塑性与对光环境变化的快速适应密切相关。最后，鱼类视蛋白的表达还存在一定的昼夜节律性，这种节律变化与光环境密切相关，并且光周期的变化会影响这种节律性（Halstenberg 等，2005；Li 等，2005）。

4.1.2 不同光谱对鱼类生长、生理的影响

光谱对鱼类发育有重要影响。在胚胎发育和仔鱼时期，光谱对其生长发育的影响就已经显现出来了，蓝光能使塞内加尔舌鳎（*Solea senegalensis*）眼移位提前（Blanco-Vives 等，2010）。红光能使欧鲈（*Dicentrarchus labrax*）和塞内加尔舌鳎仔鱼下颌畸形率升高（Villamizar 等，2011）。幼鱼阶段，蓝光、绿光促进条斑星鲽（*Verasper moseri*）、欧鲈的生长，而红光对其生长具有抑制作用（Yamanome 等，2009）。与红光相比，蓝光和绿光更能促进大西洋鳕生长，表现出更高的体重、肌节高度和肥满度以及更长的体长（Sierra-Flores 等，2016）。

在斑马鱼中，蓝光显著增强了特定生长率（SGR）、摄食量（FI）和血清球蛋白水平。相反，红光可显著抑制 SGR、FI 以及白蛋白和球蛋白水平。在蓝光条件下，肝脏中碱性磷酸酶（AKP）和溶菌酶（LZM）的蛋白质水平和活性水平增加，卵巢中 LZM 的 mRNA、蛋白质水平和活性增加。在红光条件下，LZM 在 mRNA、蛋白质和活性水平上显著下调（Zheng 等，2016）。

4.1.3 研究目的和意义

大菱鲆是我国重要的经济鱼类，自 1992 年引入我国以来，经过近 30 年的产业发展，目前达到了年产 8 万~10 万吨的产业规模，在鲆鲽类养殖业中占有重要地位。光谱环境与其他环境因子相比，重视度较低，且目前人工养殖系统中最常用的荧光灯缺乏光谱调控技术。大菱鲆作为底栖鱼类，产浮性卵，其生活史经历变态发育过程，由水上层迁移至水底层。在自然条件下，其生活习性的改变伴随着栖息环境的巨大变化，尤其是光环境的转变。在长期的进化适应过程中，大菱鲆的光谱需求可能发生改变。

本研究以新型 LED 灯为光源，确定人工养殖条件下，大菱鲆不同发育阶段的感光结构及光谱敏感性。明确大菱鲆对不同光谱的生理响应，构建大菱鲆不同生活史阶段（受精卵、仔、稚、幼鱼阶段）的最优光谱策略。

4.1.4 研究内容

研究方法主要包括以下几方面：①通过观察记录并分析 0~70d 大菱鲆仔、稚、幼鱼的体长、体重生长情况，特别是异速生长及不同生长阶段的光谱喜好变化；②观察并分析大菱鲆仔、稚、幼鱼骨骼发育和畸形率情况，研究不同光谱对其骨骼发育、骨化及钙沉积的影响；③研究大菱鲆仔、稚、幼鱼非特异性免疫力变化，探究不同光色对其免疫力和免疫相关酶活力的影响；④通过研究大菱鲆不同发育阶段视网膜结构变化、视蛋白组成与表达变化、不同光谱环境下视蛋白的差异表达，以期探明大菱鲆视觉器官结构及功能发育特征，并探寻鱼类视觉特征与栖息光环境的适应与关联。

4.2 不同光谱对大菱鲆初孵仔鱼的影响

实验用受精卵取自威海圣航水产科技有限公司，10 尾雌鱼和 3 尾雄鱼分别用于鱼卵和精子采集并人工授精。

采用直径 1.5m，高 1m 的养殖桶进行保温，将方形泡沫板中央固定在养殖桶中心管上，等距离设置 9 个孵化碗（A、B、C 三组，每组 3 个）。采用红（629nm）、橙（595nm）、绿（533nm）、蓝（450nm）、全光谱 LED 灯，悬挂于中心管正上方，周围用遮光布防止光污染（图 4-1）。

图 4-1 大菱鲆受精卵孵化实验系统

孵化后取样，采用 0.05% MS-222 麻醉后，用液氮保存，C 组取样后每个孵化碗剩余 100 尾初孵仔鱼，于孵化后第 2 天统计死亡率，并随机取 30 尾，在显微镜下观察畸形状况。

用低温 20mmol/L Tris HCl 缓冲液[10mmol/L Tris-HCl，10mmol/L 蔗糖，0.1mmol/L 乙二胺四乙酸钠(EDTA-2Na)，0.8%NaCl，pH=7.4]将全鱼组织匀浆。在 4℃，2500r/min 条件下离心 10min，收集上清液并在 4℃ 暂存，在 1h 内测定相关酶的活性。总超氧化物歧化酶（T-SOD）、过氧化氢酶（CAT）、溶菌酶（LZM）、过氧化物酶（POD）活性和金属硫蛋白（MT）含量测定采用中国南京建成生物工程研究所的检测试剂盒。

采用 RNA 快速提取试剂盒（FASTGEN，上海）用于全鱼 mRNA 提取，使用 GeneQuant 1300（GE Healthcare Biosciences，Piscataway，USA）测定 RNA 的浓度，并在琼脂糖凝胶上检查其质量。使用 Prime script RT 试剂盒（Takara，中国大连）进行 cDNA 合成。反转录反应试剂（20μL）由 1μg 总 RNA、2μL 5×gDNAeraserbuffer、1μL gDNAeraser 和 ddH$_2$O 组成，最终体积为 10μL。混合后在 42℃ 反应 2min。然后在 4℃ 下冷却混合物，10μL 反应液、1μL Prime Script

RT Enzyme Mix、1μLRT Primer Mix、4μL 的 5×Prime Script Buffer 和 dH$_2$O 组成最终体积 20μL。混合均匀后，在 37℃反应 15min，85℃反应 5s，然后在 4℃冷却。

采用 SYBR PreMix Ex Taq(Tli RNAseH Plus，Takara，中国大连)试剂盒进行 RT-PCR 反应，以检测差异表达基因的表达情况，包括 HSP70、谷胱甘肽-S-转移酶（GST）、CAT、MT、组织蛋白酶 D（CTSD）和组织蛋白酶 F（CTSF）、LZM。qRT-PCR 引物如表 4-1 所示。qRT-PCR 使用 CFX Connect 实时系统和 Bio Rad CFX Manager(3.1 版)进行。RT-PCR 混合物由 2μL 稀释的 cDNA、10μL 2×SYBR Green PCR Mix、0.4μL 每个基因特异性引物和 7.2μL 的 ddH$_2$O 组成，最终体积为 20μL，循环参数为 95℃循环 30s，95℃循环 5s，特定退火温度 30s，循环结束后进入熔解曲线阶段。利用琼脂糖凝胶电泳和熔融曲线分析 qRT-PCR 的特异性。使用 $2^{-\Delta\Delta CT}$ 方法计算目的基因的表达水平。以 18S 作为内对照基因进行 mRNA 水平分析。

表 4-1　RT-PCR 反应用引物

基因		引物序列（从 5 到 3′）
18S	F	ATGGCCGTTCTTAGTTGGTG
	R	CTCAATCTCGTGTGGCTGAA
GST	F	GGGTTCGCATCGCTTTT
	R	GGCCTGGTCTCGTCTATGTACT
HSP70	F	CTGTCCCTGGGTATTGAGAC
	R	GAACACCACGAGGAGCA
LZM	F	CTCTCAACGTTCCCACTGGTTCTA
	R	GGGGTCATGAAGTGTCTGTAGAT
MT	F	TGCTCCAAGAGTGGAACCTG
	R	CGCATGTCTTCCCTTTGCAC
CTSF	F	GAGGAGTCTGTGGAGCTGTT
	R	TCAGCTGAGCCTTGATCCAA
CTSD	F	ACTATGGGGACATTGCTCTGGGT
	R	GGAGTGAGCAGTGAACAGACGGAAC
CAT	F	CTTCACCCTCACCTTCTCCTCC
	R	TGCTCCCACTACCCAATCCTC

4.2.1 不同光谱对大菱鲆初孵仔鱼畸形率和死亡率的影响

本研究以大菱鲆初孵仔鱼为研究对象,分析不同光谱下大菱鲆初孵仔鱼畸形率、生长性能、氧化应激和非特异性免疫状况。结果显示,绿光显著增加了初孵仔鱼的畸形率(图 4-2),同时,绿光下初孵仔鱼的死亡率显著高于橙光组和全光谱组(图 4-3)。畸形率的增加会导致仔鱼摄食困难、运动能力下降,可能导致仔鱼的大量死亡,这可能与绿光下初孵仔鱼死亡率显著升高存在一定关联。

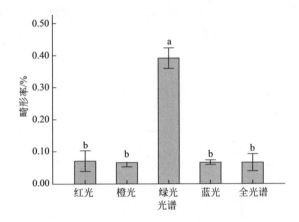

图 4-2 不同光谱下大菱鲆初孵仔鱼畸形率

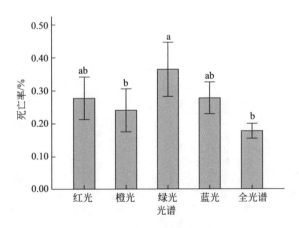

图 4-3 不同光谱下大菱鲆初孵仔鱼死亡率

4.2.2 不同光谱下大菱鲆初孵仔鱼氧化应激状态评估

初孵仔鱼热休克蛋白 70（HSP70）mRNA 表达量显示，蓝光、绿光和红光引起了初孵仔鱼较为强烈的应激反应（图 4-4A），当应激反应存在时，谷胱甘肽转移酶（GST）mRNA、过氧化氢酶（CAT）和金属硫蛋白（MT）的 mRNA 表达量显著升高（图 4-5B，图 4-5C，图 4-5D）。

蓝光组 CAT 酶活力显著低于橙光组，总体上看，蓝光、绿光和红光组初孵仔鱼 SOD、CAT、POD 酶活力和 MT 含量并未出现显著升高的情况，甚至有的被显著抑制（图 4-5）。表明由于应激反应产生了更多的活性氧，机体需要消耗更多的抗氧化酶维持内环境稳态。

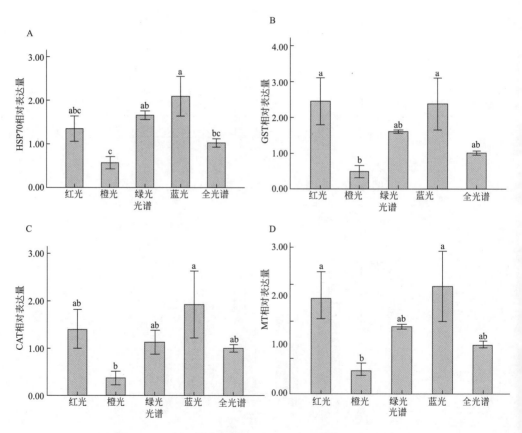

图 4-4　不同光谱条件下，初孵仔鱼 HSP70（A）、GST（B）、CAT（C）、MT（D）mRNA 相对表达量

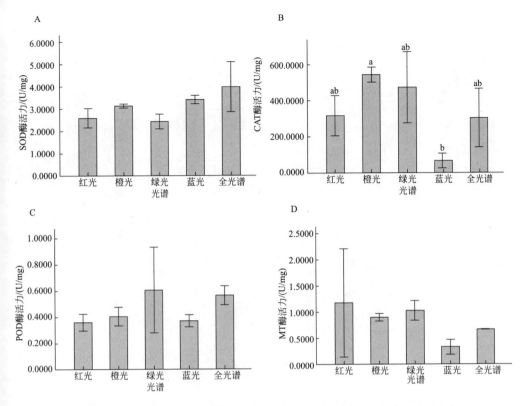

图 4-5 不同光谱下初孵仔鱼总 SOD 酶活力（A）、CAT 酶活力（B）、POD 酶活力（C）和 MT 含量（D）

4.2.3 不同光谱下大菱鲆初孵仔鱼非特异性免疫状态评估

红光、蓝光下组织蛋白酶 D（CTSD）显著高于橙光组，全光谱与橙光之间不存在显著性差异。组织蛋白酶 F（CTSF）与 CTSD 存在相似的差异（图 4-6）。红光下大菱鲆初孵仔鱼溶菌酶（LZM）mRNA 表达量显著高于其他光谱组。而红光、全光谱下 LZM 酶活力显著高于蓝光，红光下 LZM 酶活力与橙光、绿光和全光谱不存在显著性差异（图 4-7）。结合应激反应状态分析，红光、蓝光下大菱鲆初孵仔鱼非特异性免疫相关基因表达上升，而酶活力表达下降，同样存在应激条件下，酶活力被抑制的现象。

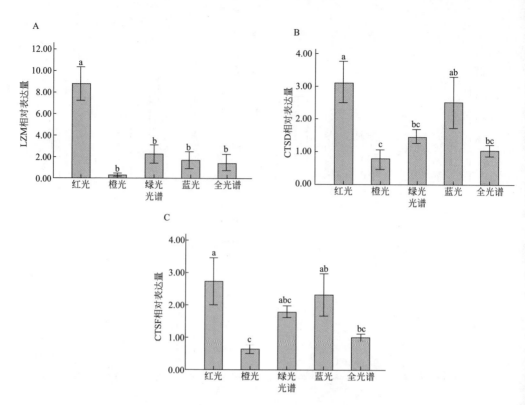

图 4-6　不同光谱下大菱鲆初孵仔鱼 LZM（A）、CTSD（B）和 CTSF（C）mRNA 相对表达量

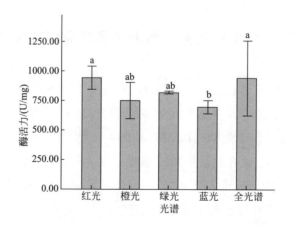

图 4-7　不同光谱下大菱鲆初孵仔鱼 LZM 酶活力

4.3 不同光谱对大菱鲆仔稚幼鱼氧化应激和非特异性免疫的影响

实验用受精卵取自威海圣航水产科技有限公司，5 尾雌鱼和 5 尾雄鱼分别用于鱼卵和精子采集并人工授精。自心跳期人工饲养至孵化后 70d。

采用直径 1.5m，高 1m 的养殖桶，采用红（629nm）、橙（595nm）、绿（533nm）、蓝（450nm）、全光谱 LED 灯，悬挂于中心管正上方，周围用遮光布遮盖防止光污染（图 4-8），每个光谱设置三个平行，共 15 个养殖桶，每个桶中 10g 受精卵（心跳期）。实验开始时的水量为 1.4m³，孵化后 30 天左右水量降至 0.65m³。轮虫（*Brachionus plicatilis*）和卤虫（*Artemia salina*）分别在 2d 和 16d 下作为生物饵料添加。在 25d 逐渐使用颗粒状配合饲料取代生物饵料。仔鱼投喂至饱食状态。试验期间，孵化前水温维持在(15.97±0.06)℃。水温每天上升 0.5℃，在 20d 时达到(21±0.5)℃，然后逐渐下降，在 60d 时为(17±0.5)℃。

图 4-8 大菱鲆仔稚幼鱼养殖实验系统

死亡率和畸形率：孵化后取样，采用 0.05% MS-222 麻醉后，用液氮保存，C 组取样后每个孵化碗剩余 100 尾初孵仔鱼，于孵化后第 2 天统计死亡率，并随机取 30 尾，在显微镜下观察畸形状况。

4.3.1 不同光谱对大菱鲆仔稚幼鱼氧化应激的影响

不同光谱对大菱鲆仔稚幼鱼氧化应激具有显著影响，变态前（10d），橙光组 HSP70、GST、CAT 和 MT 的 mRNA 表达量显著高于其他组，橙光组 SOD 酶活力显著低于其他组，蓝光组 POD 酶活力显著高于其他组。变态前期（20d），各光谱下大菱鲆稚鱼 HSP70、GST、CAT 和 MT 的 mRNA 表达量不存在显著性差异，橙光组 SOD、CAT 和 POD 酶活力显著高于其他组。变态中期（30d、40d），30d 时，红光组 HSP70、CAT 表达量显著高于橙光和蓝光组，红光组 GST 和 MT 表达量显著高于其他光谱，SOD 酶活力不存在显著性差异，橙光组 CAT 酶活力显著低于蓝光和全光谱；40d 时，橙光组 HSP70 表达量显著高于全光谱组，橙光组 GST 表达量显著高于其他组，SOD 和 POD 酶活力不存在显著性差异，橙光和蓝光组 CAT 酶活力显著高于其他组。变态后期（50d），红光组 HSP70、GST、CAT 和 MT 的 mRNA 表达量显著高于其他组，SOD 和 POD 酶活力不存在显著性差异、蓝光组 CAT 酶活力显著高于其他组。变态结束后（60d），橙光组 HSP70、CAT 表达量显著高于其他组，橙光组 *GST* 表达量显著高于红光、蓝光，橙光组 MT 表达量显著高于全光谱组，SOD 酶活力不存在显著性差异，橙光组 CAT 酶活力显著高于其他组，红光、橙光组 POD 酶活力显著高于蓝光和全光谱（图 4-9、图 4-10）。表明变态前后，长波长的红光、橙光会引起大菱鲆的应激反应，而蓝光不会引起大菱鲆仔稚幼鱼的应激反应。当应激反应发生时，抗氧化应激相关基因表达上调，而酶活力并未出现上调，甚至被抑制，这种酶活力被抑制的现象并非从转录水平调控，而是从酶的活化作用水平调控，通常被描述为"抗氧化物质损失"（loss of antioxidants）。

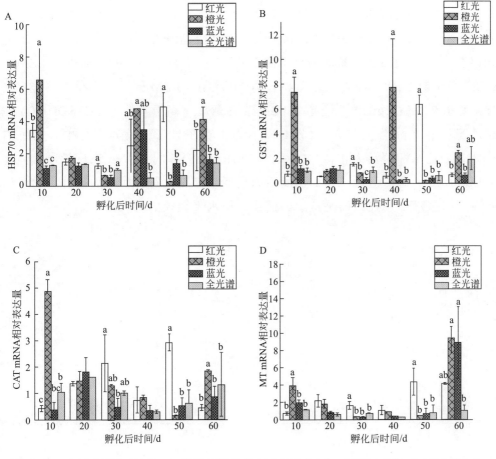

图 4-9 不同光谱条件下,大菱鲆仔稚幼鱼 HSP70(A)、GST(B)、CAT(C)和 MT(D)mRNA 表达量

4.3.2 不同光谱对大菱鲆仔稚幼鱼非特异性免疫的影响

变态前(10d),橙光组 LZM 的 mRNA 表达量显著高于红光组和全光谱,橙光组 CTSD 和 CTSF 的 mRNA 表达量显著高于其他组,LZM 酶活力不存在显著性差异。变态前期(20d),蓝光组 LZM 的 mRNA 表达量显著高于其他组,各光谱下大菱鲆稚鱼 CTSD 和 CTSF 的 mRNA 表达量不存在显著性差异,橙光组 LZM 酶活力显著高于其他组(图 4-11,图 4-12)。变态中期(30d、40d),30d 时,橙光组 LZM 表达量显著高于其他组,红光组 CTSD 表达量显著高于其

他光谱，CTSF 的 mRNA 表达量和 LZM 酶活力不存在显著性差异；40d 时，橙光组 LZM 表达量显著高于红光和全光谱组，橙光组 CTSD 表达量显著高于全光谱组，全光谱组 LZM 酶活力显著高于其他组。变态后期（50d），红光组 LZM、CTSD 和 CTSF 的 mRNA 表达量显著高于其他组，LZM 酶活力不存在显著性差异。变态结束后（60d），橙光组 LZM 表达量显著高于其他组，CTSD 和 CTSF 表达量不存在显著性差异，LZM 酶活力不存在显著性差异。与抗氧化酶的 mRNA 表达量和酶活力相似，LZM、CTSD 和 CTSF 的 mRNA 表达量通常伴随着应激反应上调，但是 LZM 的酶活力反而被抑制，符合酶活力被抑制的现象并非从转录水平调控，而是从酶的活化作用水平调控的特征。

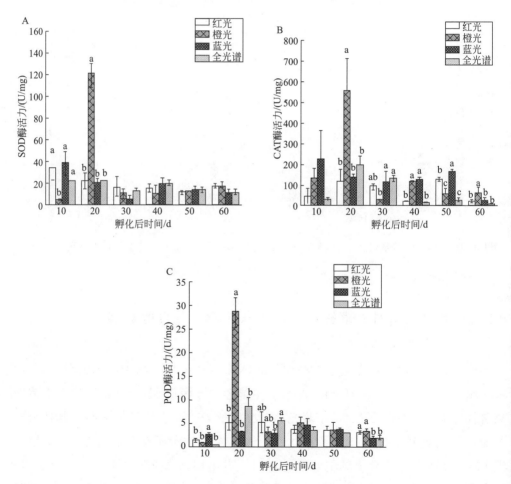

图 4-10 不同光谱下大菱鲆仔稚幼鱼 SOD（A）、CAT（B）和 POD（C）酶活力

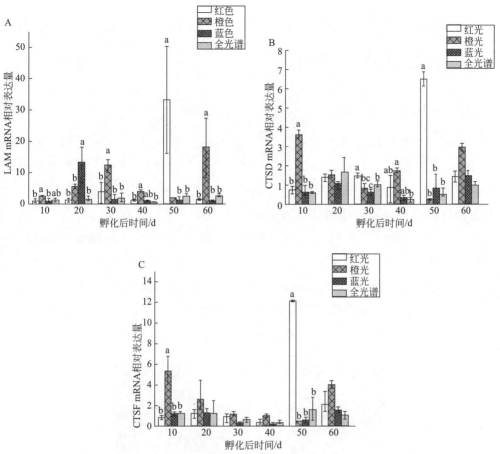

图 4-11 不同光谱下大菱鲆仔稚幼鱼 LZM（A）、CTSD（B）和 CTSF（C）mRNA 相对表达量

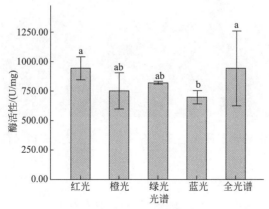

图 4-12 不同光谱下大菱鲆仔稚幼鱼 LZM 酶活性

4.4 不同光谱下大菱鲆仔稚幼鱼视网膜发育和视蛋白基因表达特征

本研究用鱼由威海圣航水产科技有限公司提供,分别为 0.5 月龄(孵化后 15 天)、1 月龄、2.5 月龄、4 月龄、7 月龄、9 月龄和 18 月龄人工繁育的健康大菱鲆。各阶段大菱鲆的养殖条件包括光谱环境相同,并且均与该公司日常养殖生产情况相一致。石蜡切片实验用鱼为 1 月龄、4 月龄和 9 月龄稚、幼鱼。此外,7 月龄大菱鲆置于五种不同光谱(全光谱、蓝光、绿光、橙光和红光)环境中养殖 2.5 个月,用于不同光谱环境下视蛋白基因表达变化的分析。

该实验中养殖缸(直径 1.5m,深度 1m,水量约 $0.65m^3$)中上部悬挂固定有 LED 灯,灯的周围用遮光布围住以排除外界光源影响,如图 4-13 所示。水面表层正中心位置的光强设为 $7.0\mu mol/(m^2 \cdot s)$,光周期为 16L:8D。

图 4-13 不同光谱环境下视蛋白表达变化实验装置图

组织采用石蜡切片,具体步骤如下:
① 组织取材与制备:本实验材料为 1 月龄、4 月龄和 9 月龄大菱鲆,麻醉

后迅速取眼于4% PFA中固定12h，随后换入70%酒精中保存直至石蜡包埋。

② 梯度脱水：组织块从70%酒精中取出，在80%、95%、100%、100%酒精中各脱水1h。

③ 透明：组织块在100%酒精/二甲苯（1：1）中透明30min；再到二甲苯中透明，具体时间根据组织块大小而定，以组织块完全透明为宜。

④ 浸蜡：组织块在二甲苯/石蜡（1：1）、石蜡Ⅰ、石蜡Ⅱ中各2h。

⑤ 包埋：在包埋盒底先铺上一定厚度的石蜡，置于热台，将眼组织用镊子放入，调整好方向，将包埋盒置于凉台，使底部略微凝固，继续浇上石蜡，放上切片托，凉台冷冻，浇蜡，冷冻，直至整个蜡块成型。置于凉台，待石蜡彻底凝固后，利用切片托将蜡块取出。

⑥ 组织切片：把切片刀架上，固定紧，然后利用切片托将蜡块在切片机固定器上夹紧。若位置不够平，可调整切片台的位置，同时修块。切片时，一开始可以将厚度调整至20μm。右手匀速转动手柄，直到把组织全部切出，这时将厚度调为5μm，继续切片。蜡片切成后，用小镊子取蜡片，用毛笔沿刀锋轻轻把蜡片分开，切面朝下把切片放入42℃水中，展平后用镊子轻轻将连续蜡片分开，再用载玻片捞起，晾干，放入切片盒。37℃烤片过夜进行免疫组化。

⑦ 采用H.E.染色。

⑧ 尼康显微镜下观察并拍照。

⑨ 统计大菱鲆视网膜中视锥细胞、外核层细胞核和神经节细胞的数量，具体方法参考车景青等（2016）方法，各层细胞数通过单因素方差分析（one way ANOVA）的方法进行显著性检验，各统计值以平均值的形式表示。

基因表达量检测再用荧光定量PCR，实验用引物如表4-2所示。

表4-2 qPCR所用引物

引物	序列(5'-3')
RH1 F	AACGACTGAAGGCTAATGT
RH1 R	AACTCTGTAATGGGCTGAC
LWS F	TATTGCGTATGCTGGGGAC
LWS R	TGGGTTGTATATGGTGGCG
SWS1 F	AAACACTTCCACCTGTATGAG

续表

引物	序列(5'-3')
SWS1 R	TGACGAGGATGTAGTTGAGA
SWS2 F	CATACCCTCCTGCCTCTCCA
SWS2 R	AATCCTCATCATCGCCTCCA
RH2A1 F	GCAGTCAAACGATTCCCAT
RH2A1 R	GTTCCTCTAACAACCACCAAAA
RH2A2 F	CTATCCACCAGCAAGACAGAAG
RH2A2 R	CCATTTCAAGTTAGCCATTCAG
RH2B1 F	TTGACCAGTGACGAATGGCTCC
RH2B1 R	GCTGAGAGATTCCTGTTCCCCG
RH2B2 F	TTACCGATTGCTTCCAGATTTC
RH2B2 R	ATGAGGCGGCATTCCTTTGTGT
RH2C F	CTGTGGACGCTCTCCTTGAC
RH2C R	GACTTGCGAGTTGAGGTGAA

4.4.1 不同光谱下大菱鲆仔稚幼鱼视网膜发育特征

不同光谱下大菱鲆仔稚幼鱼视网膜视锥细胞数、神经节细胞数随着发育均逐渐减少，而外核层细胞数逐渐增加（表 4-3）。外核层与神经节细胞数比值（O.N./G.）反映了视网膜网络结构的会聚程度，外核层与视锥细胞数比值（O.N./C.）侧面反映出视杆细胞数量的变化。在发育过程中，各个光谱下大菱鲆仔稚幼鱼 O.N./G.和 O.N./C.逐渐升高（表4-4），表明不同光谱下大菱鲆视觉发育均经历了光敏度增加，视敏度降低的过程，与自然条件下的大菱鲆视觉发育过程一致。但是从视网膜各亚层数值反映的视网膜汇聚程度、光敏度等指标来看，红光组视网膜发育均落后于同时期其他处理组；而蓝光组则有所提前。可以认为，红光延迟了大菱鲆视觉器官的发育，而蓝光对大菱鲆视觉器官发育有促进作用。

晶体直径随着生长而增大，蓝光组和绿光组比其他组晶体增大开始时间早（10d），各组从 30d 开始迅速增大。而各组的最小分辨角都在不断减小，绿光组减小最慢，在 60d 时，橙光组最小分辨角显著低于其他组。表明大菱鲆随着发育和变态的进行，栖息环境由水上层转移到水下层，这个过程中伴随着视敏度降低，而短波长的蓝光加快了这一过程（表 4-5）。

表 4-3 不同光谱下大菱鲆仔稚幼鱼视网膜外核层细胞数（O.N.）、视锥细胞数（C.）和神经节细胞数（G.）

孵化后时间/d	O.N.					C.					G.				
	白光	蓝光	红光	橙光	绿光	白光	蓝光	红光	橙光	绿光	白光	蓝光	红光	橙光	绿光
2	71±9.45[a]	73±2.93[a]	67±2.25[ab]	68±3.29[a]	59±1.48[b]	71±4.45[ab]	79±2.40[a]	63±0.52[b]	65±6.04[ab]	57±5.26[b]	37±4.41[ab]	34±1.44[ab]	39±1.27[a]	31±0.69[b]	34±2.28[ab]
5	74±4.73[ab]	75±1.39[a]	69±0.72[bc]	68±0.53[cd]	61±2.57[d]	70±4.24[a]	65±5.56[ab]	59±1.47[bc]	57±2.37[bc]	59±0.27[c]	33±5.06[a]	32±1.56[a]	35±2.35[a]	27±1.03[b]	29±1.42[ab]
10	76±1.53[b]	80±0.89[a]	72±0.63[c]	71±0.98[c]	65±0.85[d]	63±1.62[a]	59±2.60[ab]	54±1.93[bc]	51±1.53[cd]	47±1.71[d]	28±1.97[ab]	28±1.61[ab]	31±0.84[a]	25±0.53[b]	27±0.10[b]
18	79±0.46[b]	83±1.34[a]	73±0.73[c]	75±1.25[c]	69±0.67[d]	62±0.38[a]	50±0.21[c]	53±0.39[b]	49±0.43[d]	42±1.09[e]	26±0.50[bc]	27±0.43[ab]	29±0.68[a]	25±0.35[bc]	25±1.48[c]
20	82±1.53[b]	86±0.60[a]	75±0.64[d]	77±0.34[c]	71±1.64[e]	62±3.05[a]	49±0.22[c]	51±2.64[b]	46±0.66[c]	39±1.35[c]	23±2.15[b]	24±0.74[b]	28±0.36[a]	23±0.72[b]	22±0.76[b]
25	86±2.01[a]	87±0.22[a]	77±0.55[c]	79±0.81[c]	74±1.35[c]	52±1.57[a]	48±0.63[a]	44±0.59[b]	44±1.24[c]	35±1.00[d]	23±2.05[b]	23±0.85[ab]	26±0.19[a]	23±0.42[b]	20±0.98[b]
30	87±1.55[a]	89±0.74[a]	79±0.74[b]	81±0.31[b]	未存活	51±3.08[a]	44±1.94[ab]	39±3.18[b]	41±1.69[ab]	未存活	21±0.58[b]	21±1.45[b]	24±0.80[a]	21±0.19[b]	未存活
35	92±1.75[a]	91±0.73[a]	81±0.57[b]	84±0.78[b]	未存活	48±0.93[a]	40±5.62[b]	39±0.67[b]	41±1.68[ab]	未存活	20±1.63[ab]	18±1.11[b]	22±0.17[a]	21±0.88[a]	未存活
40	93±0.63[a]	93±0.55[a]	83±0.72[c]	87±1.39[b]	未存活	42±2.80[a]	34±3.20[b]	35±1.87[b]	37±1.09[ab]	未存活	19±1.27[ab]	18±1.96[a]	21±0.82[a]	20±0.70[a]	未存活
50	95±1.27[a]	94±0.53[a]	85±0.14[c]	89±0.50[b]	未存活	39±3.04[a]	32±2.72[b]	32±1.06[b]	34±0.52[ab]	未存活	17±2.20[a]	17±0.82[a]	19±0.59[a]	18±0.53[a]	未存活
60	96±0.78[a]	96±0.46[a]	87±0.93[c]	92±1.17[b]	未存活	36±1.98[a]	30±1.78[a]	29±0.25[a]	28±6.15[a]	未存活	15±1.96[a]	15±1.95[a]	17±1.03[a]	17±0.34[a]	未存活

表 4-4 不同光谱下大菱鲆仔稚幼鱼外核层与视锥细胞数比值（O.N./C.）、外核层与神经节细胞数比值（O.N./G.）

孵化后时间/d	O.N./C.					O.N./G.				
	白光	蓝光	红光	橙光	绿光	白光	蓝光	红光	橙光	绿光
2	1±0.01[a]	0.95±0.05[a]	1.06±0.04[a]	1.06±0.05[a]	1.05±0.04[a]	1.91±0.21[ab]	2.18±0.04[a]	1.73±0.01[b]	2.2±0.08[a]	1.74±0.30[b]
5	1.06±0.12[a]	1.17±0.10[a]	1.16±0.03[a]	1.2±0.05[a]	1.17±0.11[a]	2.24±0.37[b]	2.41±0.14[a]	2.01±0.16[b]	2.55±0.11[a]	2.13±0.22[b]
10	1.2±0.01[b]	1.35±0.05[a]	1.33±0.03[a]	1.39±0.06[a]	1.41±0.01[a]	2.67±0.25[ab]	2.86±0.19[a]	2.33±0.08[c]	2.81±0.08[ab]	2.43±0.44[bc]
18	1.29±0.01[d]	1.64±0.03[a]	1.4+0.03[c]	1.53±0.04[b]	1.62±0.24[ab]	3.08±0.05[a]	3.04±0.04[ab]	2.55±0.08[c]	2.98±0.09[ab]	2.78±0.33[bc]
20	1.33±0.09[b]	1.76±0.02[a]	1.49±0.09[b]	1.69±0.02[a]	1.8±0.03[a]	3.51±0.29[b]	3.55±0.08[ab]	2.7±0.05[d]	3.33±0.11[bc]	3.21±0.09[c]
25	1.66±0.07[c]	1.84±0.02[b]	1.73±0.02[bc]	1.81±0.06[b]	2.13±0.05[a]	3.76±0.42[a]	3.77±0.16[a]	2.93±0.04[b]	3.51±0.03[a]	3.67±0.46[a]
30	1.72±0.19[b]	2.01±0.09[a]	2.02±0.15[a]	1.95±0.08[ab]	未存活	4.24±0.06[a]	4.17±0.36[a]	3.24±0.11[c]	3.78±0.05[a]	未存活
35	1.91±0.07[b]	2.3±0.3[a]	2.09±0.03[a]	2.09±0.1[a]	未存活	4.62±0.48[ab]	5.01±0.30[a]	3.64±0.01[c]	4.00±0.18[c]	未存活
40	1.91±0.13[b]	2.3±0.24[a]	2.09±0.14[b]	2.09±0.10[b]	未存活	5.04±0.32[a]	5.37±0.63[a]	4.06±0.18[b]	4.28±0.21[b]	未存活
50	2.45±0.18[b]	2.95±0.24[a]	2.64±0.09[a]	2.59±0.06[a]	未存活	5.72±0.75[a]	5.56±0.28[a]	4.52±0.14[b]	4.83±0.16[b]	未存活
60	2.68±0.17[b]	3.82±0.19[b]	3.52±0.09[a]	3.34±0.27[b]	未存活	6.50±0.94[a]	6.65±0.86[a]	5.05±0.35[b]	5.48±0.18[ab]	未存活

表 4-5　不同光谱下大菱鲆仔稚幼鱼晶体直径和最小分辨角

孵化后时间/d	晶体直径/μm					最小可分辨角				
	白光	蓝光	红光	橙光	绿光	白光	蓝光	红光	橙光	绿光
1	44.47±1.22[e]	56.28±1.05[b]	48.92±1.11[c]	59.39±1.04[a]	46.76±1.24[d]	3.68±0.54[ab]	2.54±0.09[c]	2.98±0.03[bc]	3.58±0.38[b]	4.27±0.44[a]
5	72.38±0.80[a]	72.8±0.97[a]	66.46±2.21[b]	64.37±2.12[b]	66.12±1.17[b]	2.27±0.15[c]	2.39±0.21[c]	2.92±0.17[b]	2.98±0.22[ab]	3.26±0.07[a]
10	96.46±0.94[c]	92.78±1.54[c]	123.62±3.02[a]	105.74±1.30[b]	74.22±2.55[d]	1.88±0.03[bc]	2.06±0.11[b]	1.96±0.05[bc]	1.77±0.10[c]	3.25±0.23[a]
18	125.66±1.64[d]	141.61±2.87[b]	162.63±4.35[a]	130.97±2.42[c]	140.28±1.78[b]	1.31±0.02[c]	1.47±0.03[b]	1.41±0.02[b]	1.43±0.02[b]	1.71±0.07[a]
20	141.71±2.95[d]	151.31±2.67[c]	160.7±1.16[a]	152.08±1.49[c]	155.32±2.28[bc]	1.24±0.07[c]	1.43±0.01[bc]	1.35±0.11[bc]	1.51±0.01[b]	1.74±0.10[a]
25	150.4±1.29[b]	162.01±1.58[a]	163.52±2.49[a]	164.93±4.59[a]	163.99±3.75[a]	0.88±0.02[d]	1.38±0.03[b]	1.23±0.03[c]	1.25±0.04[c]	1.55±0.05[a]
30	251.16±2.45[a]	171.42±2.46[c]	206.11±2.08[b]	206.1±2.41[b]	207.17±2.12[b]	0.86±0.10[c]	1.02±0.05[bc]	1.36±0.12[c]	1.18±0.06[ab]	未存活
35	264.62±3.80[a]	251.64±2.48[b]	230.76±2.17[c]	210.91±1.89[d]	No survival	0.76±0.03[b]	0.87±0.12[b]	1.25±0.03[b]	0.84±0.04[b]	未存活
40	314.62±3.77[b]	331.5±0.64[a]	329.63±2.24[a]	232.28±2.11[c]	No survival	0.85±0.05[a]	0.80±0.07[a]	1.17±0.02[a]	0.81±0.03[a]	未存活
50	323.9±4.90[d]	420.21±2.27[a]	370.94±0.91[c]	382.74±3.01[b]	No survival	0.69±0.05[a]	0.61±0.05[b]	0.85±0.05[a]	0.67±0.01[a]	未存活
60	428.05±2.97[d]	570.02±2.28[a]	491.84±2.18[c]	507.81±2.15[b]	No survival	0.67±0.04[b]	0.61±0.04[b]	0.69±0.02[b]	0.79±0.18[a]	未存活

4.4.2 大菱鲆不同发育阶段视蛋白基因表达特征

4.4.2.1 大菱鲆视蛋白基因种类鉴定

大菱鲆视蛋白序列通过 BLASTn 和 BLASTp 以默认参数搜索 NCBI 和 Ensembl 数据库获得，斑马鱼和牙鲆视蛋白序列用作检索参照。序列相似性由 ClustalW2 网站获得，并利用 MEGA7.0 中邻接法（Neighbor-Joining）构建系统发生树（图 4-15）。结果表明，大菱鲆拥有 5 类视蛋白基因，分别为视杆细胞中的视紫红质（RH1）、视锥细胞中的紫外视蛋白（SWS1，AWO98359）、红视蛋白（LWS，AF385826）、蓝视蛋白（SWS2，AWP03347）以及绿视蛋白（RH2），其中绿视蛋白基因有五个亚型。序列相似性分析（表 4-6）表明 *RH2a1* 和 *RH2a2* 及 *RH2b1* 和 *RH2b2* 之间的序列相似性更高。系统发生树分析（图 4-14）表明 RH2a1 和 RH2a2 及 RH2b1 和 RH2b2 分别聚为一支，故绿视蛋白基因五个亚型暂命名为 *RH2a1*、*RH2a2*、*RH2b1*、*RH2b2* 和 *RH2c*。视紫红质和绿视蛋白相关序列已提交到 NCBI，视紫红质序列号为 MN073188，绿视蛋白五个基因分别为 MN073190～MN073194。

表 4-6 大菱鲆视蛋白基因序列相似性分析

基因种类	*SWS2*	*LWS*	*SWS1*	*RH1*	*RH2c*	*RH2b1*	*RH2b2*	*RH2a1*	*RH2a2*
SWS2	100.00	49.10	52.21	55.23	55.95	55.18	54.60	56.03	56.23
LWS	49.10	100.00	51.87	50.53	54.04	55.65	55.84	51.16	53.78
SWS1	52.21	51.87	100.00	53.00	56.45	55.56	55.46	55.65	55.36
RH1	55.23	50.53	53.00	100.00	62.71	64.35	64.35	62.22	63.38
RH2c	55.95	54.04	56.45	62.71	100.00	85.17	87.72	75.34	79.29
RH2b1	55.18	55.65	55.56	64.35	85.17	100.00	94.43	76.69	80.44
RH2b2	54.60	55.84	55.46	64.35	87.72	94.43	100.00	77.55	81.41
RH2a1	56.03	51.16	55.65	62.22	75.34	76.69	77.55	100.00	85.93
RH2a2	56.23	53.78	55.36	63.38	79.29	80.44	81.41	85.93	100.00

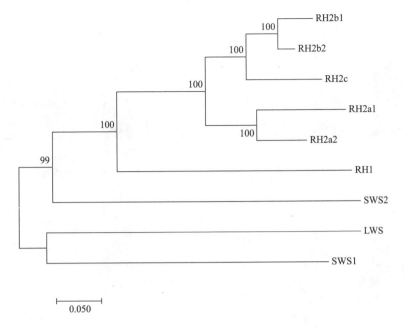

图 4-14　大菱鲆视蛋白核酸序列邻接法建树

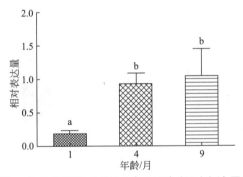

图 4-15　大菱鲆稚、幼鱼视紫红质基因（*RH1*）相对表达量随生长发育的变化

4.4.2.2　大菱鲆视蛋白基因表达变化

1月龄大菱鲆视紫红质基因 *RH1* 表达量较低，其后表达量逐渐增加，但4和9月龄大菱鲆视杆蛋白表达量无显著差异（图4-15）。*LWS* 相对表达量在1月龄最高，其后逐渐降低；*SWS1* 和 *SWS2* 在9月龄的相对表达量均显著高于1、4月龄，且1、4月龄之间无显著差异；绿视蛋白中 *RH2a1* 和 *RH2b2* 在4、9月龄相对表达量显著低于1月龄；*RH2a2* 和 *RH2b1* 在三个时期表达量均无显著变化；*RH2c* 在1、4月龄相对表达量无明显变化，而9月龄时显著降低（图4-16）。

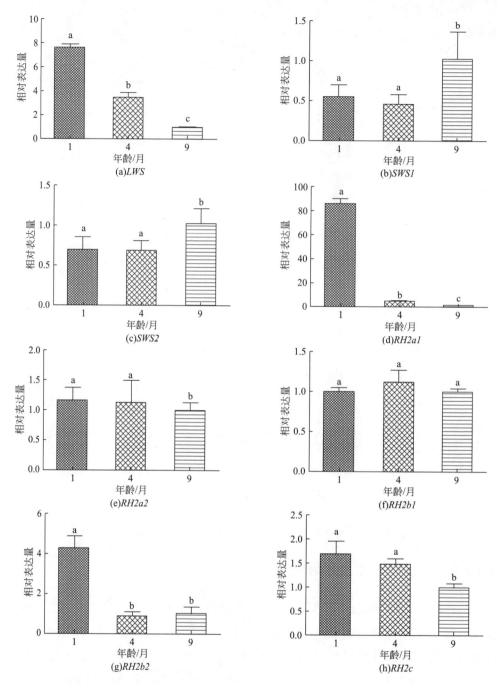

图4-16 大菱鲆稚、幼鱼视锥蛋白基因相对表达量随生长发育的变化

4.4.2.3 大菱鲆不同发育阶段视蛋白基因表达比例的变化

大菱鲆视锥蛋白中，*LWS*、*RH2b1* 和 *RH2c* 为表达比例最高的三个视锥蛋白基因，三者表达比例之和在三个阶段均超过95%（图4-17）。1月龄时，*LWS* 为表达比例最高的视锥蛋白基因，超过总量的 50%。随着大菱鲆的生长发育，*LWS* 表达比例逐渐降低，到9月龄时约减少至 6%。*RH2b1* 则刚好相反，1月龄时表达量约占 29.9%，9月龄时升高至约 75.1%，成为表达量最高的视锥蛋白基因。*RH2c* 的表达比例从 1月龄至 9月龄略微增加，由 9.2%升高至 14.8%。

其他未占优势视锥蛋白基因中，*SWS1* 和 *SWS2* 表达比例均在 9月龄时显著增加。绿视蛋白基因中 *RH2a1* 表达比例随着发育逐渐降低，至 9月龄时所占比例几乎为零；*RH2a2* 在三个时期表达比例无显著变化，且均不超过 0.2%；*RH2b2* 在 4月龄的表达比例不足 0.2%，显著低于 1、9月龄（表4-7）。

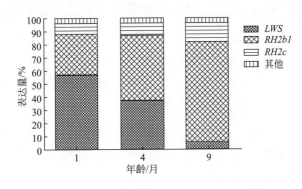

图 4-17 大菱鲆三种主要视蛋白基因表达比例随生长发育的变化

表 4-7 大菱鲆视锥蛋白各基因表达比例/%

月龄	*LWS*	*SWS1*	*SWS2*	*RH2a1*	*RH2a2*	*RH2b1*	*RH2b2*	*RH2c*
1	57.201[a]	0.275[a]	2.393[a]	0.454[a]	0.070[a]	29.945[a]	0.448[a]	9.213[a]
4	37.568[b]	0.298[a]	2.687[ab]	0.036[b]	0.113[a]	48.803[b]	0.143[b]	10.353[a]
9	6.214[c]	0.740[b]	2.860[b]	0.007[b]	0.112[a]	75.057[c]	0.224[c]	14.787[b]

通过以上分析可以得出，大菱鲆视蛋白基因在不同发育阶段表达特征不同。1月龄 *LWS* 表达比例为 57.2%，9月龄时降至 6.2%；绿视蛋白从 1月龄 29.9%

升高至 9 月龄 75.1%。表达占据主导地位的 *LWS* 逐渐被 *RH2b1* 取代，进而可能引起视觉敏感性由长波长转变为中短波长敏感。不同阶段视蛋白表达特征变化引发的光谱敏感性转变，可能是大菱鲆应对底栖光环境变化的一种适应策略。

4.5 大菱鲆人工育苗生产光谱调控策略与光谱调控技术

作为水生环境中一个比较复杂而又特殊的外部生态因子，光环境包括光色、光照强度和光周期。最新研究结果显示，光照环境对鱼类发育、摄食、生长、繁殖及其生理活动等都会产生影响，并且不同鱼种及其不同的发育阶段对光环境有不同的要求和适应，表现在受精卵的孵化率、发育速度、摄食率、生长率以及成活率等。

我国海水鱼类人工育苗技术经历了数十年的发展历程，目前基本形成了一个完整的技术体系。大菱鲆工厂化人工育苗技术相对更稳定，更成熟，但是无论是海水鱼类，还是大菱鲆，其人工育苗生产中，更多关注的环境因子是温度、溶氧、盐度、pH、重金属含量等，即使考虑光环境，也主要关注光照强度的高低。在鱼类的人工繁殖过程中，光照周期的调控有所关注，但是不同光谱对鱼类发育、生长等的影响，或者说，不同鱼种及其不同发育阶段对光谱的喜好和适应研究，鲜有报道，更未见相关的苗种培育和养殖生产技术工艺。

大菱鲆，俗称"多宝鱼"，分布于欧洲大西洋近海，在自然海域，大菱鲆产浮性卵，早期仔稚鱼阶段生活在近表层，变态附底后则生活于底层，由于海水对光照的吸收特点，决定了不同水层的光照波长特征，因此，大菱鲆不同发育阶段对光谱有不同的需求和适应。大菱鲆具有生长速度快和低温耐受力强等特点。目前，大菱鲆苗种主要来源于工厂化人工育苗生产，目前的生产工艺重点关注水温和盐度的变化，苗种培育过程中所采用的光源多为光谱成分不连续的日光灯和 LED 灯；光照强度较弱，多数小于 $0.7\mu mol/(m^2 \cdot s)$。研究发现，目前所采用的光照策略下，相对而言，受精卵孵化率偏低，初孵仔鱼畸形率偏高，并且在仔稚幼鱼培育阶段生长率偏低。因此，建立大菱鲆受精卵和仔稚幼鱼的光谱和光照强度调控技术，对于苗种高效生产和产业持续健康发展具有重要意义。

大菱鲆工厂化人工育苗生产光谱调控技术

根据大菱鲆受精卵和仔稚幼鱼的不同发育阶段对光谱、光强的特定喜好，进行苗种培育期间的光环境调控，进而使得大菱鲆受精卵孵化率提高、初孵仔鱼畸形率降低、大菱鲆变态起始时间提前、变态完成时间缩短、大菱鲆苗种生长速率和成活率提升，同时满足了工厂化苗种培育过程中大菱鲆对光色、光强的需要，进而提高大菱鲆工厂化苗种培育的生产效率和经济效益。

大菱鲆人工育苗生产光照调控技术要点如下：

① 孵化期：水面上方 80cm 处悬置橙色 LED 灯 1 盏，其波长范围 550~650nm，光照强度 $1.76\mu mol/(m^2 \cdot s)$；

② 孵化后仔稚鱼期：水面上方悬置全光谱 LED 灯 1 盏，波长范围 450~780nm，光照强度 $1.76\mu mol/(m^2 \cdot s)$；

③ 变态期：孵化后 20 天，水面上方改用蓝色 LED 灯 1 盏，其波长范围 450~520 nm，光照强度 $1.76\mu mol/(m^2 \cdot s)$。

使用该技术可实现如下结果：孵化率＞90%；光照处理组培育平均成活率 71.7%；对照组苗种平均成活率为 60.5%。处理组较对照组提高 18.5%。光照处理组鱼苗全长范围 24~30mm，平均全长 26.97mm；对照组鱼苗全长范围 22~27mm，平均全长 24.70mm；处理组较对照组提高 9.2%。孵化后 24 天，眼睛开始移位，变态起始时间提前 2 天。变态逐渐完成，鱼苗附底，变态完成时间提前 5 天。

4.6 小结

受精卵和初孵仔鱼阶段：绿光下的畸形率远远高于其他群体，红光、绿光和蓝光可引起初孵仔鱼的应激与胁迫反应。蓝光可以促进大菱鲆仔稚鱼的生长，这种效应在变态中后期更加显著。变态前后，长波长的红、橙光可以引起大菱鲆仔稚幼鱼的应激反应，而全光谱和蓝光则分别更加适合大菱鲆仔稚幼鱼的生长发育。全光谱显著增加了大菱鲆仔稚幼鱼的成活率，尤其是在开口期（3d）和开鳔期（10d）。大菱鲆发育过程中伴随着视觉器官结构和功能的变化，表现为视杆细胞数量增加、视敏性降低、光敏性升高，是对水底层弱光环境的适应。大菱鲆发育过程中，$RH2B1$ 视蛋白表达量逐渐升高，而 LWS 表达量降低，这可能是其在进化过程中保留下来应对生活史转变的一种适应策略。不同光谱 LED 光处理，可引起大菱鲆部分视蛋白基因表达变化。$SWS1$、$SWS2$ 和 $RH2B1$ 表现出较强的环境可塑性，在短波长环境下（蓝光、绿光）其表达量显著升高。建立了大菱鲆工厂化人工育苗生产光谱调控技术工艺，研发了水产育苗专用灯。验收结果表明在建立的光谱调控技术下，大菱鲆成活率提高约 10%，生长率提升约 9.2%。苗种培育成活率 71.7%，生产优质苗种 280 万尾，达到了预期目标。

参考文献

敖磊, 2002. 南方鲇嗅觉和视觉器官结构及发育的研究. 西南师范大学.
车景青, 陈京华, 胡苗峰, 2016. 大菱鲆(Scophthalmus maximus)鱼苗视网膜组织结构与视觉特性. 渔业科学进展: 37(02): 25-32.
李超, 王亮, 覃乐政, 等, 2014. 4 种岩礁性鱼类视网膜感光细胞和最小分辨角的比较. 水产学报: 38(03): 400-409.
梁旭方, 郑微云, 王艺磊, 1994. 鳜鱼视觉特性及其对捕食习性适应的研究 I. 视网膜电图光谱敏感性和适应特性. 水生生物学报: (03): 247-253.
刘楚吾, 余娟, 王中铎, 等, 2015. 鱼类视蛋白的研究进展. 海洋与湖沼: 46(06): 1564-1570.
马爱军, 王新安, 庄志猛, 等, 2007. 半滑舌鳎仔、稚鱼视网膜结构与视觉特性. 动物学报: (02): 354-363.
牛亚兵, 2017. 玫瑰高原鳅和贝氏高原鳅视觉器官比较组织学研究. 西南大学.
潘鸿春, 陈壁辉, 1995. 两类不同习性鱼类视网膜的光镜观察. 动物学杂志: (05): 6-8+66.
田文斐, 2012. 鳜鱼骨骼早期发育以及主要摄食器官发育与摄食行为的适应性研究. 上海海洋大学.
张胜祥, 李鹤, 王子仁, 2002. 斑马鱼视网膜-顶盖系统的组织学研究. 解剖学报: (01): 108-110.
周慧, 2017. 四指马鲅视网膜早期发育及其对不同光周期环境的适应性研究. 上海海洋大学.
Allison W T, Dann S G, Veldhoen K M, et al., 2006. Degeneration and regeneration of ultraviolet cone photoreceptors during development in rainbow trout. Journal of Comparative Neurology: 499(5): 702-715.

Blanco-Vives B, Villamizar N, Ramos J, et al., 2010. Effect of daily thermo-and photo-cycles of different light spectrum on the development of Senegal sole (Solea senegalensis) larvae. Aquaculture: 306(1-4): 137-145.

Bowmaker J K, Kunz Y W, 1987. Ultraviolet receptors, tetrachromatic colour vision and retinal mosaics in the brown trout (Salmo trutta): age-dependent changes. Vision research: 27(12): 2101-2108.

Carleton K L, Spady T C, Streelman J T, et al., 2008. Visual sensitivities tuned by heterochronic shifts in opsin gene expression. BMC biology: 6(1): 1-14.

Chang C H, Yan H Y, 2019. Plasticity of opsin gene expression in the adult red shiner (*Cyprinella lutrensis*) in response to turbid habitats. PLoS One: 14(4): e0215376.

Cheng C L, Flamarique I N, 2007. Chromatic organization of cone photoreceptors in the retina of rainbow trout: single cones irreversibly switch from UV (SWS1) to blue (SWS2) light sensitive opsin during natural development. Journal of Experimental Biology: 210(23): 4123-4135.

Dey D B, Damkaer D M, 1990. Effects of spectral irradiance on the early development of chinook salmon. The Progressive Fish - Culturist: 52(3): 141-154.

Downing G, Litvak M K, 2001. The effect of light intensity and spectrum on the incidence of first feeding by larval haddock. Journal of Fish Biology: 59(6): 1566-1578.

Ehlman S M, Sandkam B A, Breden F, et al., 2015. Developmental plasticity in vision and behavior may help guppies overcome increased turbidity. Journal of Comparative Physiology A: 201(12): 1125-1135.

Fuller R C, Carleton K L, Fadool J M, et al., 2004. Population variation in opsin expression in the bluefin killifish, Lucania goodei: a real-time PCR study. Journal of Comparative Physiology A: 190(2): 147-154.

Fuller R C, Carleton K L, Fadool J M, et al., 2005. Genetic and environmental variation in the visual properties of bluefin killifish, Lucania goodei. Journal of evolutionary biology: 18(3): 516-523.

Fuller R C, Claricoates K M, 2011. Rapid light - induced shifts in opsin expression: finding new opsins, discerning mechanisms of change, and implications for visual sensitivity. Molecular Ecology: 20(16): 3321-3335.

Halstenberg S, Lindgren K M, Samagh S P S, et al., 2005. Diurnal rhythm of cone opsin expression in the teleost fish Haplochromis burtoni. Visual neuroscience: 22(2): 135-141.

Hofmann C M, O'QUIN K E, Smith A R, et al., 2010. Plasticity of opsin gene expression in cichlids from Lake Malawi. Molecular ecology: 19(10): 2064-2074.

Hornsby M A W, Sabbah S, Robertson R M, et al., 2013. Modulation of environmental light alters reception and production of visual signals in Nile tilapia. Journal of Experimental Biology: 216(16): 3110-3122.

Kunz Y W, Wildenburg G, Goodrich L, et al., 1994. The fate of ultraviolet receptors in the retina of the Atlantic salmon (Salmo salar). Vision research: 34(11): 1375-1383.

Laver C R J, Taylor J S, 2011. RT-qPCR reveals opsin gene upregulation associated with age and sex in guppies (*Poecilia reticulata*)-*a* species with color-based sexual selection and 11 visual-opsin genes. BMC evolutionary biology: 11(1): 1-17.

Li P, Temple S, Gao Y, et al., 2005. Circadian rhythms of behavioral cone sensitivity and long wavelength opsin mRNA expression: a correlation study in zebrafish. Journal of Experimental Biology: 208(3): 497-504.

Mark M D, Donner M, Eickelbeck D, et al., 2018. Visual tuning in the flashlight fish *Anomalops katoptron* to detect blue, bioluminescent light. Plos one: 13(7): e0198765.

Nandamuri S P, Yourick M R, Carleton K L, 2017. Adult plasticity in African cichlids: rapid changes in opsin expression in response to environmental light differences. Molecular ecology: 26(21): 6036-6052.

Sierra-Flores R, Davie A, Grant B, et al., 2016. Effects of light spectrum and tank background colour on Atlantic cod (*Gadus morhua*) and turbot (*Scophthalmus maximus*) larvae performances. Aquaculture: 450: 6-13.

Stenkamp D L, 2007. Neurogenesis in the fish retina. International review of cytology: 259: 173-224.

Takechi M, Kawamura S, 2005. Temporal and spatial changes in the expression pattern of multiple red and green subtype opsin genes during zebrafish development. Journal of Experimental Biology: 208(7): 1337-1345.

Valen R, Karlsen R, Helvik J V, 2018. Environmental, population and life-stage plasticity in the visual system of Atlantic cod. Journal of Experimental Biology: 221(1): jeb165191.

Villamizar N, Blanco-Vives B, Migaud H, et al., 2011. Effects of light during early larval development of some aquacultured teleosts: A review. Aquaculture: 315(1-2): 86-94.

Yamanome T, Mizusawa K, Hasegawa E, et al., 2009. Green light stimulates somatic growth in the barfin flounder Verasper moseri. Journal of Experimental Zoology Part A: Ecological Genetics and Physiology: 311(2): 73-79.

Zheng J L, Yuan S S, Li W Y, et al., 2016. Positive and negative innate immune responses in zebrafish under light emitting diodes conditions. Fish & Shellfish Immunology: 56: 382-387.

5

不同光周期条件对红鳍东方鲀成鱼存活、生长和性腺发育的影响

在光的三要素（即光周期、光照强度和光谱）中，光周期对大多数温带鱼类的生长和发育至关重要，因为它为性腺发育的启动和调控提供了重要的环境信号（Noche 等，2011；Migaud 等，2010；Baekelandt 等，2019）。在硬骨鱼中，调控光周期可以抑制或促进性腺的发育（Ben Ammar 等，2020）。例如，持续的长光周期照射会延迟北极红点鲑（*Salvelinus alpinus*）的排卵时间，但却会刺激其他鱼类，如鲢鱼（*Squalius cephalus*）、卡特拉鲃（*Gibelion catla*）和麦穗鱼（*Pseudorasbora parva*）的配子发生，并促进卵巢发育（Borg 和 Ekström，1981；Poncin 等，1987；Dey 等，2005；Gillet 和 Breton，2009；Zhu 等，2014）。长光周期还可以提高尼罗罗非鱼（*Oreochromis niloticus*）的繁殖力（Campos-Mendoza 等，2004），能在不引起任何压力的情况下，促进莫莉鱼（*Poecilia sphenops*）的性腺发育和体细胞生长（Zutshi 和 Singh，2017），并促进里海拟鲤（*Rutilus caspicus*）的性腺成熟和产卵。与此不同，延长光周期照射却能抑制露斯塔野鲮（*Labeo rohita*）的生殖功能和生长（Shahjahan 等，2020），并能抑制一些鱼类生殖周期的启动（Imsland 等，1997；Bayarri 等，2004；Migaud 等，2004；Shewmon 等，2007；Ben Ammar 等，2020）。因此，选择最佳光周期可以促进鱼类的生长和繁殖，并能提高其产量和经济效益。

在脊椎动物中，褪黑激素是一种主要由松果体产生和分泌的内部授时因子，它能够将光信号转换为化学信号（Sánchez-Vázquez 等，2019）。在哺乳动物中，研究人员认为褪黑激素能够激活脑下垂体结节部中碘甲腺原氨酸脱碘酶 II（dio2）和 kisspeptin 的分泌进而调控繁殖对外部光周期的响应（Bittman 等，1983；Watanabe 等，2004；Claustrat 等，2005；Yasuo 等，2006，2007；Revel 等，2006，2007）。虽然硬骨鱼没有明显的结节部，但褪黑激素在多种生理过程中也起着关键作用，如生殖、生长和运动行为等（Zhdanova 和 Reebs，2006；Falcón 等，2007；Falcón 等，2010；Nakane 等，2013）。硬骨鱼的生殖功能主要由下丘脑-垂体-性腺（hypothalamic-pituitary-gonadal，HPG）轴直接调节（Zohar 等，2010）。在 HPG 轴上，内源性和外源性信号在大脑中进行整合，从而使下丘脑释放促性腺激素抑制激素（gonadotropin-inhibiting hormone，GnIH）、促性腺激素释放激素（gonadotropin-releasing hormone，GnRH）和 kisspeptin 等（Revel 等，2006，2008；Song 等，2017；Rahman 等，2019）。这些激素可调节垂体中激素的产生，如黄体生成素（luteinizing hormone，LH）和促卵泡激素（follicle-stimulating hormone，FSH）(Falcón 等，2007)。FSH 和 LH 作用于性腺，刺激性腺类固醇激素的分泌，如睾酮（testosterone，T）和 17β-雌二醇（estradiol-17β，E$_2$），从而调节性腺发育和性成熟（Zahangir 等，2021）。褪黑激素能够通过 HPG 轴促进性腺成熟，从而影响鱼类的季节性生殖周期(Amano 等,2000；Amano 等，2004；Kuz'mina，2020)。此外，位于下丘脑和脑下垂体后部的血管囊（saccus vasculosus，SV）是鱼类中一种特殊的器官（Chi 等，2017）。研究人员在樱鳟（*Oncorhynchus masou*）和大西洋鲑鱼（*Salmo salar*）的血管囊中发现了参与光周期调控的季节性繁殖过程的因子，如碘甲状腺原氨酸脱碘酶（deiodinase，dio）和 GnRH（Nakane 等，2013；Chi 等，2017）。因此，血管囊可能也能感受光周期信号，并在调节鱼类繁殖中发挥关键作用（Nakane 等，2013；Nakane 和 Yoshimura，2014）。

红鳍东方鲀（*Takifugu rubripes*）是亚洲重要的海水养殖鱼类（Miyadai 等，2001；Tao 等，2012；Wang 等，2016；Jia 等，2019）。近年来，红鳍东方鲀的野生种群数量急剧下降（Katamachi 和 Ishida，2013），为了满足市场需求并保护该物种的野生资源，扩大其人工养殖规模尤为重要。然而，水产养殖的苗种供应完全依赖于人工鱼苗（Wang 等，2021）。红鳍东方鲀雄鱼一般在 2~3 年性成熟，而雌鱼则 3 年性成熟，并且一年仅产卵一次，这是大规模生产其苗种的主要瓶颈。因此，实现反季节繁育，甚至达到全年生产河鲀幼鱼将为养殖企业提供稳定的苗种供应。但截至目前，关于光周期对成年红鳍东方鲀生长和繁殖的影响规律的研究匮乏。因此,本研究旨在了解光周期对红鳍东方鲀存活、生长和性腺发育的影响规律。研究结果将为其人工繁育奠定一定的理论基础。

5.1 不同光周期对红鳍东方鲀存活和生长性能的影响

2020 年 9 月，从海上网箱（大连天正实业有限公司，中国大连）随机采集 120 尾 2.5 龄红鳍东方鲀成鱼，平均体长 (35.32±1.70)cm，平均体重 (1492.10±145.39)g。在水泥养殖池（10.56m×3.86m×1m）中暂养 3 周后，每尾鱼都被注射 PIT 标签以便区分实验个体。为了验证每条鱼的性别,将剪取的一部分新鲜尾鳍储存在 1.5mL 的离心管中,保存于-20℃冰箱中。随后,使用 DNA 提取试剂盒(TIANamp Marine Animals DNA 试剂盒,天根,中国北京)从该组织中提取基因组 DNA。每条鱼的性别是根据红鳍东方鲀 *Amhr2* 基因的性别连锁单核苷酸位点确定,性别鉴定的具体方法参照之前的研究(Kamiya 等,2012;Yan 等,2018)。

本研究于 2020 年 9 月至 12 月在大连天正实业有限公司进行。待暂养适应环境后,39 尾鱼被麻醉并取样。剩余的 81 尾健康成鱼被分到 9 套独立的循环水养殖系统($3m^3$,9 尾/桶)。在这些循环水系统中,海水被水泵吸入水处理箱,活性炭吸附和生物过滤器去除残留的饲料、粪便和其他固体颗粒以及亚硝酸盐、氨氮和其他有害物质,水被循环回养殖帆布桶之前,用紫外线对水进行消毒(图 5-1)。研究设置 3 种不同的光周期,即 8L:16D、12L:12D 和 16L:8D。每个处理有 3 个重复。将全光谱 LED 灯(GK5A-1,中国深圳市超频三科技有限公司)安装在每个桶上方 1.5m 处,光照强度设置为 $1.5W/m^2$(图 5-1C)。采用杭州远方光电信息股份有限公司 Plant Lighting Analyzer(PLA-20)照度计监测光照强度。为消除任何外来光线,使用不透光幕布将各个处理组分开,以避免任何背景光对实验的影响。使用定时器自动打开和关闭照明设备。实验期间,河鲀鱼被喂食(0~10%配合饲料、60%新鲜鱿鱼和 30%~40%新鲜沙蚕)至饱腹。为了清除粪便和多余的食物,并保持水质,每天吸底清洁一次。水环境保持如下:溶解氧含量 6~8mg/L;亚硝酸盐<0.1mg/L;氨氮<0.2mg/L;pH 7.0~8.0;水温 15~17℃。

在第 0 天,从暂养水泥池中取出 39 尾鱼,用 MS-222(Sigma-Aldrich,Saint Louis,MO,美国)麻醉,测量初始体长(L_1)和体质量(W_1),并计算肥满度(condition factor,CF)。解剖取出这些鱼肝脏并称重,并计算肝体比(hepatosomatic index,HSI)。在第 100 天,麻醉剩余存活的 70 尾鱼,测量最终的体长(L_2)和体质量(W_2),并计算特定生长率(specific growth rate,SGR)、增重率(weight gain rate,WG)、HSI 和 CF。

根据下面的公式计算出 WG、SGR、CF 和 HSI(Zhu 等,2014;Singh 和 Zutshi,2020):

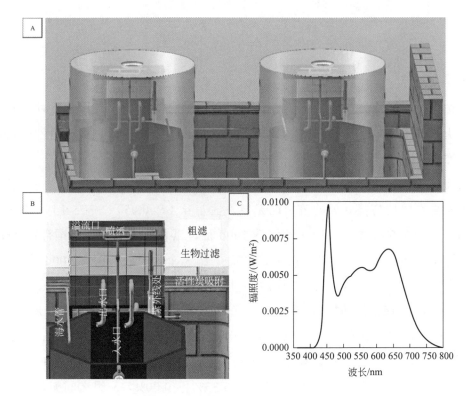

图 5-1 循环水养殖系统和光照处理

（A）、（B）示意图显示了研究用的养殖系统，海水通过粗滤、生物过滤和活性炭吸附，然后用紫外线处理。海水从水处理箱流到实验养殖桶（每个 3m³），每个光周期（8L：16D、12L：12D 和 16L：8D）处理有 3 个重复。实验单元被不透光的幕布隔开。（C）全光谱 LED 的光谱组成，表示为绝对光谱分布

$$增重率(\%) = \left(\frac{W_2 - W_1}{W_1}\right) \times 100$$

$$特定生长率(\%) = \left(\frac{\ln W_2 - \ln W_1}{t}\right) \times 100$$

$$肥满度(\%) = \frac{W_2}{L_2^3} \times 100$$

$$肝体比(\%) = \frac{W_L}{W_2} \times 100$$

式中，W_1 和 W_2 代表初始和最终体质量（g），L_2 代表最终体长（cm），W_L 表示最终肝脏质量（g），t 代表时间（d）。

死亡率计算公式如下：

$$死亡率(\%) = \left(\frac{N_1 - N_2}{N_1}\right) \times 100$$

式中，N_1 和 N_2 分别表示鱼的最初和最终数量。

结果表示为平均值±标准误差。采用 SPSS（IBM19.0，美国）软件进行统计分析，使用单因素方差分析（ANOVA）和 Duncan 多重检验进行显著性分析。$P<0.05$ 表示有显著性差异。

在第 100 天，饲育在 3 个光周期条件下的雄性和雌性红鳍东方鲀的体长无显著差异，并且与第 0 天的值相比无显著性差异（$P>0.05$）（表 5-1）。将雄性红鳍东方鲀饲育在 12L：12D 条件下 100d 后，其体质量显著高于饲育在 16L：8D 和 8L：16D 条件下（$P<0.05$）。然而，在 3 个光周期下饲育 100d 的雌鱼，其体质量没有显著差异，并且与第 0 天相比无显著差异（$P>0.05$）。在处理后第 100 天，8L：16D 组的雄鱼平均死亡率（47.22%）显著高于 16L：8D 组（8.33%）和 12L：12D 组的雄鱼（16.67%）（$P<0.05$），而 16L：8D 组和 12L：12D 组雄鱼之间的死亡率差异不显著（$P>0.05$）。8L：16D、12L：12D 和 16L：8D 处理组的雌鱼平均死亡率分别为 6.67%、13.33%和 0.00%，3 组之间无显著差异（$P>0.05$）（表 5-1）。

表 5-1 不同光周期下饲养的红鳍东方鲀的平均体长、体重及死亡率

参数/组	初始值		8L：16D		12L：12D		16L：8D	
	雄	雌	雄	雌	雄	雌	雄	雌
平均体长/cm	35.99 ± 0.23[a]	36.68 ± 0.16[a]	36.10 ± 0.43[a]	36.51 ± 0.43[a]	37.40 ± 0.48[a]	37.13 ± 0.30[a]	36.59 ± 0.33[a]	36.07 ± 0.78[a]
平均体质量/g	1578.81 ± 26.80[a]	1681.50 ± 33.23[ab]	1666.20 ± 61.15[ab]	1704.18 ± 64.72[ab]	1982.10 ± 62.76[c]	1790.87 ± 59.77[b]	1758.27 ± 39.75[ab]	1808.97 ± 76.21[b]
平均死亡率/%	—	—	47.22 ± 13.89[b]	6.67 ± 6.67[a]	16.67 ± 8.33[a]	13.33 ± 6.67[a]	8.33 ± 8.33[a]	0[a]

注：不同小写字母表示差异显著（$P<0.05$），相同小写字母表示差异不显著（$P>0.05$）。

3种光周期处理100 d后,雌雄红鳍东方鲀的WG和SGR均无显著变化（$P>0.05$）。雄鱼的WG为18.19%～26.64%,雌鱼为13.98%～22.62%（图5-2A、B）。雄鱼的SGR为0.16%～0.23%,雌鱼的SGR为0.12%～0.20%（图5-2C、D）。雄鱼初始的HSI为12.60%,3种光周期处理后各组HSI均显著降低（$P<0.05$）,但第100天,3组雄鱼之间的HSI无显著差异（$P>0.05$）（图5-2E）。对于雌鱼来说,与第0天的初始HSI（12.48%）相比,在处理后100d,8L:16D（10.66%）和12L:12D（10.71%）处理组的雌鱼的HSI显著降低（$P<0.05$）。然而,与第0天相比,16L:8D处理100d后的雌鱼HSI无显著性变化,且在第100天,3个光周期处理组雌鱼HSI之间无显著差异（$P>0.05$）（图5-2F）。

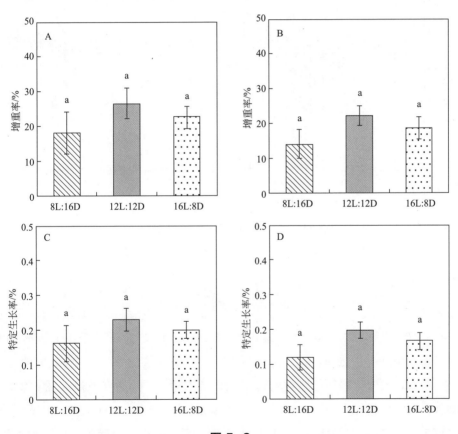

图5-2

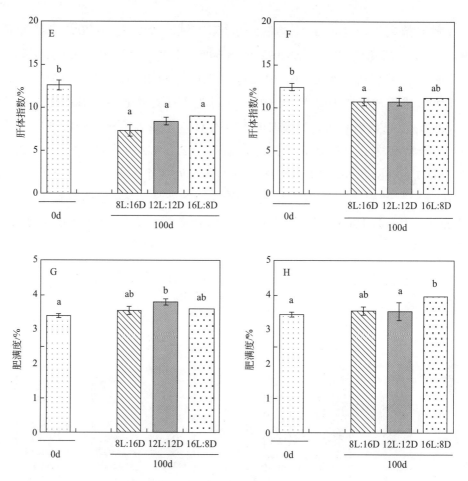

图 5-2 3 个光周期处理对红鳍东方鲀的增重率（WG）、特定生长率（SGR）、肝体指数（HSI）和肥满度（CF）的影响

（A）雄性的 WG，（B）雌性的 WG，（C）雄性的 SGR，（D）雌性的 SGR，（E）雄性的 HSI，（F）雌性的 HSI，（G）雄性的 CF，（H）雌性的 CF，不同小写字母表示显著差异（$P<0.05$）

处理 100d 后，12L：12D 组雄鱼的 CF 为 3.80%，显著高于第 0 天时的 CF（3.39%，$P<0.05$）。然而，8L：16D 和 16L：8D 光周期条件不影响雄鱼的 CF，并且在第 100 天时，3 个光周期处理组之间无显著差异（$P>0.05$）（图 5-2G）。与 0d（3.41%）相比，16L：8D 下饲养 100d 后，雌鱼 CF（3.95%）显著升高（$P<0.05$），12L：12D 和 8L：16D 光周期处理 100d 后，雌鱼 CF 无显著变化（$P>0.05$）。但在第 100 天时，16L：8D 处理组雌鱼的 CF 显著高于 12L：12D

处理组（$P<0.05$），而这两个处理组均与 8L：16D 处理组无显著差异（$P>0.05$）（图 5-2H）。

5.2 不同光周期对红鳍东方鲀性腺发育的影响

在第 0 天（39 尾）和处理结束时（第 100 天，70 尾），用 MS-222（Sigma-Aldrich，Saint Louis，MO，美国）将鱼麻醉。解剖取出这些鱼的性腺并称重，计算性腺指数（gonadosomatic index，GSI）。根据下面的公式计算出 GSI：

$$性腺指数(\%) = \frac{W_G}{W} \times 100$$

式中，W 为最终体质量（g）；W_G 表示最终性腺质量（g）。

同时，将部分性腺组织保存在多聚甲醛溶液（pH 7.4，4%）中，24h 后用 70% 的乙醇替换该溶液，用于随后的组织学分析。此外，实验结束后，对每尾鱼采集血液并离心，将血清样品储存在 -80℃ 超低温冰箱，用于测定激素水平。性腺组织经脱水和石蜡包埋后，制备了厚度为 4μm 的切片，并用苏木精和伊红染色，显微镜拍照，参考以往的研究来确定性腺发育的时相（de los Angeles Maldonado-Amparo 等，2017；Choi 等，2018）。采用竞争性放射免疫分析方法测定血清中 T 和 E_2 的浓度（Duston 和 Bromage，1987；Qiu 等，2015）。

组织学观察显示，第 0 天的雄性（100%）和雌性（100%）性腺均处于早期发育时相（early developing phase）（图 5-5），其特征是雄性精小囊中的精子发生活跃，雌性产生处于卵黄原形成期的卵母细胞。雄性的精巢呈浅粉红色，精巢中精小叶明显，周围有厚厚的结缔组织。生发上皮为连续的，沿着精小叶分布的精小囊明显，其内可见精原细胞和精母细胞（图 5-3A~C）。雌性的卵巢呈乳白色，血管不明显，卵母细胞肉眼不可见。卵巢有明显的卵巢腔和产卵板，初级卵母细胞被包围在产卵板内，排列紧密。卵巢内可观察到初级生长期卵母细胞（primary growth oocytes，PG）、皮质泡卵母细胞（cortical alveolus oocytes，CA）和少量初级卵黄形成期卵母细胞（primary vitellogenic oocytes，vtg1）（图 5-4A～C）。

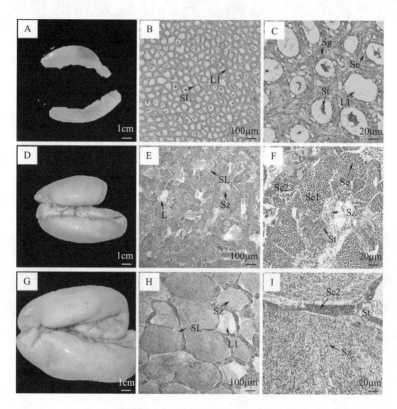

图 5-3 精巢的组织学观察

（A～C）处于发育早期时相的精巢，（D～F）处于发育后期时相的精巢，（G～I）处于产卵早期时相的精巢。Sg，精原细胞；Sc1，初级精母细胞；Sc2，次级精母细胞；St，精细胞；Sz，精子；Ll，小叶管腔；SL，精小叶；Se，精小囊

经过 100d 的光周期处理后，12L：12D 组中 100%的雄鱼发育到早期产卵时相（early spawning phase），而 8L：16D 组和 16L：8D 组中发育到早期产卵时相的个体分别占 80%和 63.64%。在 8L：16D 和 16L：8D 组中，其精巢已发育至后期发育时相（later developing phase）的雄性比例分别占 20%和 36.36%

（图5-5A）。在后期发育时相，精巢是乳白色的，比处于早期发育时相的精巢大（图5-3D）。精小叶被厚厚的结缔组织所包围。生发上皮是连续的，沿着小叶有明显的精小囊。在小叶腔内可见精原细胞、精母细胞、精细胞，以及少量精子（图5-3E、F）。处于早期产卵时相的精巢是白色的，较为密实（图5-3G），用手轻微挤压就可流出白色的精液。在生发上皮上，精母细胞和精细胞持续增殖，并且小叶腔和输出管腔内充满大量精子（图5-3H、I）。

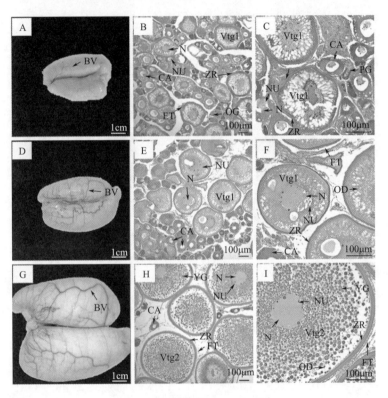

图 5-4 卵巢的组织学观察

（A~F）处于早期发育时相的卵巢，（G~I）处于后期发育时相的卵巢。BV，血管；OG，卵原细胞；PG，初级生长卵母细胞；Vtg1，初级卵黄形成期的卵母细胞；Vtg2，次级卵黄形成期卵母细胞；N，细胞核；NU，核仁；FT，卵泡膜；YG，卵黄颗粒；OD，油滴；CA，皮质泡；ZR，放射带

经过100d的光周期处理后，尽管其中一些雌鱼仍处于早期发育时相，但卵巢变大，血管形成更加明显。此时，卵母细胞仍然肉眼不可见。卵巢内仍有初级生长期卵母细胞和皮质泡卵母细胞，但它们的数量减少了，而初级卵黄形成

期卵母细胞的数量增加了（图 5-4D~F）。在处理 100d 后，一些雌鱼已经发育到后期发育时相，卵巢内初级卵黄形成期卵母细胞（Vtg1）和次级卵黄形成期卵母细胞（Vtg2）含量最多，且 Vtg1 卵母细胞比 Vtg2 卵母细胞数量少。此外，卵巢内仍有少量的初级卵黄形成期卵母细胞（图 5-4G~I）。在 8L：16D 组中，42.75%的雌鱼处于早期发育时相，56.25%处于后期发育时相（图 5-5B）。在 12L：12D 组，处于早期和后期发育时相的雌鱼分别占 33.34%和 66.66%。在 16L：8D 组中，46.67%的雌性处于早期发育时相，而 53.33%处于后期发育时相（图 5-5B）。

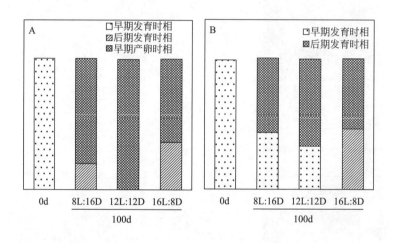

图 5-5 不同光周期处理组（A）精巢和（B）卵巢发育时相的分布比例

在第 0 天，雄鱼的初始 GSI 为 0.50%。第 100 天时，各组雄鱼的 GSI 均显著高于第 0 天（$P<0.05$）。在第 100 天，12L：12D 光周期组雄鱼的 GSI（14.66%）显著高于 16L：8D 光周期组（8.93%）（$P<0.05$），但 12L：12D 和 8L：16D 光周期组（11.96%）的雄鱼之间 GSI 差异不显著（$P>0.05$）（图 5-6A）。初始雌鱼样本的 GSI 值为 0.75%，光周期处理 100d 后雌鱼的 GSI 显著增加（$P<0.05$）。在第 100 天，12L：12D 光周期组的卵巢 GSI（3.79%）显著高于 16L：8D 组（2.40%），但 12L：12D 和 8L：16D（3.15%）处理组之间 GSI 无显著差异（$P>0.05$）（图 5-6B）。

处理 100d 后，12L：12D 光周期处理组雄鱼的血清 T 水平为 3.18ng/mL，显著高于8L：16D（0.98ng/mL）和16L：8D（1.26ng/mL）处理组（$P<0.05$）。在16L:8D和8L:16D处理组之间没有检测到雄性的T水平的显著差异（$P>0.05$）（图5-6C）。12L：12D光周期处理的雌鱼血清E_2水平为774.78mg/mL，显著高于8L：16D组（385.95mg/mL）和16L：8D组（368.49mg/mL）（$P<0.05$）（图5-6D）。

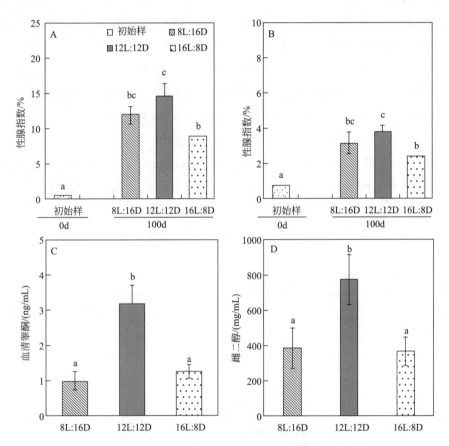

图5-6 3个光周期对红鳍东方鲀性腺指数（GSI）、血清睾酮（T）和雌二醇（E_2）的影响

（A）雄鱼的GSI；（B）雌鱼的GSI；（C）雄鱼的血清T水平；（D）雌鱼的血清E_2水平。小写字母不同表示差异显著（$P<0.05$）

5.3 不同光周期对生长和性腺发育相关基因表达的影响

在第 100 天,麻醉剩余存活的 70 尾鱼,解剖取脑和脑下垂体,储存在 1.5mL 含有 RNAlater 的离心管中,−80℃冰箱储存,用于 qPCR 分析。RNA 的提取、cDNA 的合成和 qPCR 分析参考以往的研究(Yuan 等,2021)。简而言之,使用 Qiagen RNeasy Mini 试剂盒(Qiagen,美国)从脑下垂体、间脑/中脑(diencephalon/midbrain,D/M)和血管囊中提取总 RNA。在去除基因组 DNA(DNAfree 试剂盒,Qiagen)后,将 RNase 抑制剂(Takara,日本)加入纯化的 RNA 样品中,然后将其储存在−80℃。使用 Primer Premier 5.0 程序设计 qPCR 的引物(表 5-2)。使用 $ef1\alpha$ 作为参考基因,qPCR 在 Applied Biosystems 7900 HT 实时 PCR 系统(Applied Biosystems,Foster City,CA,USA)上进行,使用 SYBR FAST qPCR Kit Master Mix(2×)(KAPA Biosystems,美国)试剂盒。采用 $2^{-\Delta\Delta CT}$ 法测定所选基因($aanat1a$, $aanat1b$, $aanat2$, $ghrh$, gh, $ss1$, $gnrh1$, $gnrh2$, $gnrh3$, $gnih$, $fshb$, lhb, $dio1$ 和 $dio2$)的相对表达量。

表 5-2 用于 qPCR 引物序列

基因		引物序列(5′→3′)	扩增长度/bp	NCBI/基因库
$ef1\alpha$	F	5'-AGGGCAATGCTAGTGGAACA-3'	194	NM_001037873
	R	5'-GTTGACGGGAGCAAAGGTG-3'		
$aanat1a$	F	5'-AGAGAGCGGCTGACCCTG-3'	118	LC010909
	R	5'-CGTGAGGTTTGTGGAGGGT-3'		
$aanat1b$	F	5'-TCCCTTTCTACAGCAAGTCGG-3'	132	LC010910
	R	5'-GGATTGCCTCGCTGTTGC-3'		
$aanat2$	F	5'-TGGTCGCCTTCATCATCG-3'	108	LC010911
	R	ACGGCGTCAGTGACATTAAAC-3'		

续表

基因		引物序列(5'→3')	扩增长度/bp	NCBI/基因库
gnrh1	F	5'-GTCCTCCGCTCTTCTGGGT-3'	110	XM_029829753
	R	5'-GGATGTTTGGAATCTCTTTGCT-3'		
gnrh2	F	5'-GAACTGGACCCTTTCAACCC-3'	136	XM_029827175
	R	5'-GGAGCTCTCTGGTTAAGGCAT-3'		
gnrh3	F	5'-GTGCACAGAGCTGAGATGAA-3'	130	XM_003963950
	R	5'-CCACGCTCCTCTTGCCAC-3'		
ghrh	F	5'-CTACAGAAAGGTCCTGGGTCAA-3'	105	XM_029826118
	R	5'-TCTGACTGACGATTCATGTAGCTC-3'		
gnih	F	5'-TGATTCGTCTGTGCGAGGAC-3'	197	AB193138.1
	R	5'-TCAGCAGCTGTGCATTGACC-3'		
fshb	F	5'-CTGGTGAGGGTGGGGCA-3'	106	XM_011609920
	R	5'-CGCAGATGGTGGTGTAGATGA-3'		
lhb	F	5'-GCCAGCCCATCAATCACAT-3'	111	XM_003963794
	R	5'-TAATGACTGGGTCCTTGGTGAT-3'		
gh	F	5'-ACGTTTGTTCTCCATGGCTGT-3'	105	XM_029836219
	R	5'-TGTCGCTGCTCATCGGTTT-3'		
ss1	F	5'-AGGGTTCAGCAGCGTCAGTT-3'	172	XM_003968318
	R	5'-CTAGCCGATATATAGGTTTCAAGCA-3'		
dio1	F	5'-AAGCAACTCGTCAGGGATTTC-3'	196	NM_001136144
	R	5'-TCATGTCGTCCACCACCACT-3'		
dio2	F	5'-GAACTGCCTCTTCCTTGCTCT-3'	192	NM_001136145
	R	5'-TTTGGTGCCTCACAGCCTAG-3'		

结果表示为平均值±标准误差（SEM）。用 SPSS（IBM19.0，美国）软件进行统计分析。使用单因素方差分析（ANOVA）和 Duncan 多重检验进行显著性分析。$P<0.05$ 表示有显著性差异。

定量结果如图 5-7、图 5-8 所示。对于处于早期发育时相的雌鱼，12L∶12D 处理后间脑/中脑（D/M）中的 *aanat1a* 表达量显著高于 8L∶16D 处理组（$P<0.05$），而 8L∶16D 组与 16L∶8D 组之间以及 16L∶8D 组与 12L∶12D 组之间的差异不显著（$P>0.05$）。对于处于后期发育时相的雌鱼，12L∶12D 组的 D/M 中 *aanat1a*

的表达水平显著高于 16L：8D 组和 8L：16D 组（$P<0.05$），后两组间无显著差异（$P>0.05$）。3 组雄鱼的 D/M 中 *aanat1a* 的表达水平无显著差异（$P>0.05$）（图 5-7A）。

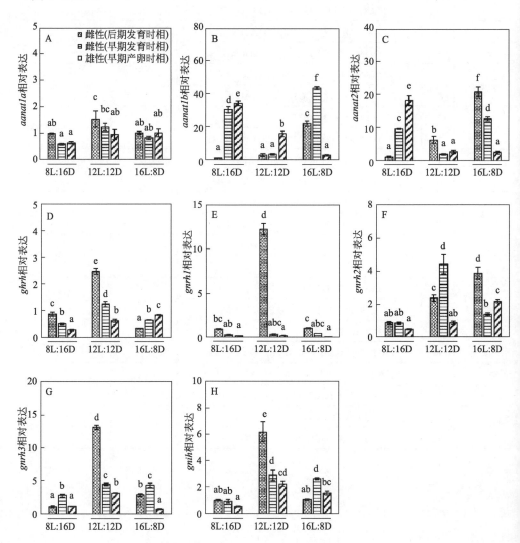

图 5-7　3 个光周期下红鳍东方鲀间脑/中脑（D/M）中（A）*aanat1a*、（B）*aanat1b*、（C）*aanat2*、（D）*ghrh*、（E）*gnrh1*、（F）*gnrh2*、（G）*gnrh3* 和（H）*gnih* 的相对表达水平

小写字母不同表示差异显著（$P<0.05$）

对于早期发育时相的雌鱼，16L：8D 组 *aanat1b* 的表达水平显著高于 12L：12D 和 8L：16D 组（$P<0.05$），8L：16D 组显著高于 12L：12D 组（$P<0.05$）。对于处于后期发育时相的雌鱼，16L：8D 组中 *aanat1b* 的表达水平显著高于 12L：12D 和 8L：16D 组（$P<0.05$），后两组间差异不显著（$P>0.05$）。与 12L：12D 和 16L：8D 组相比，在 8L：16D 组中观察到雄鱼 D/M 中的 *aanat1b* 表达较高（$P<0.05$），同时在 12L：12D 组中的 *aanat1b* 表达显著高于 16L：8D 组（$P>0.05$）（图 5-7B）。

对于处于早期发育时相的雌鱼，在 16L：8D 处理的 D/M 中 *aanat2* 的表达显著高于 12L：12D 和 8L：16D（$P<0.05$），并且 8L：16D 组的表达显著高于 12L：12D 组（$P<0.05$）。对于处于后期发育时相的雌性，16L：8D 组 *aanat2* 的表达水平显著高于其他两组（$P<0.05$），12L：12D 组显著高于 8L：16D 组（$P<0.05$）。对雄鱼来说，8L：16D 组的 *aanat2* 表达显著高于 16L：8D 组和 12L：12D 组（$P<0.05$），后两组之间无显著差异（$P>0.05$）（图 5-7C）。

对于处于早期发育时相的雌鱼，12L：12D 组的 *ghrh* 表达水平显著高于 8L：16D 组和 16L：8D 组（$P<0.05$），后两组的表达水平相似（$P>0.05$）。与 12L：12D 和 16L：8D 相比，暴露于 8L：16D 的处于早期发育时相雌鱼脑下垂体中 *gh* 的表达水平显著升高（$P<0.05$），并且 16L：8D 组的表达水平显著低于 12L：12D 组（$P<0.05$）。对处于后期发育时相的雌鱼来说，12L：12D 组的 *ghrh* 表达显著高于 8L：16D 和 16L：8D 组（$P<0.05$），8L：16D 组的 *ghrh* 表达显著高于 16L：8D 组（$P<0.05$）。12L：12D 处理的处于后期发育时相雌鱼鱼脑下垂体中 *gh* 的表达水平显著高于其他两个光周期（$P<0.05$），而 8L：16D 和 16L：8D 处理的雌鱼脑下垂体中 *gh* 的表达水平相似（$P>0.05$）。对于雄鱼来说，16L：8D 组的 *ghrh* 表达显著高于其他两组（$P<0.05$），12L：12D 组的 *ghrh* 表达显著高于 8L：16D 组（$P<0.05$）。在 16L：8D 和 12L：12D 组中观察到雄鱼脑下垂体中 *gh* 的表达水平无显著差异（$P>0.05$），并且这两组中的表达水平显著低于 8L：16D 组（$P<0.05$）（图 5-7D，图 5-8A）。对于处于后期发育时相的雌鱼，12L：12D 组的垂体中 *ss1* 的表达水平显著高于 8L：16D 和 16L：8D 组（$P<0.05$），8L：16D 和 16L：8D 组之间的表达水平相似（$P>0.05$）。然而，对于处于早期发育时相的雌鱼和雄鱼来说，3 个处理组中的 *ss1* 表达水平相似（$P>0.05$）（图 5-8B）。

对于处于早期发育时相的雌鱼，在 3 种处理中观察到，D/M 中的 *gnrh1* 和脑下垂体中的 *fshb* 和 *lhb* 表达水平无显著差异（$P>0.05$）（图 5-7E、图 5-8C、图 5-8D）。12L：12D 处理组的 D/M 中的 *gnrh2* 表达水平显著高于 16L：8D 和 8L：16D 处理组（$P<0.05$），并且在后两组之间无显著性差异（$P>0.05$）（图 5-7F）。12L：12D 和 16L：8D 处理组的 D/M 中 *gnrh3* 的表达显著高于 8L：16D 处理组（$P<0.05$），并且在 16L：8D 和 12L：12D 组之间无显著性差异（$P>0.05$）（图 5-7G）。16L：8D 和 12L：12D 组的 D/M 中 *gnih* 的表达水平显著高于 8L：16D 组（$P<0.05$），并且在 16L：8D 和 12L：12D 组之间无显著差异（$P>0.05$）（图 5-7H）。

对于处于后期发育时相的雌鱼来说，16L：8D 组和 8L：16D 组的 D/M 中 *gnrh1* 的表达水平无显著性差异（$P>0.05$），且其值显著低于 12L：12D 组（$P<0.05$）（图 5-7E）。同时，16L：8D 处理组的 D/M 中 *gnrh2* 的表达显著高于 12L：12D 和 8L：16D 处理组（$P<0.05$），并且在 12L：12D 组中的表达显著高于 8L：16D 组（$P<0.05$）（图 5-7F）。与其他两个光周期相比，12L：12D 处理组的 D/M 中 *gnrh3* 表达显著升高（$P<0.05$），并且 16L：8D 组的表达水平显著高于 8L：16D 组（$P<0.05$）（图 5-7G）。12L：12D 处理组 D/M 中 *gnih* 的表达水平显著高于 16L：8D 和 8L：16D 处理组（$P<0.05$），并且 16L：8D 和 8L：16D 组间无显著性差异（$P>0.05$）（图 5-7H）。12L：12D 处理组脑下垂体中 *fshb* 和 *lhb* 的表达水平显著高于 8L：16D 和 16L：8D 处理组（$P<0.05$），16L：8D 组 *fshb* 的表达水平显著低于 8L：16D 组（$P<0.05$）（图 5-8C～D）。

对于雄鱼来说，在 3 种处理组观察到 D/M 中 *gnrh1* 和脑下垂体内 *fshb* 表达水平相似（$P>0.05$）（图 5-7E、图 5-8C）。此外，12L：12D 和 8L：16D 组雄鱼垂体中 *lhb* 表达水平无显著性差异（$P>0.05$），并且在这两组中的水平显著高于 16L：8D 组（$P<0.05$）（图 5-8D）。16L：8D 处理组的雄鱼 D/M 中 *gnrh2* 表达显著高于 12L：12D 和 8L：16D 处理组（$P<0.05$），并且 12L：12D 和 8L：16D 组的该基因的表达水平无显著性差异（$P>0.05$）（图 5-7F）。12L：12D 处理组的雄鱼 D/M 中的 *gnrh3* 表达显著高于 8L：16D 和 16L：8D 组（$P<0.05$），并且在 8L：16D 和 16L：8D 组中表达水平相似（$P>0.05$）（图 5-7G）。12L：12D 和 16L：8D 组雄鱼 D/M 中 *gnih* 的表达显著高于 8L：16D 组（$P<0.05$），并且在 16L：8D 和 12L：12D 组中无显著性差异（$P>0.05$）（图 5-7H）。

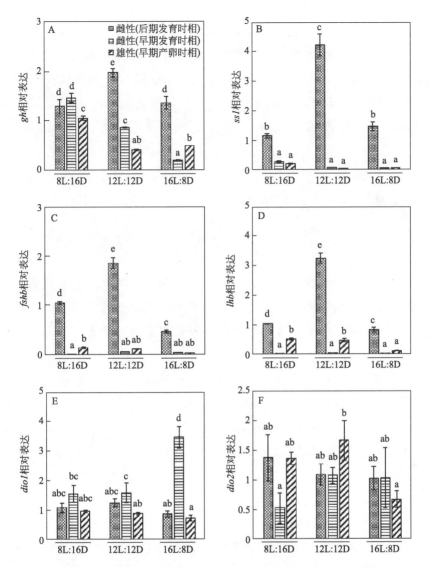

图 5-8 3 个光周期处理组红鳍东方鲀垂体（A）*gh*、（B）*ss1*、（C）*fshb*、（D）*lhb* 和血管囊（E）*dio1*、（F）*dio2* 相对表达量

小写字母不同表示差异显著（$P<0.05$）

对于处于后期发育时相的雌鱼和早期产卵时相的雄鱼，3 个处理组血管囊内的 *dio1* 的表达无显著性差异（$P>0.05$）。然而，对于处于早期发育时相的雌性，16L：8D 组血管囊中 *dio1* 表达显著高于 8L：16D 和 12L：12D 组（$P<0.05$），

并且在后两组之间的表达水平无显著差异（$P>0.05$）（图 5-8E）。对于处于早期和后期发育时相的雌鱼来说，3 个处理组血管囊内 dio2 的表达没有显著差异（$P>0.05$）。对于雄性，12L：12D 组的血管囊中 dio2 的表达水平显著高于 16L：8D 组（$P<0.05$），但 8L：16D 组和 12L：12D 组之间 dio2 的表达水平无显著差异（$P>0.05$）（图 5-8F）。

5.4　小结

关于不同光照条件对红鳍东方鲀成鱼生长和繁殖的影响鲜有报道。本研究旨在查明 3 种光周期处理对 2.5 龄的红鳍东方鲀的生长性能、存活和繁殖的影响规律。研究发现，在 3 个处理组之间，雌鱼的平均死亡率无显著差异，但在 8L：16D 处理组中，雄鱼的平均死亡率显著高于 12L：12D 和 16L：8D 组。因此，光周期对雌、雄东方鲀成鱼存活率的影响不同，8L：16D 的光周期可能不适合雄性红鳍东方鲀存活。在河鲈（Perca fluviatilis）（Migaud 等，2004）、尼罗罗非鱼（O. niloticus）（Rad 等，2006）、圆鳍鱼（Cyclopterus lumpus）（Imsland 等，2019）和露斯塔野鲮（Labeo rohita）（Shahjahan 等，2020）中，光周期对存活率影响很小或没有影响，而延长的光周期增加了漠斑牙鲆（Paralichthys lethostigma）的存活率（Tuckey 和 Smith，2001）。因此，光周期对鱼类存活的影响因物种而异。在处理 100d 后，3 个处理组的红鳍东方鲀的体长、体重、特定生长率和肥满度无显著差异。在 12L：12D 光周期下饲养的雄鱼，其处理后 100d 的体重显著高于 0d，在 3 个光周期下饲养 100d 的雌鱼，其体重没有显著差异，并且与第 0 天无显著差异。在 16L：8D 光照条件下，处理 100d 后红鳍东方鲀的肥满度显著高于第 0 天。在第 100 天，12L：12D 组的雄鱼体重显著高于 8L：16D 和 16L：8D 组。生长激素由脑下垂体产生和分泌，是脊椎动物生长和发育所必需的，其分泌受到复杂的调控。两种神经内分泌激素：生长激素释放激素（ghrh）和生长抑素（ss）已被证明对生长激素分泌具有主要调控作用（Cavari 等，1993；Kopchick 和 Andry，2000；Nogami 等，

2002；Olias 等，2004）。本研究中，检测 D/M 中 *ghrh*、垂体中 *gh* 和 *ss1* 的表达后发现这些基因的表达水平与红鳍东方鲀的生长趋势无相关性。此外，在 12L：12D 光周期组雌雄东方鲀的性腺指数显著升高。结果表明研究中使用的光周期可能没有影响生长激素的分泌进而影响其生长性能，而实验结束时鱼体体重增加可能是性腺发育和性腺质量的增加造成的。以往的研究结果表明，对于靠视觉来捕食的鱼类，增加光照时间可能会给它们提供更多的时间来进食，因此对生长有促进作用。例如，欧洲鲈（*Dicentrarchus labrax*）、大西洋鲑鱼（*Salmo salar*）、金头鲷（*Sparus aurata*）和尼罗罗非鱼（*O. niloticus*）均在长光周期下生长最好（Björnsson 等，1994；Ginés 等，2003；Rodríguez 等，2001；Veras 等，2013）。由于游泳时间、食物消化和吸收时间增加，光周期的延长也可能促进其生长并导致肌肉质量增加（Biswas 等，2005；Boeuf 和 Le Bail，1999；Kadmon 等，1985；Kissil 等，2001；Li 等，2021）。研究发现，红鳍东方鲀幼体在孵化后 6d 开始表现出同类相食和攻击行为，并随着时间的推移而增强（Suzuki 等，1995）。即使投喂足量的饲料，也会表现出攻击行为或同类相食行为（Nagao 等，1993；Ohgami 和 Suzuki，1982）。综上，研究结果表明，雄性和雌性红鳍东方鲀在 12L：12D 处理组中具有较高的体重，这可能与较短的光周期降低了攻击性和因运动时间减少能量消耗较低有关。因此，12L：12D 光周期可能实现了喂食时间和攻击行为之间的平衡。

与第 0 天的值相比，100d 后雄鱼和雌鱼的 HSI 显著降低，而 GSI 增加。在其他鱼类中，如嘁嘴鳕鱼（*Trisopterus luscus*）、巴西犬牙石首鱼（*Cynoscion leiachus*）、褐鳟（*Salmo trutta fario*）和黄斑窄额鲀（*Torquigener flavimaculosus*），也发现 HSI 与 GSI 呈现负相关关系（Alonso-Fernandez 和 Saborido-Rey，2012；Jan 和 Jan，2017；do Carmo Silva 等，2019；Ramadan 和 Elhalfawy，2019）。这表明肝脏是许多硬骨鱼类生殖活动的能量来源，在性腺发育过程中大量消耗能量。然而，在其他鱼类物种中，如贝氏虹银汉鱼（*Melanotaenia boesemani*）、鳡脂鲤（*Hepsetus Odoe*）、玫瑰无须魮（*Puntius conchonius*）和小齿宽颌鲱（*Pellonula leonensis*），GSI 和 HSI 随着配子发生和卵巢成熟水平的增加均增加（Allison，2011；Çek 等，2001；Hismayasari 等，2015；Oso 等，2011）。在鱼类中，肝来源的卵黄蛋白原是一种卵黄前体蛋白，在肝脏中合成并受雌二醇的调节。卵黄蛋白原在血液中流动，并运输到生长中的卵母细胞，导致卵黄的积累。这种积聚导致卵母细胞大小的变化和卵巢质量的增加，及 GSI 上升（do Carmo Silva 等，2019；Hismayasari 等，2015）。

本研究中，12L：12D 光周期组中处于后期发育时相的雌鱼和处于早期产卵时相的雄鱼所占比例较高。其中 100%的精巢处于早期产卵时相。此外，12L：12D 组雌、雄东方鲀的 GSI 值显著高于 16L：8D 组，而 12L：12D 组和 8L：16D 组之间无显著差异。雌二醇和睾酮是性腺中产生的两种主要的性类固醇激素，其血浆内的变化水平与性腺成熟密切相关（Rotili 等，2021；Zohar 等，2010）。最终卵母细胞成熟过程中卵黄蛋白原的合成等均受雌二醇调控（Adebiyi 等，2013；Ismail 等，2011；Lee 和 Yang，2002）。睾酮与雄鱼性腺发育相关（Chaves-Pozo 等，2008），是激素 11-酮基睾酮的前体（Spanò 等，2004）。一般来说，血清中雌激素水平的变化与卵母细胞发育和卵巢性腺指数的增加有关（Lee 和 Yang，2002），而血清中睾酮水平的变化与正在进行的雄性性腺发育和精巢性腺指数增加有关（Degani 等，1998）。12L：12D 处理下的雄鱼血清中的睾酮水平和雌鱼血清中的雌二醇水平最高，这表明在产卵季节之前，如本研究从 9 月份开始将红鳍东方鲀饲育在 12L：12D 光周期能促进雌、雄鱼的性腺发育。红鳍东方鲀一年仅产卵一次，它的性腺在冬季结束时开始成熟，并在 2 月下旬至 4 月上旬产卵，也就是说在春分左右，而此时自然光周期接近 12L：12D（Meseguer 等，2008；Tagawa 和 Ito，1996）。因此，在红鳍东方鲀性成熟之前，使用与其自然产卵季节相似的光周期来进行饲育可能有助于促进性腺提前发育。其他硬骨鱼也有类似的现象。例如，大西洋鲑鱼通常在冬季产卵（每年 10 月至 1 月），有些可能会等到 2 月或 3 月，这期间日长<12h。有报道表明，12L：12D 光周期比长光周期更适合性腺的发育。美洲原银汉鱼（*Menidia beryllina*）和金鱼（*Carassius auratus*）通常在 4 月至 6 月的春季和夏季产卵（在北半球春分之后，此时日长逐渐延长至>12h），因此在长光周期（如 15L：9D 和 14L：10D）条件下饲育时其性腺发育最佳。因此，可以看到对于不同的鱼类，促进其性腺发育的光周期条件有所不同，但一般都是接近其自然产卵条件时性腺的发育最好。

光周期对鱼类性腺发育和生殖的影响是由内在生物节律调控和性腺类固醇激素的合成与分泌介导的（Elisio 等，2014，2015）。光周期可调控性腺发育被认为受褪黑激素分泌的介导，而已有报道表明褪黑激素对硬骨鱼类生殖内分泌系统具有调节作用（Amano 等，2000；Falcón 等，2007，2010；Mayer 等，1997）。褪黑激素在松果体和视网膜中合成，一般来说，褪黑激素往往在夜间分泌，分泌期取决于黑暗的时间长短（Randall 等，1995）。研究发现给欧洲鳗鲡（*Anguilla anguilla*）注射褪黑激素能够诱导脑下垂体中促性腺激素和性腺中性类固醇激素的释放（Scaion 和 Sébert，2008）。在哺乳动物和鸟类中仅发现了一种 annat 基因，而在硬骨鱼类中则发现 2 个 aanat 基因亚型，aanat1 和 aanat2，它们由不同的基因编码（Coon 等，1999；Mizusawa 等，2000）。生物信息学分析表明，红鳍东方鲀中存在 3 种 annat 基因（aanat1a、aanat1b 和 aanat2）。本研究测定了 D/M 中 aanat1a、aanat1b 和 aanat2 mRNAs 的表达水平。虽然 3 个基因在 D/M 中都有表达，但它们的表达水平在不同的处理中有所不同。在 12L：12D 处理下，雌性红鳍东方鲀只有 aanat1a 的表达上调。这一结果表明，aanat1a 可能介导雌性红鳍东方鲀对光周期的响应。

除了松果体，位于间脑腹侧（脑下垂体后部）的血管囊也可能对光周期的变化敏感（Ikegami 和 Yoshimura，2016）。研究发现，在鱼类的血管囊内存在很多与光感受和调控性腺发育的相关基因表达，这其中包括促甲状腺激素（thyroid-stimulating hormone，TSH）和碘甲状腺素原氨酸脱碘酶 2（dio2）。此外，去除血管囊会抑制性腺成熟，因此，这些证据表明血管囊可能在调节光感受过程和随后的 HPG 轴调节过程中起作用（Nakane 等，2013）。dio1 和 dio2 负责将 T4 转化为具有生物活性的 T3（Basset 等，2003；Orozco 等，2012）。在本研究中，dio2 在 12L：12D 光周期下的表达水平升高，这表明 dio2 可能对光周期敏感。Nakane 等（2013）发现，暴露于光周期处理的樱鳟的血管囊中 dio2 的表达会升高。一般来说，dio2 对 T4 分子的亲和力较高，dio2 介导的脱碘过程是产生 T3 的主要途径（Yuan 等，2021）。在成年花鲇（*Silurus asotus*）中，甲状腺激素通过刺激雄激素产生来发挥维持精巢功能的作用，T4 和 T3 的比率和浓度与雄激素水平同时变动（Swapna 等，2006）。因此，在雄性红鳍东方鲀中，dio2 可能对光周期处理响应，从而影响甲状腺激素水平，进而影响睾酮水平和精巢发育。

在 HPG 轴上，性腺发育的调节始于下丘脑。下丘脑释放各种激素，如 gnrh

和 gnih，从而向脑下垂体发出信号，垂体分泌 lh 和 fsh。Lh 和 fsh 作用于性腺，诱导雌二醇和睾酮的分泌，而性类固醇激素反馈性地影响大脑和脑下垂体内激素的分泌水平，从而调节性腺发育和性成熟（Zahangir 等，2021）。Lh 和 fsh 在性类固醇激素的产生、性腺发育和成熟中起着关键作用（Swanson 等，2003；Levavi-Sivan 等，2010；Huhtaniemi，2015）。在卵巢中，fsh 不仅调节雌二醇的分泌，而且还调节卵黄蛋白原向卵母细胞的转运。当 lh 与其颗粒细胞上的受体结合后，卵泡开始成熟（Yaron 和 Levavi-Sivan，2011）。而精原细胞的有丝分裂是由促性腺激素刺激的间质细胞分泌的性激素调节的（Ohta 等，2007）。在本研究中，12L：12D 组的处于后期发育时相的雌鱼脑下垂体中 *fshb* 和 *lhb* 水平最高。12L：12D 和 8L：16D 组处于早期产卵阶段的雄鱼 *lhb* 的表达水平显著高于 16L：8D 组。在星点东方鲀（*Takifugu niphobles*）中，*fshb* 的表达量在成熟期急剧增加，而 *lhb* 的表达量在产卵期达到高峰。此外，*fshb* 和 *lhb* 表达水平与血浆 E_2 和 T 水平之间具有显著相关性（Yamanoue 等，2009）。*Fshb* 和 *lhb* 的表达水平在雌、雄性成熟红鳍东方鲀的脑下垂体中显著增加（Zahangir 等，2021）。在硬骨鱼类中，通常存在多种 *gnrh*，不同鱼类性腺发育过程中不同 *gnrh* 基因的表达模式也不尽相同。在铅点东方鲀（*T. alboplumbeus*）中，大脑中 *gnrh1* 和 *gnrh3* 的水平在产卵期显著增加，但在整个繁殖周期中没有观察到 *gnrh2* 的表达有显著变化（Ando 等，2013；Shahjahan 等，2010）。处于产卵前期的大马哈鱼，*gnrh3* 的表达水平增加（Onuma 等，2005，2010）。红鳍东方鲀有 3 种 *gnrh* 基因，在 12L：12D 光周期下，处于后期发育时相的雌鱼中 *gnrh1* 和 *gnrh3* mRNA 水平显著高于其他处理组。在 12L：12D 光周期下，雌、雄东方鲀 D/M 中的 *gnrh3* 水平均显著升高。

在 12L：12D 光周期饲育下的红鳍东方鲀中，观察到处于后期发育时相雌性红鳍东方鲀脑下垂体中的 *fshb* 和 *lhb* 的表达显著升高，并且在雄性的垂体中观察到高水平的 *lhb* 基因。因此，本研究结果表明，光周期可能影响 *gnrh1* 和 *gnrh3* 的表达，从而刺激 GTH 分泌和性腺发育。Gnih 也被认为在鱼类繁殖的光周期控制中起着关键作用，研究表明褪黑激素可能至少部分通过 gnih 神经元起作用（Muñoz-Cueto 等，2017，2020；Tsutsui，2009）。Gnih 对 GTH 释放的调节作用已在多种鱼类中得到证实（Biran 等，2014；Ubuka 等，2016）。在铅点东方鲀（*T. alboplumbeus*）中，gnih 处理后会刺激 *fshb* 和 *lhb* 基因的表达（Ando

等，2018；Shahjahan 等，2016）。在红鳍东方鲀中，12L∶12D 光周期处理组处于后期发育时相的雌鱼的 *gnih* 表达量显著高于其他两个光周期处理，表明 *gnih* 可能也受到光周期的影响。相反，在雄性中没有观察到明显的变化，这可能反映了雄性和雌性红鳍东方鲀可能存在不同的机制来响应光周期的变化。

综上，本研究结果表明，8L∶16D 光周期不适合雄性红鳍东方鲀存活。光周期对成年红鳍东方鲀的生长影响不大，但在产卵季节前的 9 月份开始，暴露于 12L∶12D 的光照下，可加速雌、雄红鳍东方鲀的性腺发育。此外，在雌性中，*annat1a* 可能对光周期敏感，这可能导致 *gnrh*、*gnih*、GTH 和 E_2 的表达增加，从而控制卵巢的发育。在雄性中，*dio2* 可能对光周期敏感，可以增加生殖相关基因如 *gnrh3*、*gnih* 和 *lhb* 的表达，促进精巢的发育。这些结果为优化 LED 灯在红鳍东方鲀养殖生产中的光环境，特别是繁殖控制提供了重要依据。

参考文献

Adebiyi F A, Siraj S S, Harmin S A, et al., 2013. Plasma sex steroid hormonal profile and gonad histology during the annual reproductive cycle of river catfish *Hemibagrus nemurus* (Valenciennes, 1840) in captivity. Fish Physiol. Biochem, 39: 547-557.

Allison M E, 2011. The fecundity, gonadosomatic and hepatosomatic indicies of *Pellonula leonensis* in the Lower Nun River, Niger Delta, Nigeria. Curr. Res. J. Biol. Sci, 3: 175-179.

Alonso-Fernandez A, Saborido-Rey F, 2012. Relationship between energy allocation and reproductive strategy in *Trisopterus luscus*. J. Exp. Mar. Biol. Ecol, 416: 8-16.

Amano M, Iigo M, Ikuta K, et al., 2000. Roles of melatonin in gonadal maturation of under yearling precocious male masu salmon. Gen. Comp. Endocrinol, 120: 190-197.

Amano M, Iigo M, Ikuta K, et al., 2004. Disturbance of plasma melatonin profile by high dose melatonin administration inhibits testicular maturation of precocious male masu salmon. Zool. Sci, 21: 79-85.

Ando H, Shahjahan M, Hattori A, 2013. Molecular neuroendocrine basis of lunar-related spawning in grass puffer. Gen. Comp. Endocrinol, 181: 211-214.

Ando H, Shahjahan M, Kitahashi T, 2018. Periodic regulation of expression of genes for kisspeptin, gonadotropin-inhibitory hormone and their receptors in the grass puffer: Implications in seasonal, daily and lunar rhythms of reproduction. Gen. Comp. Endocrinol. 265: 149-153.

Baekelandt S, Mandiki S N M, Schmitz M, et al., 2019. Influence of the light spectrum on the daily rhythms of stress and humoral innate immune markers in pikeperch *Sander lucioperca*. Aquaculture, 499: 358-363.

Basset J H D, Harvey C B, Williams G R, 2003. Mechanisms of thyroid hormone receptor-specific nuclear and extra nuclear actions. Mol. Cell. Endocrinol, 213: 1-11.

Bayarri M J, Rodríguez L, Zanuy S, et al., 2004. Effect of photoperiod manipulation on daily rhythms of melatonin and reproductive hormones in caged European sea bass (*Dicentrarchus labrax*). Gen. Comp. Endocrinol, 136: 72-81.

Ben Ammar I, Milla S, Ledore Y, et al., 2020. Constant long photoperiod inhibits the onset of the reproductive cycle in roach females and males. Fish Physiol. Biochem, 46: 89-102.

Biran J, Golan M, Mizrahi N, et al., 2014. LPXRFa, the piscine ortholog of GnIH, and LPXRF receptor positively regulate gonadotropin secretion in Tilapia (*Oreochromis niloticus*). Endocrinology, 155: 4391-4401.

Biswas A K, Seoka M, Inoue Y, et al., 2005. Photoperiod influences the growth, food intake, feed efficiency and digestibility of red sea bream (*Pagrus major*). Aquaculture, 250: 666-673.

Bittman E L, Dempsey R J, Karsch F J, 1983. Pineal melationin secretion drives the reproductive response to daylength in the ewe. Endocrinology, 113: 2276-2283.

Björnsson B T, Taranger G L, Hansen T, et al., 1994. The interrelation between photoperiod, growth hormone, and sexual maturation of adult Atlantic salmon (*Salmo salar*). Gen. Comp. Endocrinol, 93: 70-81.

Boeuf G, Le Bail P Y, 1999. Does light have an influence on fish growth?. Aquaculture, 177: 129-152.

Borg B, Ekström P, 1981. Gonadal effects of melatonin in the three-spined stickleback, *Gasterosteus aculeatus* L., during different seasons and photoperiods. Reprod. Nutr. Dévelop, 21: 919-927.

Campos-Mendoza A, McAndrew B J, Coward K, et al., 2004. Reproductive response of Nile tilapia (*Oreochromis niloticus*) to photoperiodic manipulation; effects on spawning periodicity, fecundity and egg size. Aquaculture, 231: 299-314.

Cavari B, Funkenstein B, Chen T T, et al., 1993. Effect of growth hormone on the growth rate of the gilthead seabream (*Sparus aurata*), and use of different constructs for the production of transgenic fish. Aquaculture, 111: 189-197.

Çek Ş, Bromage N, Randall C, et al., 2001. Oogenesis, hepatosomatic and gonadosomatic index, and sex ratio in rosy barb (*Puntius conchonius*). Turkish J. Fish. Aquat. Sci, 1: 33-41.

Chaves-Pozo E, Arjona F J, García-López A, et al., 2008. Sex steroids and metabolic parameter levels in a seasonal breeding fish (*Sparus aurata* L.). Gen. Comp. Endocrinol, 156: 531-536.

Chi L, Li X, Liu Q, et al., 2017. Photoperiod regulate gonad development via kisspeptin/kissr in hypothalamus and saccus vasculosus of Atlantic salmon (*Salmo salar*). PLoS One, 12: e0169569.

Choi S H, Kim B H, Hur S P, et al., 2018. Effects of different light spectra on the oocyte maturation in grass puffer *Takifugu niphobles*. Dev. Reprod, 22: 175-182.

Claustrat B, Brun J, Chazot G, 2005. The basic physiology and pathophysiology of melatonin. Sleep Med. Rev, 9: 11-24.

Coon S L, Bégay V, Deurloo D, et al., 1999. Two arylalkylamine N-acetyltransferase genes mediate melatonin synthesis in fish. J. Biol. Chem, 274: 9076-9082.

Degani G, Boker R, Jackson K, 1998. Growth hormone, sexual maturity and steroids in male carp (*Cyprinus carpio*). Comp. Biochem. Physiol. C Toxicol. Pharmacol, 120: 433-440.

de los Angeles Maldonado-Amparo M, Sánchez-Cárdenas R, Antonio Salcido-Guevara L, et al., 2017. Gonadal Development of *Peprilus medius* (Peters, 1869) (Perciformes: Stromateidae) from Southeast of the Gulf of California, Mexico. Int. J. Morphol, 35: 56-61.

Dey R, Bhattacharya S, Maitra S K, 2005. Importance of photoperiods in the regulation of ovarian activities in Indian major carp *Catla catla* in an annual cycle. J. Biol. Rhythms, 20: 145-158.

do Carmo Silva J P, da Costa M R, Araújo F G, 2019. Energy acquisition and allocation to the gonadal development of *Cynoscion leiachus* (Perciformes, Sciaenidae) in a tropical Brazilian bay. Mar. Biol. Res, 15: 170-180.

Duston J, Bromage N, 1987. Constant photoperiod regimes and the entrainment of the annual cycle of reproduction in the female rainbow trout (*Salmo gairdneri*). Gen. Comp. Endocrinol, 65: 373-384.

Elisio M, Chalde T, Miranda L A, 2014. Seasonal changes and endocrine regulation of pejerrey (*Odontesthes bonariensis*) oogenesis in the wild. Comp. Biochem. Physiol. Part A Mol. Integr. Physiol, 175: 102-109.

Elisio M, Vitale A, Miranda L A, 2015. Influence of climate variations on *Chascomús* shallow lake thermal conditions and its consequences on the reproductive ecology of the Argentinian Silverside (*Odontesthes bonariensis*-Actinopterygii, Atherinopsidae). Hydrobiologia, 752: 155-166.

Falcón J, Besseau L, Sauzet S, et al., 2007. Melatonin effects on the hypothalamo-pituitary axis in fish. Trends Endocrinol. Metab, 18: 81-88.

Falcón J, Migaud H, Munoz-Cueto J A, et al., 2010. Current knowledge on the melatonin system in teleost fish. Gen. Comp. Endocrinol, 165: 469-482.

Gillet C, Breton B, 2009. LH secretion and ovulation following exposure of Arctic charr to different temperature and photoperiod regimes: Responsiveness of females to a gonadotropin-releasing hormone analogue and a dopamine antagonist. Gen. Comp. Endocrinol, 162: 210-218.

Ginés R, Afonso J M, Argüello A, et al., 2003. Growth in adult gilthead sea bream (*Sparus aurata* L) as a result of interference in sexual maturation by different photoperiod regimes. Aquac. Res, 34: 73-83.

Hismayasari I B, Marhendra A P W, Rahayu S, et al., 2015. Gonadosomatic index (GSI), hepatosomatic index (HSI) and proportion of oocytes stadia as an indicator of rainbowfish *Melanotaenia boesemani* spawning season. Int. J. Fish. Aquat. Stud, 2: 359-362.

Huhtaniemi I, 2015. A short evolutionary history of FSH-stimulated spermatogenesis. Hormones (Athens), 14: 468-478.

Ikegami K, Yoshimura T, 2016. Comparative analysis reveals the underlying mechanism of vertebrate seasonal reproduction. Gen. Comp. Endocrinol, 227: 64-68.

Imsland A K, Folkvord A, Jónsdóttir Ó D B, et al., 1997. Effects of exposure to extended photoperiods during the first winter on long-term growth and age at first maturity in turbot (*Scophthalmus maximus*). Aquaculture, 159: 125-141.

Imsland A K, Hangstad T A, Jonassen T M, et al., 2019. The use of photoperiods to provide year round spawning in lumpfish *Cyclopterus lumpus*. Comp. Biochem. Physiol. Part A Mol. Integr. Physiol, 228: 62-70.

Ismail M F S, Siraj S S, Daud S K, et al., 2011. Association of annual hormonal profile with gonad maturity of mahseer (*Tor tambroides*) in captivity. Gen. Comp. Endocrinol, 170: 125-130.

Jan M, Jan N, 2017. Studies on the fecundity (F), gonadosomatic index (GSI) and hepatosomatic index (HSI) of *Salmo trutta fario* (Brown trout) at Kokernag trout fish farm, Anantnag, Jammu and Kashmir. Int. J. Fish. Aquat. Stud, 5: 170-173.

Kadmon G, Gordin H, Yaron Z, 1985. Breeding-related growth of captive *Sparus aurata* (Teleosti, Perciformes). Aquaculture, 46: 299-305.

Kamiya T, Kai W, Tasumi S, et al., 2012. A trans-species missense SNP in Amhr2 is associated with sex determination in the tiger pufferfish, *Takifugu rubripes* (fugu). PLoS Genet, 8: e1002798.

Katamachi D, Ishida M, 2013. Stock assessment and evaluation for tiger puffer in the Sea of Japan, the East China Sea and the Seto Inland Sea (fiscal year 2012). In: Marine fisheries stock assessment and evaluation for Japanese waters (fiscal year 2012/2013). Fisheries Agency and Fisheries Research Agency of Japan, Tokyo: 1589-1613.

Kissil G W, Lupatsch I, Elizur A, et al., 2001. Long photoperiod delayed spawning and increased somatic growth in gilthead seabream (*Sparus aurata*). Aquaculture, 200: 363–379.

Kopchick J J, Andry J M, 2000. Growth hormone (GH), GH receptor, and signal transduction. Mol. Genet. Metab, 71: 293-314.

Kuz'mina V V, 2020. Melatonin. Multifunctionality. Fish. J. Evol. Biochem. Physiol, 56: 89-101.

Lee W K, Yang S W, 2002. Relationship between ovarian development and serum levels of gonadal steroid hormones, and induction of oocyte maturation and ovulation in the cultured female Korean spotted sea bass *Lateolabrax maculatus* (Jeom-nong-eo). Aquaculture, 207: 169-183.

Levavi-Sivan B, Bogerd J, Mañanós E L, et al., 2010. Perspectives on fish gonadotropins

and their receptors. Gen. Comp. Endocrinol, 165: 412-437.
Li X, Wei P, Liu S, et al. 2021. Photoperiods affect growth, food intake and physiological metabolism of juvenile European Sea Bass (*Dicentrachus labrax* L.) Aquac Rep.20:100656.
Mayer I, Bornestaf C, Borg B, 1997. Melatonin in non-mammalian vertebrates: physiological role in reproduction?. Comp. Biochem. Physiol. Part A Mol. Integr. Physiol, 118: 515-531.
Meseguer C, Ramos J, Bayarri M J, et al., 2008. Light synchronization of the daily spawning rhythms of gilthead sea bream (*Sparus aurata* L) kept under different photoperiod and after shifting the LD cycle. Chronobiol. Int, 25: 666-679.
Migaud H, Fontaine P, Kestemont P, et al., 2004. Influence of photoperiod on the onset of gonadogenesis in Eurasian perch *Perca fluviatilis*. Aquaculture, 241: 561-574.
Migaud H, Davie A, Taylor J F, 2010. Current knowledge on the photoneuroendocrine regulation of reproduction in temperate fish species. J. Fish Biol, 76: 27-68.
Miyadai T, Kitamura S I, Uwaoku H, et al., 2001. Experimental infection of several fish species with the causative agent of Kuchijirosho (snout ulcer disease) derived from the tiger puffer *Takifugu rubripes*. Dis. Aquat. Org, 47: 193-199.
Mizusawa K, Iigo M, Masuda T, et al., 2000. Photic regulation of arylalkylamine N-acetyltransferaseI mRNA in trout retina. Neuroreport, 11: 3473-3477.
Ramadan M A, Elhalfawy M M, 2019. Reproductive biology of the Yellow-spotted Puffer *Torquigener flavimaculosus* (Osteichthyes: Tetraodontidae) from Gulf of Suez, Egypt. Egypt. J. Aquat. Biol. Fish, 23: 503-511.
Muñoz-Cueto J A, Paullada-Salmerón J A, Aliaga-Guerrero M, et al., 2017. A journey through the gonadotropin-inhibitory hormone system of fish. Front. Endocrinol, 8: 285.
Muñoz-Cueto J A, Zmora N, Paullada-Salmerón J A, et al., 2020. The gonadotropin-releasing hormones: lessons from fish. Gen. Comp. Endocrinol, 291: 113422.
Nagao S, Yamada S, Suganuma M, 1993. Preventive effect for cannibalism of ocellate puffer *Takifugu rubripes* (in Japanese with English abstract). Bull. Aichi. Fish Res. Inst, 1: 49-54.
Nakane Y, Ikegami K, Iigo M, et al., 2013. The saccus vasculosus of fish is a sensor of seasonal changes in day length. Nat. Commun, 4: 1-7.
Nakane Y, Yoshimura T, 2014. Universality and diversity in the signal transduction pathway that regulates seasonal reproduction in vertebrates. Front. Neurosci, 8: 115.
Noche R R, Lu P N, Goldstein-Kral L, et al., 2011. Circadian rhythms in the pineal organ persist in zebrafish larvae that lack ventral brain. BMC Neurosci, 12: 1-13.
Nogami H, Hiraoka Y, Matsubara M, et al., 2002. A composite hormone response element regulates transcription of the rat GHRH receptor gene. Endocrinology, 143: 1318-1326.
Ohgami H, Suzuki Y, 1982. The Influence of rearing condition on survival and cannibalism on fingerlings of tiger puffer (*Takifugu rubripes* T.et S.). Bull. Shizuoka Pref. Fish Exp. Stat, 16: 79-85.
Ohta T, Miyake H, Miura C, et al., 2007. Follicle-stimulating hormone induces spermatogenesis

Olias G, Viollet C, Kusserow H, et al., 2004. Regulation and function of somatostatin receptors. J. Neurochem, 89: 1057-1091.

Onuma T, Higa M, Ando H, et al., 2005. Elevation of gene expression for salmon gonadotropin-releasing hormone in discrete brain loci of prespawning chum salmon during upstream migration. J. Neurobiol, 63: 126-145.

Onuma T A, Makino K, Ando H, et al., 2010. Expression of GnRH genes is elevated in discrete brain loci of chum salmon before initiation of homing behavior and during spawning migration. Gen. Comp. Endocrinol, 168: 356-368.

Orozco A, Valverde C R, Olvera A, et al., 2012. Iodothyronine deiodinases: a functional and evolutionary perspective. J. Endocrinol, 215: 207-219.

Oso J A, Idowu E O, Fagbuaro O, et al., 2011. Fecundity, condition factor and gonado-somatic index of *Hepsetus Odoe* (African Pike) in a tropical reservoir, Southwest Nigeria. World. J. Fish. Mar. Sci, 3: 112-116.

Poncin P, Melard C, Philippart J C, 1987. Use of temperature and photoperiod in the control of the reproduction of three European cyprinids: *Barbus Barbus* (L.), *Leuciscus Cephalus* (L.) and *Tinca Tinca* (L.), reared in captivity preliminary results. Bull. Fr. Piscic, 304: 1-12.

Qiu D, Xu S, Song C, et al., 2015. Effects of spectral composition, photoperiod and light intensity on the gonadal development of Atlantic salmon *Salmo salar* in recirculating aquaculture systems (RAS). Chin. J. Oceanol. Limnol, 33: 45-56.

Rad F, Bozaoğlu S, Gözükara S E, et al., 2006. Effects of different long-day photoperiods on somatic growth and gonadal development in Nile tilapia (*Oreochromis niloticus* L.). Aquaculture, 255: 292-300.

Rahman M L, Zahangir M M, Kitahashi T, et al., 2019. Effects of high and low temperature on expression of GnIH, GnIH receptor, GH and PRL genes in the male grass puffer during breeding season. Gen. Comp. Endocrinol, 282: 113200.

Randall C F, Bromage N R, Thorpe J E, et al., 1995. Melatonin rhythms in Atlantic salmon (*Salmo salar*) maintained under natural and out-of-phase photoperiods. Gen. Comp. Endocrinol, 98: 73-86.

Revel F G, Saboureau M, Masson-Pévet M, et al., 2006. Kisspeptin mediates the photoperiodic control of reproduction in hamsters. Curr. Biol, 16: 1730–1735.

Revel F G, Ansel L, Klosen P, et al., 2007. Kisspeptin: a key link to seasonal breeding. Rev. Endocr. Metab. Disord, 8: 57-65.

Revel F G, Saboureau M, Pevet P, et al., 2008. RFamide-related peptide gene is a melatonin-driven photoperiodic gene. Endocrinology, 149: 902-912.

Rodríguez L Zanuy S Carrillo M 2001. Influence of daylength on the age at first maturity and somatic growth in male sea bass (*Dicentrarchus labrax*, L.). Aquaculture, 196: 159-175.

Rotili D A, Fornari D C, Zardo E L, et al., 2021. Sex steroid levels in females and males of *Brycon orbignyanus* throughout different juvenile and adult ages and during induction hormone in the mature females. Aquaculture, 548: 737695.

Sánchez-Vázquez F J, López-Olmeda J F, Vera L M, et al., 2019. Environmental cycles, melatonin, and circadian control of stress response in fish. Front. Endocrinol, 10: 279.

Scaion D, Sébert P, 2008. Glycolytic fluxes in European silver eel, *Anguilla anguilla*: sex differences and temperature sensitivity. Comp. Biochem. Physiol. Part A Mol. Integr. Physiol. 151: 687-690.

Shahjahan M, Hamabata T, Motohashi E, et al., 2010. Differential expression of three types of gonadotropin-releasing hormone genes during the spawning season in grass puffer, *Takifugu niphobles*. Gen. Comp. Endocrinol, 167: 153-163.

Shahjahan M, Doi H, Ando H, 2016. LPXRFamide peptide stimulates growth hormone and prolactin gene expression during the spawning period in the grass puffer, a semi-lunar synchronized spawner. Gen. Comp. Endocrinol, 227: 77-83.

Shahjahan M, Al-Emran M, Islam S M, et al., 2020. Prolonged photoperiod inhibits growth and reproductive functions of rohu *Labeo rohita*. Aquac. Rep, 16: 100272.

Shewmon L N, Godwin J R, Murashige R S, et al., 2007. Environmental manipulation of growth and sexual maturation in yellow perch, *Perca flavescens*. J. World Aquac. Soc, 38: 383-394.

Singh A, Zutshi B, 2020. Photoperiodic effects on somatic growth and gonadal maturation in Mickey Mouse platy, *Xiphophorus maculatus* (Gunther, 1866). Fish Physiol. Biochem, 46: 1483-1495.

Song H, Wang M, Wang Z, et al., 2017. Characterization of kiss2 and kissr2 genes and the regulation of kisspeptin on the HPG axis in *Cynoglossus semilaevis*. Fish Physiol. Biochem, 43: 731-753.

Spanò L, Tyler C R, Van Aerle R, et al., 2004. Effects of atrazine on sex steroid dynamics, plasma vitellogenin concentration and gonad development in adult goldfish (*Carassius auratus*). Aquat. Toxicol, 66: 369-379.

Suzuki N, Okada K, Kamiya N, 1995. Organogenesis and behavioral changes during development of laboratory-reared tiger puffer, *Takifugu rubripes*. Aquac. Sci, 43: 461-474.

Swanson P, Dickey J T, Campbell B, 2003. Biochemistry and physiology of fish gonadotropins. Fish Physiol. Biochem, 28: 53-59.

Swapna I, Rajasekhar M, Supriya A, et al., 2006. Thiourea-induced thyroid hormone depletion impairs testicular recrudescence in the air-breathing catfish, *Clarias gariepinus*. Comp. Biochem. Physiol. Part A Mol. Integr. Physiol, 144: 1-10.

Tagawa M, Ito M, 1996. Migration of ocellate puffer, *Takifugu rubripes*, based on tagging experiments in the East China Sea and the Yellow Sea. Bull. Seikai Nati. Fish. Res. Inst, 74: 73-83.

Tao N P, Wang L Y, Gong X, et al., 2012. Comparison of nutritional composition of farmed pufferfish muscles among *Fugu obscurus*, *Fugu flavidus* and *Fugu rubripes*. J. Food. Compos. Anal, 28: 40-45.

Tsutsui K, 2009. A new key neurohormone controlling reproduction, gonadotropin-inhibitory hormone (GnIH): Biosynthesis, mode of action and functional significance. Prog. Neurobiol, 88: 76-88.

Tuckey L M, Smith T I, 2001. Effects of photoperiod and substrate on larval development and substrate preference of juvenile southern flounder, *Paralichthys lethostigma*. J. Appl. Aquac, 11: 1-20.

Ubuka T, Son Y L, Tsutsui K, 2016. Molecular, cellular, morphological, physiological and behavioral aspects of gonadotropin-inhibitory hormone. Gen. Comp. Endocrinol, 227: 27-50.

Veras G C, Murgas L D S, Rosa P V, et al., 2013. Effect of photoperiod on locomotor activity, growth, feed efficiency and gonadal development of Nile tilapia. Rev. Bras. de Zootec, 42: 844-849.

Wang Q L, Zhang H T, Ren Y Q, et al., 2016. Comparison of growth parameters of tiger puffer Takifugu rubripes from two culture systems in China. Aquaculture, 453: 49-53.

Wang X Y, Wang X, Li H X, et al., 2021. Effect of Winter Feeding Frequency on Growth Performance, Biochemical Blood Parameters, Oxidative Stress, and Appetite-Related Genes in *Takifugu Rubripes*. Research Square. Fish Physiol. Biochem.

Watanabe M, Yasuo S, Watanabe T, et al., 2004. Photoperiodic regulation of type 2 deiodinase gene in Djungarian hamster: possible homologies between avian and mammalian photoperiodic regulation of reproduction. Endocrinology, 145: 1546-1549.

Yamanoue Y, Miya M, Matsuura K, et al., 2009. Explosive speciation of *Takifugu*: another use of fugu as a model system for evolutionary biology. Mol. Biol. Evol, 26: 623-629.

Yan H, Shen X, Cui X, et al., 2018. Identification of genes involved in gonadal sex differentiation and the dimorphic expression pattern in *Takifugu rubripes* gonad at the early stage of sex differentiation. Fish Physiol. Biochem, 44: 1275-1290.

Yaron Z, Levavi-Sivan B, 2011. Endocrine regulation of fish reproduction. Encyclopedia of fish physiology: from genome to environment. Elsevier Inc.

Yasuo S, Nakao N, Ohkura S, et al., 2006. Long-day suppressed expression of type 2 deiodinase gene in the mediobasal hypothalamus of the Saanen goat, a short-day breeder: Implication for seasonal window of thyroid hormone action on reproductive neuroendocrine. Endocrinology, 147: 432-440.

Yasuo S, Yoshimura T, Ebihara S, et al., 2007. Temporal dynamics of type 2 deiodinase expression after melatonin injections in Syrian hamsters. Endocrinology, 148: 4385-4392.

Jia Y, Jing Q, Zhai J, et al., 2019. Alternations in oxidative stress, apoptosis, and innate-immune gene expression at mRNA levels in subadult tiger puffer (*Takifugu rubripes*) under two different rearing systems. Fish Shellfish Immunol, 92: 756-764.

Yuan Z, Shen X, Yan H, et al., 2021. Effects of the thyroid endocrine system on gonadal sex ratios and sex-related gene expression in the pufferfish *Takifugu rubripes*. Front. Endocrinol, 12: 674954.

Zahangir M M, Matsubara H, Ogiso S, et al., 2021. Expression dynamics of the genes for the hypothalamo-pituitary-gonadal axis in tiger puffer (*Takifugu rubripes*) at different reproductive stages. Gen. Comp. Endocrinol, 301: 113660.

Zutshi B, Singh A, 2017. Interrelationship of photoperiod and feed utilization on growth and reproductive performance in the Red eyed orange molly (*Poecilia sphenops*). BioRxiv, 209346.

Zhdanova I V, Reebs S G, 2006. Circadian rhythms in fish. Fish Physiol, 24: 197-238.

Zhu D, Yang K, Gul Y, et al., 2014. Effect of photoperiod on growth and gonadal development of juvenile Topmouth Gudgeon *Pseudorasbora parva*. Environ. Biol. Fishes, 97: 147-156.

Zohar Y, Muñoz-Cueto J A, Elizur A, et al., 2010. Neuroendocrinology of reproduction in teleost fish. Gen. Comp. Endocrinol, 165: 438-455.

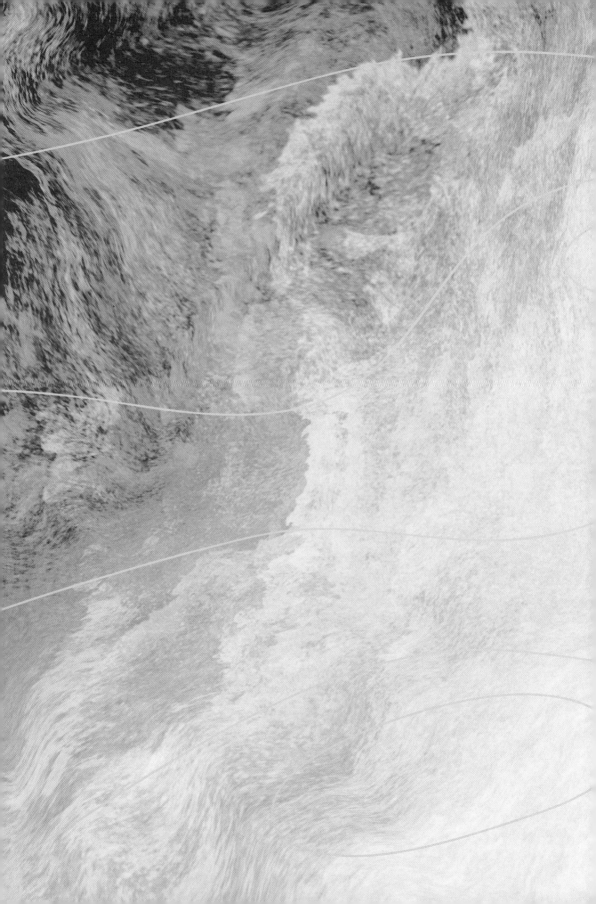

6

光周期对循环水养殖大西洋鲑生长发育的影响作用及机制研究

6.1 大西洋鲑生长及中国养殖状况

大西洋鲑（Salmo salar）属于鲑科（Salmonidae），鳟属（Salmo），原始栖息地位于北大西洋两侧海岸及近海河流中，分陆封型和洄游型两种。大西洋鲑鱼体成梭形，属于冷水性游泳型鱼类，适宜生长温度为 6～16℃，最适宜生长温度范围为 12～15℃。大西洋鲑肉质鲜嫩、颜色鲜艳，口感爽滑，是一种高蛋白质、低热量的健康食品，含有多种维生素以及钙、铁、锌、镁、磷等矿物质，并且大西洋鲑中ω-3 不饱和脂肪酸（EPA，DHA）的含量很高，具有很高的经济价值。目前，大西洋鲑已经成为世界性的养殖鱼类，在国内外市场有广泛的需求。鉴于其优良的品质和良好的市场前景，大西洋鲑作为一个极具推广价值的养殖品种于近年被引入我国。但是大西洋鲑属于冷水性鱼类，我国北方沿海地区夏季水温较高，不适宜开展大西洋鲑海域网箱养殖。工业化的循环水养殖（recirculating aquaculture system，RAS）具有节水、环保、高产、不受地域和气候限制等特点，能够为养殖动物提供稳定可控的适宜生长环境。目前工业化循环水养殖大西洋鲑在国内外尚处于起步阶段，同时也存在许多亟待解决的问题。其中，在实际生产中发现，循环水系统中大西洋鲑性早熟的比例(25%～30%)要远远高于国外网箱养殖中大西洋鲑性腺发育的比例（10%～15%）。在最近的一次调查过程中研究人员发现循环水养殖系统中雄性大西洋鲑性腺早熟的比例达 30%左右，雌性大西洋鲑性腺发育的比例也高达 25%以上。性腺的过早发育对大西洋鲑的生长效率及肉质均会产生非常不利的影响。因为在性腺发育过程中大西洋鲑会将能量从生长转移到繁殖过程上，从而出现性腺质量增加、排卵等现象（Schulz，等 2006）。同时性腺的过快发育会使大西洋鲑肉色品质下降非常严重。因此，对于大西洋鲑生长发育的研究对养殖生产具有重要的意义，而对环境因子调控海水鱼类生长发育机制的研究是发展控制海水鱼类生长发育手段的前提条件。

6.2 光周期影响鱼类性腺发育的研究现状

温带地区硬骨鱼类的繁育过程会随着季节的变化相应呈现周期性的规律,这样可以保证鱼类在最适宜的环境和营养供应条件下繁育后代,从而保证后代的顺利延续。研究认为,影响动物季节性繁殖的因素有光周期、温度及食物供应等(Lincoln 和 Short,1980),而其中光周期是最重要的影响因素(Dawson,等,2001)。揭示季节性繁殖的遗传基础和分子调控机制有助于了解这一生物节律的深层原因,甚至为通过分子育种方法调控动物的生殖周期,增加季节性繁殖珍稀动物数量提供可能。

光周期对脊椎动物的作用机制在哺乳动物及鸟类的研究中较多,而在鱼类上的研究尚处于起步阶段。在哺乳动物中,光周期通过一系列由视网膜、视交叉上核(the suprachiasmatic nucleus,SCN,生物节律主要在此位置形成)、松果体(在夜间释放褪黑激素)组成的神经内分泌调节系统对生长发育进行调控(Migaud 等 2010)。因此,动物体内的褪黑激素的分泌就会受到由光周期信号产生的生物节律的调控(Chowdhury,等,2008)。近年来,随着对海洋生物研究的逐步深入,光周期对鱼类生长发育的调控也得到了越来越多的重视。

在哺乳动物中生物节律机制主要由眼-脑-松果体复合形成。另外,有研究发现,在脑的深部组织也可能存在一个非视觉的光感受器(Foster 等,2002;Fu,等 2005)。在这种光感受系统中,位于眼部的视网膜接收到光信号并将其转至位于脑中 SCN(此位置存在大量的生物节律相关基因),SCN 接收到光信号之后,便启动节律相关基因及周围的信号振荡器(oscillator),从而调控松果体内褪黑激素的合成和分泌(Fukada 等,2002;Schomerus 等,2005;Taghert,2001)。

与哺乳动物不同,很多研究表明,绝大部分鱼类的松果体都具有直接的光敏性(Gern,等 1992;Migaud 等,2006;Zachmann 等 1992)。目前,在鱼类中调节褪黑激素的合成和分泌节律可能存在两种方式:①在鲑科鱼类中,大部分鱼的松果体可以直接感受光信号,而且不存在生物节律的启动活动,即在黑暗条件下不存在褪黑激素的分泌节律,但在黑暗-光照转变的环境下会产生一个由光环境胁迫的褪黑激素分泌节律；②在非鲑科鱼类中，在这些鱼类的松果体中存在一套生物节律的启动系统，即不论是在光照-黑暗转变环境下，还是在完全黑暗的环境下，褪黑激素的分泌都存在一定的节律性。但是这两种模式仅仅是在基于松果体的研究下得出的，但是鱼类是否还存在其他一些潜在的信号通路还需要进一步的研究。

光周期调控生殖内分泌的相关作用因子

（1）褪黑激素（melatonin）

鱼类的光感受细胞感受到光的变化后，可以产生两种类型的信号传递给机体，即神经信号和内分泌信号。神经信号是一种位于视网膜和松果体的神经递质，通过神经突触传递光信号（Falcón，等，2007）。而光感受信号产生的内分泌信号就是褪黑激素。研究表明：松果体内产生的褪黑激素是血液和脑脊液中褪黑激素的主要来源（Falcón 等，2007）。褪黑激素是一种脂溶性分子，很容易穿过细胞，因此不能在松果体中储存，基于此血液或脑脊液中褪黑激素的变化就可以用来说明松果体中褪黑激素合成的变化状况（Falcon 等，1989）。同时，研究发现，血液中褪黑激素的变化水平，与季节的变化及光照时间的长短相关（Boeuf 等，1999；Bromage 等，2001a）。

大量的研究已经表明，光周期能够影响鱼类的生殖发育，而褪黑激素是光周期变化产生的最重要的一种激素，由此可见，褪黑激素参与了光周期调控鱼类生长发育的过程（Bromage 等，2001b）。但是，随着在不同种类的海水鱼中研究的不断开展，褪黑激素在生殖发育过程中的作用非但没有越来越清晰，反而更加的扑朔迷离。如：如果在夏至切除雌性虹鳟鱼的松果体，会延迟其排卵。这说明，松果体是性腺成熟过程中必需的器官。但如果将切除松果体的虹鳟置于逐渐缩短的光周期下，相对于没有光周期处理的鱼，却可以加速性腺成熟。这说明，在鱼类体内除了松果体产生褪黑激素外，可能还存在其他的调控途径（Randall 等，1998；Randall 等，1995）。为了更直接地证明褪黑激素在生长发育中的作用，许多研究者通过直接投喂或是注射褪黑激素的方法来研究褪黑激素对生长发育的作用。对成熟的细须石首鱼腹腔注射褪黑激素能够显著提高血清促性腺激素 GTH 的水平（Khan 等，1996）。培育发育期的垂体细胞，在添加低浓度的褪黑激素之后，能够促进垂体细胞在体外释放 LH。通过对雄性马苏三文鱼（*Oncorhynchus masou*）口服褪黑激素发现，褪黑激素能够促进垂体 FSH 的表达和分泌（Bornestaf 等 2001）。但是如果将口服褪黑激素的量增加一倍，却能够抑制鲑鱼垂体释放 GnRH 及 LH。这说明：褪黑激素能够作用于脑-垂体-性腺（BPG）轴，但这种作用是剂量依赖的，低剂量的褪黑激素能够对 BPG 轴起到促进作用，反之，高剂量的褪黑激素则起到抑制作用（Amano 等，2004；Amano 等，2000）。

近年来，随着研究的深入，褪黑激素对 BPG 轴的作用通路更是引起了越来越多的关注。Sébert 等发现褪黑激素是通过多巴胺途径作用于机体的，他们发现，饲喂欧洲鳗鲡褪黑激素能够增加多巴胺限速酶——酪氨酸羟化酶的表达（Sébert et al., 2008）。随后，又有研究发现褪黑激素刺激产生多巴胺后能够通过 RFRP 通路来抑制脑中 GnRH 和吻素蛋白的表达（Smith 等，2008）。同时，Chattoraj 等发现褪黑激素对卡特拉鱼（*Catla catla*）卵母细胞的成熟的调控起到重要作用（Chattoraj 等，2005；Chattoraj 等，2008）。这说明，褪黑激素可能对鱼类卵母细胞的成熟起作用，这种作用可能是为了保证鱼类的排卵与环境的变化同步，褪黑激素可能起到了启动卵母细胞成熟的作用。

（2）时钟蛋白（clock protein）

目前，在鱼类中关于时钟蛋白的研究仅仅处在起步初始阶段，因为目前还不能证明所有的鱼类均具有内生性的节律。在一些鱼类中，已经证明内在的繁殖节律与外界环境的变化一致（Carrillo 等，1995；Duston 等，1988；Norberg 等，2004；Randall 等，1998）。而越来越多的证据表明，光周期是驱动鱼类内生节律形成的关键因素，即光周期是一个关键的授时因子（zeitgeber）（Bromage 等，2001b）。关于时钟蛋白与光周期及生长发育之间的关系在哺乳动物、无脊椎动物及真菌中的研究较深入（Kreitzman 和 Foster，2011），而在鱼类中，时钟蛋白如何与生长发育相关联？还一直是一个未知数。O'Malley 等发现 Chinook salmon（*Oncorhynchus tshawytscha*）时钟蛋白突变与生物节律相关（O'Malley 等，2007）。Aubin-Horth 等通过微矩阵分析了早熟和未成熟大西洋鲑基因表达差异，发现时钟蛋白基因参与了性成熟的过程（Aubin-Horth 等，2005）。但是作者并没有说明时钟蛋白是如何与生殖轴作用的。另外有研究表明，时钟蛋白基因在短光周期作用下具有周期性（Davie 等，2009）。但是，到目前为止时钟蛋白在鱼类中的作用及通路还需要进一步的研究。现在唯一能够确定的就是，在鱼类中存在时钟蛋白基因，并且时钟蛋白基因可能参与了生长发育的调控（Campbell 等，2006）。

（3）吻素蛋白（kisspeptin）

肿瘤转移抑制因子 kisspeptin 又称亲吻素或是吻素，其前身为 Metastin，是由 kiss 基因所编码的多肽产物，是一种神经内分泌多肽激素。该激素最早是由 Lee 等人于 1996 年在乳腺癌细胞和黑色素瘤细胞中发现的（Lee 等，1996）。随后，G 蛋白偶联受体-54（G protein-coupled receptor-54，GPR54）的基因相继在大鼠和人类中被确认，并且确定了 kisspeptin 是 GPR54 受体的天然配体。但是该激素在脊椎动物生殖活动中的作用直到 2003 年才被发现。研究发现，kisspeptin 受体 GPR54 突变导致小鼠丧失生殖功能，并且出现由促性腺激素分泌减少引起的性功能减退症状。同时发现，敲除 kiss 或是 GPR54 均能对小鼠的下丘脑-垂体-性腺轴（HPG 轴）的功能造成影响，从而确定了 kisspeptin/GPR54 信号系统在脊椎动物生殖中的重要作用（Funes 等 2003；Seminara 等 2003）。随后，kisspeptin/GPR54 信号系统成为脊椎动物生殖内分泌研究的热点。但是结合现有资料，对于 kisspeptin 的研究才刚显雏形，有待进一步的深入研究，尤其是在鱼类中相关的研究就更显匮乏。

在哺乳动物中已有证据表明 kiss/GPR54 信号系统在生殖活动中具有重要作用，并且介导中枢神经系统对环境因子的响应（Gottsch 等 2004；Messager 等 2005）。在鱼类中，关于 GnRH 及其对于光和温度等环境因子响应的研究已有多年积累，但是对环境因子对于鱼类生殖发育的作用机制了解较少。Kisspeptin/GPR54 系统的发现为人们理解生殖内分泌活动提供了新的思路，成为生殖内分泌研究的热点。Parhar 等首先在罗非鱼中报道了 *GPR54* 基因与 GnRH 神经元的共表达，并且证实了 GPR54 与 GnRH 系统之间的重要关系，为 kisspeptin/GPR54 信号系统参与鱼类生殖调控及其与促性腺激素释放激素间的关系提供了直接证据（Parhar 等，2004）。Van Aerle 等首先在斑马鱼（*Danio rerio*)、红鳍东方鲀（*Takifugu rubripes*）、青鳉（*Oryzias latipes*）中确认了 kiss1 基因及其表达产物（Van Aerle 等，2008）。

Kisspeptin/GPR54 神经元在脊椎动物中主要表达在下丘脑不同的核区以及其他的脑区，并且因物种的不同，表达的具体部位、调控和功能也各异。目前，大多数的研究主要集中在 *kiss* 基因及 *GPR54* 基因在脑和性腺中的表达与分布。另外，在其他的组织器官中也检测到了 *kiss* 或其受体 *GPR54* 的低水平表达，如心脏、肾、肝和眼睛等（Martinez-Chavez 等，2008；Mohamed 等，2007；Nocillado 等，2007）。在斑马鱼中研究发现存在两种形式的 *GPR54* 基因，一种主要在脑和性腺中表达，而另一种在其他组织中也有表达（Biran 等，2008）。在脑中，通过原位杂交显示，在青鳉的下丘脑中至少存在两部分表达 *kiss1* 基因的神经元群，分别位于腹侧结节核（nucleus ventralis tuberis，NVT）和下丘脑后室周核（nucleus posterioris periventricularis；NPPv）中，并且发现 NVT 中的 kiss 神经元具有性别二态性，即繁殖期雌鱼 kiss1 神经元的数量要高于雄鱼，而 NPPv 中神经元群数量不具有性别二态性（Kanda 等，2008）。

已有资料显示 kisspeptin 的功能可能涵盖了生殖生理的各个方面，包括调控青春期的定时启动、类固醇激素的负反馈调控、生殖代谢调控、环境因子介导（尤其是光周期对生殖功能的调控）等。Parhar 于 2004 年首次提出 kisspeptin/GPR54 信号系统参与鱼类生殖调控（Parhar 等，2004）。Carrillo 等发现欧洲海鲈的青春期启动与 kisspeptin 系统相关，并且认为 kisspeptin 系统、GnRH、FSH、睾酮和 leptin 是青春期启动的潜在因子（Carrillo 等，2009）。Beck 等认为外源性的 kisspeptin 能够不同程度加快鲈鱼（*Morone chrysops*）青春期的启动及发育（Beck 等，2012）。另外，Zmora 等也在条纹鲈中发现 *kiss* 基因在青春期前后表达存在差异（Zmora 等，2012）。在脊椎动物中 kisspeptin 被认为在青春期启动中起主要作用，但是 kisspeptin 在鱼类中的功能以及与其他激素之间的关系目前尚不明确。并且 kisspeptin/GPR54 信号系统对鱼类青春期启动及发育存在多重复杂的调控机制，在整个青春期过渡期，涉及下丘脑 kisspeptin 节律、kisspeptin/GPR54 传导效率及 kiss 神经元的变化等。但是目前 kisspeptin/GPR54 系统在鱼类青春期启动中的作用节点和机制尚不清楚，需进一步研究。

在脊椎动物的生殖活动中，下丘脑促性腺激素释放激素的分泌往往会受到性类固醇激素的反馈调节，而越来越多的研究表明 kisspeptin 神经元在调控下丘脑-垂体-性腺轴上游的 GnRH 神经元中起重要作用。甚至有学者认为 kisspeptin 是生殖内分泌中寻找多年的 HPG 轴性类固醇激素正负反馈环节中缺失的一环（missing link）（Gottsch 等，2009）。Oka 等研究发现，将青鳉的卵巢切除后，NVT 中的 kiss1 神经元数量明显减少，用雌二醇处理后则可以逆转此现象，这说明 kiss1 神经元参与了 BPG 轴中性类固醇激素的正反馈调节（Oka，2009）。斑马鱼幼鱼经雌二醇处理后，下丘脑 kiss2 神经元数量增多且 kiss1 mRNA 表达量增加（Servili 等，2011）。另外，使用 17α-甲基睾酮对赤点石斑鱼进行诱导性逆转期间，处理后一周 kiss2 表达量降低，但是处理四周后表达量又显著升高，并且与下丘脑 GnRH 的变化同步（Shi 等，2010）。同时，在斑马鱼和青鳉中，对雌二醇敏感的 kiss 基因神经元群在脑中都有着相同的定位。这都说明，kisspeptin/GPR54 系统参与了鱼类性类固醇激素的反馈调控。

随着对 kisspeptin/GPR54 信号通路的深入研究，越来越多的证据显示，kisspeptin/GPR54 系统参与了鱼类季节性繁殖的调控作用。如 Selvaraj 等发现日本鲭脑中的 kiss 基因参与了季节性性腺发育的调控（Selvaraj 等，2010b）。Migaud 等证明欧洲海鲈中 kiss 基因的表达具有季节性，并且与 FSH、LH 的变化同步（Migaud 等，2012）。Kanda 等也发现在金鱼中 kiss 基因的表达在繁殖季节要显著高于非繁殖季节（Kanda 等，2012）。但是，对于季节性，尤其是光周期对鱼类 kisspeptin/GPR54 的研究还仅仅处于起步阶段，还需要进一步的深入研究。

另外，Biran 等通过对斑马鱼的研究发现，孵化后第一周斑马鱼 kisspeptin 的表达量很低，随着性腺的发育 kisspeptin 的表达量逐渐增高，这表明 kisspeptin 与斑马鱼性腺发育成熟密切相关（Biran 等，2008）。Clarkson 等也认为 kisspeptin/GPR54 信号传递对于排卵前的 GnRH 神经元的激活以及 LH 分泌的高峰是不可或缺的（Clarkson 等，2008）。Selvaraj 等也在日本鲭中发现 kiss 基因的表达量在卵黄发生晚期很低，但是胚泡迁移期（GVM）期显著升高。推测雌性鲭鱼中 kisspeptin 和 GnRH 参与卵巢的形成（final ovarian maturation, FOM）和排卵的调控（Selvaraj 等，2010a）。Mechaly 等研究了塞内加尔鳎在生殖周期中 kisspeptin 相关基因表达的变化，发现 kisspeptin 及其受体的表达存在时空和性别差异，并且 kiss1 是雄鱼性腺发育启动的调控因子，而 kiss2 是雌鱼卵巢成熟的调控因子,其受体基因在产卵季节前达到最高(Mechaly 等,2009)。Beck 等发现外源 kisspeptin 处理性成熟的白鲈(*Morone chrysops*)可增加性腺质量和性腺指数,并且能使白鲈的卵细胞发育提前。研究表明,kisspeptin 可以通过 kisspeptin/GPR54 信号通路激活 GnRH 神经元从而调控 GnRH 的合成和释放(Gottsch 等,2004;Messager 等,2005)。低剂量的 kisspeptin 便可显著促进 LH 的分泌,同时该促进作用可以通过 GnRH 拮抗物处理而消除,从而证实 kisspeptin 通过调控 GnRH 神经元调控生殖轴(Irwig 等,2005;Navarro 等,2004)。另外 kisspeptin 可显著促进发育中、早期黑头呆鱼脑中 *GnRH3* 基因的表达。因此,有研究者认为 kisspeptin 是促性腺激素分泌的主要调控因子(Tena-Sempere 等,2012)。

最近,有研究表明:kisspeptin 作为光周期介导因子与褪黑激素(melatonin)共同作用对鱼类生殖进行协同调控,光周期对生殖的调控涉及 kisspeptin 的直接和间接作用,并且 kisspeptin 是褪黑激素作用的介导因子(Tena-Sempere 等,2012)。另有研究表明弓状核 *kiss* 基因的表达受到褪黑激素的调控,kisspeptin 处理将重新激活光周期抑制动物的生殖活动(Simonneaux 等,2009)。Kanda 等也报道,光周期与青鳉 *kiss* 基因表达间显著相关,表现在长光周期诱导 NVT 中 kiss1 神经元的数量要高于短光周期(Kanda 等,2008)。Carnevali 等在斑马鱼中发现,光周期调控生殖活动通过褪黑激素的夜间释放而实现,而斑马鱼的 kiss 神经元位于缰核,这一位置可能说明 kiss 神经元肩负着环境和代谢信号的感觉职能(Carnevali 等,2006;Escobar 等,2010;Servili 等,2011)。另外,在斑马鱼中褪黑激素能引起脑中 *kiss* 和 *GnRH3* 基因表达量的升高。这些结果显示,褪黑激素可能通过 kisspeptin/GPR54 信号通路刺激下丘脑 GnRH 神经元开启 BPG 轴,从而说明光周期通过褪黑激素调控 kiss 神经元,从而实现对鱼类生殖活动的调控。

(4)瘦素蛋白(leptin)

Leptin 最早是在哺乳动物上发现的与肥胖相关的基因。在哺乳动物中 leptin 是由脂肪细胞产生的,并且作用于下丘脑,调控动物食欲。作用于下丘脑弓状核的 leptin 能够抑制促进食欲的蛋白神经肽 Y(NPY)及 agoutirelated 蛋白的表达(Broberger 等,1998)。而另一种作用则是促进降低食欲的蛋白黑色素皮质激素原蛋白（POMC）的表达（Elias 等，1998）。通过这两种蛋白质及其级联的位于室旁核的促肾上腺皮质激素蛋白（CRF）及促甲状腺激素释放激素（TRH）的共同作用，机体的食欲降低，新陈代谢加速，加速能量过剩时能量的代谢（Morton 等，2006；Schwartz 等，2000）。随着研究的不断深入，随后逐渐发现，leptin 不仅能够调控机体的新陈代谢，而且还参与了细胞免疫（De Rosa 等，2007）、骨骼形成（L. Fu 等，2006）、血管形成（Anagnostoulis 等，2008）及应激反应（Roubos 等，2012）等各个生理活动方面。而在鱼类中，尤其是海水鱼类，关于 leptin 的研究还比较少，但是，介于鱼类在进化中的地位，加强对鱼类 leptin 的研究，对于更深入地理解 leptin 的功能有重要的意义。

由于 leptin 在生物界的高度不保守性，直到在哺乳动物的 leptin 被发现十多年之后，鱼类的 leptin 才被克隆（Huising 等，2006；Kurokawa 等，2005）。随后，在斑马鱼中又发现了另一种 leptin——leptin-b，而之前被发现的则命名为 leptin-a（Gorissen 等，2009）。其中，leptin-a 主要在肝脏中表达（Gorissen 等，2009；Ronnestad 等，2010），而 leptin-b 则主要在卵巢中表达，肝脏中的表达量非常低（Gorissen 等，2009）。这可能是 leptin 功能多样性的原因引起的表达差异。但奇怪的是，虽然存在不同的 leptin，但是目前仅发现一种 leptin 的受体。那是否这两种 leptin 均是通过同一种受体发挥作用，还需要进一步的研究（Prokop 等，2012）。

目前，关于 leptin 在鱼类中的作用研究还主要根据哺乳动物的研究进行。但是，leptin 在鱼类中的作用，并非与哺乳动物中的研究完全一致。在鲤鱼中，虽然在进食之后 leptin-a 的表达量会像哺乳动物那样上升（De Vos 等，1995），但是在长时间进食后，鱼类的 leptin 的表达量却没有变化（Huising 等，2006）。但在 Fine flounder（*Paralichthys adspersus*）及虹鳟中却发现，长时间的禁食能够增加 leptin 的表达（Huising 等，2006；Kling 等，2009）。同样，如果通过腹腔注射或是静脉注射 leptin 或是其同源蛋白也能够起到降低鱼类食欲的作用（Li 等，2010；Londraville 等，2002；Murashita 等，2011；Murashita 等，2008）。随着研究的深入，Chisada 等研究发现，将青鳉下丘脑中的 leptin 受体突变以后，促进食欲的 NPY 和 AGRP 的表达量均上升，而 POMC 的表达量则随之下降。突变之后的青鳉幼鱼及成鱼的摄食量均有所上升。但是只有幼鱼的体重增加，而对成鱼体重的影响不大（Chisada 等，2014）。

鱼类属于冷血动物，水温及溶氧量的变化均会对鱼类的新陈代谢造成影响（van Raaij 等，1996；Zhou 等，2001）。为了保存能量，鱼类除了迁徙到适宜的海区，降低食欲也是鱼类维持能量平衡的一种主要手段（Bernier 等，2005；Bernier 等，2012；Buentello 等，2007）。有研究表明：在低氧的环境下 leptin 的表达量会增加（Chu 等，2010；Kajimura 等，2006）。另外，在斑马鱼中过表达低氧诱导因子（HIF）能够显著增加 leptin-a 的表达。这说明 HIF 能够对 leptin 起到调节作用（Yu 等，2012）。由于不需要维持体温恒定，鱼类即使在食物短缺的状态下也能长时间适应不同的生存环境。而 leptin 可能在这种过程中发挥了重要的作用。

同时，对欧鲈及虹鳟使用高剂量的 leptin 发现，leptin 能够促进垂体 LH 及 FSH 的分泌（Peyon 等，2001；Weil 等，2003）。近年来，通过对西洋鲑的研究发现，成熟的大西洋鲑肝脏 leptin 的表达量会增加（Trombley 等，2013）。这都说明了 leptin 参与了鱼类生殖发育的调控过程。在哺乳动物中的研究表明：leptin 通过其位于脑中的受体的作用能够促进 GnRH 的表达，但是 GnRH 神经元上是否有 leptin 受体基因的存在目前尚有争议（DonatoJr 等，2011；Wójcik-Gładysz 等，2009）。但有研究表明：在弓状核的 kisspeptin 神经元上存在 leptin 受体，这说明，leptin 可能对 kisspeptin 存在调控作用，从而调控生物体生殖发育过程（Louis 等，2011）。但是，随后又有研究发现 kisspeptin 对生殖过程的调控，需要 leptin 的作用（Jose Donato Jr 等，2011）。

近年来，有研究表明，leptin 及其受体的表达可能还会受到光周期的调控。在北极红点鲑中发现，肝脏中 leptin 的表达会在秋季鱼类脂肪降低的时候减少（Frøiland 等，2012）。Trombley 等也发现大西洋鲑肝脏中 leptin 及垂体中 leptin 受体的表达均会受到季节性繁殖的影响（Trombley 等，2013）。但目前关于光周期与 leptin 及其受体之间关系的研究非常有限，还需要进一步的深入研究。

光周期对海水鱼类生长发育的影响是一个非常复杂的过程，涉及众多的神经因子及信号通路，以上所述仅仅是目前研究较多的一些相关因子及蛋白质。随着研究的深入，将会有越来越多的细胞因子被发现参与到此过程中。

6.3 光周期对大西洋鲑生长发育的影响研究

为研究光周期对循环水养殖大西洋鲑生长及性腺发育的影响作用，本研究以山东东方海洋科技股份公司鱼类研究中心的大西洋鲑为研究对象。研究用鱼的体长为（42.52±1.97）cm，体重为（1071.70±155.54）g。研究选用北京生产的汉业牌（Hanye）鲑鳟鱼膨化饲料，其主要营养成分为：粗蛋白质≥42.0%，粗脂肪≥22.5%，粗纤维≤5.0%，粗灰分≤14.0%。

研究采用自行设计的3套循环水养殖实验系统，每套系统3个养殖池，由养殖池、固液分离器、物理过滤池、泡沫分离器、紫外线灭菌装置、生物过滤器等单元组成（图6-1）。养殖池为圆形玻璃钢结构，直径200cm，池高130cm，有效水深为105cm，每个养殖池水体体积为3297L，进水沿池壁侧向射流，以液体流量计计量和控制进水量，通过池中心的排污管进行排水。各处理组的光源均采用白色的COB集成封装LED光源。灯具由中国科学院半导体研究所设计，并由河北保定大正太阳能光电设备有限公司制造。

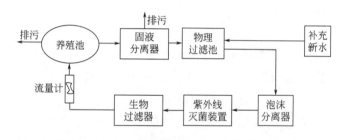

图6-1 循环水养殖流程示意图

研究期间光周期水平的设置如图6-2所示。光强以灯具距水下底部中心位置测定值为准，光谱仪测定的各养殖池底部中心位置处的光强为30~35lux，光周期采用时间控制器来调节。

研究于2013年9月~2014年4月进行。采用单因素随机实验设计，设置6个光周期水平：24L：0D（记24L：0D组）、18L：6D（记18L：6D组）、12L：12D（记12L：12D组）、8L：16D（记8L：16D组）、24L：0D→8L：16D（初始光周期为24L：0D，每日光照时间缩短5min，记LL-SL组）、8L：16D→24L：0D（初始光周期为8L：16D，每日光照时间增加5min，记SL-LL组）（图6-2）。每处理2个平行，每个平行60尾鱼（采用"工"字形标记20尾，未标记40尾，其中标记的鱼中10尾不抽血，测量生长指标，另10尾抽血，测量血浆激素指标）。研究期间，每日于7：30和14：00时间点投喂两次饲料，投饲量以饱食为准。每次投饵时，观察鱼群摄食不活跃即停止投喂。每次投饵40～60min后，将残饵和粪便用布兜收集，计算残饵量，并记录实际摄食量。实验期间，水温保持在(16.27±0.54)℃，盐度24～26，pH7.22±0.04，溶解氧饱和度为100%～120%，TAN<0.20mg/L。新水量根据测定的水质数据进行调整，一般换水量不超过10%。

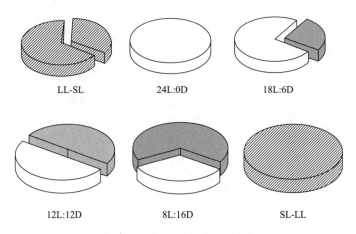

图 6-2　光周期实验设计图示

6.3.1　光周期对循环水养殖大西洋鲑成活率的影响

在整个研究过程中，各光周期组大西洋鲑的成活率（SV）为83.27%～100.00%，除LL-SL组大西洋鲑的成活率仅为83.27%外，其余光周期组大西洋鲑的存活率均在90%以上，各光周期组大西洋鲑成活率的大小顺序依次为12L：12D（100%）>SL-LL（95.83%）>8L：16D（95.45%）>18L：6D（95.11%）>24L：0D（93.68%）>LL-SL（83.27%）。但是，6种光照周期梯度下饲养的大西洋鲑成活率无显著性差异（$P>0.05$）。

6.3.2　光周期对循环水养殖大西洋鲑生长的影响

采用以下公式计算体长特定生长率、肥满度和相对增重：
体长特定生长率：$SGR(\%)=100 \times (\ln BL_2 - \ln BL_1)/(T_2-T_1)$；

肥满度：CF=BW/FL；

相对增重：RWG=100×BW$_2$/BW$_1$

式中，BW$_1$、BW$_2$分别为每尾鱼实验初始体质量和最终体质量，g；T_1、T_2分别为BW$_1$、BW$_2$时所对应时间；BL_1、BL_2分别为每尾鱼实验初始体长和最终体长，cm；FL为每尾鱼叉长，cm。

研究结束时，不同实验组大西洋鲑的平均体重存在显著性的差异。平均体重最高的是24L：0D组(3559.82±596.26)g，平均体重最低的是SL-LL组(2502.00±330.15)g。其他18L：6D、12L：12D、LL-SL和8L：16D组的平均体重分别为：(3324.00±387.95)g，(3112.34±525.50)g，(3060±697.21)g和(2788.92±558.69)g，这四个组的平均体重差异不显著（图6-3）。

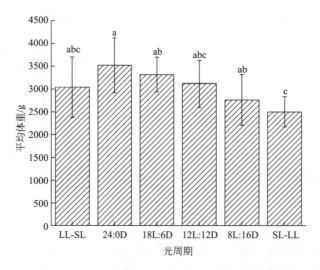

图6-3 不同光周期作用下大西洋鲑的平均体重

不同光周期作用下大西洋鲑的特定生长率SGR也受到影响。在整个实验周期中各个实验组的特定生长率均成W型曲线（图6-4）。截止到实验结束，SGR最高的组是24L：0D（0.5%/d），SGR最低的组是SL-LL组（0.36%/d）显著低于24L：0D组。同时其他各组的SGR差异不显著（图6-5）。但各个实验组的SGR在整个实验过程中也是不停变化的。在实验开始一个月后，所有的长光周期实验组（LL-SL、24L：0D、18L：6D和12L：12D）的SGR均要较短光周期实验组（8L：16D和SL-LL）的SGR要高（图6-6）。到实验进行到两个月时，长光周期组（LL-SL、24L：0D 和 18L：6D）的特定生长率却低于短光周期组（8L：16D 和 SL-LL）和 12L：12D 组（图 6-7）。而到实验进行到三个月时，除了 24L：0D 和 SL-LL 组外，其他各组的 SGR 差异均不显著（图 6-8）。实验进行四个月之后，光周期组（LL-SL，24L：0D，12L：12D 和 8L：16D）的 SGR 又高于其他光周期组（图 6-9）。到实验进行到最后一个月只有 SL：LL 组的 SGR 显著低于其他各组（图 6-10）。而在肥满度方面，实验结果表明：光周期对大西洋鲑肥满度的影响不显著（图 6-11a，图 6-11b）。

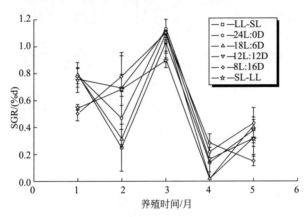

图 6-4　不同光周期下大西洋鲑的特定生长率

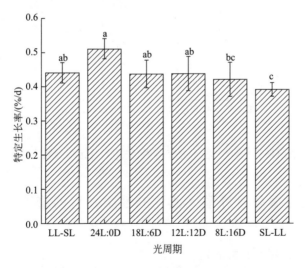

图 6-5　实验结束时各实验组特定生长率

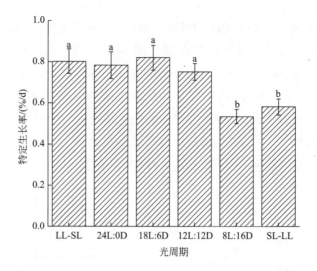

图 6-6　实验进行一个月后各实验组的特定生长率

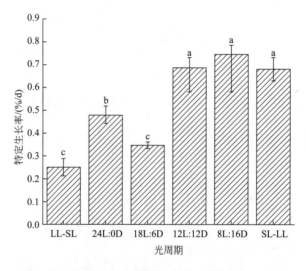

图 6-7　实验进行两个月后各实验组的特定生长率

6.3.3　光周期对循环水养殖大西洋鲑性腺发育的影响

采用如下公式计算性腺指数：

性腺指数：GSI（%）=100×GW/BW

式中，GSI 为性腺指数；GW 为性腺重，g；BW 为体质量，g。

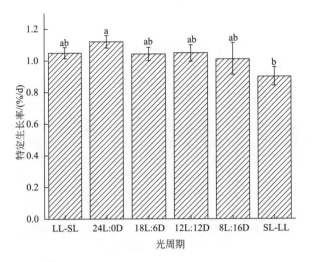

图 6-8 实验进行三个月后各实验组的特定生长率

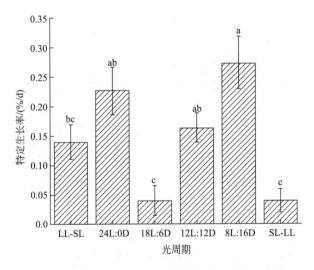

图 6-9 实验进行四个月后各实验组的特定生长率

到实验结束时，对不同处理组性腺发育状态采用组织学进行观察。雄性大西洋鲑性腺发育到Ⅳ或是Ⅴ期比例最高的是 SL-LL 组（85.2%），其次是 24L：0D（55.1%）和 18L：6D 组（46.2%）（图 6-12）。雌性大西洋鲑发育到Ⅳ或是Ⅴ期比例最高的是 SL-LL 组（93%），其次是 24L：0D 组（78.8%）和 LL-SL 组（58.2%）（图 6-13）。

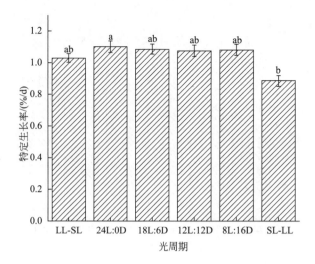

图 6-10 实验最后一个月各实验组的特定生长率

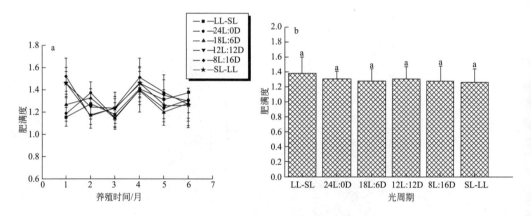

图 6-11 不同光周期下大西洋鲑的肥满度

a：不同月份；b：整个实验过程中

雌性大西洋鲑性腺指数 GSI 最高的组是 LL-SL 组（13.75±3.0%），其次是 24L：0D 组（13.14±2.3%）和 SL-LL 组（6.26±1%）。性腺指数最低的组是 8L：16D 组（0.55±0.3%）和 12L：12D 组（0.53±0.5%）。雄性大西洋鲑 GSI 最高的组同样出现在 LL-SL 组（7.35±0.07%），其次是 24L：0D（4.75±0.05%）和 SL-LL 组（4.35±0.04%）。同时，GSI 最低的组是 12L：12D（0.45±0.06%）和 8L：16D（0.75±0.07%）（图 6-14）。

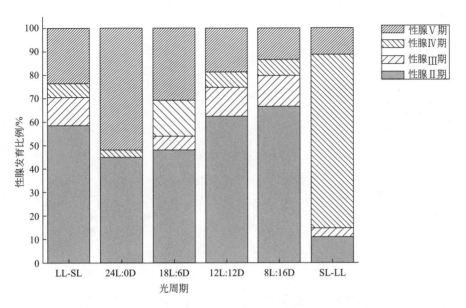

图 6-12 雄性大西洋鲑在不同光周期下性腺发育的比例

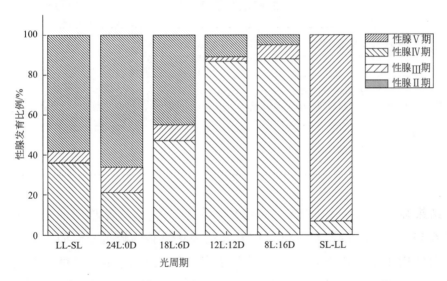

图 6-13 雌性大西洋鲑在不同光周期下性腺发育的比例

另外，每月分别随机取不同光照条件下雌性大西洋鲑性腺组织的总RNA，经反转录后用于RT-PCR检测和荧光定量PCR检测。检测不同光周期作用下雌性大西洋鲑性腺组织促卵泡激素受体（FSH-R）和促黄体素受体（LH-R）在不同光周期下的表达差异。引物如表6-1所示。

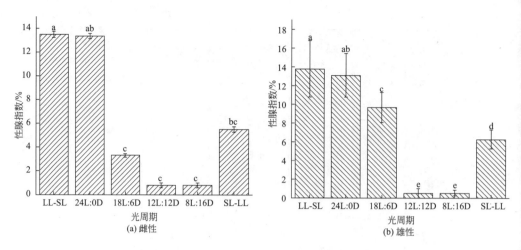

图 6-14 光周期对大西洋鲑性腺指数的影响

表 6-1 用于荧光定量 PCR 的引物

基因	引物序列	产物长度/bp
Lh-R	F：5-CGCCCATCTCGTTCTTCGCTATATCC -3 R：5-GCAATGGCAGAGGGTCCATCATTTGTG -3	306
FSH-R	F：5′-GGGGTAAGCAGCTACAGCAAGGTGAG-3′ R：5′-CAGAGAGGGCGAAGAAGGAAATAGGC -3′	265
β-actin	F：5′-GACGCGACCTCACAGACTACCT -3′	282

　　结果显示各实验组 FSH-R mRNA 在整个性腺发育时期的差异不显著（图 6-15）。同时，长光周期下 FSH-R 的表达量整体较短光周期的要高。

　　而性腺 LH-R 的表达量会随着性腺的发育逐渐增加。当性腺发育到Ⅳ期时，LH-R 表达量最高的组是 24L：0D，最低的是 8L：16D 和 LL-SL 组。而当性腺发育到 V 期时，24L：0D 组的 LH-R 的表达量要显著高于其他组（图 6-16）。

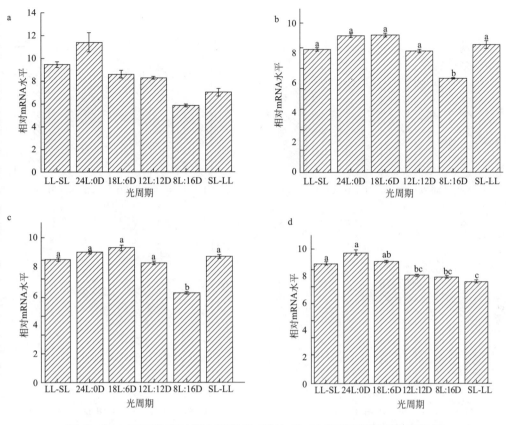

图 6-15 不同发育时期大西洋鲑 FSH-R 在不同光周期下的表达量

a：性腺Ⅱ期；b：性腺Ⅲ期；c：性腺Ⅳ期；d：性腺Ⅴ期

6.3.4 光周期对循环水养殖大西洋鲑褪黑激素的影响

由于褪黑激素跟生理活动的很多方面都具有相关性，为了能够更好研究褪黑激素在不同光周期下与生长发育的关系，研究结束时，于白天和夜间时分别对各处理组未标记6尾鱼的尾柄静脉处采血（约3mL），血样以5000r/min离心10min，分离上层血浆，置−70℃冰箱中保存，以备检测褪黑激素含量。参照 Migaud 等（2007）建立的酶联免疫法检测大西洋鲑血浆中褪黑激素浓度。

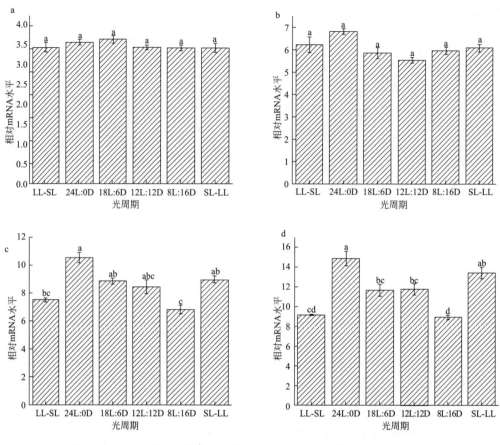

图 6-16 不同发育时期大西洋鲑 LH-R 在不同光周期下的表达量

a：性腺Ⅱ期；b：性腺Ⅲ期；c：性腺Ⅳ期；d：性腺Ⅴ期

分别统计了不同发育阶段下雌性大西洋鲑褪黑激素在不同光周期下的变化差异。结果显示：当性腺处于Ⅱ、Ⅲ期时（GSI=0.31%±0.18%），所有实验组白天血清褪黑激素的平均含量为(26.74±22.81)pg/mL，夜间血清褪黑激素的含量为(395.02±194.17)pg/mL（图 6-17a）。当性腺发育到Ⅳ期时（GSI=11.87%±8.85%），血清中褪黑激素的含量在白天为(65.63±33.56)pg/mL，而在夜间达到了(449.1±202.32)pg/mL（图 6-17b）。当性腺发育到Ⅴ期时（GSI=17.57%±3.01%），血清中褪黑激素的含量却明显下降，白天为(30.05±12.79)pg/mL，夜间为(84.88±15.29)pg/mL（图 6-17c）。

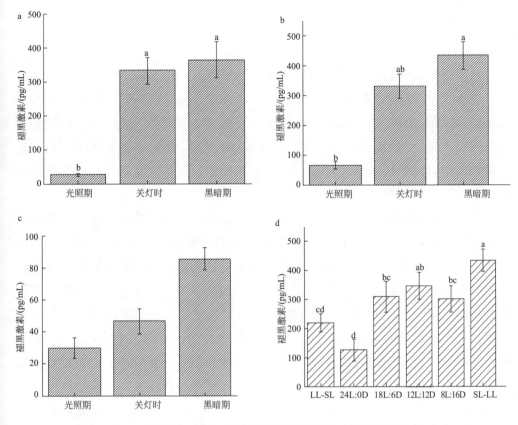

图 6-17 不同发育时期不同光周期下大西洋鲑血清褪黑激素的变化

a：性腺Ⅱ~Ⅲ期时褪黑激素在一天的含量；b：性腺Ⅳ期时褪黑激素在一天内的含量；c：性腺Ⅴ期时褪黑激素在一天的含量；d：性腺发育到Ⅱ期时，不同光周期下褪黑激素的含量差异

因为，褪黑激素的含量在性腺发育早期比较高，接下来我们统计了当雌性大西洋鲑性腺发育到Ⅱ期时，不同光周期下血清褪黑激素含量的差异特征。结果显示，血清褪黑激素含量最低的是24L：0D组(133.25±221.71)pg/mL，其次是 LL-SL 组（215.55±58.75）pg/mL。褪黑激素含量最高的组是 SL-LL 组（424.08±56.07）pg/mL，其次是 12L：12D(301.03±43.35)pg/mL 组（图6-17d）。

6.3.5 小结

环境因子能够影响大西洋鲑的生长和性腺发育（Bjornsson 等，2011；Nilsen 等，2008）。而光周期是调控大西洋鲑性腺发育成熟的最重要的环境因子（Imsland 等，2013；Taranger 等，2010）。但是，目前关于光周期的研究主要是在网箱中进行的。而循环水养殖模式 RAS 为大西洋鲑的养殖提供了一种全新的模式，同时因循环水系统环境较网箱更加稳定，所以也是研究光周期对生物作用的一个良好的工具。

在本研究中发现光周期对大西洋鲑的生长及性腺发育均会产生一定的影响。在长光周期下，尤其是 24L：0D 光周期下大西洋鲑的平均体重及 SGR 都要高于短光周期组（8L：16D 和 SL-LL），这说明长光周期对大西洋鲑的生长具有一定的促进作用。但是 SGR 在不同的实验阶段也具有不同的特征。在实验开始的时候，长光周期组及 12L：12D 组的 SGR，显著高于短光周期组。但是，实验进行两个月后，短光周期组的 SGR 却较长光周期组的高。这可能是因为，此时长光周期作用下性腺已经开始发育，将能量用在了性腺发育上，而短光周期组的大西洋鲑性腺发育较慢，因此用在生长上面的能量较多，引起生长速率较快（Schulz 等，2006）。而实验进行三个月后，所有实验组的 SGR 均较高。而统计发现此时大西洋鲑的摄食率也较高，而摄食率对 SGR 的影响也非常大（Nordgarden 等，2003）。而到试验结束的时候，整体的 SGR 又都显著下降，这可能是因为此时大部分的鱼进入了性腺成熟的时期，大西洋鲑主要的能量转移到了维持性腺成熟上（Kråkenes，1991）。

但是，我们的实验发现，长光周期不仅能够促进大西洋鲑的生长，还能促进其性腺的发育。无论是雄鱼还是雌鱼在长光周期作用下性腺进入Ⅳ期和Ⅴ期的比例均要高于短光周期。而短光周期作用下，大西洋鲑性腺发育的速度也明显慢于长光周期。但是，目前为止，大部分关于光周期对大西洋鲑性腺发育的研究都认为，长光周期能够延缓大西洋鲑的性腺发育（Andersson 等，2013；Pankhurst 和 Porter，2003）。这是因为，鱼类将能量主要用在生长上，从而减缓了性腺发育的速度（Taranger 等，2010）。而在我们的试验中，长光周期不仅能够促进大西洋鲑的生长，还能促进其性腺发育的速度。这可能是两种原因造成的，一个是光周期作用的时机，另一个就是温度。光周期作用的时间对于其发挥功能有着重要的影响（Morkore 和 Rorvik，2001）。光周期对性腺发育的调控作用存在一种"闸门理论"（gating theory），这种理论认为，光周期可以认为是启动性腺发育的一个开关（Bromage 等，2001b）。因此，光周期的作用时间对于大西洋鲑性腺发育的影响也非常重要。有研究表明：在冬季或是早春阶段使用长光周期能够减少鲑科鱼类性成熟的比例（Randall 和 Bromage，1998）。相反，如果在夏至之后使用长光周期则大西洋鲑性腺发育的比例会增加（Duncan 等，1999；Oppedal 等，2006）。因此，我们总结出，如果在大西洋鲑性腺发育起始之前引入长光周期作用，会提前诱导性腺开始发育，但是此时鱼类机体并未做好性腺发育的准备则会导致性腺发育失败，从而延缓性腺的发育。而如果在鱼类性腺发育启动之后再引入长光周期则可以促进性腺的发育。而在此试验中，因为我们选用的鱼较大，性腺可能已经开始发育，所以长光周期促进了大西洋鲑性腺发育。另外，由于循环水系统中水温要较北欧地区的水温高，而较高的水温也加速了大西洋鲑性腺的发育。

最终，基于我们的理论，我们在大西洋鲑实际生产中也采用了分段使用长短光照的策略。在性腺发育启动之前采用长光周期，性腺发育启动后采用短光周期处理。在采用这种光照策略之后，性腺发育的比较从将近40%下降到了20%左右。

6.4 光周期调控大西洋鲑性腺发育的分子机制研究

目前，关于光周期介导动物生殖内分泌的研究在哺乳动物及鸟类中研究较多，而在鱼类中，尤其是海水鱼类还相对较少。在哺乳动物中，研究发现光周期能够影响脊椎动物松果体内褪黑激素的合成和分泌，进而褪黑激素通过作用于下丘脑结节部（PT）kisspeptin 及甲状腺素脱碘酶来影响性腺的发育（Fukada 和 Okano，2002；Taghert，2001）。但是，在海水鱼类的脑中，并不像哺乳动物及鸟类一样存在一个独立的 PT，那么光信号是如何传递到性腺发育上呢？

近年来，kisspetin 及其受体 GPR54（kissr）被发现是调控下丘脑促性腺激素释放激素（GnRH）分泌的一个重要的神经因子。在哺乳动物上已经证明 kisspeptin 或是其受体 GPR54 突变后，会引起动物性腺发育失败（Seminara 等，

2003）。但是，在鱼类中因受制于研究方法的有限性，关于 kisspeptin 及其受体在鱼类中的作用才刚显雏形。已有的研究说明，kisspeptin 及其受体同样能够通过作用于 GnRH 神经元来影响鱼类的生殖发育。那么光周期对生殖发育的影响是不是通过 kisspeptin 及其受体来实现的呢？另外，目前关于 kisspeptin 及其受体对生殖发育的影响也主要集中在青春期，对于性腺发育启动后 kisspeptin 如何作用于生殖轴的研究还相对较少。

6.4.1　GnRH 与 kissr 在脑中的定位分析

首先，本研究使用荧光定量 PCR 检测了大西洋鲑 GnRH 及 kissr 在端脑、间脑、中脑、垂体及血管囊中的分布特征。其次，为了能够更好地分析 GnRH 及 kissr 在脑中的表达部位，将大西洋鲑的间脑及血管囊单独分离出来进行原位杂交。根据已经获得的大西洋鲑下丘脑 kissr、GnRH 基因序列设计探针引物。DIG 及 FITC 标记的反义探针使用罗氏公司的 DIG/FITC-labeling kit 合成，合成方法参照试剂盒说明书。获得的 kissr 及 GnRH cDNA 片段与 pGEM-T 质粒连接。连接结束后，使用 *EcoR* I 单酶切将重组载体切成线性。

取切成线性的重组质粒 1μg 与 2μL 10×NTP labeling mixture，2μL 10×Transcription Buffer，1μL Rnase inhibitor，2μL T7 RNA polymerase 混匀，RNase free water 补至 20μL，37℃孵育 2h，然后加 2μL DNaseI（RNase free）37℃孵育 15min，之后加 2μL 0.2mol/L 的 EDTA 终止反应。合成好的探针用杂交液稀释后−20℃保存备用。

大西洋鲑脑组织用 4%多聚甲醛固定过夜，之后使用梯度甲醇脱水。经石蜡包埋后，进行 5μmol/L 连续切片。切片经 1%HCl 处理后与探针 66℃杂交 18h。杂交之后使用 POD 标记的抗 FITC 抗体（抗体用封闭液按 1∶2000 稀释）4℃孵育过夜。孵育之后，玻片用 PBST 清洗三次，然后与 1∶150 稀释的 TSA-Fluorecein 室温孵育 1h。之后，将玻片与 POD 标记的抗-DIG 抗体（用含 1% H_2O_2 的封闭液 1∶2000 稀释）4℃孵育过夜。PBST 清洗三次，之后与 TSA-Plus Tetramethylrhodamine 室温孵育 1h。双色原位杂交显色使用 tyramide signal amplification TSA™ Plus Fluorescein & Tetramethylrhodamine（TMR），具体操作参照 PerkinElmer 使用说明书。细胞核使用 DAPI 染色，并用尼康 Eclipse 50

荧光显微镜观察结果。

所用引物序列见表 6-2～表 6-4。

表 6-2 用于 kissr 及 GnRH 扩增的引物

引物	序列	退火温度/℃
GnRH	F1: 5′ GTGGTGGTGTTGGCGTTGGTAG 3′	59
	R1: 5′ TAGTGATGCTGAATGTCTGCTTG3′	
kissr	F1: 5′ GGAHCTYCANCANCYCMAMCDCAC 3′	58
	R1: 5′ CATGGYYTAKWTCTCTCWKGVCDTWG3′	
β-actin	F: 5′ GACGCGACCTCACAGACTACCT3′	58
	R: 5′ CGTGGATACCGCAAGACTCCATAC3′	

表 6-3 用于荧光定量 PCR 的引物

基因	引物序列	产物长度/bp
GnRH	F: 5′-CACTGGTCGTATGGCTGGCTAC-3′	245
	R: 5′-TAGTGATGCTGAATGTCTGCTTG-3′	
kissr	F: 5′-GAGGGCTACTGGTATGGACCGAGACA-3′	284
	R: 5′-CCCCAGCAGATGGTGAATAAGAGGAC-3′	
β-actin	F: 5′-ATCCACGAGACCACCTACAACTCC -3′	268
	R: 5′-CGTACTCCTGCTTGCTGATCCAC-3′	

表 6-4 用于原位杂交实验合成探针的引物

基因	序列
GnRH	5′ CAGGTGGTGGTGTTGGCGTTGGTAG 3′
	5′ AAATGTGATGTTTGTTGGAAATGGA 3′
kissr	5′ AGGGCTACTGGTATGGACCGAGACA 3′
	5′ ACTGGAACAGGGCGAAGAGTTGGAT 3′

结果显示，大西洋鲑 GnRH 及 kissr mRNA 主要在间脑中表达，其次血管囊中 GnRH 及 kissr 的含量也较脑其他部位要高（图 6-18）。

下丘脑及血管囊结构如图 6-19 所示。结果显示：无论是 GnRH 还是 kissr 主要在间脑的下丘脑位置表达。而在血管囊中，GnRH 和 kissr 主要在接触脑脊液（CSF-C）细胞中表达（图 6-20）。

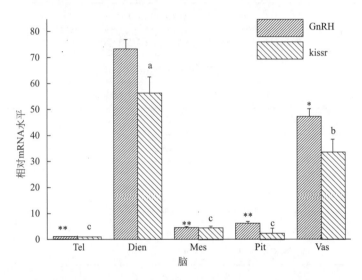

图 6-18 GnRH 及 kissr 在脑中不同部位的表达

Tel：端脑；Dien：间脑；Mes：中脑；Pit：垂体；Vas：血管囊

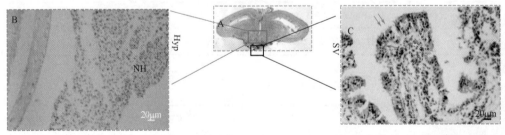

图 6-19 大西洋鲑脑部组织学

A：大西洋鲑的脑部纵切；B：大西洋鲑下丘脑；C：大西洋鲑血管囊；
Hyp：下丘脑；SV：血管囊；NH：神经垂体
绿色箭头表示血管囊角质细胞；红色箭头表示血管囊支持细胞；
黄色箭头表示 CSF-C 细胞

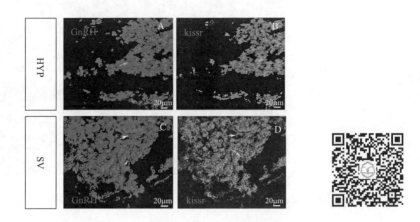

图 6-20 GnRH 与 kissr 在大西洋鲑下丘脑及血管囊中的表达

蓝色箭头表示表达 GnRH 的细胞；白色箭头表示支持细胞；黄色箭头表示 CSF-C 细胞；
HYP：下丘脑；SV：血管囊

6.4.2 kissr 在性腺发育过程中的表达差异

本研究主要关注大西洋鲑性腺发育启动之后 kissr 在性腺发育过程中的作用，因此此研究主要贯穿了大西洋鲑性腺Ⅱ到性成熟的过程。通过荧光定量PCR检测了 kissr 在雌性大西洋鲑卵巢不同发育时期的表达特征。文中列出的数据是各光周期组的平均数据。结果显示，无论是在下丘脑还是血管囊中，kissr 在性腺Ⅱ期和Ⅴ期的表达量较高，而在性腺Ⅲ期和Ⅳ期的表达量较低（图 6-21，图 6-22）。

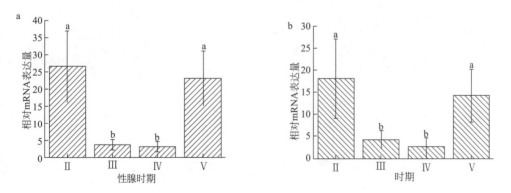

图 6-21 kissr 在大西洋鲑不同发育时期在下丘脑（a）和血管囊（b）中的表达

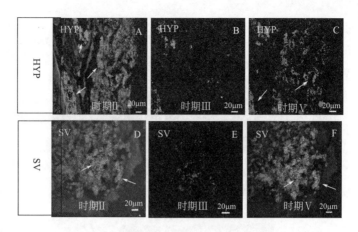

图 6-22 kissr 在大西洋鲑下丘脑及血管囊中的原位杂交分析

HYP：下丘脑；SV：血管囊

6.4.3 GnRH 在不同发育时期的表达特征

结果显示：GnRH 在性腺发育过程中的表达特征并不与 kissr 的表达特征一致，GnRH 在下丘脑及血管囊中均会随着性腺的发育逐渐增加。当性腺发育到 V 期时，GnRH 的表达量要显著高于其他时期（图 6-23）。

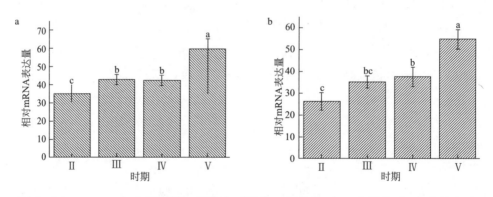

图 6-23 GnRH 在大西洋鲑不同发育时期在下丘脑（a）和血管囊（b）中的表达

6.4.4 kissr 在不同光周期作用下的表达特征

由于 kissr 主要在性腺发育早期和晚期表达，因此本研究主要检测了性腺发育早期及晚期 kissr 在不同光周期下的表达特征。结果显示，无论是下丘脑还是血管囊中的 kissr 均会受到光周期的影响。当性腺发育到 II 期时，kissr 在 24L：0D 作用下的表达量最高，其次是 LL-SL 光周期组（图 6-24，图 6-25），此时，这两个光周期组均为长光周期。在其他光周期组，kissr 的表达量差异不显著。当性腺发育到 V 期的时候，kissr 在 24L：0D 作用下的表达量最高，其次是 SL-LL 光周期组（图 6-26，图 6-27）。SL-LL 组是一个变化光周期组，此时，已由短光周期转变为长光周期。另外，虽然血管囊与下丘脑中 kissr 的表达特征一致，但是血管囊中 kissr 的表达量要较下丘脑中的少。

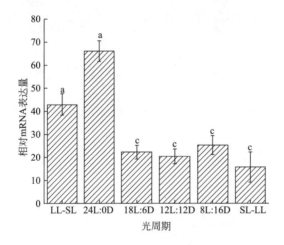

图 6-24　性腺 II 期下丘脑中 kissr 在不同光周期下的表达特征

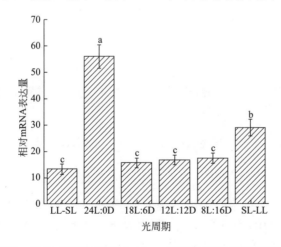

图 6-25　性腺 II 期血管囊中 kissr 在不同光周期下的表达特征

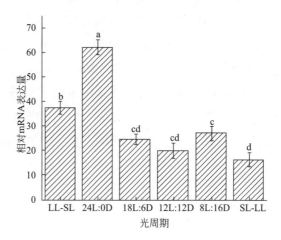

图 6-26 性腺 V 期下丘脑中 kissr 在不同光周期下的表达特征

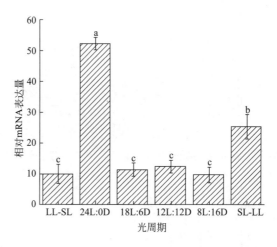

图 6-27 性腺 V 期血管囊中 kissr 在不同光周期下的表达特征

6.4.5 GnRH 在不同光周期作用下的表达特征

结果显示：GnRH 的表达同样会受到光周期的影响，当性腺发育到 II 期时，GnRH 同样在 24L：0D 和 LL-SL 光周期作用下表达量最高，而在 8L：16D 作用下表达量最低（图 6-28，图 6-29）。当性腺发育到 V 期的时候，GnRH 在 24L：

0D 和 SL-LL 光周期作用下的表达量最高（图 6-30，图 6-31）。另外，GnRH 在血管囊中的表达特征与下丘脑类似，但是 GnRH 在下丘脑的表达量要高于血管囊。

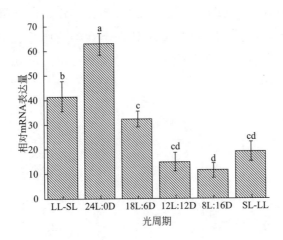

图 6-28 性腺 II 期在下丘脑中 GnRH 在不同光周期下的表达特征

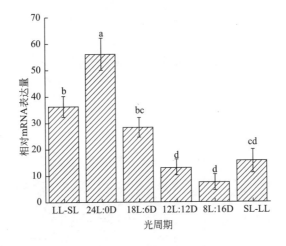

图 6-29 性腺 II 期血管囊中 GnRH 在不同光周期下的表达特征

6.4.6　GnRH 与 kissr 在下丘脑及血管囊的共表达特征

为了能够更好地研究大西洋鲑 GnRH 与 kissr 之间的相互作用，本研究使用双色原位杂交研究了 GnRH 神经元与 kissr 在雌性大西洋鲑下丘脑和血管囊的共表达特征。结果显示：kissr 与 GnRH 在下丘脑及血管囊中均存在共表达关系。尤其是在性腺发育的早期及晚期，在性腺发育中期，我们只发现了 GnRH 的表达（图 6-32，图 6-33）。

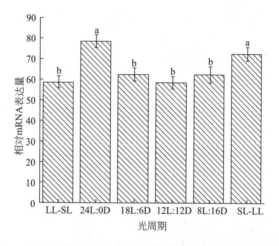

图 6-30　性腺Ⅴ期下丘脑中 GnRH 在不同光周期下的表达特征

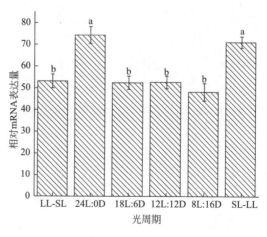

图 6-31　性腺Ⅴ期血管囊中 GnRH 在不同光周期下的表达特征

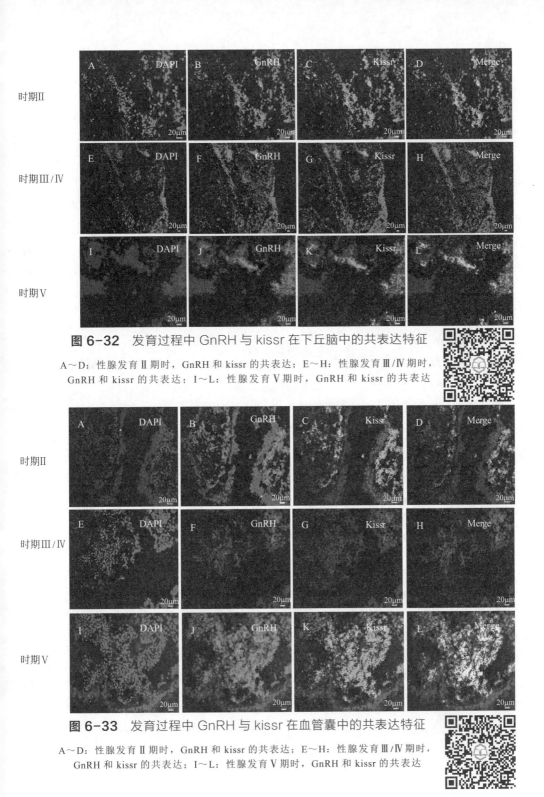

图 6-32 发育过程中 GnRH 与 kissr 在下丘脑中的共表达特征

A～D：性腺发育Ⅱ期时，GnRH 和 kissr 的共表达；E～H：性腺发育Ⅲ/Ⅳ期时，GnRH 和 kissr 的共表达；I～L：性腺发育Ⅴ期时，GnRH 和 kissr 的共表达

图 6-33 发育过程中 GnRH 与 kissr 在血管囊中的共表达特征

A～D：性腺发育Ⅱ期时，GnRH 和 kissr 的共表达；E～H：性腺发育Ⅲ/Ⅳ期时，GnRH 和 kissr 的共表达；I～L：性腺发育Ⅴ期时，GnRH 和 kissr 的共表达

6.4.7 小结

Kisspeptin 近年来被认为是调控生殖内分泌的一个非常重要的神经因子。为了研究 kisspeptin 及其受体在海水鱼类中的功能，本研究首先检测了 GnRH 和 kissr 在雌性大西洋鲑整个发育过程中的表达情况，发现 kissr 并非与预想的一致。Kissr 仅在性腺发育的早期及晚期表达，而在性腺发育的中期几乎不表达。而 GnRH 则几乎在性腺发育的整个时期均有表达，且表达量随着性腺发育逐渐增加。目前，关于 kisspeptin 的研究大部分集中在青春期启动时期，在性腺发育中后期的研究还比较少。只有少量报道称：kisspeptin 在繁殖期能够起到促进排卵的作用（Kanda 等，2012；Zmora 等，2014）。但是，关于 kisspeptin 在性腺发育后期的作用还存在一定的争议，有研究认为 kisspeptin 能够促进鱼类 LH 的分泌（Yang 等，2010），但是，另有研究发现同样剂量的 kisspeptin 并不能促进 LH 的分泌（Li 等，2009）。在本研究中，发现大西洋鲑 kisspeptin 受体 kissr，也仅在性腺发育的早期和末期表达。同时，kissr 的表达还会受到光周期的影响，长光周期能够显著促进大西洋鲑 kissr 的表达。

另外，本研究发现大西洋鲑脑中 GnRH 的表达量也会受到光周期的影响，且在性腺发育的早期及末期 GnRH 的表达量在不同光周期下的表达特征与 kissr 的表达特征一致。这说明：GnRH 可能会通过 kissr 受到 kisspeptin 的调控。为了验证这一假设，本研究通过双色原位杂交对 kissr 和 GnRH 进行了定位分析。结果发现，在 GnRH 神经元上存在大量 kissr。综上，光周期可能能够在性腺发育的早期和末期通过 kisspeptin/kissr 来影响 GnRH 的表达。

血管囊是鱼类下丘脑旁的一个室周器官，尽管血管囊已经被发现几百年，但是血管囊在鱼类中的作用一直没有弄清楚。最近，有研究发现，马苏三文鱼的血管囊中存在大量光周期调控相关神经因子，并且将血管囊去除之后会导致光周期无法调控其性腺发育。这说明，血管囊可能起到了调控鱼类季节性内分泌的作用（Nakane 等，2013；Nakane 等，2014）。在本研究中也发现血管囊中 GnRH 及 kissr 的表达均会受到光周期的影响。且 kissr 及 GnRH 主要在血管囊的 CSF-C 细胞上表达。这说明，CSF-C 细胞可能起到调控大西洋鲑性腺发育的作用。但是，研究发现，无论是 GnRH 还是 kissr 在血管囊中的表达量均要低于下丘脑中的表达量。因此，可以推测，鱼类的生理活性容易受到环境因子的影响，因此血管囊可能对下丘脑的调控功能起到了一个辅助的作用。

6.5 光周期对大西洋鲑生长的影响机制研究

本研究发现，光周期不仅可以影响大西洋鲑的性腺发育，同样，对其生长也有显著的影响。但是目前为止，关于光周期调控鱼类生长机制的研究还比较少。

瘦素蛋白（leptin）是由脂肪细胞分泌的一种能够调节动物食欲、肥胖、摄食及能量代谢的一种蛋白质。研究表明：在鱼类中 leptin 也能起到控制食欲、调节生长的作用（Gorissen 等，2009；Murashita 等，2008）。Leptin 的作用主要是通过其位于下丘脑的 leptin-receptor（LR）发挥作用的。近年来，有研究发现，在一些反刍动物中 leptin 或是其受体的表达是具有节律性的，且这种节律与松果体褪黑激素的变化相关（Klocek-Gorka 等，2010；Zieba 等，2007）。在鱼类中关于 leptin/LR 节律的研究主要是投喂频率对 leptin/LR 的节律影响。但已有证据表明，leptin 或是其受体 LR 是可以受到环境因子影响的（Moen 等，2013；Tinoco 等，2012）。

因此，既然光周期能够影响大西洋鲑的生长，而 leptin/LR 又能够通过调节食欲来影响动物生长，同时，光周期的主要作用部位又位于下丘脑。因此猜测，光周期能否通过影响下丘脑中 leptin 受体的表达来影响大西洋鲑生长呢？

6.5.1 MR 与 LR 在脑中的定位分析

首先通过荧光定量 PCR 检测了 MR 与 LR 在大西洋鲑端脑、间脑、中脑、垂体及血管囊中的表达特征。结果显示，MR 主要在间脑中表达，而 LR 在间脑和血管囊中表达量均较高（图 6-34）。另外，通过原位杂交检测，我们发现 MR 与 LR 在间脑中主要存在于下丘脑中，在血管囊中，LR 同 kissr 一样，同样在 CSF-C 细胞中表达（图 6-35，图 6-36）。

在除脑部的其他组织中，LR 在鳃、肠及卵巢中的表达量也较高，而 MR 则在多种组织器官中均有表达（图 6-37）。

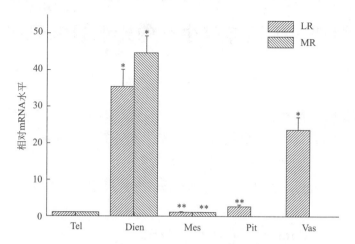

图 6-34 大西洋鲑 MR 与 LR 在脑部不同区域的表达

Tel：端脑；Dien：间脑；Mes：中脑；Pit：垂体；Vas：血管囊

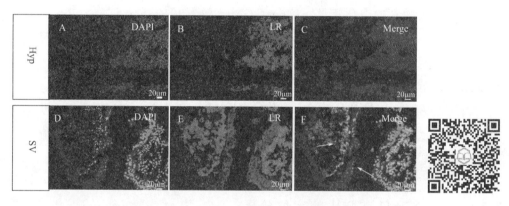

图 6-35 LR 在大西洋鲑下丘脑和血管囊中的表达

绿色箭头表示 CSF-C 细胞；红色箭头表示角质细胞

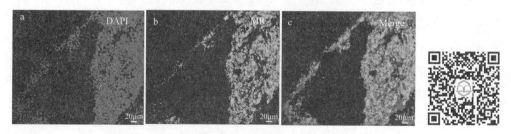

图 6-36 MR 在下丘脑中的表达特征

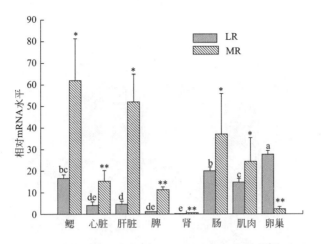

图 6-37　MR 及 LR 在大西洋鲑各组织中的表达

6.5.2　大西洋鲑下丘脑中 MR 在不同光周期作用下的表达特征

结果显示：下丘脑中的 MR 能够受到光周期的调控。在实验早期，MR 表达量最低的是 24L：0D 光周期组，其次是 LL-SL 光周期组。MR 在 8L：16D 光周期组表达量最高，其次是 SL-LL 光周期组。而到实验结束的时候，MR 表达量较低的组是 24L：0D 和 SL-LL 光周期组，此时这两组均为长光周期组，而 MR 表达量最高的组是 8L：16D 和 LL-SL 光周期组（图 6-38，图 6-39）。

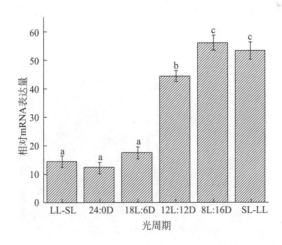

图 6-38　大西洋鲑 MR 在实验早期不同光周期下的表达

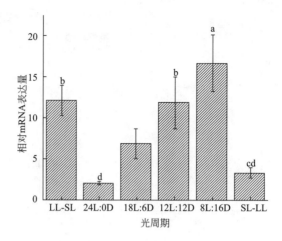

图 6-39 大西洋鲑 MR 在实验末期不同光周期下的表达

6.5.3 大西洋鲑脑中 LR 在不同光周期作用下的表达特征

因为，LR 主要在脑中下丘脑和血管囊中表达，所以检测了大西洋鲑血管囊和下丘脑中 LR 在不同光周期下的表达特征。结果显示：光周期能够影响大西洋鲑下丘脑和血管囊中 LR 的表达。在下丘脑中，LR 在长光周期的作用下表达量较低，而在短光周期作用下表达量较高。在处理早期，24L：0D 与 LL-SL 光周期组 LR 的表达量最低，而到处理结束时，24L：0D 及 SL-LL 光周期组的 LR 表达量最低。而此时 SL-LL 光周期组已由短光周期转变长光周期（图 6-40，图 6-41）。

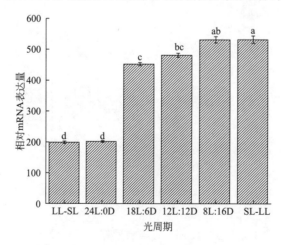

图 6-40 大西洋鲑 LR 在处理早期不同光周期下的表达

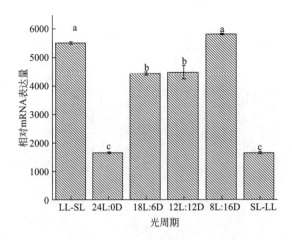

图 6-41 大西洋鲑 LR 在处理末期不同光周期下的表达

6.5.4 大西洋鲑在不同光周期作用下的摄食率分析

结果显示：大西洋鲑的摄食率（feeding ratio，FR）在不同光周期作用下也存在显著的差异。在处理早期，24L：0D 光周期组的摄食率最高为 1.21%/d，其次是 LL-SL 光周期组（1.19%/d）（图 6-42）。到处理末期，摄食率最高的实验组为 24L：0D 光周期组（1.18%/d），其次是 SL-LL 光周期组（1.17%/d）（图 6-43）。

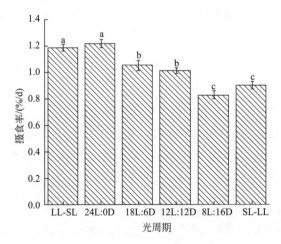

图 6-42 处理早期大西洋鲑在不同光周期作用下的摄食率

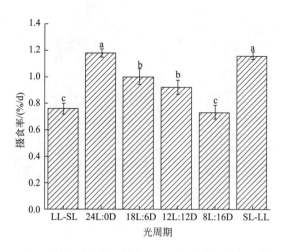

图 6-43　处理末期大西洋鲑在不同光周期作用下的摄食率

6.5.5　小结

在鱼类中，人们已经普遍使用光周期来调控实际生产过程鱼类的生长（Jobling，1987；Taranger 等，1991）。在鲑科鱼类中，已有研究表明：长光周期能够促进鲑科鱼类的生长和提高饲料利用率（Nordgarden 等，2003）。在本研究中也证明，长光周期同样能够促进循环水系统中大西洋鲑的生长。瘦素蛋白及其受体 leptin-receptor（LR）对于调节动物摄食和能量代谢中起到重要作用。在哺乳动物中有研究发现西伯利亚仓鼠下丘脑中 LR 表达具有日节律性（Ellis 等，2008）。因此，大西洋鲑脑中 LR 的表达也有可能受到光周期的调控。

首先，本研究发现 LR 主要在下丘脑和血管囊中表达。因此，血管囊和下丘脑可能均能对大西洋鲑的内分泌产生相应的调控作用。另外，还发现下丘脑及血管囊中的 LR 均会受到光周期的影响。即长光周期能够抑制下丘脑及血管囊中 LR 的表达，而短光周期作用下 LR 的表达量则相对较高。同时，还发现 MR 在不同光周期下具有与 LR 相同的表达特征。褪黑激素一直以来都被认为是介导环境与动物内分泌最重要的因子之一。并且褪黑激素也是动物对季节性光周期变化的最重要的生物节律调控激素（Jack Falcon 等，2010）。因此，大西洋鲑中 LR 的表达可能会受到 MR 的调控，然而遗憾的是，本研究并未发现 LR 与 MR 的共表达特征。

检测了不同光周期作用下大西洋鲑的摄食情况后发现长光照能够促进大西洋鲑的摄食。而在长光照作用下大西洋鲑下丘脑中 LR 表达量要较短光周期少。这说明长光周期抑制了下丘脑中 LR 的表达，因此增加了大西洋鲑的食欲，提高其摄食率，从而促进其体重增加（Ellis 等，2008）。

6.6　总结与展望

　　本研究研究了光周期对循环水养殖大西洋鲑生长及性腺发育的影响，并探讨了光周期对大西洋鲑生长发育可能的作用机制，主要结论如下：

　　① 光周期对循环水养殖大西洋鲑生长及发育均有不同程度的影响。长光周期作用下，大西洋鲑无论是生长还是性腺发育速度、性腺成熟比例均要较短光周期高。说明长光周期能够促进大西洋鲑的生长和性腺发育。

　　② 光周期对大西洋鲑性腺发育不同的作用时间会呈现不同的影响效果，如果长光周期作用于性腺发育启动之前则能起到抑制性腺发育的作用，如果长光周期作用于性腺发育启动之后，则能促进性腺的发育，这一点已在实际生产中得到验证。

　　③ 大西洋鲑 kisspeptin 对 GnRH 的影响作用并非贯穿整个性腺发育过程，而是分阶段的。Kisspeptin 发挥其作用仅在性腺发育的早期和成熟期。同时，大西洋鲑脑中 kissr 的表达会受到光周期的影响。这可能是光周期对鱼类性腺发育影响的一个可能的通路。

　　④ 大西洋鲑脑中 leptin-receptor（LR）的表达能够受到光周期的影响。长光周期能够抑制大西洋鲑脑中 LR 的表达，而低表达水平的 LR 能够对其食欲产生促进作用。因此，长光周期对大西洋鲑生长的促进作用可能是因为长光周期抑制了大西洋鲑脑中 LR 的表达，从而使其食欲增加，进而促进其生长。

　　⑤ 大西洋鲑血管囊中同样存在 kissr、LR、GnRH 等生长发育相关神经内分泌因子。并且这些神经因子同样会受到光周期的调控，这说明：大西洋鲑血

管囊是除下丘脑之外，另一个调控大西洋鲑生长发育的器官。

我国是世界上较大的海水养殖国家，海水养殖产量约占世界海水养殖总产量的80%以上，海水养殖业也是我国海洋经济的重要支柱。同时，鱼类代表一个非常广泛的脊椎动物群体，并且相对于高等动物，海水鱼类更容易受到环境因子的影响。然而，环境因子对海洋生物生殖内分泌的调控是一个复杂的多层面的网络系统。而其中 kisspeptin/GPR54 信号系统及 leptin/leptin-receptor 非常有可能是这一复杂网络的一个切入点。但是，目前唯一能够确定的是 kisspeptin 可以调控 GnRH 的分泌，而光周期是如何通过神经内分泌作用于 kisspeptin 神经元还一直是一个未解之谜。现有研究认为，在鱼类青春期之前 leptin 会对 kisspeptin 起到调控作用，但环境因子是否也通过 leptin 或是其受体来影响 kisspeptin 的表达仍需要深入研究。另外，海水鱼类自身的生物节律如何与外界环境因子同步也是一个值得深入研究的领域。

环境与海水鱼类神经内分泌相互作用目前还算是一个新兴的领域，研究环境与生物的互作机制不仅能够促进海水养殖业的发展，而且对于了解生物进化过程、认识自然都具有重要的意义。

参考文献

Amano M, Iigo M, Ikuta, et al., 2004. Disturbance of plasma melatonin profile by high dose melatonin administration inhibits testicular maturation of precocious male masu salmon. *Zoological* Science, 21(1): 79-85.

Amano M, Iigo M, Ikuta, K et al., 2000. Roles of melatonin in gonadal maturation of underyearling precocious male masu salmon. General and Comparative Endocrinology, 120(2), 190-197.

Anagnostoulis S, Karayiannakis A J, Lambropoulou M, et al., 2008. Human leptin induces angiogenesis in vivo. Cytokine, 42(3), 353-357.

Andersson, E, Schulz, R W, Male, R, et al., 2013. Pituitary gonadotropin and ovarian gonadotropin receptor transcript levels: Seasonal and photoperiod-induced changes in the reproductive physiology of female Atlantic salmon (Salmo salar). General and Comparative Endocrinology, 191: 247-258. doi:10.1016/j.ygcen.2013.07.001

Aubin-Horth N, Landry C R, Letcher B H, et al., 2005. Alternative life histories shape brain gene expression profiles in males of the same population. Proceedings of the Royal Society of London B: Biological Sciences, 272(1573): 1655-1662.

Beck B H, Fuller S A, Peatman E, et al., 2012. Chronic exogenous kisspeptin administration accelerates gonadal development in basses of the genus Morone. Comparative Biochemistry and Physiology Part A: Molecular & Integrative Physiology, 162(3): 265-273.

Bernier N J, Craig P M, 2005. CRF-related peptides contribute to stress response and regulation of appetite in hypoxic rainbow trout. American Journal of Physiology-Regulatory, Integrative and Comparative Physiology, 289(4): R982-R990.

Bernier N J, Gorissen M, Flik G, 2012. Differential effects of chronic hypoxia and feed restriction on the expression of leptin and its receptor, food intake regulation and the endocrine stress response in common carp. The Journal of experimental biology, 215(13): 2273-2282.

Biran J, Ben-Dor S, Levavi-Sivan B, 2008. Molecular identification and functional characterization of the kisspeptin/kisspeptin receptor system in lower vertebrates. Biology of reproduction, 79(4): 776-786.

Bjornsson B T, Stefansson S O, McCormick S D, 2011. Environmental endocrinology of salmon smoltification. General and Comparative Endocrinology, 170(2): 290-298. doi:10.1016/j.ygcen.2010.07.003

Boeuf G, Le Bail P Y, 1999. Does light have an influence on fish growth? Aquaculture, 177(1-4): 129-152. doi:10.1016/s0044-8486(99)00074-5

Bornestaf C, Mayer I, Borg B, 2001. Melatonin and maturation pace in female three-spined stickleback, Gasterosteus aculeatus. General and Comparative Endocrinology, 122(3): 341-348.

Broberger C, Johansen J, Johansson C, et al., 1998. The neuropeptide Y/agouti gene-related protein (AGRP) brain circuitry in normal, anorectic, and monosodium glutamate-treated mice. Proceedings of the National Academy of Sciences, 95(25): 15043-15048.

Bromage N, Porter M, Randall C, 2001a. The environmental regulation of maturation in farmed finfish with special reference to the role of photoperiod and melatonin. Aquaculture, 197(1): 63-98.

Bromage N, Porter M, Randall C, 2001b. The environmental regulation of maturation in farmed finfish with special reference to the role of photoperiod and melatonin. Aquaculture, 197(1-4): 63-98.

Buentello J A, Gatlin D M, Neill W H, 2000. Effects of water temperature and dissolved oxygen on daily feed consumption, feed utilization and growth of channel catfish (Ictalurus punctatus). Aquaculture, 182(3): 339-352.

Campbell B, Dickey J, Beckman B, et al., 2006. Previtellogenic oocyte growth in salmon: relationships among body growth, plasma insulin-like growth factor-1, estradiol-17beta, follicle-stimulating hormone and expression of ovarian genes for insulin-like growth factors, steroidogenic-acute regulatory protein and receptors for gonadotropins, growth hormone, and somatolactin. BIOLOGY OF REPRODUCTION, 75(1): 34-44.

Carnevali O, Cionna C, Tosti L, et al., 2006. Role of cathepsins in ovarian follicle growth and maturation. General and Comparative Endocrinology, 146(3): 195-203.

Carrillo M, Zanuy S, Blázquez, et al., 1995. Sex control and ploidy manipulation in sea bass. OECD, PARIS(FRANCE): 125-144.

Carrillo M, Zanuy S, Felip A, et al., 2009. Hormonal and environmental control of puberty in perciform fish. Annals of the New York Academy of Sciences, 1163(1): 49-59.

Chabot D, DUTIL J D, 1999. Reduced growth of Atlantic cod in non - lethal hypoxic conditions. Journal of Fish Biology, 55(3): 472-491.

Chattoraj A, Bhattacharyya S, Basu D, et al., 2005. Melatonin accelerates maturation inducing hormone (MIH): induced oocyte maturation in carps. General and Comparative Endocrinology, 140(3): 145-155.

Chattoraj A, Seth M, Maitra S K, 2008. Influence of serotonin on the action of melatonin in MIH-induced meiotic resumption in the oocytes of carp Catla catla. Comparative Biochemistry and Physiology Part A: Molecular & Integrative Physiology, 150(3): 301-306.

Chisada S-i, Kurokawa T, Murashita K, et al., 2014. Leptin receptor-deficient (knockout) medaka, Oryzias latipes, show chronical up-regulated levels of orexigenic neuropeptides, elevated food intake and stage specific effects on growth and fat allocation. General and Comparative Endocrinology, 195: 9-20.

Chowdhury I, Sengupta A, Maitra S K, 2008. Melatonin: fifty years of scientific journey from the discovery in bovine pineal gland to delineation of functions in human. Indian J Biochem. Biophys, 45(5): 289-304.

Chu D L H, Li V, et al., 2010. Leptin: clue to poor appetite in oxygen-starved fish. Molecular and Cellular Endocrinology, 319(1): 143-146.

Clarkson J, de Tassigny X d A, Moreno A S, et al., 2008. Kisspeptin–GPR54 signaling is essential for preovulatory gonadotropin-releasing hormone neuron activation and the luteinizing hormone surge. The Journal of neuroscience, 28(35): 8691-8697.

Davie A, Minghetti M, Migaud H, 2009. Seasonal variations in clock-gene expression in Atlantic salmon (Salmo salar). Chronobiology International, 26(3): 379-395.

Dawson A, King V M, Bentley G E, et al., 2001. Photoperiodic control of seasonality in birds. Journal of Biological Rhythms, 16(4): 365-380.

De Rosa V, Procaccini C, Calì G, et al., 2007. A key role of leptin in the control of regulatory T cell proliferation. Immunity, 26(2): 241-255.

De Vos P, Guerre-Millot M, Leturque A, et al.,1995. Transient increase in obese gene expression after food intake or insulin administration.

Donato Jr J, Cravo R M, Frazão R, et al., 2011. Hypothalamic sites of leptin action linking metabolism and reproduction. Neuroendocrinology, 93(1): 9-18.

Donato Jr J, Cravo R M, Frazão R,et al., 2011. Leptin's effect on puberty in mice is relayed by the ventral premammillary nucleus and does not require signaling in Kiss1 neurons. The Journal of clinical investigation, 121(1): 355.

Duncan N, Mitchell D, Bromage N, 1999. Post-smolt growth and maturation of out-of-season 0+Atlantic salmon (*Salmo salar*) reared under different photoperiods. Aquaculture, 177(1): 61-71.

Duston J, Bromage N,1988. The entrainment and gating of the endogenous circannual rhythm of reproduction in the female rainbow trout (Salmo gairdneri). Journal of Comparative Physiology A, 164(2): 259-268.

Elias C F, Lee C, Kelly J, et al., 1998. Leptin activates hypothalamic CART neurons projecting to the spinal cord. Neuron, 21(6): 1375-1385.

Ellis C, Moar K M, Logie T J, et al., 2008. Diurnal profiles of hypothalamic energy balance gene expression with photoperiod manipulation in the Siberian hamster, Phodopus sungorus. American Journal of Physiology-Regulatory Integrative and Comparative Physiology, 294(4): R1148-R1153. doi:10.1152/ajpregu.00825.2007

Escobar S, Servili A, Felip A, et al., 2010. *Neuroanatomical characterization of the kisspeptin systems in the brain of european sea bass (D. labrax)*. Paper presented at the 25th Conference of European Comparative Endocrinologists, Pècs, Hungary.

Falcón J, Besseau L, Sauzet S, et al., 2007. Melatonin effects on the hypothalamo–pituitary axis in fish. Trends in Endocrinology & Metabolism, 18(2): 81-88.

Falcon J, Marmillon J, Claustrat B, et al., 1989. Regulation of melatonin secretion in a photoreceptive pineal organ: an in vitro study in the pike. The Journal of neuroscience, 9(6): 1943-1950.

Falcon J, Migaud H, Munoz-Cueto, et al., 2010. Current knowledge on the melatonin system in teleost fish. *General and Comparative* Endocrinology, 165(3): 469-482.

Foster R G, Hankins M W, 2002. Non-rod, non-cone photoreception in the vertebrates. Progress in retinal and eye research, 21(6): 507-527.

Frøiland E, Jobling M, Björnsson, et al., 2012. Seasonal appetite regulation in the anadromous Arctic charr: evidence for a role of adiposity in the regulation of appetite but not for leptin in signalling adiposity. General and Comparative Endocrinology, 178(2): 330-337.

Fu L, Patel M S, Karsenty G, 2006. The circadian modulation of leptin-controlled bone formation. Progress in Brain Research, 153: 177-188.

Fu Y, Liao H-W, Do M T H, et al., 2005. Non-image-forming ocular photoreception in vertebrates. Current Opinion in Neurobiology, 15(4): 415-422.

Fukada Y, Okano T, 2002. Circadian clock system in the pineal gland. Molecular Neurobiology, 25(1): 19-30.

Funes S, Hedrick J A, Vassileva G, et al., 2003. The KiSS-1 receptor GPR54 is essential for the development of the murine reproductive system. Biochemical and Biophysical Research Communications, 312(4): 1357-1363.

Gern W A, Greenhouse S S, Nervina J M, et al., 1992. The rainbow trout pineal organ: an endocrine photometer. In Rhythms in fishes: 199-218, Springer.

Gorissen M, Bernier N J, Nabuurs S B, et al., 2009. Two divergent leptin paralogues in zebrafish (*Danio rerio*) that originate early in teleostean evolution. Journal of Endocrinology, 201(3): 329-339.

Gottsch M, Cunningham M, Smith J, et al., 2004. A role for kisspeptins in the regulation of gonadotropin secretion in the mouse. Endocrinology, 145(9): 4073-4077.

Gottsch M L, Clifton D K, Steiner R A, 2009. From KISS1 to kisspeptins: An historical perspective and suggested nomenclature. Peptides, 30(1): 4-9.

Huising M O, Geven E J, Kruiswijk C P, et al., 2006. Increased leptin expression in common carp (*Cyprinus carpio*) after food intake but not after fasting or feeding to satiation. Endocrinology, 147(12): 5786-5797.

Imsland A K, Gunnarsson S, Roth B, et al., 2013. Long-term effect of photoperiod manipulation on growth, maturation and flesh quality in turbot. Aquaculture, 416: 152-160. doi:10.1016/j.aquaculture.2013.09.005

Irwig M S, Fraley G S, Smith J T, et al., 2005. Kisspeptin activation of gonadotropin releasing hormone neurons and regulation of KiSS-1 mRNA in the male rat. Neuroendocrinology, 80(4): 264-272.

Jobling M, 1987. Growth of arctic charr (*Salvelinus-alpinus L*) under conditions of constant light and temperature. Aquaculture, 60(3-4): 243-249. doi:10.1016/0044-8486(87)90291-2

Kajimura S, Aida K, Duan C, 2006. Understanding hypoxia-induced gene expression in early development: in vitro and in vivo analysis of hypoxia-inducible factor 1-regulated zebra fish insulin-like growth factor binding protein 1 gene expression. Molecular and Cellular Biology, 26(3): 1142-1155.

Kanda S, Akazome Y, Matsunaga T, et al., 2008. Identification of KiSS-1 product kisspeptin and steroid-sensitive sexually dimorphic kisspeptin neurons in medaka (*Oryzias latipes*). Endocrinology, 149(5): 2467-2476.

Kanda S, Karigo T, Oka Y, 2012. Steroid Sensitive kiss2 Neurones in the Goldfish: Evolutionary Insights into the Duplicate Kisspeptin Gene - Expressing Neurones. *Journal of Neuroendocrinology*, 24(6), 897-906.

Khan I A, Thomas P, 1996. Melatonin influences gonadotropin II secretion in the Atlantic croaker (*Micropogonias undulatu*s). General and Comparative Endocrinology, 104(2): 231-242.

Kling P, Rønnestad I, Stefansson S O, et al., 2009. A homologous salmonid leptin radioimmunoassay indicates elevated plasma leptin levels during fasting of rainbow trout. General and Comparative Endocrinology, 162(3): 307-312.

Klocek-Gorka B, Szczesna M, Molik E, et al., 2010. The interactions of season, leptin and melatonin levels with thyroid hormone secretion, using an in vitro approach. Small Ruminant Research, 91(2-3): 231-235. doi:10.1016/j.smallrumres.2010.03.005

Kråkenes R, Hansen T, Stefansson S O, et al., 1991. Continuous light increases growth rate of Atlantic salmon (*Salmo salar* L.) postsmolts in sea cages. Aquaculture, 95(3–4): 281-287.

Kreitzman L, Foster R, 2011. The Rhythms Of Life: The Biological Clocks That Control the Daily Lives of Every Living Thing: Profile books.

Kurokawa T, Uji S, Suzuki T, 2005. Identification of cDNA coding for a homologue to mammalian leptin from pufferfish, Takifugu rubripes. Peptides, 26(5): 745-750.

Lee G W, Litvak M K,1996. Weaning of metamorphosed winter flounder (*Pleuronectes americanus*) reared in the laboratory: comparison of two commercial artificial diets on growth, survival and conversion efficiency. Aquaculture, 144(1): 251-263.

Li G G, Liang X F, Xie Q, et al., 2010. Gene structure, recombinant expression and functional characterization of grass carp leptin. General and Comparative Endocrinology, 166(1): 117-127.

Li S, Zhang Y, Liu Y, et al., 2009. Structural and functional multiplicity of the kisspeptin/GPR54 system in goldfish (*Carassius auratus*). Journal of Endocrinology, 201(3): 407-418.

Lincoln G, Short, R, 1980. Seasonal breeding: nature's contraceptive. Recent progress in hormone research, 36: 1-43.

Londraville R L, Duvall C S, 2002. Murine leptin injections increase intracellular fatty acid-binding protein in green sunfish (*Lepomis cyanellus*). General and Comparative Endocrinology, 129(1): 56-62.

Louis G W, Greenwald-Yarnell M, Phillips, et al., 2011. Molecular mapping of the neural pathways linking leptin to the neuroendocrine reproductive axis. Endocrinology, 152(6): 2302-2310.

Martinez-Chavez C C, Minghetti M, Migaud H, 2008. GPR54 and rGnRH I gene expression during the onset of puberty in Nile tilapia. General and Comparative Endocrinology, 156(2): 224-233.

Mayer I, 2000. Effect of long-term pinealectomy on growth and precocious maturationin Atlantic salmon, Salmo salar parr. Aquatic Living Resources, 13(03): 139-144.

Mechaly A S, Viñas J, Piferrer, F, 2009. Identification of two isoforms of the Kisspeptin-1 receptor (*kiss1r*) generated by alternative splicing in a modern teleost, the Senegalese sole (*Solea senegalensis*). BIOLOGY OF REPRODUCTION, 80(1): 60-69.

Messager S, Chatzidaki E E, Ma D, et al., 2005. Kisspeptin directly stimulates gonadotropin-releasing hormone release via G protein-coupled receptor 54. Proceedings of the National Academy of Sciences of the United States of America, 102(5): 1761-1766.

Migaud H, Davie A, Martinez, et al., 2007 Evidence for differential photic regulation of pineal melatonin synthesis in teleosts. Journal of pineal research. 43:327-335.

Migaud H, Davie A, Taylor J, 2010. Current knowledge on the photoneuroendocrine regulation of reproduction in temperate fish species. Journal of Fish Biology, 76(1): 27-68.

Migaud H, Ismail R, Cowan M, 2012. Kisspeptin and seasonal control of reproduction in male european sea bass (*dicentrarchus labrax*). General and Comparative Endocrinology.

Migaud H, Taylor J, Taranger G, et al., 2006. A comparative ex vivo and in vivo study of day and night perception in teleosts species using the melatonin rhythm. Journal of Pineal Research, 41(1): 42-52.

Moen A G G, Finn R N, 2013. Short-term, but not long-term feed restriction causes differential expression of leptins in Atlantic salmon. General and Comparative Endocrinology, 183: 83-88. doi:10.1016/j.ygcen.2012.09.027

Mohamed J S, Benninghoff A D, et al., 2007. Developmental expression of the G protein-coupled receptor 54 and three GnRH mRNAs in the teleost fish cobia. Journal of molecular endocrinology, 38(2): 235-244.

Morkore T, Rorvik K A, 2001. Seasonal variations in growth, feed utilisation and product quality of farmed Atlantic salmon (*Salmo salar*) transferred to seawater as 0+smolts or 1+smolts. Aquaculture, 199(1-2): 145-157.

Morton G, Cummings D, Baskin D, et al., 2006. Central nervous system control of food intake and body weight. Nature, 443(7109): 289-295.

Murashita K, Jordal A-E O, Nilsen T O, et al., 2011. Leptin reduces Atlantic salmon growth through the central pro-opiomelanocortin pathway. Comparative Biochemistry and Physiology Part A: Molecular & Integrative Physiology, 158(1): 79-86.

Murashita K, Uji S, Yamamoto T, et al., 2008. Production of recombinant leptin and its effects on food intake in rainbow trout (*Oncorhynchus mykiss*). Comparative Biochemistry and Physiology Part B: Biochemistry and Molecular Biology, 150(4): 377-384.

Nakane Y, Ikegami K, Iigo M, 2013. The saccus vasculosus of fish is a sensor of seasonal changes in day length. Nature Communications, 4. doi:10.1038/ncomms3108

Nakane Y, Yoshimura T, 2014. Universality and diversity in the signal transduction pathway that regulates seasonal reproduction in vertebrates. Frontiers in Neuroscience, 8. doi:10.3389/fnins.2014.00115

Navarro V, Castellano J, Fernandez-Fernandez, 2004. Developmental and hormonally regulated messenger ribonucleic acid expression of KiSS-1 and its putative receptor, GPR54, in rat hypothalamus and potent luteinizing hormone-releasing activity of KiSS-1 peptide. *Endocrinology,* 145(10), 4565-4574.

Nilsen T O, Ebbesson L O E, Kiilerich P, et al., 2008. Endocrine systems in juvenile anadromous and landlocked Atlantic salmon (*Salmo salar*): Seasonal development and seawater acclimation. General and Comparative Endocrinology, 155(3): 762-772. doi:10.1016/j.ygcen.2007.08.006

Nocillado J N, Levavi-Sivan B, et al., 2007. Temporal expression of G-protein-coupled receptor 54 (GPR54), gonadotropin-releasing hormones (GnRH), and dopamine receptor D2 (*drd2*) in pubertal female grey mullet, *Mugil cephalu*. General and Comparative Endocrinology, 150(2): 278-287.

Norberg B, Brown C L, Halldorsson O, et al., 2004. Photoperiod regulates the timing of sexual maturation, spawning, sex steroid and thyroid hormone profiles in the Atlantic cod (*Gadus morhua*). Aquaculture, 229(1): 451-467.

Nordgarden U, Oppedal F, Taranger G L, et al., 2003. Seasonally changing metabolism in Atlantic salmon (*Salmo salar* L.) I -Growth and feed conversion ratio. Aquaculture Nutrition, 9(5): 287-293. doi:10.1046/j.1365-2095.2003.00256.x

O'MALLEY K G, Camara M D, Banks M A, 2007. Candidate loci reveal genetic differentiation between temporally divergent migratory runs of Chinook salmon (*Oncorhynchus tshawytscha*). Molecular Ecology, 16(23): 4930-4941.

Oka Y, 2009. Three Types of Gonadotrophin - Releasing Hormone Neurones and Steroid - Sensitive Sexually Dimorphic Kisspeptin Neurones in Teleosts. Journal of Neuroendocrinology, 21(4): 334-338.

Oppedal F, Berg A, Olsen R E, et al., 2006. Photoperiod in seawater influence seasonal growth and chemical composition in autumn sea-transferred Atlantic salmon (*Salmo salar* L.) given two vaccines. Aquaculture, 254(1): 396-410.

Pankhurst N W, Porter M J R, 2003. Cold and dark or warm and light: variations on the theme of environmental control of reproduction. Fish Physiology and Biochemistry, 28(1-4): 385-389. doi:10.1023/b:fish.0000030602.51939.50

Parhar I S, Ogawa S, Sakuma Y, 2004. Laser-captured single digoxigenin-labeled neurons of gonadotropin-releasing hormone types reveal a novel G protein-coupled receptor (Gpr54) during maturation in cichlid fish. Endocrinology, 145(8): 3613-3618.

Peyon P, Zanuy S, Carrillo M, 2001. Action of leptin on in vitro luteinizing hormone release in the European sea bass (*Dicentrarchus labrax*). BIOLOGY OF REPRODUCTION, 65(5): 1573-1578.

Prokop J, Duff R, Ball H, et al., 2012. Leptin and leptin receptor: analysis of a structure to function relationship in interaction and evolution from humans to fish. Peptides, 38(2): 326-336.

Randall C, Bromage N, 1998. Photoperiodic history determines the reproductive response of rainbow trout to changes in daylength. Journal of Comparative Physiology A, 183(5): 651-660.

Randall C, Bromage N, Duston J, et al., 1998. Photoperiod-induced phase-shifts of the endogenous clock controlling reproduction in the rainbow trout: a circannual phase-response curve. Journal of reproduction and fertility, 112(2): 399-405.

Randall C, Bromage, N, Thorpe J, et al., 1995. Melatonin rhythms in Atlantic salmon (*Salmo salar*) maintained under natural and out-of-phase photoperiods. General and Comparative Endocrinology, 98(1): 73-86.

Ripley J L, Foran C M, 2007. Influence of estuarine hypoxia on feeding and sound production by two sympatric pipefish species (*Syngnathidae*). Marine Environmental Research, 63(4): 350-367.

Ronnestad I, Nilsen T O, Murashita K, et al., 2010. Leptin and leptin receptor genes in Atlantic salmon: Cloning, phylogeny, tissue distribution and expression correlated to long-term feeding status. General and Comparative Endocrinology, 168(1): 55-70. doi:10.1016/j.ygcen. 2010.04.010

Roubos E W, Dahmen M, Kozicz T, et al., 2012. Leptin and the hypothalamo-pituitary–adrenal stress axis. *General and Comparative Endocrinology*, 177(1): 28-36.

Sébert M E, Legros C, Weltzien F A, et al., 2008. Melatonin activates brain dopaminergic systems in the eel with an inhibitory impact on reproductive function. *Journal of Neuroendocrinology*, 20(7): 917-929.

SCHOMERUS C, KORF H W, 2005. Mechanisms regulating melatonin synthesis in the mammalian pineal organ. Annals of the New York Academy of Sciences, 1057(1): 372-383.

Schulz R, Andersson E, Taranger G, 2006. Photoperiod manipulation can stimulate or inhibit pubertal testis maturation in Atlantic salmon (*Salmo salar*). Anim. Reprod, 3(2): 121-126.

Schwartz M W, Woods S C, Porte D, et al., 2000. Central nervous system control of food intake. Nature, 404(6778): 661-671.

Selvaraj S, Kitano H, Fujinaga Y, et al., 2010a. Molecular characterization, tissue distribution, and mRNA expression profiles of two Kiss genes in the adult male and female chub mackerel (*Scomber japonicus*) during different gonadal stages. General and comparative endocrinology, 169(1): 28-38.

Selvaraj S, Kitano H, Fujinaga Y, et al., 2010b. Molecular characterization, tissue distribution, and mRNA expression profiles of two *Kiss* genes in the adult male and female chub mackerel (*Scomber japonicus*) during different gonadal stages. General and Comparative Endocrinology, 169(1): 28-38.

Seminara S B, Messager S, Chatzidaki E E, et al., 2003. The GPR54 gene as a regulator of puberty. New England Journal of Medicine, 349(17): 1614-1627.

Servili A, Le Page Y, Leprince J, et al., 2011. Organization of two independent kisspeptin systems derived from evolutionary-ancient kiss genes in the brain of zebrafish. Endocrinology, 152(4): 1527-1540.

Shi Y, Zhang Y, Li S, et al., 2010. Molecular identification of the Kiss2/Kiss1ra system and its potential function during 17alpha-methyltestosterone-induced sex reversal in the orange-spotted grouper, Epinephelus coioides. BIOLOGY OF REPRODUCTION, 83(1): 63-74.

Simonneaux V, Ansel L, Revel F G, et al., 2009. Kisspeptin and the seasonal control of reproduction in hamsters. Peptides, 30(1): 146-153.

Smith J T, Coolen L M, Kriegsfeld L J, et al., 2008. Variation in kisspeptin and RFamide-related peptide (RFRP) expression and terminal connections to gonadotropin-releasing hormone neurons in the brain: a novel medium for seasonal breeding in the sheep. Endocrinology, 149(11): 5770-5782.

Taghert P H 2001. How does the circadian clock send timing information to the brain? Seminars in Cell & Developmental Biology, 12(4): 329-341.

Taranger G L, Carrillo M, Schulz R W, et al., 2010. Control of puberty in farmed fish. *General and Comparative Endocrinology*, 165(3): 483-515.

Taranger G L, Haux C, Walther B T, et al., 1991. *PHOTOPERIODIC CONTROL OF GROWTH, INCIDENCE OF SEXUAL-MATURATION AND OVULATION IN ADULT ATLANTIC SALMON*.

Tena-Sempere M, Felip A, Gómez A, et al., 2012. Comparative insights of the kisspeptin/kisspeptin receptor system: lessons from non-mammalian vertebrates. General and Comparative Endocrinology, 175(2): 234-243.

Tinoco A B, Nisembaum L G, Isorna E, et al., 2012. Leptins and leptin receptor expression in the goldfish (*Carassius auratus*). Regulation by food intake and fasting/overfeeding conditions. Peptides, *34*(2): 329-335.

Trombley S, Schmitz M, 2013. Leptin in fish: possible role in sexual maturation in male Atlantic salmon. Fish Physiology and Biochemistry, 39(1): 103-106.

Van Aerle R, Kille P, Lange A, et al., 2008. Evidence for the existence of a functional Kiss1/Kiss1 receptor pathway in fish. Peptides, 29(1): 57-64.

van Raaij M T, Pit D S, Balm, et al., 1996. Behavioral strategy and the physiological stress response in rainbow trout exposed to severe hypoxia. *Hormones and Behavior*, 30(1): 85-92.

Wójcik-Gładysz A, Wańkowska M, Misztal, et al., 2009. Effect of intracerebroventricular infusion of leptin on the secretory activity of the GnRH/LH axis in fasted prepubertal lambs. Animal Reproduction Science, 114(4): 370-383.

Weil C, Le Bail P, Sabin N, et al., 2003. In vitro action of leptin on FSH and LH production in rainbow trout (*Onchorynchus mykiss*) at different stages of the sexual cycle. General and Comparative Endocrinology, 130(1): 2-12.

Yang B, Jiang Q, Chan T, et al., 2010. Goldfish kisspeptin: Molecular cloning, tissue distribution of transcript expression, and stimulatory effects on prolactin, growth hormone and luteinizing hormone secretion and gene expression via direct actions at the pituitary level. General and Comparative Endocrinology, 165(1): 60-71.

Yu R M K, Chu D L H, Tan, et al., 2012. Leptin-mediated modulation of steroidogenic gene expression in hypoxic zebrafish embryos: implications for the disruption of sex steroids. Environmental Science & Technology, 46(16): 9112-9119.

Zachmann A, Falcon J, Knijff S, et al., 1992. Effects of photoperiod and temperature on rhythmic melatonin secretion from the pineal organ of the white sucker (*Catostomus commersoni*) in vitro. General and Comparative Endocrinology, 86(1): 26-33.

Zhou B, Randall D, Lam P, 2001. Bioenergetics and RNA/DNA ratios in the common carp (*Cyprinus carpio*) under hypoxia. Journal of Comparative Physiology B, 171(1): 49-57.

Zieba D A, Klocek B, Williams G L, et al., 2007. Vitro evidence that leptin suppresses melatonin secretion during long days and stimulates its secretion during short days in seasonal breeding ewes. Domestic Animal Endocrinology, 33(3): 358-365.

Zmora N, Stubblefield J, Golan M, et al., 2014. The Medio-Basal Hypothalamus as a Dynamic and Plastic Reproduction-Related Kisspeptin-gnrh-Pituitary Center in Fish. Endocrinology, 155(5): 1874-1886.

Zmora N, Stubblefield J, Zulperi Z, et al., 2012. Differential and gonad stage-dependent roles of kisspeptin1 and kisspeptin2 in reproduction in the modern teleosts, morone species. Biology of Reproduction.